建筑和市政工程防水标准图集

朱馥林　编著

U0300561

中国建筑工业出版社

前 言

随着建筑防水工程新规范、新材料、新技术、新工法的不断出现，广大建筑防水科技人员急需一本实用性强，技术可靠，内容齐全，简单明了，即查即用的建筑防水标准化图集。本图集的编制出版将能满足大家的这一愿望。

图集中涉及的防水材料除了包括防水混凝土、砂浆、卷材、涂料、毯、板、硬泡聚氨酯、密封、止水材料、堵漏和注浆材料等外，还包括瓦材、压型金属板材、塑料防(排)水板、保温材料的设置、设计、施工和应用。

本图集涉及的分部分项工程包括屋面、封场室内、外墙、地下、坑池渠、隧洞衬砌衬套、城市地综合管廊、垃圾填埋等内容。

屋面分部分项工程包括排水、找坡、找平、内(外)保温、隔汽、隔热、檐口、檐沟、天沟、种植层、女儿墙及诱导缝、山墙、水落口、变形缝、分格缝、出入口、伸出屋面的管道、反梁过水孔、屋脊等，以及马鞍形屋面板、拱形玻璃钢屋面板、压型金属板、各类瓦形防排水材料的防水设计和施工等图例。

室内防水图包括地面、墙面、厨房、厕浴间和各节点等。

外墙防水设计和施工图包括非保温、外保温、内保温、夹芯保温、保温装饰一体板、种植保温、自保温墙体等各种条件下的窗台、转角、贴脚、热桥处理、保温板的粘贴等。

地下工程防水标准图包括采用各种防水材料的单层、复合防水层、保护层的设置方法，甩接茬、收头、转角、护角的方法，增强片材、同种、异种(不相容)防水材料的搭接方法。细部构造详细绘制了施工缝、诱导缝、注浆管、穿墙螺栓、穿墙(底板)管道、穿墙群管、孔洞、热力管道、电缆、变形缝、分格缝、后浇带、膨胀带、预埋件、桩头承台、肥槽、出入口、双墙、窗井、风井、通道、车库、下沉式顶板、行驶顶板、种植顶板的外防外做、外防内做和内防内做的防水设计和施工图。对地下连续墙、半逆作法、全逆作法等特殊施工法、各种围护结构的地下工程都绘制了防水标准图。并绘制了膨润土防水毯(板)、自粘、表面有刚性颗粒防水卷材的预铺反粘法设计、施工图。对各种防、渗、排水方法、施工缝和变形缝的堵漏修缮也绘制了设计和施工图。

坑池渠防水标准图包括输水渠、化粪池、污水池、防腐池、游泳池、水池、浴池等常规做法；还编制了雨水收集池、屋面水池、顶层雨水收集池等，供各地建设海绵城市作参考。

隧洞衬砌衬套防、排水设计包括盾构隧道管片截面的密封防水、盾构隧道管片迎(背)水面防水层的设置方法，贴壁式衬砌排水、留槽钻孔排水、塑料防排水板的防排水构造，复合式衬砌缓冲层、防水层、防排水层的防排水构造和隧洞防排水构造等。

城市地下综合管廊防水绘制了现浇、预制、现浇＋预制的迎水面防水层和极个别预制管廊的背水面防水层以及接头的防水、止水方法。

垃圾填埋封场绘制了填埋场底部、边坡的填埋构造图和渗沥液、地下水收集的封场构造图，以及填埋、封场的工程实例图。

本图集根据各地实际情况而编制，以供广大设计单位、大专院校、施工企业、生产厂家、防水管理及施工技术人员在防水设计、施工、教学时参考使用。

编制过程中得到许溶烈院士、叶林标、高延继、张彤梅、朱祖熹、游宝坤、张道真、张文华、杜昕等专家、教授及一些同仁的帮助，并得到中国工程建设标准化协会防水防护专业委员会和中国建筑学会建筑防水学术委员会的鼎力相助，在此表示由衷感谢！图集中引用了有关数据和资料，亦诚致感谢！不当之处在所难免，请通过电子邮件指正(Email:jsbzfl@126.com)。

对各位同仁的指正不胜感激！

总　目　录

4

A. 编 制 说 明

1 编制依据

1.1《屋面工程技术规范》   GB 50345
1.2《屋面工程质量验收规范》   GB 50207
1.3《地下工程防水技术规范》   GB 50108
1.4《地下防水工程质量验收规范》 GB 50208
1.5《民用建筑设计通则》   GB 50352
1.6《混凝土结构设计规范》   GB 50010
1.7《混凝土结构工程施工质量验收规范》 GB 50204
1.8《建筑室内防水工程技术规程》 CECS 196
1.9《种植屋面工程技术规程》   JGJ 155

2 适应范围

本图集适用于房屋建筑、工业建筑、市政、水池、水利、涵洞隧道工程中涉及屋面、拱顶、室内、外墙、地下、坑池、隧道管片、涵洞衬砌衬套、现浇预制地下综合管廊、垃圾填埋工程中涉及防水、保温、防渗、排水、雨雪水利用等分部分项工程。

3 主要内容和编制方法

本图集防水设计和施工图的绘制按屋面、室内、外墙、地下、坑池渠、隧洞衬砌衬套（隧道）、管廊、垃圾填埋八大分部分项工程分别进行编制。每个分部分项工程首先进行细部构造的分析和编制，然后针对不同的防水材料再分别绘制设计图和施工图，力求内容详实、齐全、明了、实用。

4 常用防水材料及其应用简介

常用防水材料按物态不同分为刚、柔两类；按材质不同分为有机、无机两类；按种类不同分为卷材（含片材、毯）、涂料、密封止渗材料、注浆堵漏材料、金属材料等六大系列。此外，还有瓦材，种植屋面还有排、蓄水材料，地下工程还有防、渗、排水材料等。

4.1 防水卷材

凡厚度为mm级，幅宽≥1m，卷成圆柱形，使用时展开，以释放拉应力，具有防水特性的材料统称为防水卷材（片材）、板或毯。

4.1.1 沥青类油毡

沥青油毡通常80℃就流淌，10℃以下就龟裂，热施工会污染环境，市区严禁使用，并不得用于防水等级为Ⅰ、Ⅱ级的建筑屋面和各类地下防水工程，通常用作其他防水层的保护层和隔离层。

4.1.2 高聚物改性沥青防水卷材及其胶粘剂

高聚物改性沥青防水卷材具有耐老化、耐化学介质侵蚀（耐腐蚀）、不浸润等特性和良好的憎水性、弹塑性、耐候性和粘结性。适用于受侵蚀性介质作用或振动较小、不易变形、迎水面设防的工程。搭接边常采用热熔粘结。

1. 弹性体SBS（SBR）改性沥青防水卷材

沥青用SBS橡胶改性，具有良好的弹塑性、耐疲劳、耐老化、耐高低温性能。加入不同胎体[长纤维聚酯毡(PY)、无碱玻纤毡(无碱G)]可提高卷材的综合性能。适宜在寒冷地区使用。

2. 塑性体（APP、APAO、APO）改性沥青防水卷材

沥青用塑性体改性，具有良好的热稳定性，受高温、紫外线照射，分子结构不会重新排列，适宜在炎热地区使用。一般老化期在20年以上。

3. 自粘橡胶改性沥青防水卷材

卷材搭接边及与基层之间进行自行粘结，分为无胎和有胎两种，可在潮湿无明水基层上铺贴，常采用湿铺、预铺反粘法施工。

4. 交叉层压膜无胎自粘橡胶改性沥青防水卷材

卷材表面覆以具有防水性能的交叉层薄膜，纵横向抗拉强度高，胀缩量小。常采用湿铺、预铺反粘法施工。

5. 改性沥青聚乙烯胎防水卷材

以聚乙烯膜作胎基，并作覆面材料，属中档防水材料。

6. 铝箔面油毡

用玻纤毡作胎体，压纹铝箔贴面，底面为矿物粒或聚乙烯(PE)膜。常作复合防水层的面层或优质4mm厚油毡单独作屋面防水层。

7. 改性沥青复合胎柔性防水卷材

只用作地下防潮层、屋面隔汽层。不得作为防水层使用。

8. 石油沥青玻纤胎油毡、石油沥青玻璃布胎油毡

用于多叠层(三毡四油)防水，管道防腐保护层。

9. 改性沥青胶粘剂、冷底子油

改性沥青胶粘剂是沥青基防水卷材的粘结材料。冷底子油是涂刷于基层的打底涂料，可隔绝潮气、增强粘结力。

4.1.3 合成高分子防水卷材（片材）及其胶粘剂

合成高分子防水卷材具有抗拉强度高、延伸率大、弹性高、温度性能优异等特性。适用于受侵蚀性介质作用或振动作用、基层变形量较大、迎水面设防的工程。橡胶型卷材采用冷粘法施工；树脂型卷材、塑料板采用双热熔焊缝、热风焊接施工。

合成高分子防水卷材分均质片和复合片两类。均质片为单一高分子材料；复合片为两种高分子材料以上(含)复合，或在单表面、双表面复合纤维毡、纤维织物，以提高装饰面层(铺抹砂浆、粘贴瓷砖)的粘结、抗拉强度，增强适应基层变形的能力。

自粘合成高分子防水卷材可采用预铺反粘、湿铺法施工。

1. 橡胶类合成高分子防水卷材（片材）

（1）三元乙丙橡胶（EPDM）防水卷材

具有耐老化、耐紫外线照射、耐高低温性能好、延伸率大、拉伸强度高等特性。适用于房屋和市政防水工程。

（2）氯化聚乙烯-橡胶共混防水卷材

为高分子"合金"，具有耐老化、耐臭氧、耐油、耐酸碱、高弹性、高延伸率等特性。用于房屋和市政防水工程。

（3）其他橡胶类合成高分子防水卷材（片材）

氯磺化聚乙烯(CSPE)防水卷材、氯化聚乙烯橡胶(CPE)、氯丁橡胶(CR)防水卷材、丁基橡胶(IIR)防水卷材等。

2. 树脂类合成高分子防水卷材（片材）

（1）均质片

大致产品有：聚乙烯(PE)、热塑性聚烯烃(TPO)、乙烯醋酸乙烯共聚物(EVA)、高密度聚乙烯(HDPE)、中密度聚乙烯(MDPE)、低密度聚乙烯(LDPE)、线性低密度聚乙烯(LLDPE)、乙烯醋酸乙烯改性沥青共混(ECB)等塑性体防水卷材（板、片材）。

据国外有关资料统计，每100万m^2的PVC防水卷材，每年向地下水、大气中析出的增塑剂、抗老化剂、改性剂等添加剂高达12t，严重影响人体健康。一些欧洲发达国家已被停止使用。

某公司生产的ECB防水卷材用特殊材料对沥青进行改性，不含任何杀菌剂、重金属、可塑剂。耐腐蚀性好、抗穿透性高、环境适应性广、对大量化学介质稳定性好，抗微生物侵蚀。

均质片材又称土工膜，共有特性是延伸率大，适用于初次衬砌为粗糙基面的涵洞、隧道、地下连续墙、喷射混凝土、垃圾填埋场等水利、市政防水工程。如用于长期侵蚀性工程，还应选用耐水、耐腐蚀、耐久、耐菌性好的均质片材。

（2）复合片

大致产品有：**聚氯乙烯(PVC)复合、聚乙烯丙纶复合、热塑性弹性体复合、TS双面纤维复合、自粘高分子复合(包括乙烯—改性沥青共混体自粘、自粘胶膜高密度聚乙烯)防水卷材**等。

3. 合成高分子防水卷材胶粘剂

（1）基层处理剂： 涂刷于基层的一道稀料（可用胶粘剂稀释），起隔绝基层潮气、增强卷材与基层的粘结力的作用。

（2）基底胶（J）： 涂刷于基层及卷材表面，将两者粘结。

（3）搭接胶（D）： 涂刷于卷材搭接边，将两者粘结。

（4）通用胶（T）： 用于卷材与基层、卷材搭接边的粘结。

（5）卷材接缝密封材料：用于对卷材搭接边接缝的密封。

（6）聚乙烯丙纶专用胶粘剂：

1）聚合物水泥粘结料： 聚合物干粉：水：水泥（42.5级）＝1：1.1～1.3：5，重量比。干粉应选无甲醛的水溶性粉末。

2）非固化防水粘结料： 膏状体，使用期基本不固化，起不窜水、空铺、愈合基层裂缝的作用。由橡胶、改性沥青等制成。

4. 卤化丁基橡胶防水密封胶粘带（简称丁基胶粘带、胶粘带）

与大多数防水材料、建筑基料（橡胶、塑料、混凝土、金属、木材、沥青基料等）都具有良好的粘结性能，主要用于不相容或相容防水材料之间、金属板材之间搭接边的密封粘结。粘结面用防粘隔离纸隔离，待使用时揭去。产品分类、规格如下：

（1）按粘结面分： **单面胶粘带**（代号为1），非粘结面贴有覆面材料；**双面胶粘带**（代号为2），双面胶粘带不宜外露使用。

（2）单面胶粘带按覆面材料分：无纺布覆面材料(代号为1W)；铝箔覆面材料(代号为1L)；其他覆面材料(代号为1Q)。

（3）按用途分：高分子卷材用(代号为R)；金属板屋面用(代号为M)。

（4）规格：厚度1.0～2.0mm；宽度15～100mm；长度10～20m。

（5）标记示例：厚度1.0mm、宽度30mm、长度20m的金属屋面用双面胶粘带标记为：胶粘带2M 1.0-30-20 JC/T 942—2004。

4.1.4 钠基膨润土防水材料

钠基膨润土遇水膨胀，制成毯、板、卷材，铺贴于结构迎水面，似防水帷幕阻断水分子通过。

1. 针刺法钠基膨润土防水毯 用针刺（≥20万针/m²）的方法将钠基膨润土颗粒填充在聚丙烯织布与非织布之间，用GCL-NP表示。

2. 针刺覆膜法钠基膨润土防水毯 在针刺法钠基膨润土防水毯的非织布表面复合一层高密度聚乙烯(HDPE)膜，用GCL-OF表示。

3. 粘贴法钠基膨润土防水毯（板） 用胶粘剂将钠基膨润土颗粒粘结在高密度聚乙烯板表面，经压缩生产而成，用GCL-AH表示。

4. 钠基膨润土防水卷材 用聚合物增强钠基膨润土浸渍无纺布而成。质轻、易于搬运。

钠基膨润土按性质分：人工钠化(代号A)，天然钠基(代号N)。按单位面积质量分：4000～5500g/m²，分别用4000、…、5500表示。规格：长度、宽度均以m为单位。标记示例：长度30m、宽度5.0m的针刺法天然钠基膨润土防水毯、单位面积质量为5000g/m²，可记为：GCL-NP/N/5000/30-5.0 JG/T 193—2006。

天然钠基膨润土pH≈7，有些pH＞8的钠化膨润土半年后膨胀特性就失效。《地下工程防水技术规范》GB 50108规定，钠基膨润土防水材料适用于pH值为4～10的地下环境。 在含盐量高、含有害介质的污水环境下失去膨胀、粘结、止水性能，而应采用经过改性、防污处理的钠基膨润土，经检测合格后方可使用。毯、板适用于地下、水利、桥涵、垃圾填埋场；卷材适用于地下、种植屋面等。

4.2 防水涂料

防水涂料按材性不同分为有机防水涂料和无机防水涂料两类。有机防水涂料包括溶剂型、水乳型、反应型和聚合物水泥防水涂料；无机防水涂料包括水泥基防水涂料和水泥基渗透结晶型防水涂料。按组分不同可分为单组分和多（双）组分两类。

4.2.1 常用有机防水涂料

有机防水涂料可分为三类，一类是以合成橡胶或合成树脂为主要成膜物质的合成高分子防水涂料；另一类是用合成橡胶对沥青进行改性的防水涂料；还有一类是沥青基防水涂料。

除沥青基外，有机防水涂料具有良好的延伸性、整体性和耐腐蚀性，适宜在迎水面设防。深埋、振动、基层变形量较大的工程应选用高弹性涂料；用于背水面时，应选用具有较高抗渗性、与基层有较强粘结性的有机涂料。水乳型、聚合物水泥基有机涂料可在潮湿基层施工。按固化时间分速凝型和常温固化型两类。

1. 喷涂速凝型有机防水涂料

（1）喷涂聚脲防水涂料：由异氰酸酯组分和氨基化合物组分经专用喷涂设备在喷枪内混匀后射出，快速发生化合反应，数秒(5s)内在基面生成弹性体防水膜，不产生流挂现象，1min后达到步行强度。按组分不同分为纯聚脲和聚氨酯聚脲。拉伸强度≥2000MPa，延伸率≥1000%。适用于屋面、地下、围堰、高速铁路桥梁、污水池、泳池、隧道、巷道等防水、防渗、防腐蚀工程。

（2）喷涂速凝橡胶沥青防水涂料：由液体橡胶和电解质经专用喷涂设备，在双头喷枪外混合后到达基面，数秒(4s)内瞬时成膜，延伸率高达1000%。适用于地下、室内、屋面、地铁、各类水池、涵洞、水利、道桥、船舶、彩钢瓦屋面等防水、防腐工程。

2. 涂刷、涂刮、喷涂常温固化型有机防水涂料

（1）聚氨酯防水涂料：反应型。分为单组分(S)、双组分(M)。适用于地下、屋面(不宜外露)、室内、水池等防水、防腐工程。

（2）硅橡胶防水涂料：乳液型。双Ⅰ、Ⅱ型，1、2号。Ⅰ型用于地下、泳池、水池工程，Ⅱ型用于屋面、厕浴间、厨房工程。

（3）水乳型丙烯酸酯防水涂料：掺橡胶乳液改性，适用于厕浴间、厨房、地下、屋面和室内异形结构的防水工程。

（4）反射性丙烯酸水基呼吸型节水节能防水涂料-RM：适用于屋面、墙面防水。能释放室内潮气，抗辐射，降低室温。

（5）水乳型三元乙丙橡胶防水涂料：涂膜厚应≥3mm，涂膜太稠按(自来水：氨水＝100：0.5)稀释。适用于≤150℃环境。

（6）聚氯乙烯(PVC)弹性防水涂料：热塑型、热熔型，适用于屋面、地下、化工车间防水、防腐。板缝、水落管接口嵌缝。

（7）聚氯乙烯(PVC)耐酸防水涂料：低温柔性好，适用于生产酸性化工原料、寒冷地区的屋面、地下、涵洞等防水防腐工程。

（8）聚合物乳液(PEW)建筑防水涂料：单组分、水乳型，适用于屋面、墙面、室内等非长期浸水环境下的防水工程。

（9）普通聚合物水泥(JC)防水涂料：双组分，分Ⅰ、Ⅱ型，Ⅰ型以聚合物为主，用于非浸水环境；Ⅱ型以水泥为主，可长期浸水。

（10）LEAC™丙烯酸聚合物水泥防水涂料：双组分。由特制水泥基粉剂、不同玻璃化温度的丙烯酸乳液等组成。按使用地域、温度、部位的不同，分为华北以南(以北)、-40℃高寒地带、室内、屋面、地下、外墙、水池、隧道、管廊等多种产品型号。

3. 其他橡胶改性沥青防水涂料

主要产品有：溶剂型橡胶沥青防水涂料、水乳型再生橡胶改性沥青防水涂料、水乳型氯丁橡胶改性沥青防水涂料、水乳型丁苯橡胶改性沥青防水涂料、SBS橡胶改性沥青防水胶等。属中、低档防水、防腐蚀涂料。

4.2.2 常用无机防水涂料（材料）

无基防水涂料分为表面结晶型和渗透结晶型两类。该类涂料与水泥砂浆、混凝土具有良好的湿干粘结性、耐磨性和抗穿刺性。适用于主体结构的背(迎)水面和潮湿基层。潮湿基层亦可采用有机、无机复合涂料，先涂水泥基类无机涂料，后涂有机涂料。

1. 表面结晶型防水涂料

以水泥为基料，掺入活性金属阳离子(如氯化金属盐)防水剂，用水搅拌成涂料，涂刷于混凝土或砂浆基层表面，生成不溶性盐晶体，堵塞基层表面毛细孔缝，起到抗渗防水效果，结晶后，金属离子被消耗掉，不能向内部渗透迁移，故称为水泥基表面结晶型防水涂料。指标可参照《砂浆、混凝土防水剂》JC 474执行。

2. 渗透结晶型防水涂料

具有向混凝土或水泥砂浆内部深处渗透结晶的特性，分为水泥基渗透结晶型防水材料和水基(液态)渗透结晶型防水涂料两类。

（1）**水泥基渗透结晶型防水材料**：分为水泥基渗透结晶型防水涂料(C)和水泥基渗透结晶型防水剂(A)(掺在混凝土中使用)两种材料。是以硅酸盐水泥、普硅水泥、石英粉为基料，掺入阳离子型、阴离子型、阴阳离子型或非离子型四类表面活性物质、催化剂，有些还掺有早强剂、减水剂等，外观为粉末状。用不同的水泥作基料，具有不同的渗透特性，贮存期也不同。

1）**水泥基渗透结晶型防水涂料(C)**：将粉料用水搅拌而成。涂布于混凝土基面，或将干粉直接撒布在未完全凝固的混凝土或水泥砂浆基面，再用抹子压入混凝土表层内使用。

2）**水泥基渗透结晶型防水剂(A)**：将防水剂粉末掺入混凝土中或水泥砂浆中一起搅拌、浇筑(铺抹)的外加剂型防水材料。

（2）**水基（液态）渗透结晶型防水涂料**：以水作载体，硅酸钠(水玻璃)为主剂，表面活性剂为助剂，pH≥12，呈强碱性。喷涂施工，不能掺入混凝土或砂浆中使用，以避免增加总碱量，增大AAR(碱集料反应)的危害，否则必须加入抑制AAR反应的抑制剂。

3. 水泥基聚合物改性复合防水材料

在密闭状态下，将不同的聚合物干粉、辅料、水泥、细骨料等搅拌而成。具有良好的抗渗性、粘结性和施工性。铺抹于干燥或潮湿的混凝土基面，厚度达2～3mm，就能满足防水要求；粘贴瓷砖、石材不用浸水，且"防水粘贴一道成活"，缩短工期。

4.3 硬泡聚氨酯保温防水材料

达到一定密度的现场喷涂硬泡聚氨酯既具有保温功能又具有防水功能。按物理性能分为Ⅰ型、Ⅱ型、Ⅲ型三种类型，见表1。

硬泡聚氨酯的类型、密度规定、功能和使用要求　　表1

类型	密度规定	功能	使用要求
Ⅰ型	≥35kg/m³	保温	屋面、外墙、管道保温
Ⅱ型	≥45kg/m³	保温+防水	屋面防水、保温，表面刮抹聚合物抗裂砂浆
Ⅲ型	≥55kg/m³	保温+防水	屋面防水、保温，表面涂刷耐候涂膜保护层

硬泡体的微孔互不连通，表面形成一层致密光滑膜，具有不透水性、不吸湿性和防水保温特性。在额定荷载下不会发生变形，超过时，发生永久性变形，降低或失去防水保温性能。

4.4 金属板材防水材料

重量大，焊接、啮合质量要求高，造价高、防水性能可靠。

4.4.1 金属防水板（即平板）

常用的有碳素结构钢和低合金高强度结构钢。用于民用建筑地下工程时，厚度取3～6mm；用于国防、市政、工业建筑工程时，厚度取8～12mm。板与板之间接缝用E43焊条焊接。板面应进行防腐蚀、防锈处理。

4.4.2 压型金属防水薄板

厚度为0.4～1.2mm。常用作屋面金属防水层。其材质一般有铝镁锰合金板、不锈钢板（卷材）、钛锌板、铜合金板、镀铝锌（彩钢）板、铅、锡、锑金属板等。

4.5 刚性防水材料

4.5.1 种类

有两类。一类是普通防水混凝土、砂浆,由基准材料(水泥、砂、石)浇筑、铺抹而成;另一类是掺外加剂防水混凝土、砂浆,是在基准材料中掺入各类外加剂、掺合料浇筑、铺抹而成。

防水砂浆具有高强度、抗穿刺、湿粘结、无延伸率等特性。屋面工程、外墙工程暴露在外，受日温差、季温差、年温差和干湿交替的影响非常大，由于无延伸性，很容易开裂渗漏，故不宜单独使用，否则应采取掺入化学纤维、聚合物等防开裂措施。

4.5.2 常用基准材料

水泥、砂、石(粗、细骨料)为基准材料,所需规格、品种应符合现行国家规范、标准的规定。

4.5.3 常用外加剂、掺合料

混凝土外加剂具有减水、膨胀、引气、堵塞毛细孔缝等功能;而掺合料(粉煤灰、粒化高炉矿渣、硅粉等)与水泥一起起胶凝作用,适宜配制高强、薄壁、抗渗及各种性能混凝土。胶凝材料是掺合料和水泥的合称。

1. 常用混凝土（砂浆）外加剂

（1）**膨胀剂**：混凝土(砂浆)掺入膨胀剂后，在限位条件下，膨胀能转化为预压应力，可大致抵消干缩时的拉应力，补偿收缩，使混凝土（砂浆）不裂不渗或少裂少渗。加入膨胀剂的混凝土亦称为补偿收缩、膨胀混凝土。常分为以下三个品种：

1）硫铝酸钙类膨胀剂： 与水泥、水拌合后经水化反应生成钙矾石。

2）硫铝酸钙-氧化钙类膨胀剂： 经水化反应生成钙矾石和氢氧化钙。

3）氧化钙类膨胀剂： 经水化反应生成氢氧化钙。

以上2)、3)品种含有氧化钙，如用于地下、水利或长期浸水工程，应做水泥安定性(体积安定性)检验，合格后方可使用，因氧化钙在水泥硬化后才进行熟化，引起混凝土体积膨胀而开裂。

（2）**防水剂**：能适当延长混凝土、砂浆的耐久性,降低静水压力下的透水性。防水剂的品种、性能及适应范围参见表2。

各类防水剂的性能及适用范围 表2

品种	性能及使用范围
无机类化合物	与水泥有相容性，含氯盐，使水泥加快水化硬化，适用于早期就要求具有较好抗渗性的工程，但氯盐会腐蚀钢筋，收缩率也大，故不适用于防水性能较高的工程、水利和钢筋混凝土地下工程
有机类化合物	属憎水性表面活性物质，防水性能较好，但会降低混凝土强度
混合物类	具有有机、无机及有机与无机防水剂的综合性能
复合类	与引气剂合用,能降低混凝土泌水性,并生成大量独立的细小气泡,隔断毛细管细微裂缝,减少混凝土渗水通道,降低沉降量等 与减水剂合用,能减少用水量,改善混凝土和易性,使混凝土更容易振捣密实,更好地发挥防水剂的防水性能

（3）**普通减水剂及高效减水剂**：普通减水剂能减少拌合水用

量,改善和易性,降低水灰比,易于振捣密实,提高抗渗性能,掺量为水泥用量的0.5%～1.0%,宜在气温5℃以上浇筑。高效减水剂引气量较低、缓凝作用小,缩短一半以上蒸养时间,在0℃以上浇筑。

（4）引气剂及引气型减水剂:引气剂能使混凝土产生大量互不连通的微小气泡,减少渗水通道,改善和易性,减少沉降泌水,提高密实性和抗渗性;引气型减水剂具有引气和减水双重特性。

（5）缓凝剂、缓凝减水剂及缓凝高效减水剂:缓凝剂、缓凝减水剂有糖蜜类、木质素磺酸盐类、羟基羧酸及其盐类、无机盐和其他类五类;缓凝高效减水剂由缓凝剂和高效减水剂复合而成。

（6）早强剂及早强减水剂:早强剂有强电解质无机盐类、水溶性有机化合物类、其他类三类;早强减水剂由早强剂和减水剂复合而成。危害人体健康及侵害混凝土结构的剂型严禁使用。

（7）防冻剂:有强电解质无机盐类、水溶性有机化合物类、有机化合物和无机盐类复合类、复合型防冻剂四类。危害人体健康及侵害混凝土结构的产品严禁使用。

（8）泵送剂:由普通(或高效)减水剂、缓凝剂、引气剂和保塑剂复合而成,其质量应符合现行标准规定。

（9）速凝剂:有粉状速凝剂和液体速凝剂两类,在喷射混凝土工程中被广泛采用。

（10）水泥基渗透结晶型防水剂:即"水泥基渗透结晶型防水剂（A）。

2. 常用混凝土掺合料

（1）粉煤灰:可改善混凝土抗化学侵蚀,而强度发展较慢,故掺量以20%～30%为宜;对水胶比较敏感,在低水胶比(0.40～0.45)时才能充分发挥作用。用于防水工程时,级别不应低于二级。

（2）硅粉:可明显提高混凝土强度和抗化学侵蚀,随着掺量的增加,需水量也增加,使混凝土收缩量增大,降低抗渗性,当掺量＞8%时,强度随即降低,故掺量不宜过高,以2%～5%为宜。

4.6 建筑密封、止水材料

4.6.1 建筑密封材料

1. 按接缝类型分类 G类(用于玻璃接缝);F类(建筑接缝)。

2. 按原材料、固化机理、施工性不同分类

（1）油性类:具有可塑性,如防水油膏、油灰腻子等;

（2）溶剂型:如丁基、氯基、氯磺化橡胶建筑密封膏等;

（3）热塑性或热熔型:如聚氯乙烯建筑防水接缝材料;

（4）水乳型:如丙烯酸酯建筑密封膏等;

（5）化学反应剂:如硅酮、聚氨酯、聚硫密封膏等。

3. 分级 按密封材料在接缝中位移能力的大小进行分级,见表3所示。

不定型建筑密封材料（胶、膏）的分级 表3

级别	试验拉压幅度(%)	位移能力(%)	级别	试验拉压幅度(%)	位移能力(%)
25	±25	25	12.5	±12.5	12.5
20	±20	20	7.5	±7.5	7.5

注: 1. 25级和20级适用于G类和F类,12.5级和7.5级只适用于F类密封材料;
2. 25级和20级密封材料按拉伸模量分为:低模量(LM);高模量(HM);
3. 高模量测试温度规定值:+23℃时,≥0.4N/mm²;-20℃时,≥0.6N/mm²;
4. 高模量测试温度规定值:+23℃时,≥0.4N/mm²;-20℃时,≥0.6N/mm²;
5. 12.5级按弹性恢复率分为:弹性体(E),≥40%;塑性体(P),<40%;
6. 建筑接缝用密封材料（F）分级为:25级:25LM、25HM;20级:20LM、20HM;12.5级:12.5E、12.5P;7.5级:7.5P。

4. 按用途分类

（1）混凝土接缝密封膏:为弹性体或塑性体,有反应型、水乳型、溶剂型等。用于垂直接缝为N型，用于水平接缝为L型等。

（2）石材用(或承受荷载接缝)建筑密封膏：以化学反应、聚合物为主，如硅酮、聚氨酯、聚硫及其改性胶，有25级、20级、12.5级。

（3）彩色涂层钢板用建筑密封膏：为化学反应非下垂耐候型。有25级、20级、12.5级与低模量（LM）级和高模量(HM)级。

5. 按聚合物不同分类

（1）建筑防水嵌缝油膏：适用于混凝土屋面、墙板接缝、构件接缝、缝隙、孔洞嵌缝密封。

（2）聚氯乙烯(PVC)建筑防水接缝材料：适用于建、构筑物接缝。采用热熔、热塑或先制成嵌缝条后再热熔嵌填施工。

（3）氯磺化聚乙烯建筑密封膏：适用于装配式外墙板、屋面、混凝土变形缝、门窗框四周缝隙、玻璃安装工程，多种颜色。

（4）丙烯酸酯建筑密封膏：适用于屋面板、楼板、墙板、门窗框四周与墙体接缝、缝隙的嵌缝密封防水。

（5）硅酮建筑密封膏：耐候性好。分G类、F类，A型(酸性)、N型(中性)，高模量用于背水面建筑接缝，低模量用于迎水面接缝。

（6）聚氨酯建筑密封胶：分非下垂型(N)、自流平型(L)，适用于各类室内外板缝、管道、水池、桥涵、机场跑道嵌缝密封。

（7）聚硫建筑密封膏：分非下垂型(N)、自流平型(L)，适用于预制混凝土、屋面、幕墙、中空玻璃中间层、池槽接缝密封。

4.6.2 止水材料

1. 遇水膨胀止水橡胶、腻子、胶　利用遇水膨胀特性止水。

（1）遇水膨胀橡胶：　具有橡胶特性的遇水膨胀止水材料。

1）橡胶型(制品性)遇水膨胀止水条：　广泛用于建、构筑物变形缝、施工缝、穿墙管道、盾构管片接缝、管廊接口、接头、

箱涵、水利、水电、市政工程接缝、缝隙的止水密封等。

2）预埋注浆管型遇水膨胀橡胶止水条：将预埋注浆技术与遇水膨胀止水技术合为一体。先行膨胀止水，万一渗漏再注浆堵漏。

（2）腻子型遇水膨胀止水条：　遇水膨胀后成腻子形状。

（3）遇水膨胀止水胶：膏状体遇水膨胀后成橡胶状弹性体。施工时，用嵌缝枪挤在建、构筑物不规则接缝、钢筋、管线四周。

2. 止水带　用于伸缩缝、变形缝、施工缝、诱导缝、各类拼接缝止水，为定型产品，有塑料、橡胶、钢边橡胶止水带，见图Ⓐ：

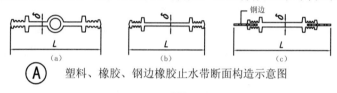

Ⓐ　塑料、橡胶、钢边橡胶止水带断面构造示意图

4.7　瓦

4.7.1　烧结瓦、混凝土瓦

烧结瓦(由无机非金属原料烧结而成)和混凝土瓦统称为平瓦。

4.7.2　沥青瓦

以玻璃纤维毡为主要胎基，浸渍、涂盖改性沥青而成。

4.7.3　金属瓦

以金属板为基材，辊压、冲压成型，表面喷漆或粘矿物粒。

4.7.4　曲面薄膜太阳能发电瓦

具有发电、隔热、保温、防水、抗冰雹、防风、防雷击等功能，既美观又节能。是现代科技赋予"秦砖汉瓦"以新能源生命力，应广泛推广应用。

4.8　堵漏、注浆材料

4.8.1　堵漏材料

1. 无机堵漏材料　由硅酸盐(或特种)水泥、速凝剂、助剂等

构成，分单、双组分，有涂抹、嵌填两种产品。

2. 有机堵漏材料 高分子材料遇水后发生聚合反应，形成有弹性、不溶于水的固体，有的还具有微膨胀特性。

4.8.2 注浆材料

分无机、有机两种材料。无机注浆材料广泛用于加固地基工程，有机注浆材料应选用符合环保要求的无毒、不易燃烧的材料。

5 滤水、排（蓄）水、渗水材料

屋面工程、种植屋面、地下工程、隧道工程、水利、市政等工程常用到滤水、排（蓄）水、渗水材料，这些材料大致有：

1. 高分子滤水、排（蓄）水材料（重量轻，容易搬运）

（1）过滤层材料：聚酯无纺布、丙纶或涤纶布，即土工布。

（2）高分子排（蓄）水板：用聚苯、高密度聚乙烯、橡胶板等制成的表面有纵横分布的小凸缘、蜂窝形、圆形等具有单独排水或排水、蓄水兼有的板材。

（3）高分子塑料网：置于排水板和过滤层之间，托举过滤层。

2. 无机排水、渗水材料（体量大、笨重，不易搬运）

（1）天然排、渗、滤水材料：卵石、碎石、细石、砂子等。

（2）制品型排水管：无砂混凝土管、打孔混凝土、塑料管。

（3）干摆成型排水盲沟管：用砌块、石块干摆成盲沟。

6 防水卷材、防水涂料、防水砂浆、密封材料施工、适用要点

6.1 防水卷材施工、适用要点

卷材通过热熔、冷粘、湿铺、自粘、预铺反粘、冷热结合、热风（楔）焊、机械固定等方法进行铺贴。粘结方式如下：

1. 满粘法铺贴 适用于外露、基层不易开裂的防水工程。

通过热熔、涂刷胶粘剂、自粘、湿铺等方法将卷材完全粘贴在基层上，但需在容易开裂、位移的阴阳角等部位进行空铺。

2. 条粘法铺贴 适用于有重物覆盖、基层易开裂的防水工程。

卷材与基层进行条状粘结，大多用于1m幅宽卷材，每幅卷材与基层粘结面不少于两条，每条宽度≥150mm，卷材搭接边应满粘。

3. 点粘法铺贴 适用于有重物覆盖、基层易开裂的防水工程。

卷材与基层进行点状粘结，每平方米≥5个粘结点，每个粘结点面积≥100mm×100mm方形或≥φ100圆形，搭接边应满粘。

4. 空铺法铺贴 适用于有重物覆盖、基层易开裂的防水工程。

卷材与平面基层不粘结。用于屋面工程时，其周边除阴阳角外的800mm范围内应进行满粘，收头部位用钢钉、压条钉压固定。

5. 机械固定法铺贴 适用于钢结构屋面防水工程。

1）穿孔机械固定法 在屋面基层，采用专用金属垫片或压条，通过螺钉穿过热塑性防水卷材进行固定。

2）非穿孔机械固定法（一） 用螺钉将金属垫片（表面有热塑性镀层）固定于屋面基层，再采用电磁感应机，对热塑性防水卷材和热塑性镀层垫片进行加热、熔融、镇压、粘结固定。

3）非穿孔机械固定法（二） 将条带（两侧预涂或后涂胶粘剂）用钢钉、垫片（或压条）固定于屋面基层，再粘结卷材，类似于条粘。

6. 搭接缝施工规定 平行屋脊铺贴的卷材搭接缝应顺流水方向，垂直屋脊铺贴的卷材搭接缝应顺年最大频率风向；同层相邻两幅卷材的短边搭接缝应错开≥500mm；上下层卷材长边搭接缝应错开≥1/3幅宽；天沟部位应采用通长卷材，搭接边留在侧面。

6.2 防水涂料施工、适用要点

防水涂料采用喷涂、涂刷(滚、刮)进行施工。水乳型、溶剂型涂料采用喷涂或滚涂施工;反应型涂料采用刮涂或喷涂施工;热熔型、聚合物水泥防水涂料采用刮涂施工;细部构造部位采用涂刷或喷涂施工。

1. 喷涂施工 通过专用喷涂设备进行喷涂施工。除适用于轻型屋面外,更适用于隧道粗糙基面的初次衬砌及大面积工程。

2. 滚涂施工 采用长把柔性滚刷进行滚涂施工。适用于平整的大面积工程。

3. 涂刷、涂刮施工 采用油漆刷、刮板进行涂布施工。适用于室内、狭窄、凹凸不平的工程。

4. 铺贴胎体增强材料 胎体增强材料应采用聚酯无纺布或化纤无纺布;胎体应被涂料浸透,不得外露,最上面的涂膜厚度应≥1.0mm,并与涂料粘结牢固;相邻胎体长边搭接宽度应≥50mm,短边搭接宽度应≥70mm;上下层胎体不得相互垂直铺贴,长边搭接缝应错开≥1/3幅宽。

6.3 复合防水层施工、适用要点

卷材与卷材复合时,材性应相容,上下层应满粘;卷材与涂膜复合时,材性应相容,且涂膜防水层应设置在卷材防水层下面;防水涂料作为卷材胶粘剂使用时,性能应符合卷材胶粘剂规定;挥发固化型防水涂料不得作为卷材粘结材料使用;水乳型或合成高分子类涂料不得与热熔型卷材复合使用;水乳型或水泥基类涂料应待涂膜实干后再铺贴卷材;卷材、涂膜复合防水层应分别符合各自的施工规定;复合防水层适用于重要的一级防水工程。

6.4 水泥砂浆防水层施工、适用要点

防水砂浆采用铺抹、喷涂、抹压施工。掺外加剂、防水剂、掺合料防水砂浆和聚合物防水砂浆只需一、两遍成活;普通防水砂浆通过交替铺抹水泥素浆、水泥砂浆工序,共需五遍成活;铺抹时应压实、抹平,表面应提浆压光,使其致密。

水泥砂浆防水层对基层的要求:混凝土的强度等级应≥C15,砌体结构砌筑用的砂浆强度等级应≥M7.5。地下工程、水池、水利工程可在迎水面或背水面设防。不适用于有侵蚀性介质、持续振动和温度＞80℃的高温工程。

6.5 密封材料施工、适用要点

改性沥青密封材料冷嵌时,宜分次嵌填,并防止裹入空气,热灌时,应由下向上灌注,并应减少接头;合成高分子密封材料可用挤出枪嵌填,由底部逐渐充满接缝,表干前用腻子刀修整;嵌填深度:迎水面约为缝宽的50%～70%,并采用低模量密封材料,背水面约为缝宽的2倍,并采用高模量密封材料,用＞20%缝宽的防粘背衬材料调节深度。按接缝位移、非位移、暴露程度选用密封材料。

7 制图、选用、计量与索引说明

1. 制图 为清晰地表明详图中的细微部分,采用了不按比例绘制的局部夸张方法。绘制中充分利用了图页中的空白部分,为标注方便,上下行排列紧凑,常采用 Ⓧ 表示本页详图号。

2. 选用 设计和施工人员应共同参与详图选用,这对保证防水工程质量、治理渗漏、洽商变更极为有利。

3. 多道设防 每道都必须自成体系地成为独立的防水层。

4. 计量方法 本图集除注明尺寸单位外,均以mm计。

5. 附加防水层 附加层和增强层视叙述习惯,各章节没统一。

6. 索引方法

B. 屋面工程防水

目录

说明

1. 屋面工程防水设计应遵循"保证功能、结构合理、防排结合、优选用材、美观耐用"的原则。

2. 应具有排除、阻止雨雪水侵入、保温、隔热功能；能适应主体结构的受力变形和温差变形，能承受风、雪荷载的作用。

3. 屋面工程构造层次一般应包括结构层、找坡层、找平层、隔汽层、保温层、防水层、隔离层、保护层等。基本构造层次见表B-1。

图名	屋面工程 防　水	目录、说明（一）	分图页	B-01
			总图页	15

屋面工程基本构造层次　　　　　　　　　表B-1

屋面类型		基本构造层次（自上而下）
卷材、涂膜屋面	防水层正置	保护层、隔离层、防水层、找平层、保温层、找平层、找坡层、结构层
	防水层倒置	保护层、保温层、防水层、找平层、找坡层、结构层
	种植屋面	种植隔热层、保护层、耐根穿刺防水层、防水层、找平层、保温层、找平层、找坡层、结构层
	架空隔热	架空隔热层、防水层、找平层、保温层、找平层、找坡层、结构层
	蓄水隔热	蓄水隔热层、隔离层、防水层、找平层、保温层、找平层、找坡层、结构层
瓦屋面	块瓦屋面	块瓦、挂瓦条、顺水条、持钉层、防水层或防水垫层、保温层、结构层
	沥青瓦屋面	沥青瓦、持钉层、防水层或防水垫层、保温层、结构层
金属板屋面	单层金属板	压型金属板、防水垫层、保温层、承托网、支承结构
	双层金属板	上层压型金属板、防水垫层、保温层、底层压型金属板、支承结构
	金属夹芯板	金属面绝热夹芯板、支承结构
玻璃采光顶	框架支承	玻璃面板、金属框架、支承结构
	点支承	玻璃面板、点支承装置、支承结构
玻璃钢采光顶	马鞍形板屋面	玻璃钢采光带、预埋连接固件、马鞍形屋面板
	拱形玻璃钢板屋面	拱形玻璃钢板、支承龙骨、采光带龙骨、支承结构

注：1. 表中结构层包括混凝土和木基层；防水层包括卷材和涂膜防水层；保护层包括块体材料、水泥砂浆、细石混凝土保护层；
　　2. 有隔汽要求的屋面，应在保温层与结构层之间设置隔汽层。

4. 节能建筑屋面是整个建筑节能技术重要的组成部分，在保证屋面使用功能的前提下，合理有效地采取节能措施，可节约能源，提高人类居住水平。具体措施可采取表B-2所列的构造层次。

节能建筑屋面构造层次　　　　　　　　　表B-2

序号	类别	屋面构造层次（自上而下）
1	防水、保温上人屋面	使用面层、隔离层、防水层、找平层、找坡层、保温层、结构层
2	防水、保温隔汽上人屋面	使用面层、隔离层、防水层、找平层、找坡层、保温层、隔汽层、找平层、结构层
3	防水、保温不上人屋面	保护层、隔离层、防水层、找平层、找坡层、保温层、结构层
4	防水、隔汽、保温不上人屋面	保护层、隔离层、防水层、找平层、找坡层、保温层、隔汽层、找平层、结构层
5	保温层在防水层之上不上人屋面	保护层、保温层、防水层、找平层、找坡层、结构层
6	防水、保温、架空隔热屋面	架空隔热层、保护层、隔离层、防水层、找平层、找坡层、保温层、结构层
7	防水、保温、蓄水隔热屋面	蓄水隔热层、保护层、隔离层、防水层、找平层、找坡层、保温层、结构层
8	防水、保温、种植隔热屋面	种植层、种植土层、过滤层、排（蓄）水层、耐根穿刺防水层、普通防水层、找平层、找坡层、保温层、结构层
9	混凝土瓦或烧结瓦保温屋面	瓦材、挂瓦条、顺水条、防水垫层、持钉层、保温层、结构层
10	沥青瓦保温屋面	沥青瓦、防水垫层、持钉层、保温层、结构层
11	单层金属板保温屋面	压型金属板、固定支架、防水垫层、保温层、隔汽层、承托网、型钢檩条
12	双层金属板保温屋面	上层压型金属板、防水垫层、保温层、隔汽层、型钢附加檩条、底层压型金属板、型钢主檩条

5. 在选用本图集进行屋面工程防水设计和施工时尚应符合下列规定：

（1）屋面工程防水等级和设防要求（见表B-3）

屋面工程防水等级和设防要求　　　　　　　表B-3

防水等级	建筑类别	设防要求
I 级	重要建筑和高层建筑	两道防水设防
II 级	一般建筑	一道防水设防

（2）找平层厚度和技术要求（见表B-4）

找平层厚度和技术要求　　　　　表B-4

找平层分类	适用基层	厚度（mm）	技 术 要 求
水泥砂浆找平层	整体现浇混凝土板	15～20	1：2.5水泥砂浆
	整体材料保温层	20～25	
细石混凝土找平层	装配式混凝土板	30～35	C20细石混凝土，宜加钢筋网片
	板状材料保温层		C20细石混凝土

（3）保温层及其材料要求、试件相对含水率（见表B-5、表B-6）

保温层及其材料要求　　　　　表B-5

保温层名称	保温材料
板状材料保温层	聚苯乙烯泡沫塑料、硬质聚氨酯泡沫塑料、酚醛树脂板、膨胀珍珠岩制品、泡沫玻璃制品、加气混凝土砌块、泡沫混凝土砌块、泡沫水泥、玻化微珠保温砂浆等
纤维材料保温层	玻璃棉制品、岩棉、矿渣棉制品、陶瓷纤维、硅酸铝纤维棉等
整体材料保温层	喷涂硬泡聚氨酯、现浇泡沫混凝土（保温砂浆）等

保温材料试件相对含水率的确定　　　　　表B-6

当地年平均相对湿度	相 对 含 水 率
湿度＞75%	45%
中等湿度50%～75%	40%
干燥＜50%	35%

（4）卷材、涂膜屋面防水等级和防水做法的规定（见表B-7）

卷材、涂膜屋面防水等级和防水做法　　　表B-7

防水等级	防 水 做 法
Ⅰ级	卷材防水层和卷材防水层、卷材防水层和涂膜防水层、复合防水层
Ⅱ级	卷材防水层、涂膜防水层、复合防水层

注：在Ⅰ级屋面防水设防中，防水层仅作单层卷材时，应符合有关单层防水卷材屋面技术的规定。

（5）每道卷材防水层最小厚度的规定（见表B-8）

每道卷材防水层最小厚度（mm）　　　表B-8

防水等级	合成高分子防水卷材	高聚物改性沥青防水卷材		
		聚酯胎、玻纤胎、聚乙烯胎	自粘聚酯胎	自粘无胎
Ⅰ级	1.2	3.0	2.0	1.5
Ⅱ级	1.5	4.0	3.0	2.0

（6）每道涂膜防水层最小厚度的规定（见表B-9）

每道涂膜防水层最小厚度（mm）　　　表B-9

防水等级	合成高分子防水涂膜	聚合物水泥防水涂膜	高聚物改性沥青防水涂膜
Ⅰ级	1.5	1.5	2.0
Ⅱ级	2.0	2.0	3.0

（7）复合防水层最小厚度的规定（见表B-10）

复合防水层最小厚度（mm）　　　表B-10

防水等级	合成高分子防水卷材＋合成高分子防水涂膜	自粘聚合物改性沥青防水卷材（无胎）＋合成高分子防水涂膜	高聚物改性沥青防水卷材＋高聚物改性沥青防水涂膜	聚乙烯丙纶防水卷材＋聚合物水泥防水粘结料	喷涂速凝橡胶沥青防水涂料＋聚乙烯丙纶防水卷材＋聚合物水泥防水粘结料
Ⅰ级	1.2＋1.5	1.5＋1.5	3.0＋2.0	(0.7＋1.3)×2	2.0＋0.8＋1.3
Ⅱ级	1.0＋1.0	1.2＋1.0	3.0＋1.2	0.7＋1.3	

（8）附加防水层最小厚度的规定（见表B-11）

附加防水层最小厚度　　　　　表B-11

防水材料名称	附加层最小厚度（mm）
合成高分子防水卷材	1.2
高聚物改性沥青聚酯胎防水卷材	3.0
合成高分子防水涂料、聚合物水泥防水涂料	1.2
高聚物改性沥青防水涂料	2.0

注：涂膜附加层宜夹铺胎体增强材料。

（9）防水卷材搭接宽度要求（见表B-12）

防水卷材搭接宽度(mm)　　　表B-12

卷材类别		搭接宽度	卷材类别		搭接宽度
高聚物改性沥青防水卷材	胶粘剂	100	合成高分子防水卷材	胶粘剂	80
				胶粘带	50
	自粘	80		单缝焊	60,有效焊接宽度≥25
				双缝焊	80,有效焊接宽度10×20＋空腔宽

（10）密封材料按位移、非位移、暴露程度选用（见表B-13）

屋面接缝密封材料选用技术要求　　　表B-13

位移性质	密封部位、接缝种类	密封材料选用
位移接缝	混凝土面层分格接缝	改性石油沥青、合成高分子密封材料
	块体面层分格缝	改性石油沥青、合成高分子密封材料
	采光顶玻璃接缝	硅酮耐候密封胶
	采光顶周边接缝	合成高分子密封材料
	采光顶隐框玻璃与金属框接缝	硅酮结构密封胶
	采光顶明框单元板块间接缝	硅酮耐候密封胶
非位移接缝	高聚物改性沥青卷材收头	改性石油沥青密封材料
	合成高分子卷材收头及接缝封边	合成高分子密封材料
	混凝土基层固定件周边接缝	改性石油沥青、合成高分子密封材料
	混凝土构件间接缝	改性石油沥青、合成高分子密封材料

（11）保护层材料适用范围和技术要求（见表B-14）

保护层材料适用范围和技术要求　　　表B-14

序号	保护层材料	适用范围	技术要求
1	浅色涂料	不上人屋面	丙烯酸系反射涂料
2	铝箔	不上人屋面	0.05厚铝箔反射膜
3	矿物粒料	不上人屋面	不透明的矿物粒料,粘结剂粘牢
4	水泥砂浆	不上人屋面	20厚1：2.5或M15水泥砂浆
5	块体材料	上人屋面	地砖或30厚C20细石混凝土预制块
6	细石混凝土	上人屋面	40厚C20细石混凝土
7	配筋细石混凝土	上人屋面	40～60厚C20细石混凝土(φ4@100双向钢筋网片)
		停车行车屋面	80～100厚C30细石混凝土(φ4@100双向钢筋网片)

（12）隔离层材料的适用范围和技术要求（见表B-15）

隔离层材料适用范围和技术要求　　　表B-15

隔离层材料	适用范围(保护层材料)	技术要求
塑料膜	块体材料、水泥砂浆	0.4厚聚乙烯膜或3厚发泡聚乙烯膜
土工布	块体材料、水泥砂浆	200g/m²聚酯无纺布
卷材	块体材料、水泥砂浆	低档防水卷材一层
低强度等级砂浆	细石混凝土保护层	10厚黏土砂浆,石灰膏：砂：黏土＝1：2.4：3.6
		10厚石灰砂浆,石灰膏：砂＝1：4
		5厚掺有纤维的石灰砂浆

（13）瓦屋面防水等级和防水做法要求（见表B-16）

瓦屋面防水等级和防水做法　　　表B-16

防水等级	防水做法	防水等级	防水做法
Ⅰ级	瓦＋防水层	Ⅱ级	瓦＋防水垫层

（14）防水垫层最小厚度和搭接宽度的规定（见表B-17）

防水垫层最小厚度和搭接宽度　　　表B-17

防水垫层品种	最小厚度（mm）	搭接宽度（mm）
自粘聚合物沥青防水垫层	1.0	80
聚合物改性沥青防水垫层	2.0	100

（15）金属板屋面防水等级和防水做法要求（见表B-18）

金属板屋面防水等级和防水做法　　　表B-18

防水等级	防水做法	防水等级	防水做法
Ⅰ级	压型金属板＋防水垫层	Ⅱ级	压型金属板、金属面绝热夹芯板

注：1.防水等级为Ⅰ级时,压型铝合金板基板厚应≥0.9；压型钢板基板厚应≥0.6；
　　2.防水等级为Ⅰ级时,压型金属板应采用360°咬口锁边连接方式；
　　3.Ⅰ级屋面设防,仅作压型金属板时,应符合《金属压型板应用技术规范》规定。

（16）压型金属板纵向最小搭接长度的规定（见表B-19）

压型金属板纵向最小搭接长度的规定　　　表B-19

压型金属板		纵向最小搭接长度（mm）
高波压型金属板		350
低波压型金属板	屋面坡度<10%	250
	屋面坡度≥10%	200
墙面		120

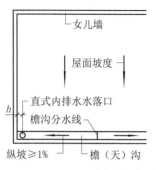

① 平屋面单面找坡
有组织排水

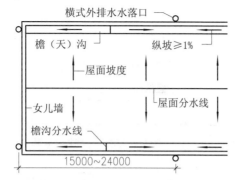

② 平屋面双面双侧分水找坡
有组织排水

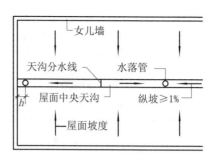

③ 屋面中央天沟双面找坡
有组织排水

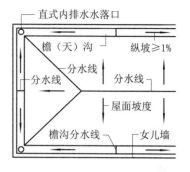

④ 平屋面四面分水找坡
有组织排水

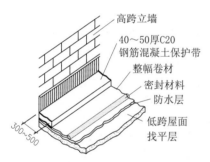

⑤ 高低跨屋面低跨受水部位
设置刚性板材保护带

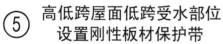

⑥ 水落管下设置
水簸箕

注：1. 有组织排水宜采用雨水收集系统，为建立海绵城市提供更多的水源。

2. 高层、高跨屋面宜采用内排水；多层建筑屋面宜采用有组织外排水。

3. 低层建筑及檐口高度小于10m的屋面，可采用无组织排水。

4. 多跨及汇水面积较大的屋面宜采用天沟排水，天沟找坡较长时，宜采用中间内排水和两端外排水。

5. 采用重力式排水的屋面，每个汇水面积内的排水立管不宜少于2根。

6. 固定水落管的金属件根部与墙体之间缝隙应用密封材料封严。

7. 暴雨地区及大型屋面宜采用虹吸式雨水排水系统。

8. 严寒地区应采用内排水，寒冷地区宜采用内排水。

9. 湿陷性黄土地区宜采用有组织排水，并应将雨雪水直接排至排水管网。

10. 檐沟、天沟净宽不应小于300mm，分水线处最小深度不应小于100mm；沟底水落差不得超过200mm，钢筋混凝土檐沟、天沟沟底纵向坡度不应小于1%，金属檐沟、天沟的纵向坡度宜为0.5%。

11. 檐沟、天沟排水不得流经变形缝、防火墙。

12. 坡屋面檐口宜采用有组织排水，檐沟和水落斗可采用金属或塑料成品，金属制品及配件应做防锈处理。

13. 天(檐)沟内水落口应置于沟底中央，水落口中心线距端部女儿墙内边距离h及无天(檐)沟平屋面直式水落口中心线距女儿墙内边距离由设计定，一般不宜小于500mm。

图名	屋面工程排水设计	分图页	B-1
		总图页	19

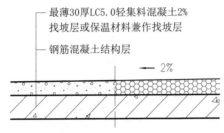

钢筋混凝土结构层找坡，坡度不应小于3%

钢筋混凝土结构层

→ ≥3%

① 结构找坡

最薄30厚LC5.0轻集料混凝土2%
找坡层或保温材料兼作找坡层

钢筋混凝土结构层

→ 2%

② 材料找坡

15～20厚1:2.5水泥砂浆找平层

整体现浇钢筋混凝土板

（a）整体现浇钢筋混凝土板基层

20～25厚1:2.5水泥砂浆找平层

整体材料保温层

（b）整体材料保温层基层

③ 水泥砂浆找平层

30～35厚细石混凝土找平层
（宜加φ4～φ6@100～200
双向钢筋网片）

装配式钢筋混凝土板

（a）装配式钢筋混凝土板基层

30～35厚细石混凝土找平层
（宜加φ4～φ6@100～200
双向钢筋网片）

板状材料保温层

（b）板状材料保温层基层

④ 细石混凝土找平层

找平层厚度和技术要求　　　　表B-20

找平层分类	适用基层	厚度(mm)	技术要求
水泥砂浆找平层	整体现浇钢筋混凝土板	15～20	1:2.5水泥砂浆
	整体材料保温层	20～25	
细石混凝土找平层	装配式钢筋混凝土板	30～35	C20细石混凝土，宜加钢筋网片
	板状材料保温层		C20细石混凝土

注：1. 钢筋混凝土结构层宜采用结构找坡，坡度不应小于3%。
　2. 当采用轻质材料找坡时，可采用发泡水泥、泡沫混凝土、加气混凝土、泡沫玻璃等无机材料，也可采用聚苯板、发泡聚氨酯板、泡沫酚醛树脂板、泡沫脲醛树脂板、泡沫橡胶板、钙塑绝热板等有机材料。
　3. 细石混凝土找平层中宜设置具有一定强度、耐久性良好的塑料网片或直径为φ4～φ6，纵横间距为100～200mm的钢筋网片。
　4. 保温层上的找平层应留设分格缝，缝宽宜为5～20mm，纵横缝间距不宜大于6m。
　5. 对于随浇随抹整体现浇混凝土，如其表面平整度达到设置防水层的要求，则可直接进行防水层施工，无需另设找平层。
　6. 找平层厚度和技术要求见表B-20。

图名 屋面工程 找坡层找平层 设计

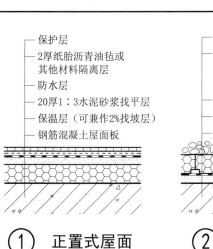

保护层
2厚纸胎沥青油毡或其他材料隔离层
防水层
20厚1:3水泥砂浆找平层
保温层（可兼作2%找坡层）
钢筋混凝土屋面板

① **正置式屋面**

保护层
保温层（板材下部纵向边缘设排水凹槽、刚性材料下设隔离层）
防水层
20厚1:3水泥砂浆找平层
钢筋混凝土屋面板（找坡≥3%）
排水凹槽

② **倒置式屋面**

防水层
20厚1:3水泥砂浆找平层
轻集料混凝土2%找坡层
保温层
隔汽层
20厚1:3水泥砂浆找平层
钢筋混凝土屋面板

（a）隔汽层与防水层分离设置

以上按工程设计
挤塑聚苯乙烯泡沫塑料保温层
防水层 } 两者材性应相容
隔汽层
20厚1:3水泥砂浆找平层
钢筋混凝土屋面板（找坡≥3%）

（保温层倒置）
（b）隔汽层与防水层相邻设置

③ **隔汽层与防水层**

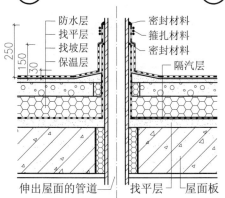

防水层
找平层
找坡层
保温层
密封材料
箍扎材料
密封材料
隔汽层
伸出屋面的管道
找平层
屋面板

④ **隔汽层与防水层搭接**

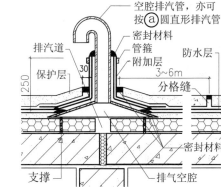

空腔排汽管，亦可按ⓐ圆直形排汽管
密封材料
管箍
附加层
防水层
排汽道
保护层
分格缝
支撑
排气空腔
密封材料

⑤ **空腔排汽管构造**

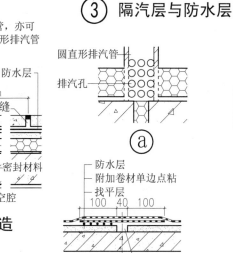

圆直形排汽管
排汽孔

ⓐ

防水层
附加卷材单边点粘
找平层
排汽道

⑥ **分格缝兼作排汽道**

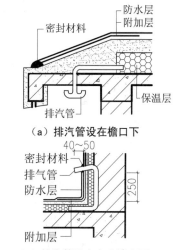

防水层
附加层
密封材料
保温层
排汽管

（a）排汽管设在檐口下

密封材料
排气管
防水层
附加层

（b）排汽管设在女儿墙立面

⑦ **排汽管出口设置方法**

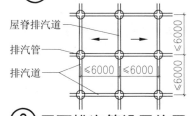

屋脊排汽道
排汽管
排汽道

⑧ **屋面排汽管设置位置**

注：1. 保温材料可按当地屋面所需传热系数或热阻选择板状保温材料、纤维保温材料或整体保温材料。并应符合施工要求。
2. 当室内湿气有可能透过屋面结构进入保温层时，应设隔汽层，并应与防水层搭接，搭接宽度应≥150。
3. 找平层设置的分格缝可兼作排汽道⑥。

图名 **屋面工程** 保温层 隔汽层 排汽道 排汽管 **设计**

分图页 **B-3**
总图页 **21**

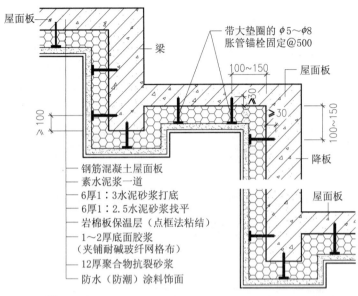

屋面板

带大垫圈的 $\phi5 \sim \phi8$
胀管锚栓固定@500

梁

屋面板

100~150

≥30

≥100

≥30

100~150

降板

屋面板

钢筋混凝土屋面板
素水泥浆一道
6厚1：3水泥砂浆打底
6厚1：2.5水泥砂浆找平
岩棉板保温层（点框法粘结）
1～2厚底面胶浆
（夹铺耐碱玻纤网格布）
12厚聚合物抗裂砂浆
防水（防潮）涂料饰面

① 岩棉板保温层屋面、梁、板内保温做法

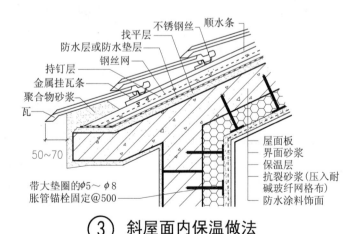

不锈钢丝 顺水条
找平层
防水层或防水垫层
钢丝网
持钉层
金属挂瓦条
聚合物砂浆
瓦

50~70

带大垫圈的 $\phi5 \sim \phi8$
胀管锚栓固定@500

屋面板
界面砂浆
保温层
抗裂砂浆（压入耐
碱玻纤网格布）
防水涂料饰面

③ 斜屋面内保温做法

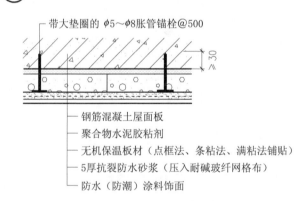

带大垫圈的 $\phi5 \sim \phi8$胀管锚栓@500

≥30

钢筋混凝土屋面板
满涂丙烯酸酯乳液复合
胶粘剂（或界面砂浆）
A级防火保温材料保温层
喷涂丙烯酸乳液界面剂
5厚聚合物抗裂砂浆
（夹铺耐碱玻纤网格布）
防水（防潮）涂料饰面

② EPS或XPS板平屋面内保温做法

带大垫圈的 $\phi5 \sim \phi8$胀管锚栓@500

≥30

钢筋混凝土屋面板
聚合物水泥胶粘剂
无机保温板材（点框法、条粘法、满粘法铺贴）
5厚抗裂防水砂浆（压入耐碱玻纤网格布）
防水（防潮）涂料饰面

④ 无机保温板平屋面内保温做法

注：1.凡梁、板、孔、洞、边角收口部位均应用耐碱玻纤网格布作翻包处理。
2.无机保温板材包括发泡水泥保温板、防火保温板、泡沫混凝土等。

图名 **屋面工程内保温防水设计**

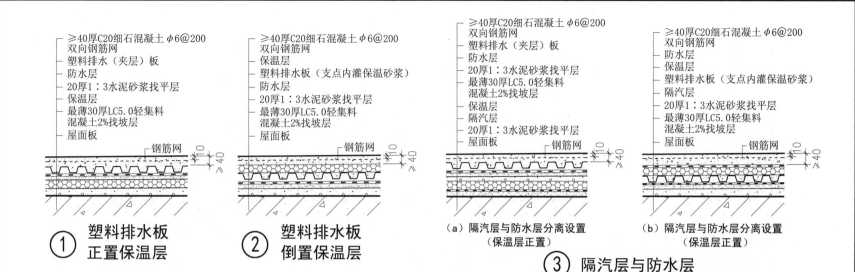

① 塑料排水板
正置保温层

≥40厚C20细石混凝土 φ6@200
双向钢筋网
塑料排水（夹层）板
防水层
20厚1：3水泥砂浆找平层
保温层
最薄30厚LC5.0轻集料
混凝土2%找坡层
屋面板
钢筋网

② 塑料排水板
倒置保温层

≥40厚C20细石混凝土 φ6@200
双向钢筋网
保温层
塑料排水板（支点内灌保温砂浆）
防水层
20厚1：3水泥砂浆找平层
最薄30厚LC5.0轻集料
混凝土2%找坡层
屋面板
钢筋网

③ 隔汽层与防水层

（a）隔汽层与防水层分离设置
（保温层正置）

≥40厚C20细石混凝土 φ6@200
双向钢筋网
塑料排水（夹层）板
防水层
20厚1：3水泥砂浆找平层
最薄30厚LC5.0
混凝土2%找坡层
保温层
隔汽层
20厚1：3水泥砂浆找平层
屋面板
钢筋网

（b）隔汽层与防水层分离设置
（保温层正置）

≥40厚C20细石混凝土 φ6@200
双向钢筋网
防水层
保温层
塑料排水板（支点内灌保温砂浆）
隔汽层
20厚1：3水泥砂浆找平层
最薄30厚LC5.0轻集料
混凝土2%找坡层
屋面板
钢筋网

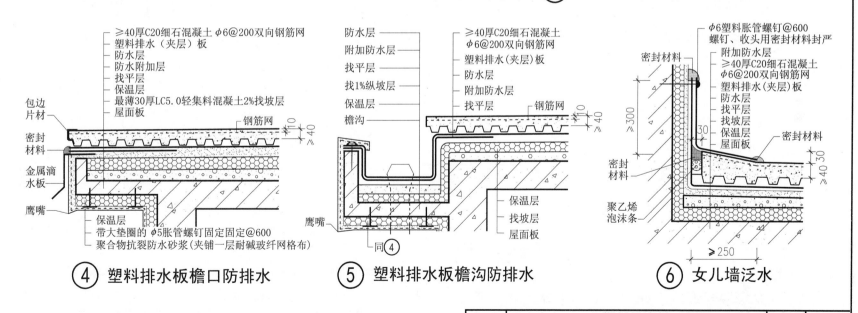

④ 塑料排水板檐口防排水

包边片材
密封材料
金属滴水板
鹰嘴
保温层
带大垫圈的φ5胀管螺钉固定固定@600
聚合物抗裂防水砂浆(夹铺一层耐碱玻纤网格布)

≥40厚C20细石混凝土 φ6@200双向钢筋网
塑料排水（夹层）板
防水层
防水附加层
找平层
保温层
最薄30厚LC5.0轻集料混凝土2%找坡层
屋面板
钢筋网

⑤ 塑料排水板檐沟防排水

防水层
附加防水层
找平层
找1%纵坡层
保温层
檐沟
鹰嘴
同④

≥40厚C20细石混凝土
φ6@200双向钢筋网
塑料排水（夹层）板
防水层
附加防水层
找平层
钢筋网
保温层
找坡层
屋面板

⑥ 女儿墙泛水

φ6塑料胀管螺钉@600
螺钉、收头用密封材料封严
附加防水层
≥40厚C20细石混凝土
φ6@200双向钢筋网
塑料排水（夹层）板
防水层
找平层
找坡层
保温层
屋面板
密封材料
密封材料
密封材料
聚乙烯泡沫条

图名 屋面工程 塑料排水板、保温、防水、排水、隔汽 设计

分图页 B-5
总图页 23

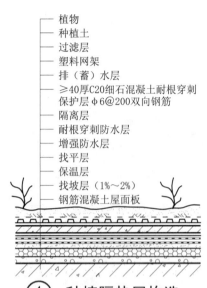

① 种植隔热层构造

植物
种植土
过滤层
塑料网架
排（蓄）水层
≥40厚C20细石混凝土耐根穿刺
保护层φ6@200双向钢筋
隔离层
耐根穿刺防水层
增强防水层
找平层
保温层
找坡层（1%～2%）
钢筋混凝土屋面板

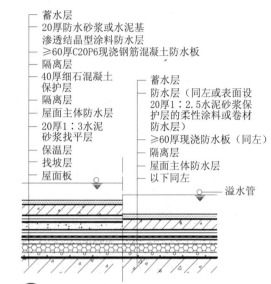

② 蓄水隔热层防水构造

蓄水层
20厚防水砂浆或水泥基
渗透结晶型涂料防水层
≥60厚C20P6现浇钢筋混凝土防水板
隔离层
40厚细石混凝土
保护层
隔离层
屋面主体防水层
20厚1：3水泥
砂浆找平层
保温层
找坡层
屋面板
溢水管

蓄水层
防水层（同左或表面设
20厚1：2.5水泥砂浆保
护层的柔性涂料或卷材
防水层）
≥60厚现浇防水板（同左）
隔离层
屋面主体防水层
以下同左

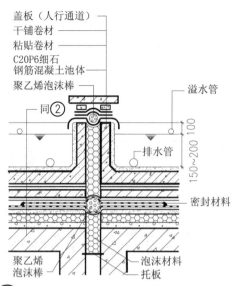

③ 蓄水隔热屋面变形缝构造

盖板（人行通道）
干铺卷材
粘贴卷材
C20P6细石
钢筋混凝土池体
聚乙烯泡沫棒
同②
溢水管
排水管
密封材料
聚乙烯
泡沫棒
泡沫材料
托板

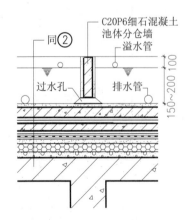

④ 分仓墙底部设过水孔

同②
C20P6细石混凝土
池体分仓墙
溢水管
过水孔
排水管

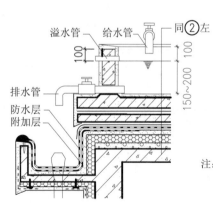

⑤ 蓄水池给、排、溢水管

溢水管
给水管
同②左
排水管
防水层
附加层

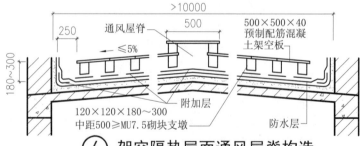

⑥ 架空隔热屋面通风屋脊构造

通风屋脊
500×500×40
预制配筋混凝土架空板
≤5%
120×120×180～300
中距500≥MU7.5砌块支墩
附加层
防水层

注：1. 当种植屋面的植物为根系深、树干大、有主根的树木时，应设置≥40厚现浇
　　细石混凝土配钢筋网耐根穿刺保护层，增加的负荷应满足屋面承重要求，主
　　根所在部位应置于承重墙（柱）之上。
　　2. 蓄水区边长不宜大于10m，变形缝两侧应互不连通，长度超过40m的蓄水池应
　　设分仓墙。
　　3. 架空隔热层高度宜为180～300mm，屋面宽度大于10m时，应设通风屋脊。

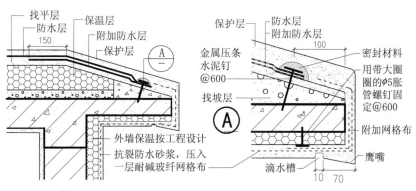

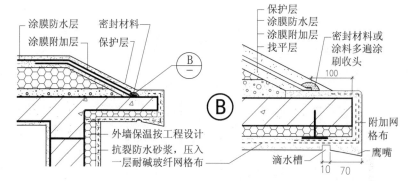

① 卷材防水屋面无组织排水纵墙檐口

② 涂膜防水屋面无组织排水纵墙檐口

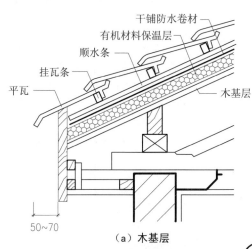

（a）木基层

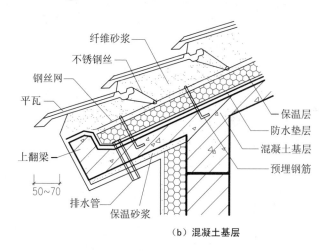

（b）混凝土基层

③ 平瓦屋面纵墙檐口

注：1. 卷材防水层在无组织排水檐口800mm范围内应满粘，收头应采用金属压条钉压固定，并用密封材料封严。檐口下端应做鹰嘴和滴水槽。

2. 涂膜防水层收头应用防水涂料多遍涂刷封严，檐口下端应做鹰嘴和滴水槽。

3. 平瓦屋面的瓦头挑出封檐的长度宜为50～70mm。

图名	卷材、涂料防水层、平瓦防水排水 屋面纵墙檐口	分图页	B-7
		总图页	25

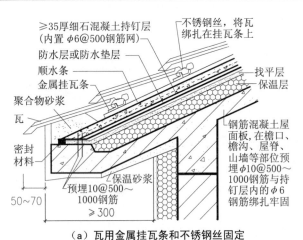

（a）瓦用金属挂瓦条和不锈钢丝固定

（b）瓦用木挂瓦条固定

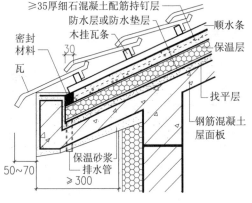

① 平瓦(烧结瓦、混凝土瓦)屋面纵墙檐口

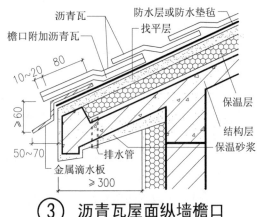

③ 沥青瓦屋面纵墙檐口

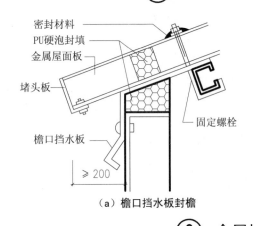

（a）檐口挡水板封檐

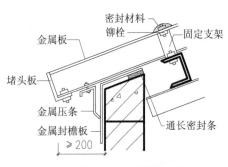

（b）金属压条、封檐板封檐

② 金属板屋面纵墙构造

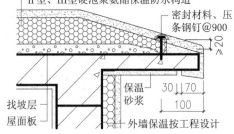

④ 硬泡聚氨酯防水屋面纵墙檐口

注：1. 烧结瓦、混凝土瓦的瓦头挑出檐口长度宜为50～70mm。

    2. 沥青瓦的瓦头挑出檐口的长度宜为10～20mm，1mm厚金属滴水板伸入瓦下宽度不应小于80mm，向下延伸长度不应小于60mm。

    3. 硬泡聚氨酯檐口收头部位厚度不宜小于20mm，并用金属压条、

钢钉钉压固定，钉口处用聚氨酯密封材料封严，下端应做鹰嘴和滴水线。

    4. 金属板檐口挑出墙面的长度应不小于200mm。

图名	平瓦、金属板、沥青瓦、硬泡聚氨酯	屋面纵墙檐口	分图页 B-8
			总图页 26

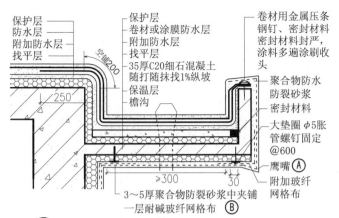

① 卷材、涂膜防水层屋面檐沟

② 平瓦屋面檐沟

③ 沥青瓦屋面檐沟

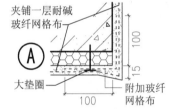

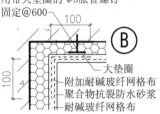

④ 搭接、编织式铺贴沥青瓦
屋面中央天沟

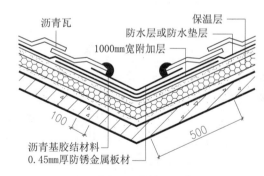

⑤ 敞开式铺贴沥青瓦
屋面中央天沟

注：1.天沟、檐沟部位的卷材、涂膜防水层下应增设宽度不小于250mm的附加层，并从沟底翻上至外侧顶部，用金属压条钉压，卷材用密封材料封严，涂膜经多遍涂刷收头，沟内、顶部及外侧面均应铺抹聚合物防裂防水砂浆，沟外侧下端应做成鹰嘴或滴水槽，外侧高于屋檐时，应设置溢水口。

2.烧结瓦、混凝土瓦、沥青瓦下的附加层、防水层伸入屋面宽度分别不应小于500mm、150mm。

3.沥青瓦在中央天沟部位采用搭接式或编织式铺设，附加层宽不小于1000mm。

| 图名 | 卷材、涂料防水层
平瓦、沥青瓦 屋面檐沟、天沟 | 分图页 B-9 |
| | | 总图页 27 |

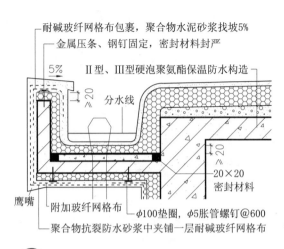

耐碱玻纤网格布包裹，聚合物水泥砂浆找坡5%
金属压条、钢钉固定，密封材料封严
Ⅱ型、Ⅲ型硬泡聚氨酯保温防水构造
5%
≥20
分水线
≥20
20×20 密封材料
鹰嘴
附加玻纤网格布
φ100垫圈，φ5胀管螺钉@600
聚合物抗裂防水砂浆中夹铺一层耐碱玻纤网格布

① **硬泡聚氨酯防水层檐沟、天沟构造**

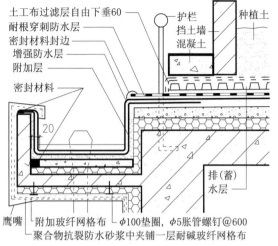

土工布过滤层自由下垂60
耐根穿刺防水层
密封材料封边
增强防水层
附加层
护栏
挡土墙
混凝土
种植土
密封材料
20
排(蓄)水层
鹰嘴
附加玻纤网格布
φ100垫圈，φ5胀管螺钉@600
聚合物抗裂防水砂浆中夹铺一层耐碱玻纤网格布

② **种植屋面无组织排水檐沟**

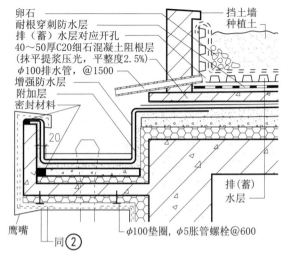

卵石
耐根穿刺防水层
排(蓄)水层对应开孔
40～50厚C20细石混凝土阻根层（抹平提浆压光，平整度2.5%）
挡土墙
种植土
φ100排水管，@1500
增强防水层
附加层
密封材料
20
排(蓄)水层
鹰嘴
同②
φ100垫圈，φ5胀管螺栓@600

③ **种植屋面有组织排水檐沟**

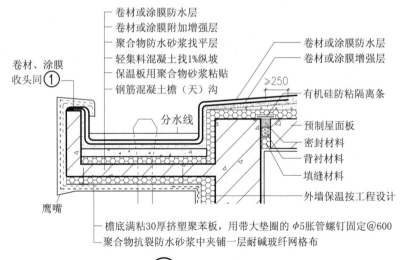

卷材或涂膜防水层
卷材或涂膜附加增强层
聚合物防水砂浆找平层
轻集料混凝土找1%纵坡
保温板用聚合物砂浆粘贴
钢筋混凝土檐（天）沟
卷材、涂膜收头同①
分水线
卷材或涂膜防水层
卷材或涂膜增强层
≥250
有机硅防粘隔离条
预制屋面板
密封材料
背衬材料
填缝材料
外墙保温按工程设计
鹰嘴
檐底满粘30厚挤塑聚苯板，用带大垫圈的φ5胀管螺钉固定@600
聚合物抗裂防水砂浆中夹铺一层耐碱玻纤网格布

④ **装配式屋面檐沟**

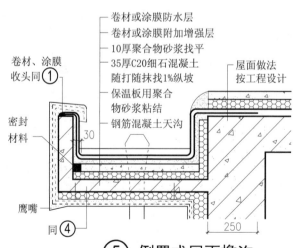

卷材或涂膜防水层
卷材或涂膜附加增强层
10厚聚合物砂浆找平
35厚C20细石混凝土随打随抹找1%坡度
保温板用聚合物砂浆粘结
钢筋混凝土天沟
卷材、涂膜收头同①
密封材料
30
鹰嘴
同④
屋面做法按工程设计
250

⑤ **倒置式屋面檐沟**

图名 硬泡、种植、装配式、倒置式 **屋面檐沟、天沟**　分图页 **B-10**　总图页 **28**

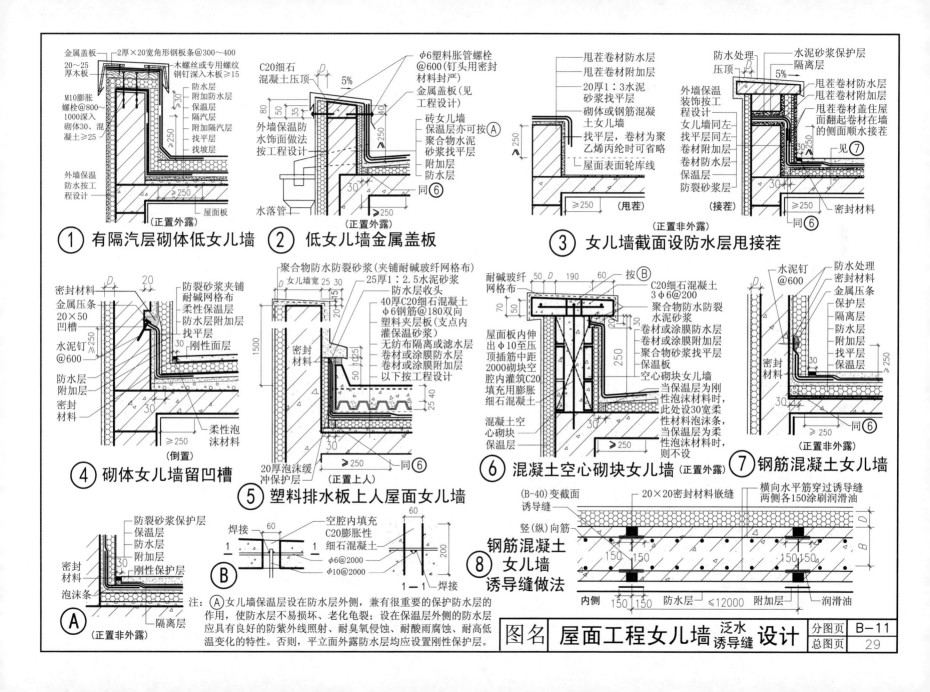

① 有隔汽层砌体低女儿墙

② 低女儿墙金属盖板

③ 女儿墙截面设防水层甩接荐

④ 砌体女儿墙留凹槽

⑤ 塑料排水板上人屋面女儿墙

⑥ 混凝土空心砌块女儿墙（正置外露）

⑦ 钢筋混凝土女儿墙

⑧ 钢筋混凝土女儿墙诱导缝做法

注：Ⓐ女儿墙保温层设在防水层外侧，兼有很重要的保护防水层的作用，使防水层不易损坏、老化龟裂；设在保温层外侧的防水层应具有良好的防紫外线照射、耐臭氧腐蚀、耐酸雨腐蚀、耐高低温变化的特性。否则，平立面外露防水层均应设置刚性保护层。

图名 **屋面工程女儿墙** 泛水诱导缝 设计

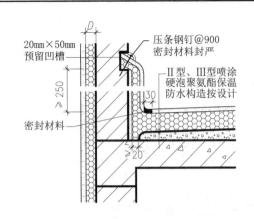

① 硬泡聚氨酯防水层
高女儿墙、山墙

② 硬泡聚氨酯防水层
低女儿墙

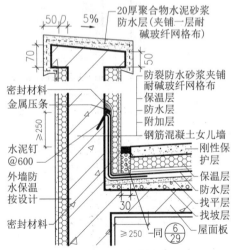

④ 倒置式屋面
钢筋混凝土女儿墙

⑤ 烧结瓦、混凝土瓦山墙

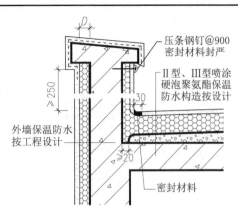

③ 隔汽屋面砌体女儿墙

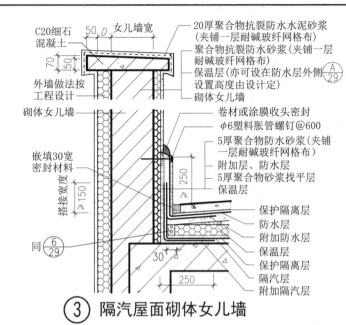

⑥ 沥青瓦屋面山墙

⑦ 金属板屋面山墙

注：1. 隔汽层和防水层搭接宽度≥150mm。
2. 图中D宽为保温层厚度，由工程设计确定。
3. 聚乙烯丙纶防水卷材在女儿墙收头部位用聚合物水泥粘结料密封牢固，无需钢钉固定。

图名 屋面工程女儿墙、山墙 泛水设计

分图页 B-12
总图页 30

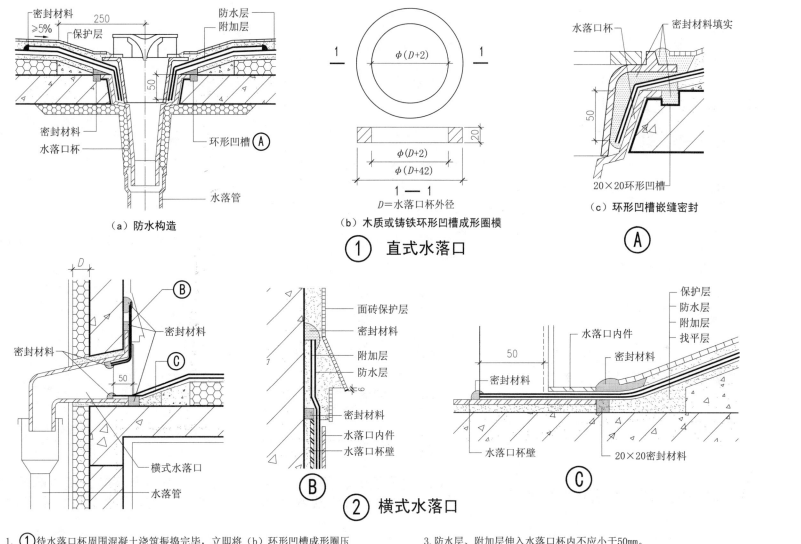

（a）防水构造

（b）木质或铸铁环形凹槽成形圈模

① 直式水落口

（c）环形凹槽嵌缝密封

Ⓐ

② 横式水落口

Ⓑ

Ⓒ

注：1. ① 待水落口杯周围混凝土浇筑振捣完毕，立即将（b）环形凹槽成形圈压
　　　　入，抹平，待混凝土固化后，取出，即成凹槽，清理后即可嵌填密封材料。

　　2. 水落口周围直径500mm范围内的坡度不应小于5%。

　　3. 防水层、附加层伸入水落口杯内不应小于50mm。

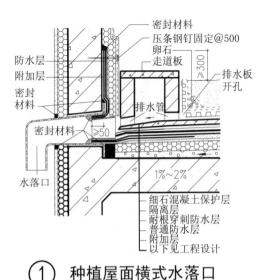

① 种植屋面横式水落口

防水层
附加层
密封材料
密封材料
水落口

密封材料
压条钢钉固定@500
卵石
走道板
排水板开孔
排水管
≥300
≥50
1%~2%
细石混凝土保护层
隔离层
耐根穿刺防水层
普通防水层
附加层
以下见工程设计

② 种植屋面直式水落口

围墙(供挡土、维修)
种植屋面构造
1000
≥150
卵石
耐根穿刺防水层
盖板
聚乙烯泡沫棒
5%
防水层
50
密封材料
水落口杯
直式水落管
20×20密封材料

③ 硬泡聚氨酯防水层横式水落口

Ⅰ型、Ⅱ型硬泡聚氨酯保温防水构造
密封材料
密封材料
水落口内件
≥20
50
5%
20
水落口
密封材料
现浇混凝土

④ 硬泡聚氨酯防水层直式水落口

Ⅰ型、Ⅱ型硬泡聚氨酯保温防水构造
≥250
5%
20
50
20
密封材料
凹槽
水落口杯
水落管

⑤ 硬泡聚氨酯、聚氨酯涂膜附加防水层横式水落口

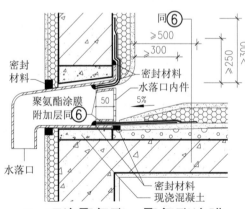

同⑥
≥500
≥300
>300
≥250
密封材料
水落口内件
聚氨酯涂膜附加层同⑥
50
5%
水落口
密封材料
现浇混凝土

⑥ 硬泡聚氨酯、聚氨酯涂膜附加防水层直式水落口

按Ⅰ型、Ⅱ型硬泡聚氨酯保温防水层设置保护层
Ⅰ型、Ⅱ型硬泡聚氨酯保温防水层
500、300宽夹铺胎体聚氨酯涂膜双层附加防水层
20厚1:2.5水泥砂浆找平层
轻集料找坡层
钢筋混凝土屋面板
5%
密封材料
20
50
300
500
水落口杯
水落管

注：1. 种植屋面应优先采用横式外排水，防水层收头应封严。确需内排水时，种植土应用挡土墙围护，防水层、附加层应深入水落管内≥50mm。

2. 水落口周围直径500mm范围内的坡度不应小于5%。

3. 为防止硬泡聚氨酯因封堵水落口而造成排水不畅，宜采用⑤、⑥。

图名 种植屋面 硬泡聚氨酯屋面 **水落口设计**

分图页 B-14
总图页 32

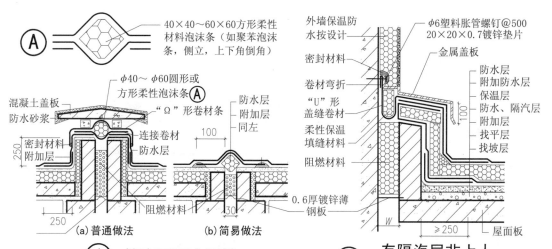

① 等高屋面变形缝

(a) 普通做法　　(b) 简易做法

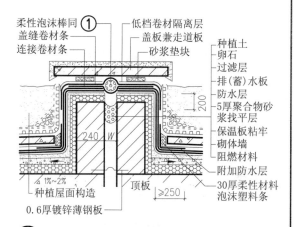

② 有隔汽层非上人
高低跨屋面变形缝

③ 种植屋面变形缝两侧为种植土

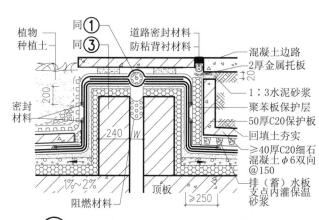

④ 种植屋面变形缝一侧为边路

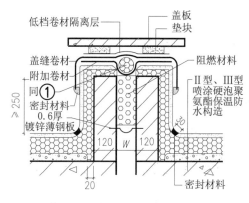

⑤ 硬泡聚氨酯防水屋面
等高变形缝

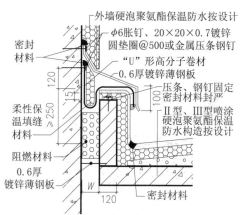

⑥ 硬泡聚氨酯防水屋面
高低跨变形缝

注：1.为防止变形缝的缝隙在火灾中起"拔火"作用，故应在缝隙内堵塞不燃烧材料，形成连续的阻火带。
2.变形缝宽"W"按工程设计。

图名　屋面工程变形缝设计

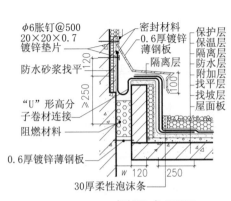

ϕ6胀钉@500
20×20×0.7
镀锌垫片
防水砂浆找平
"U"形高分子卷材连接
阻燃材料
0.6厚镀锌薄钢板
30厚柔性泡沫条

密封材料
0.6厚镀锌薄钢板
保护层
保温层
隔离层
防水层
附加层
找平层
找坡层
屋面板

120　≥250　100

w　120　250

① 倒置式屋面高低跨变形缝

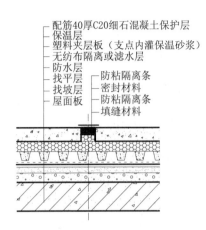

配筋40厚C20细石混凝土保护层
保温层
塑料夹层板（支点内灌保温砂浆）
无纺布隔离或滤水层
防水层
找平层
找坡层
屋面板
防粘隔离条
密封材料
防粘隔离条
填缝材料

② 倒置式屋面塑料夹层板（排水板）分格缝

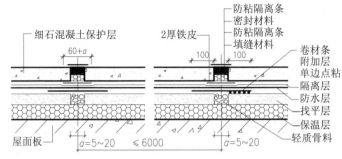

细石混凝土保护层
60+a
屋面板
2厚铁皮
100　100

防粘隔离条
密封材料
防粘隔离条
填缝材料
卷材条
附加层
单边点粘
隔离层
防水层
找平层
保温层
轻质骨料

a=5～20　≤6000　a=5～20

③ 正置式屋面分格缝

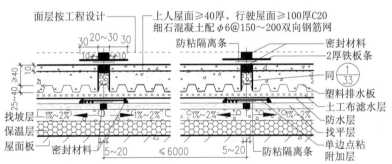

面层按工程设计
上人屋面≥40厚、行驶屋面≥100厚C20
细石混凝土配ϕ6@150～200双向钢筋网
防粘隔离条
密封材料
2厚铁板条
同 ①/33
塑料排水板
土工布滤水层
防水层
找平层
单边点粘
防粘隔离条
附加层
找坡层
保温层
屋面板
密封材料

30　20～30　30
10　10
≥40
25～40
1%～2%　1%～2%
1%～2%　1%～2%
5～20　≤6000　5～20

④ 行驶、行走屋面分格缝

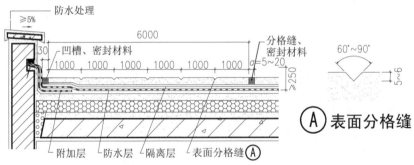

防水处理
≥5%
6000
凹槽、密封材料
1000 1000 1000 1000 1000 1000
分格缝、密封材料
a=5～20
≥250
30
附加层 防水层 隔离层 表面分格缝 表面分格缝 Ⓐ

60°～90°
5～6

Ⓐ 表面分格缝

⑤ 屋面凹槽、隔离层、分格缝、表面分格缝

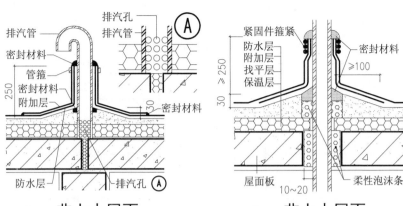

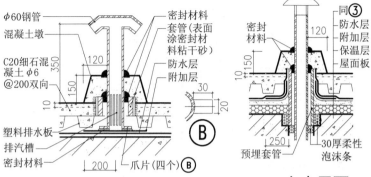

① 非上人屋面圆直形排汽管

标注：排汽孔、排汽管、密封材料、管箍、密封材料、附加层、防水层、排汽孔（A）、排汽孔、排汽管、密封材料、250、250、30、密封材料

② 非上人屋面伸出屋面管道

标注：紧固件箍紧、防水层、附加层、找平层、保温层、密封材料、≥100、≥250、30、屋面板、10～20、柔性泡沫条

③ 上人屋面排汽管道

标注：φ60钢管、混凝土墩、C20细石混凝土φ6@200双向、塑料排水板、排汽槽、密封材料、密封材料、套管（表面涂密封材料粘干砂）、防水层、附加层、120、350、150、10、爪片（四个）（B）、200、30、20

④ 上人屋面伸出屋面的管道

标注：同③、防水层、附加层、保温层、屋面板、密封材料、120、150、10、预埋套管、250、30厚柔性泡沫条

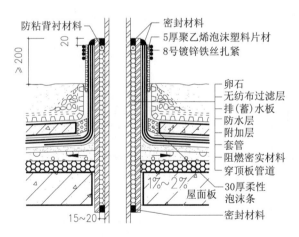

⑤ 种植屋面伸出屋面管道

标注：防粘背衬材料、密封材料、5厚聚乙烯泡沫塑料片材、8号镀锌铁丝扎紧、卵石、无纺布过滤层、排（蓄）水板、防水层、附加层、套管、阻燃密实材料、穿顶板管道、30厚柔性泡沫条、屋面板、密封材料、≥200、20、1%～2%、15～20

⑥ 硬泡聚氨酯保温防水屋面伸出屋面管道

标注：金属板或卷材覆盖、密封材料、Ⅰ、Ⅱ型硬泡聚氨酯保温防水构造、密封材料、箍紧、聚乙烯泡沫塑料条、≥250、30、10～20

⑦ 瓦屋面烟囱

标注：120、80、60、分水线、≥50、瓦、防水附加层、挂瓦条、≥50、≥250、30、30、聚合物水泥砂浆、30宽柔性泡沫条、顺水条、防水层或防水垫层、≥35厚C20φ6@200双向细石混凝土持钉层、≥250

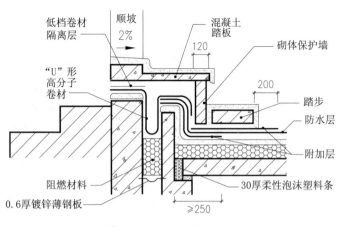

低档卷材隔离层
顺坡 2%
混凝土踏板
砌体保护墙
120
200
踏步
"U"形高分子卷材
防水层
附加层
阻燃材料
30厚柔性泡沫塑料条
0.6厚镀锌薄钢板
≥250

① 水平出入口（一）

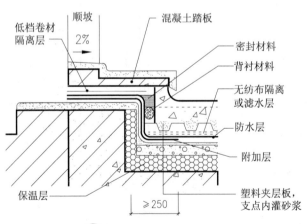

低档卷材隔离层
顺坡 2%
混凝土踏板
密封材料
背衬材料
无纺布隔离或滤水层
防水层
附加层
保温层
塑料夹层板，支点内灌砂浆
≥250

② 水平出入口（二）

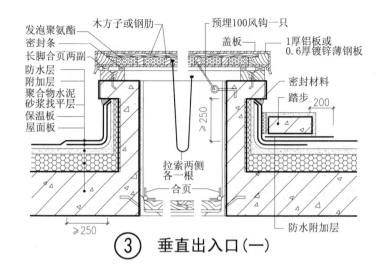

发泡聚氨酯
木方子或钢肋
预埋100风钩一只
盖板
密封条
长脚合页两副
1厚铝板或0.6厚镀锌薄钢板
防水层
附加层
聚合物水泥砂浆找平层
保温板
屋面板
密封材料
踏步
200
≥250
拉索两侧各一根
合页
防水附加层
≥250

③ 垂直出入口（一）

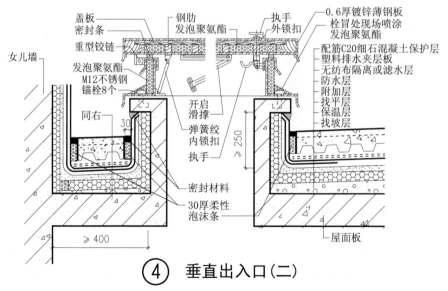

盖板
密封条
钢肋
发泡聚氨酯
执手
外锁扣
0.6厚镀锌薄钢板
栓冒处现场喷涂发泡聚氨酯
重型铰链
女儿墙
发泡聚氨酯
M12不锈钢锚栓8个
开启滑撑
弹簧绞内锁扣
执手
配筋C20细石混凝土保护层
塑料排水夹层板
无纺布隔离或滤水层
防水层
附加层
找平层
保温层
找坡层
同右
30
≥250
密封材料
30厚柔性泡沫条
≥400
屋面板

④ 垂直出入口（二）

图名 **屋面工程出入口设计**

分图页 B-18
总图页 36

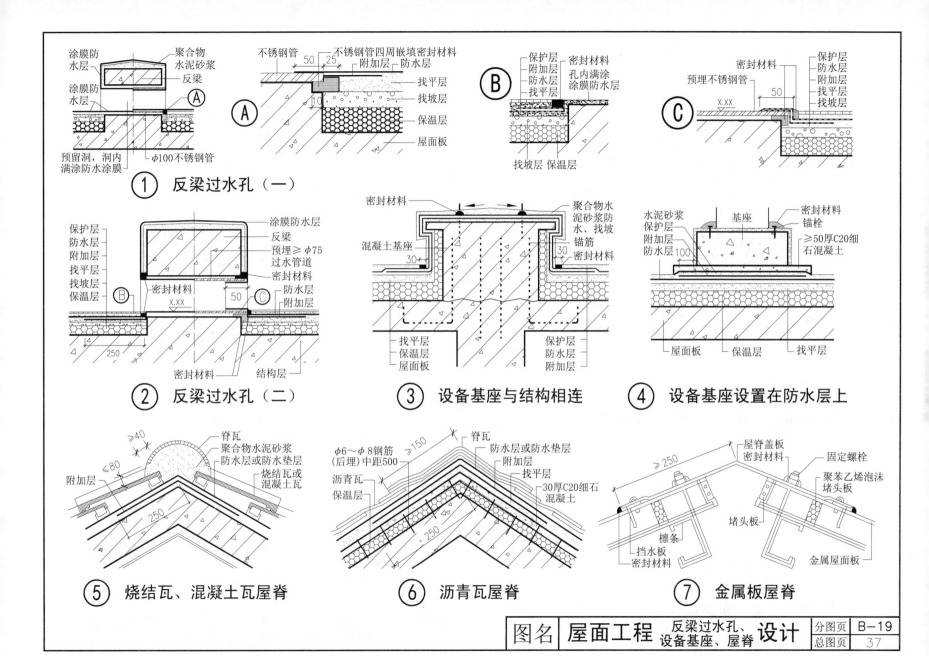

① 反梁过水孔（一）

② 反梁过水孔（二）

③ 设备基座与结构相连

④ 设备基座设置在防水层上

⑤ 烧结瓦、混凝土瓦屋脊

⑥ 沥青瓦屋脊

⑦ 金属板屋脊

图名 屋面工程 反梁过水孔、设备基座、屋脊 设计

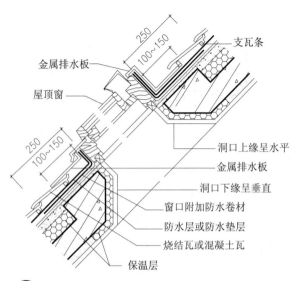

① 烧结瓦、混凝土瓦屋面屋顶窗

支瓦条
金属排水板
屋顶窗
金属排水板
洞口上缘呈水平
金属排水板
洞口下缘呈垂直
窗口附加防水卷材
防水层或防水垫层
烧结瓦或混凝土瓦
保温层

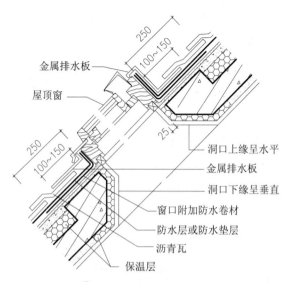

② 沥青瓦屋面屋顶窗

金属排水板
屋顶窗
洞口上缘呈水平
金属排水板
洞口下缘呈垂直
窗口附加防水卷材
防水层或防水垫层
沥青瓦
保温层

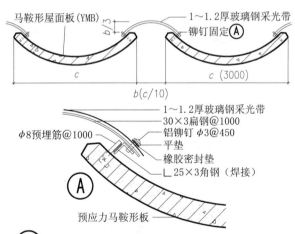

③ 马鞍形屋面板玻璃钢采光带防水构造

马鞍形屋面板(YMB)
1～1.2厚玻璃钢采光带
铆钉固定 Ⓐ

1～1.2厚玻璃钢采光带
30×3扁钢@1000
Φ8预埋筋@1000
铝铆钉 φ3@450
平垫
橡胶密封垫
∟25×3角钢（焊接）
Ⓐ
预应力马鞍形板

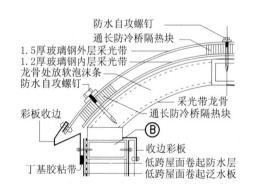
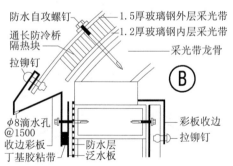

④ 拱形屋面玻璃钢采光带防水构造

防水自攻螺钉
通长防冷桥隔热块
1.5厚玻璃钢外层采光带
1.2厚玻璃钢内层采光带
龙骨处放软泡沫条
防水自攻螺钉
彩板收边
采光带龙骨
通长防冷桥隔热块
收边彩板
丁基胶粘带
低跨屋面卷起防水层
低跨屋面卷起泛水板
Ⓑ

防水自攻螺钉
通长防冷桥隔热块
拉铆钉
1.5厚玻璃钢外层采光带
1.2厚玻璃钢内层采光带
采光带龙骨
Φ8滴水孔@1500
收边彩板
丁基胶粘带
彩板收边
拉铆钉
防水层
泛水板
Ⓑ

| 图名 | 屋面工程 | 屋顶窗、马鞍形、拱形玻璃钢采光带 | 设计 | 分图页 | B-20 |
| | | | | 总图页 | 38 |

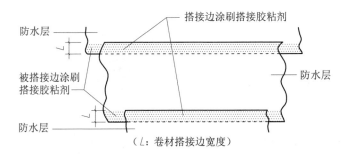

① 空铺法卷材搭接边涂刷搭接胶粘剂

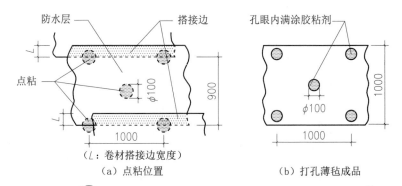

（a）点粘位置　　（b）打孔薄毡成品

② 点粘法铺贴卷材点涂基层胶粘剂位置

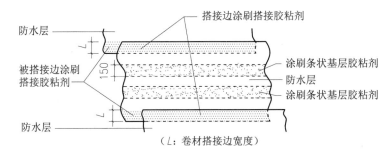

③ 条粘法铺贴卷材涂布条状基层胶粘剂

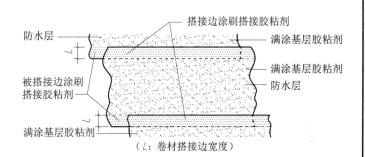

④ 满粘法铺贴卷材满涂基层胶粘剂

注：1. 基层、找平层应坚实、干净、平整，应无空隙、起砂和裂缝；基层干燥程度应根据所选防水卷材的特性确定。

2. 在大面积施工前，先进行细部构造处理，然后由屋面最低标高处向上铺贴；天沟、檐沟处应顺纵向铺贴，搭接缝应顺流水方向；且宜平行于屋脊铺贴；上下层卷材不得相互垂直铺贴。

3. 立面或大坡面应采用满粘法铺贴，并应减少卷材短边搭接。

4. 当有重物压盖、基层变形量大、日（季）温差大、易结露的潮湿基面及干燥有困难的基面，可采用空铺、点粘、条粘法铺贴或机械固定铺贴，潮湿屋面应设置排汽管道。非满粘法铺贴卷材的屋面周边、阴阳角、凸出屋面部位的800mm范围内以及叠层铺贴的各层卷材之间应满粘。

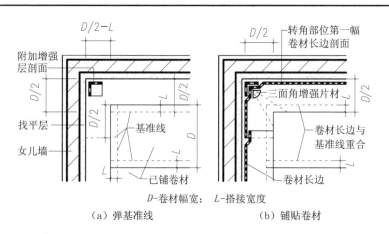

D-卷材幅宽； L-搭接宽度

（a）弹基准线　　　（b）铺贴卷材

① 单层卷材长边平行于交角线的铺贴顺序

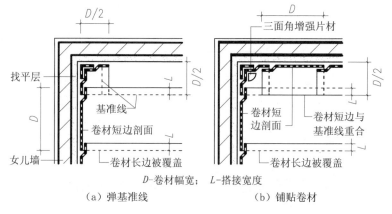

D-卷材幅宽； L-搭接宽度

（a）弹基准线　　　（b）铺贴卷材

② 单层卷材长边垂直于交角线的铺贴顺序

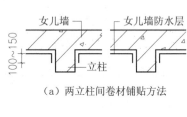

（a）两立柱间卷材铺贴方法

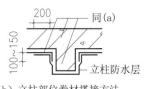

（b）立柱部位卷材搭接方法

③ 有立柱女儿墙卷材搭接方法

注：此方法亦适用于地下工程外防内贴施工方法

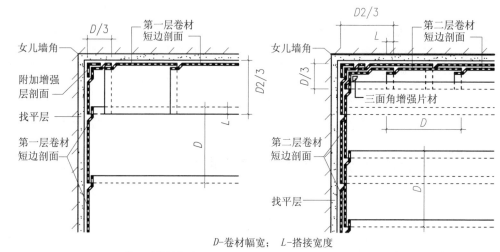

D-卷材幅宽； L-搭接宽度

（a）第一层卷材布置　　　（b）第二层卷材布置

④ 双层卷材铺贴顺序

图名　卷材防水层在女儿墙与屋面平面交角部位铺贴方法

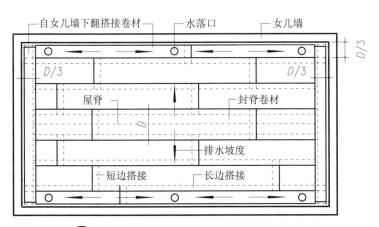

① 卷材铺贴配置图（顺水接茬）

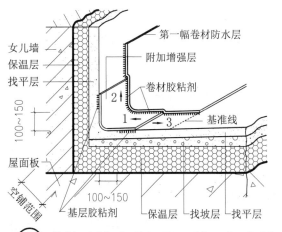

② 满粘法铺贴附加层、第一幅卷材

(a) 裁剪铺贴增强片材

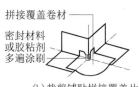

(b) 裁剪铺贴拼接覆盖片材

③ 阴阳角部位铺贴增强片材

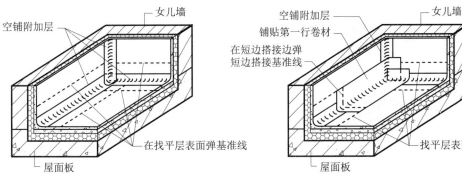

(a) 空铺附加层、在找平层表面弹基准线

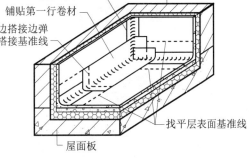

(b) 铺贴第一行卷材、弹短边搭接基准线
（自屋面最低标高处向屋脊铺贴卷材）

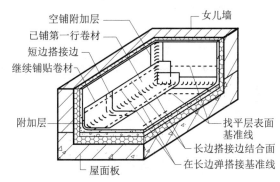

(c) 继续铺贴卷材、在卷材表面弹基准线

④ 在屋面最低标高处阴角部位弹基准线、铺贴卷材

注：1. 阴阳角部位增强片材可采用同材性不裁剪
　　可塑性自硫化片材，聚乙烯丙纶复合卷材
　　可采用不裁剪成品阴阳角增强片材。
　　2. 铺贴方法亦适用于地下工程。

图名	卷材铺贴配置 弹基准线、阴阳角 施工方法	分图页	B-23
		总图页	41

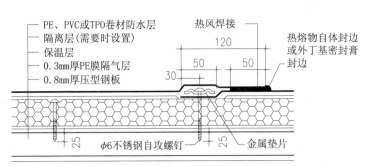

点式穿孔固定剖视图

PE、PVC或TPO卷材防水层
隔离层（需要时设置）
保温层
0.3mm厚PE膜隔气层
0.8mm厚压型钢板

热风焊接
120
50   50
30
25   25

热熔物自体封边
或外丁基密封膏
封边

φ6不锈钢自攻螺钉
金属垫片

(a) 金属垫片1

(b) 金属垫片2

(c) 金属垫片、自攻螺钉

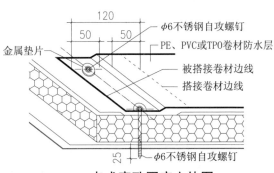

点式穿孔固定立体图

120
50   50

φ6不锈钢自攻螺钉
PE、PVC或TPO卷材防水层
被搭接卷材边线
搭接卷材边线
金属垫片
25
φ6不锈钢自攻螺钉

① 热塑性防水卷材点式穿孔机械固定

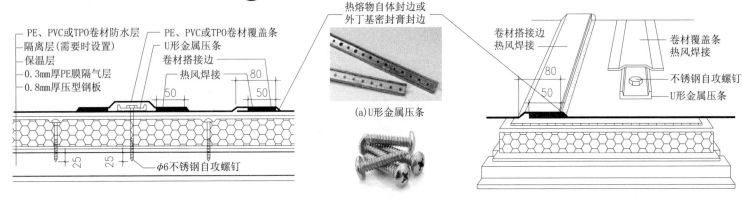

条式穿孔固定剖视图

PE、PVC或TPO卷材防水层
隔离层（需要时设置）
保温层
0.3mm厚PE膜隔气层
0.8mm厚压型钢板
PE、PVC或TPO卷材覆盖条
U形金属压条
卷材搭接边
热风焊接
80
50   50
25   25
φ6不锈钢自攻螺钉

热熔物自体封边或
外丁基密封膏封边

(a)U形金属压条

(b)不锈钢自攻螺钉

卷材搭接边
热风焊接
80
50

卷材覆盖条
热风焊接
不锈钢自攻螺钉
U形金属压条

条式穿孔固定立体图

② 热塑性防水卷材条式穿孔机械固定

注:
1. 防水卷材机械固定的基层一般为钢板厚度在0.63～0.8mm之间的轻钢屋面，或厚度≥60mm、强度等级≥C25的钢筋混凝土屋面。

2. 常用高分子防水卷材按材性不同可分为热塑性、热固性和改性沥青三类。这些卷材都可以采用穿孔机械固定方法进行施工。施工时，应根据各自所采用的胶粘剂、搭接方法、铺设要求等将钉眼部位、搭接边封严。

3. ①②为聚乙烯（PE）、聚烯烃（TPO）、聚氯乙烯（PVC）等热塑性防水卷材穿孔机械固定的构造图。①的被搭接边穿孔，而搭接边不穿孔，两者热风焊搭接。②的搭接边、全包覆盖"U形"压条的卷材覆盖条都采用热风焊接进行全封闭。

图名 防水卷材穿孔机械固定方法

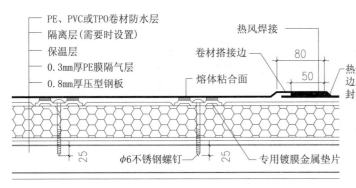

PE、PVC或TPO卷材防水层
隔离层(需要时设置)
保温层
0.3mm厚PE膜隔气层
0.8mm厚压型钢板
热风焊接
卷材搭接边
熔体粘合面
80
50
φ6不锈钢螺钉
25
25
专用镀膜金属垫片

点式非穿孔固定剖视图

(a)专用镀膜金属垫片、防腐自攻螺钉1
热熔物自体封边或外丁基密封膏封边

(b)专用镀膜金属垫片、防腐自攻螺钉2

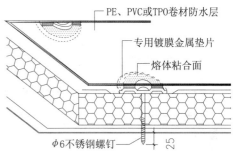

PE、PVC或TPO卷材防水层
专用镀膜金属垫片
熔体粘合面
φ6不锈钢螺钉
25

点式非穿孔固定立体图

(c)专用镀膜金属垫片、防腐自攻螺钉套

① 热塑性PE、PVC、TPO防水卷材非穿孔机械固定屋面构造

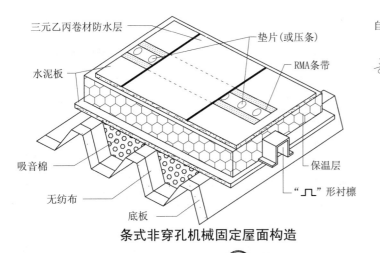

三元乙丙卷材防水层
垫片(或压条)
水泥板
RMA条带
吸音棉
保温层
无纺布
"凸"形衬檩
底板

条式非穿孔机械固定屋面构造

自粘胶粘带
76 100 76
(a)
成品自粘胶粘带增强型机械固定条带（RMA）

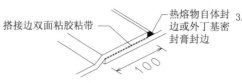
(b)
现场涂布胶粘剂的增强型机械固定条带（RMA）

搭接边双面粘胶粘带
热熔物自体封边或外丁基密封膏封边
100

(c)自粘胶粘带粘结搭接边

② 热固性三元乙丙防水卷材无穿孔机械固定

注：
1. 非穿孔机械固定防水卷材适用于热塑性防水卷材①，或热固性三元乙丙橡胶(EPMD)、氯丁橡胶(CR)、氯化聚乙烯橡胶共混类防水卷材②，或高聚物改性改性沥青防水卷材等。

2. ①通过电磁感应焊接机对热塑性防水卷材和镀有热塑性高分子镀膜的专用金属垫片进行加热、熔融、镇压等系列工艺，将卷材固定在基层上。

3. ②先在基层上固定增强型固定条带(a)，再将卷材粘贴在条带上，类似于条粘法铺贴卷材。条带上的胶粘剂既可在工厂制成自粘型胶粘条带(a)，又可在基层上先钉铺非自粘增强型条带，再在条带上涂布胶粘剂(b)。卷材搭接边采用双面粘卤化丁基橡胶防水密封胶粘带封边(c)或涂刷胶粘剂封边。

图名	防水卷材非穿孔机械固定方法	分图页	B—25
		总图页	43

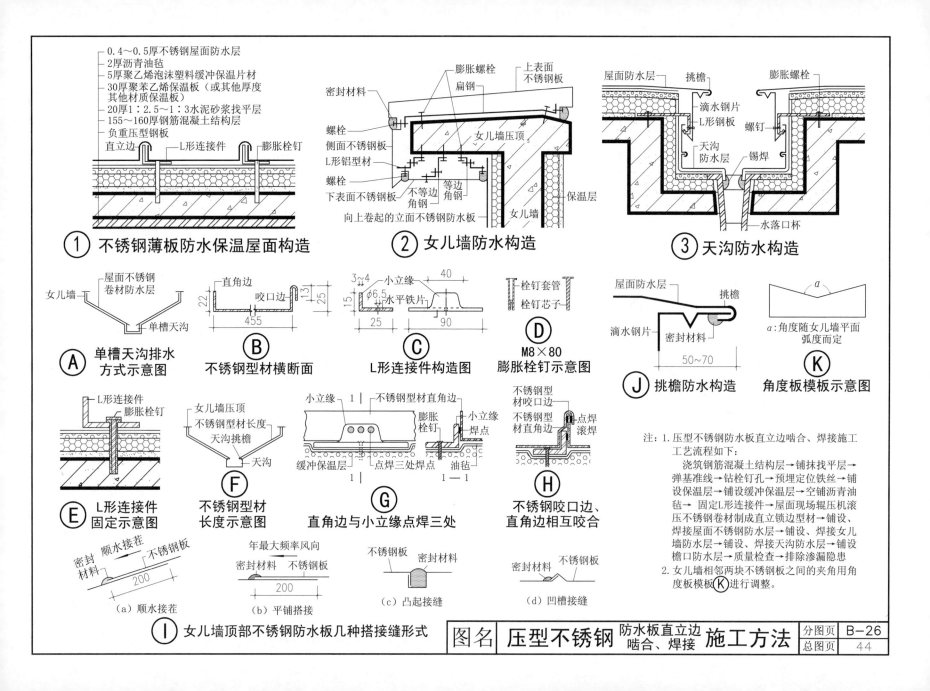

① 不锈钢薄板防水保温屋面构造

- 0.4～0.5厚不锈钢屋面防水层
- 2厚沥青油毡
- 5厚聚乙烯泡沫塑料缓冲保温片材
- 30厚聚苯乙烯保温板（或其他厚度其他材质保温板）
- 20厚1：2.5～1：3水泥砂浆找平层
- 155～160厚钢筋混凝土结构层
- 负重压型钢板
- 直立边
- L形连接件
- 膨胀栓钉

② 女儿墙防水构造

- 膨胀螺栓
- 上表面不锈钢板
- 扁钢
- 密封材料
- 螺栓
- 侧面不锈钢板
- L形铝型材
- 螺栓
- 下表面不锈钢板
- 不等边角钢
- 等边角钢
- 女儿墙压顶
- 保温层
- 女儿墙
- 向上卷起的立面不锈钢防水板

③ 天沟防水构造

- 屋面防水层
- 挑檐
- 膨胀螺栓
- 滴水钢片
- L形钢板
- 螺钉
- 天沟防水层
- 锡焊
- 水落口杯

Ⓐ 单槽天沟排水方式示意图

- 女儿墙
- 屋面不锈钢卷材防水层
- 单槽天沟

Ⓑ 不锈钢型材横断面

- 直角边
- 咬口边
- 22, 13, 25, 455

Ⓒ L形连接件构造图

- 3～4
- 小立缘
- φ6.5
- 水平铁片
- 15, 25, 90, 40

Ⓓ M8×80 膨胀栓钉示意图

- 栓钉套管
- 栓钉芯子

Ⓙ 挑檐防水构造

- 屋面防水层
- 挑檐
- 滴水钢片
- 密封材料
- 50～70

Ⓚ 角度板模板示意图

- a：角度随女儿墙平面弧度而定

Ⓔ L形连接件固定示意图

- L形连接件
- 膨胀栓钉

Ⓕ 不锈钢型材长度示意图

- 女儿墙压顶
- 不锈钢型材长度
- 天沟挑檐
- 天沟

Ⓖ 直角边与小立缘点焊三处

- 小立缘
- 不锈钢型材直角边
- 膨胀栓钉
- 小立缘
- 焊点
- 缓冲保温层
- 点焊三处焊点
- 油毡
- 1—1

Ⓗ 不锈钢咬口边、直角边相互咬合

- 不锈钢型材咬口边
- 不锈钢型材直角边
- 点焊滚焊

注：1. 压型不锈钢防水板直立边咬合、焊接施工工艺流程如下：

浇筑钢筋混凝土结构层→铺抹找平层→弹基准线→钻栓钉孔→预埋定位铁丝→铺设保温层→铺设缓冲保温层→空铺沥青油毡→固定L形连接件→屋面现场辊压机滚压不锈钢卷材制成直立锁边型材→铺设、焊接屋面不锈钢防水层→铺设、焊接女儿墙防水层→铺设、焊接天沟防水层→铺设檐口防水层→质量检查→排除渗漏隐患

2. 女儿墙相邻两块不锈钢板之间的夹角用角度板模板Ⓚ进行调整。

Ⓘ 女儿墙顶部不锈钢防水板几种搭接缝形式

- 密封材料
- 顺水接茬
- 不锈钢板
- 200
- （a）顺水接茬

- 年最大频率风向
- 密封材料
- 不锈钢板
- 200
- （b）平铺搭接

- 不锈钢板
- 密封材料
- （c）凸起接缝

- 密封材料
- 不锈钢板
- （d）凹槽接缝

图名	压型不锈钢 防水板直立边咬合、焊接 施工方法	分图页	B-26
		总图页	44

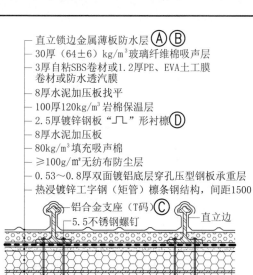

直立锁边金属薄板防水层 Ⓐ Ⓑ
30厚（64±6）kg/m³玻璃纤维棉吸声层
3厚自粘SBS卷材或1.2厚PE、EVA土工膜卷材或防水透汽膜
8厚水泥加压板找平
100厚120kg/m³岩棉保温层
2.5厚镀锌钢板"冖"形衬檩 Ⓓ
8厚水泥加压板
80kg/m³填充吸声棉
≥100g/m²无纺布防尘层
0.53～0.8厚双面镀铝底层穿孔压型钢板承重层
热浸镀锌工字钢（矩管）檩条钢结构，间距1500

铝合金支座（T码）Ⓒ
5.5不锈钢螺钉
直立边
5.5×35不锈钢螺钉

（a）铝合金支座置于防水层之上

直立锁边金属薄板防水层 Ⓐ Ⓑ
30厚（64±6）kg/m³玻璃纤维棉吸声层
3厚自粘SBS卷材或1.2厚PE、EVA土工膜卷材或防水透汽膜
8厚水泥加压板找平
100厚120kg/m³岩棉保温层
2.5厚镀锌钢板"冖"形衬檩 Ⓓ
8厚水泥加压板
80kg/m³填充吸声棉
≥100g/m²无纺布防尘层
0.53～0.8厚双面镀铝底层穿孔压型钢板承重层
热浸镀锌工字钢（矩管）檩条钢结构，间距1500

铝合金支座（T码）Ⓒ
5.5×35不锈钢螺钉
直立边
5.5×35不锈钢螺钉

（b）铝合金支座置于防水层之下

①　直立锁边屋面两种构造层次

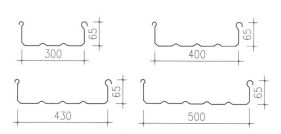

Ⓐ　常用直立锁边型材规格尺寸

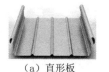

（a）直形板　　（b）扇形（梯形）板

（c）正弯弧形板　（d）反弯弧形板

Ⓑ　常见金属直立锁边型材外形

铝合金支座（T码）

Ⓓ

"冖"形衬檩

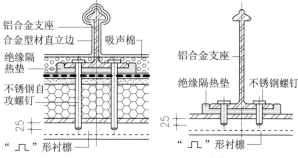

铝合金支座
合金型材直立边
绝缘隔热垫
不锈钢自攻螺钉
"冖"形衬檩
吸声棉

铝合金支座
绝缘隔热垫
不锈钢螺钉
"冖"形衬檩

（a）铝合金支座置于防水层之上　（b）铝合金支座置于防水层之下

Ⓔ　铝合金支座两种设置方法

注：
1. ①（a）施工流程：安装屋面钢檩条→安装穿孔压型钢板(底板)→ 铺贴无纺布防尘层→穿孔压型钢板凹槽内填塞吸声棉→铺设8mm厚水泥加压板→安装2.5mm厚镀锌"冖"形钢板衬檩→铺贴保温层→铺设8mm厚水泥加压板，表面修补平整 →铺设卷材防水层或防水透汽膜→固定铝合金支座（T码）→铺设玻璃纤维棉吸声层→铺设直立锁边金属薄板防水层→完成细部构造防水层→检查施工质量→修补渗漏隐患。

2. ①（b）施工流程：安装屋面钢檩条→安装穿孔压型钢板(底板)→ 铺贴无纺布防尘层→穿孔压型钢板凹槽内填塞吸声棉→铺设8mm厚水泥加压板→安装2.5mm厚镀锌"冖"形钢板衬檩→固定铝合金支座(T码)→铺贴保温层→铺设8mm厚水泥加压板，表面修补平整→铺设卷材防水层或防水透汽膜→铺设玻璃纤维棉吸声层 →铺设直立锁边金属薄板防水层→完成细部构造防水层→检查施工质量→修补渗漏隐患

3. 应将防水层穿孔的部位切实封严，使防水层闭合。不设防水层时按图(b)。

图名	**压型金属防水板屋面构造**	分图页	B-27
		总图页	45

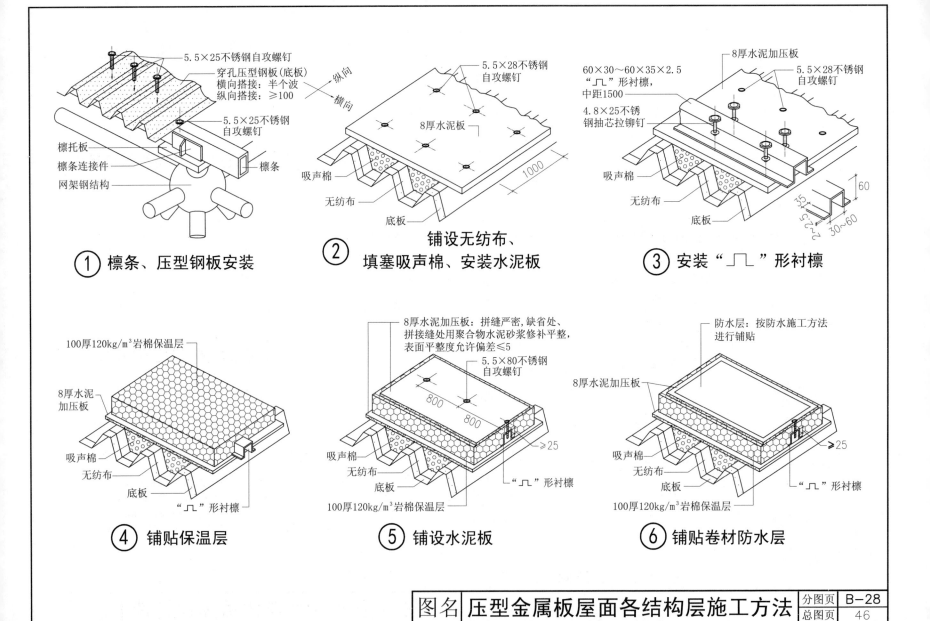

① 檩条、压型钢板安装

② 铺设无纺布、填塞吸声棉、安装水泥板

③ 安装"⊓"形衬檩

④ 铺贴保温层

⑤ 铺设水泥板

⑥ 铺贴卷材防水层

图名 压型金属板屋面各结构层施工方法

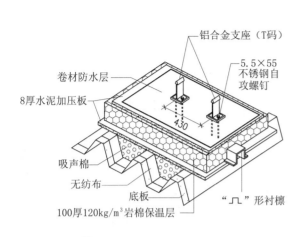

铝合金支座（T码）

卷材防水层

8厚水泥加压板

5.5×55不锈钢自攻螺钉

430

吸声棉

无纺布

底板

100厚120kg/m³岩棉保温层

"⊓"形衬檩

① **安装铝合金支座（T码）**

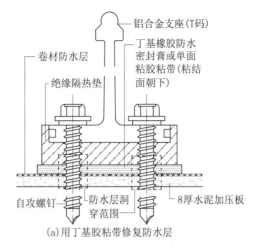

铝合金支座(T码)

卷材防水层

绝缘隔热垫

丁基橡胶防水密封膏或单面粘胶粘带（粘结面朝下）

自攻螺钉

防水层洞穿范围

8厚水泥加压板

(a)用丁基胶粘带修复防水层

(1)附加片材热楔焊修复防水层

(2)附加片材涂覆胶粘剂修复防水层

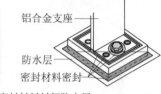

铝合金支座

防水层

密封材料密封

(3)嵌填密封材料封闭防水层

(b)用密封材料、胶粘剂修复防水层

② **修补支座下防水层**

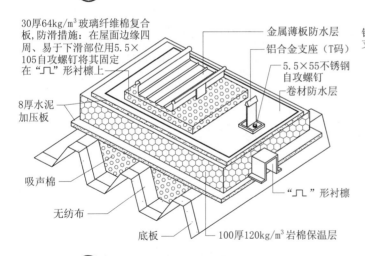

30厚64kg/m³玻璃纤维棉复合板,防滑措施:在屋面边缘四周、易于下滑部位用5.5×105自攻螺钉将其固定在"⊓"形衬檩上

金属薄板防水层

铝合金支座（T码）

5.5×55不锈钢自攻螺钉

卷材防水层

8厚水泥加压板

吸声棉

无纺布

底板

"⊓"形衬檩

100厚120kg/m³岩棉保温层

③ **铺设玻璃棉、铺设压型金属板**

年最大频率风向

铝合金支座头

被搭接边

搭接边

搭接缝

(1)咬合前　(2)咬合后

年最大频率风向

不锈钢抽芯铆钉

被搭接边

搭接边

搭接缝

(b)被搭接边可用抽芯铆钉固定(也可不固定)

(a)顺年最大频率风向锁边

(c)咬合前、后实例

④ **直立边咬合**

年最大频率风向

铝合金支座头

被搭接边

搭接边

丁基橡胶防水密封胶粘带或密封膏

(a) 360°直立边密封、锁边封边

(b)密封后用电动锁边机咬合锁边

⑤ **直立边密封、锁边**

(a) 6波瓦

(b) 7波瓦

(c) 8波瓦或9波瓦、10波瓦等

① 金属瓦的实际波数

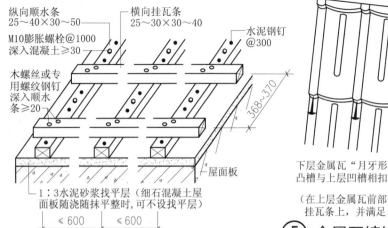

纵向顺水条
25～40×30～50
横向挂瓦条
25～30×30～40
M10膨胀螺栓@1000
深入混凝土≥30
水泥钢钉
@300
木螺丝或专用螺纹钢钉深入顺水条≥20
屋面板
368～370
1：3水泥砂浆找平层（细石混凝土屋面板随浇随抹平整时，可不设找平层）
≤600 ≤600

② 顺水条、挂瓦条的钉铺

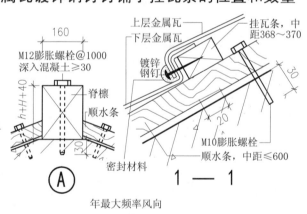

金属瓦
下层金属瓦"月牙形"凸槽与上层凹槽相扣
镀锌钢钉

（在上层金属瓦前部的褶槽边缘处，用镀锌钢钉将上、下层瓦钉固在挂瓦条上，并满足"隔一钉一"的要求，每片瓦不得少于5颗钉）

⑤ 金属瓦镀锌钢钉钉铺于挂瓦条的位置和数量

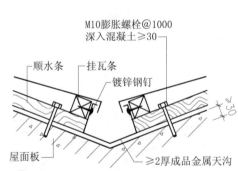

M10膨胀螺栓@1000
深入混凝土≥30
顺水条
挂瓦条
镀锌钢钉
≥30
屋面板
≥2厚成品金属天沟

③ 天沟顺水条、挂瓦条做法

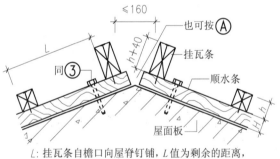

≤160
也可按Ⓐ
h+40
挂瓦条
同③
顺水条
屋面板
h h

L：挂瓦条自檐口向屋脊钉铺，L值为剩余的距离，且小于标准距离。

④ 屋脊顺水条、挂瓦条做法

160
上层金属瓦
下层金属瓦
挂瓦条，中距368～370
M12膨胀螺栓@1000
深入混凝土≥30
镀锌钢钉
脊檩
h+H+40
顺水条
密封材料
M10膨胀螺栓
≥30
20
30
顺水条，中距≤600

Ⓐ

1—1

年最大频率风向

70~80

顺年最大频率风向搭接
耐候硅酮密封膏

⑥ 相邻两片金属瓦的横向搭接要求

注：1. 顺水条、挂瓦条可用木材或金属材料，用木材时，应进行防蛀处理，并涂刷防腐、防火涂料；用金属材料时，应进行防锈蚀处理。
2. 顺水条应顺流水方向固定，间距≤600，钉铺应牢固、平整。
3. 挂瓦条应拉通线钉固，上棱应顺一直线，间距应根据金属瓦片尺寸和屋面坡长经计算确定，相邻

两挂瓦条的对接缝应位于顺水条上，分别钉固。为保证其处于同一水平，可在挂瓦条下嵌塞厚度不等的木楔子进行调平，平整度允许误差为5mm。
4. 屋脊④、斜脊、山墙、人字形外沿边部位的挂瓦条应增高40mm，以利稳固收边。

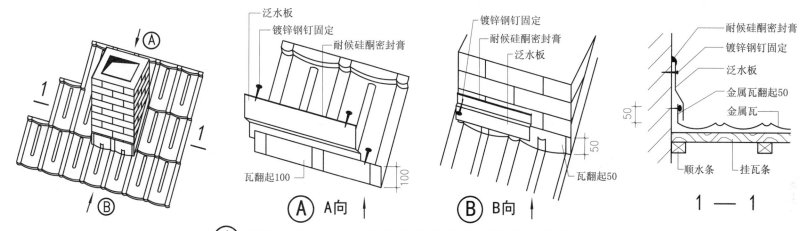

泛水板
镀锌钢钉固定
耐候硅酮密封膏

瓦翻起100

(A) A向 ↑

镀锌钢钉固定
耐候硅酮密封膏
泛水板

50

瓦翻起50

(B) B向 ↑

耐候硅酮密封膏
镀锌钢钉固定
泛水板
金属瓦翻起50
金属瓦

50

顺水条   挂瓦条

1 — 1

① **烟囱、出入口、老虎窗等凸出屋面结构泛水构造**

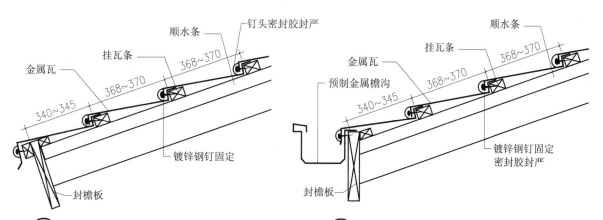

钉头密封胶封严
顺水条
挂瓦条   368~370
金属瓦   368~370
340~345
镀锌钢钉固定
封檐板

② **无组织排水檐口、挂瓦条构造**

顺水条
挂瓦条   368~370
金属瓦   368~370
预制金属檐沟
340~345
镀锌钢钉固定
密封胶封严
封檐板

③ **有组织排水檐口、挂瓦条构造**

山墙泛水板   瓦翻起50
钉子固定
密封胶封平
50
挂瓦条
封檐板   顺水条

（a）山墙直角形泛水板

山墙泛水板   瓦翻起50
50   30
钉子固定
钉头密封胶封严
挂瓦条
封檐板   顺水条

（b）山墙圆弧形泛水板

④ **山墙泛水板固定方法**

注：
1. 女儿墙、凸出屋面结构部位的泛水板应顺水搭接于金属瓦，用钢钉固定后，钉眼、泛水板上部边缝用耐候硅酮密封膏封闭严密。

2. 挂瓦条的间距应根据金属瓦的宽度而定，除了距檐口和距屋脊的距离应＜368mm外，其余部位一般取标准距离为368～370mm。

图名	金属瓦屋面 烟囱、檐口、山墙泛水 做法	分图页	B-31
		总图页	49

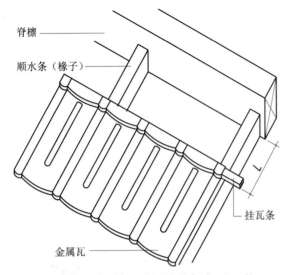

脊檩

顺水条（椽子）

挂瓦条

L

金属瓦

(a) 脊檩与两侧挂瓦条的距离为" L "
挂瓦条的钉设应使"L+50"＜368mm

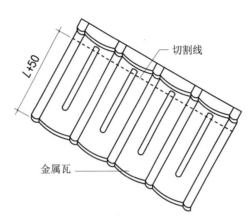

L+50

切割线

金属瓦

(b) 在金属瓦上量"L+50"mm
宽度的切割线

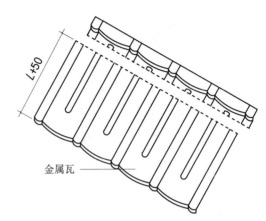

L+50

金属瓦

(c) 切割金属瓦，移除去掉部分

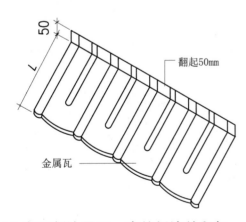

50

L

翻起50mm

金属瓦

(d) 在切割边量50mm宽的折边并翻起

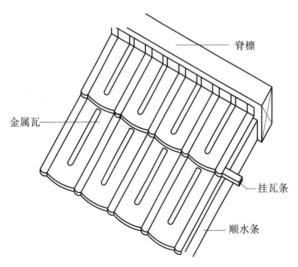

脊檩

金属瓦

挂瓦条

顺水条

(e) 铺设切割后的金属瓦

注:
1. 靠近屋脊两侧挂瓦条的钉设距离应同时
满足两个条件：（a）能使切割后的金属
瓦片与下排金属瓦进行有效搭接：
（b）能使切割后的金属瓦片向上翻起50mm，
使其紧靠在脊檩侧壁。使切割后金属瓦
片的宽度"L+50"mm＜挂瓦条铺设的标
准宽度368mm。
2. 将需切割的金属瓦片，按"L+50"mm的
宽度准确弹出粉线，沿粉线进行切割；
切割后再弹出50mm的宽度，沿线进行卷
起。使其既能与下排金属瓦可靠搭接，
又能使翻起的50mm的泛水搭接边紧靠着
脊檩侧壁，使脊瓦能完全罩住泛水搭接
边。

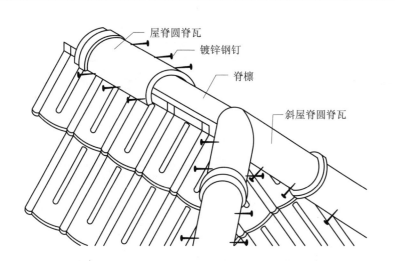

（a）切割圆管形脊瓦，将其罩在脊檩、斜脊檩和两侧金属瓦上

图中标注：屋脊圆脊瓦、镀锌钢钉、脊檩、斜屋脊圆脊瓦

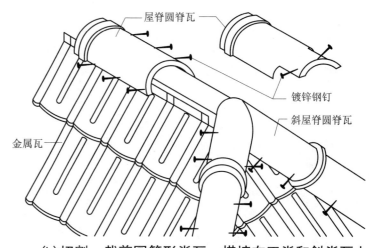

（b）切割、裁剪圆管形脊瓦，搭接在正脊和斜脊瓦上

图中标注：屋脊圆脊瓦、镀锌钢钉、斜屋脊圆脊瓦、金属瓦

① 脊瓦、斜脊瓦的铺设方法

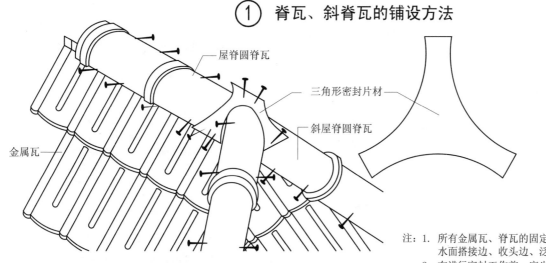

（c）裁剪三角形密封片材，封闭正脊与斜脊的对接缝

图中标注：屋脊圆脊瓦、三角形密封片材、斜屋脊圆脊瓦、金属瓦

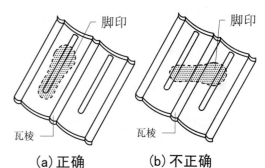

（a）正确　　　　（b）不正确

图中标注：脚印、瓦棱

② 在金属瓦屋面行走的方法

注：1. 所有金属瓦、脊瓦的固定都依靠镀锌钢钉，故钉固应足量坚固。所有钉眼及迎水面搭接边、收头边、泛水边、接缝、端缝都应用耐候硅酮密封膏密封严密。
2. 在进行密封工作前，应先将板面的保护层除尽，再将尘土、油垢、粘附物等清除干净，待基面干燥后，再用耐候硅酮密封膏进行嵌填密封。

图名	金属瓦屋面脊瓦切割安装	分图页	B-33
		总图页	51

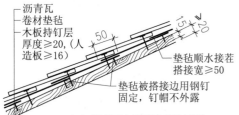

（a）沥青瓦木基层非保温屋面

（b）沥青瓦木基层保温屋面

① **木基层沥青瓦屋面构造**

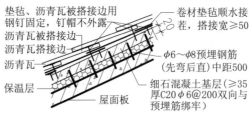

（a）沥青瓦混凝土基层保温屋面

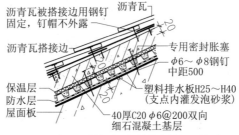

（b）沥青瓦混凝土基层塑料排水板保温屋面

② **混凝土基层沥青瓦屋面构造**

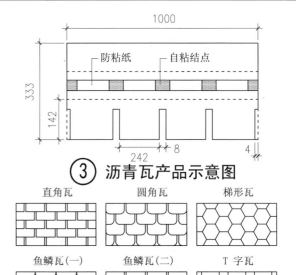

③ **沥青瓦产品示意图**

④ **几种常见沥青瓦的形状**

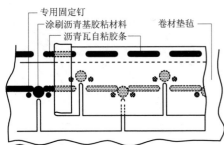

⑤ **沥青基胶粘材料增强做法**

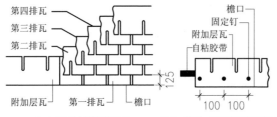

（a）瓦材铺设示意　　（b）附加层瓦钉铺示意

⑥ **沥青瓦排列顺序**

注：1．沥青瓦屋面的坡度不应＜20%。

2．①沥青瓦在木基层上铺瓦前，先从檐口开始向上铺一层卷材垫毡，顺水接茬，用钢钉钉被搭接边，钉帽与垫毡平齐，搭接边覆盖钉帽，搭接宽度≥50mm。钢钉钉入持木质钉层深度≥15mm。铺设完垫毡后，再铺设沥青瓦。

3．②在混凝土基层上铺设沥青瓦、垫毡的方法与木基层相

同，持钉层深入细石混凝土的深度应≥20mm。当需增设柔性防水层、保温层时，防水层应设置在钢筋混凝土基层上，保温层宜设置在防水层上。当需设置塑料排水板时，排水板应设置在防水层之上。

4．沥青瓦以钉铺为主，粘结为辅。在基层上弹出垂直和水平基准线，再铺瓦。上下排沥青瓦之间采用全自粘

搭接，或增刷沥青基胶粘剂⑤。

5．沥青瓦自檐口向上铺设，需在檐口增设一层平行于檐口铺贴的附加层瓦，并伸出檐口10～20mm $\frac{3}{26}$，切槽向上指向屋脊；第一排瓦与附加层瓦叠合，切槽向下指向檐口⑥；第二排压在第一排瓦上，露出≤143mm的切口，一般露出125mm。相邻两层瓦的拼缝及切口应均匀错开。

6．每片沥青瓦不应少于4个固定钉，垂直钉入，钉帽不得外露，在大风地区或屋面坡度＞100%时，每张瓦片不得少于6个固定钉并增加粘结面积。

7．将沥青瓦沿切槽剪开即为四块脊瓦，铺脊瓦应顺年最大频率风向搭接，每片脊瓦用两个钢钉固定，相互之间压盖面积不应小于脊瓦面积的1/2，搭接坡面长度≥150mm $\frac{6}{37}$。

8．女儿墙等立面应铺设≥500mm宽附加层，再粘瓦片 $\frac{6}{30}$。

9．天沟、檐沟应顺直，瓦片应粘牢 $\frac{3～5}{27}$。

图名	沥青瓦屋面 设计施工	分图页	B-34
		总图页	52

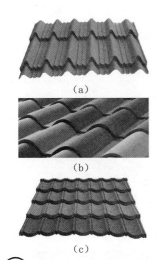

(a)

(b)

(c)

① 常见平瓦的形状

纵向顺水条
木顺水条30×30~35,
或钢顺水条-25×5

钢钉@600
深入木基层≥20

木螺丝或专
用螺纹钢钉
深入顺水
条≥20

横向挂瓦条（对接铺钉、上棱呈一直线）
木挂瓦条30×25~30,
或钢挂瓦条L30×6

水泥钢钉
@300

280~330
平瓦

防水卷材垫层

木板屋面基层

≤500   ≤500

（钢顺水条一般用M8×28膨胀螺栓或同规格剪式万能锚栓
固定于混凝土持钉层,钢挂瓦条焊接在钢顺水条上）

② 顺水条、挂瓦条的钉铺

≥35厚C20配筋细石混凝土持钉层（φ6钢筋
网@200双向绷直骑跨屋脊与屋脊、檐口、
檐沟预留筋连结,或后设M8膨胀螺栓连结）
保温层
防水层
20厚1:3水泥砂浆找平层
钢筋混凝土屋面板

屋脊、檐口、
檐沟部位预埋
φ6@500钢
筋,或后设
M8膨胀螺栓

脊瓦宽
平瓦宽   40 40 平瓦宽
(50~70)

挂瓦条

檐口边

保温砂浆

排汽（水）管

300

（无保温层屋面,可将木基层或钢筋混凝土基层视为持钉
层;有保温层屋面,保温层上应设置骑跨屋脊的≥35厚
的钢筋细石混凝土持钉层,钢筋网保护层≥10厚）

③ 钢筋网细石混凝土持钉层（一）

注： 1. 烧结瓦、混凝土瓦屋面的坡度不应<30%。
   2. 顺水条、挂瓦条可用木材或金属材料,用木材时应
      进行防蛀处理,并涂刷防腐、防火涂料；用金属材
      料时,应进行防锈蚀处理。
   3. 顺水条应顺流水方向固定,间距≤500,钉铺应牢固、
      平整。
   4. 挂瓦条应拉通线钉固,上棱应顺一直线,间距应根
      据平瓦尺寸和屋面坡长来确定。檐口第一根挂瓦条
      应保证瓦头挑出檐口50~70mm,见 ③ ① ③④
                                      25 26
      ⑤。檐口条或封檐板应高出挂瓦条20~30mm。
   5. 靠近屋脊两侧坡面最近的挂瓦条,应保证脊瓦与两
      坡面瓦的搭盖宽度不<40mm,见 ⑤ ③~⑤。
                                  37
      脊瓦与坡面瓦之间的缝隙应用聚合物水泥砂浆填实
      抹平。屋脊、斜脊外观应顺直。
   6. 沿山墙、凸出屋面结构的一行瓦宜用1:2.5聚合物
      抗裂砂浆做出披水线。水泥砂浆或细石混凝土持钉
      层与突出屋面交接处应预留30mm宽凹槽 ⑦。
                                          35

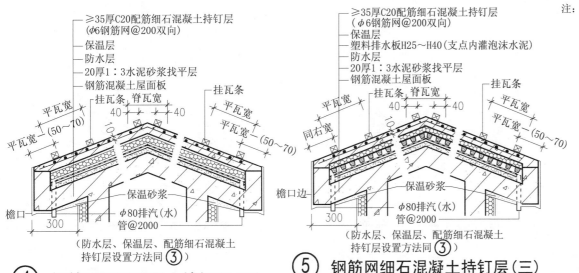

≥35厚C20配筋细石混凝土持钉层
（φ6钢筋网@200双向）
保温层
防水层
20厚1:3水泥砂浆找平层
钢筋混凝土屋面板

脊瓦宽
平瓦宽 40 40
(50~70)

挂瓦条

平瓦宽
(50~70)

保温砂浆

檐口

φ80排汽（水）
管@2000

300

（防水层、保温层、配筋细石混凝土
持钉层设置方法同 ③ ）

④ 钢筋网细石混凝土持钉层（二）

≥35厚C20配筋细石混凝土持钉层
（φ6钢筋网@200双向）
保温层
防水层
塑料排水板H25~H40(支点内灌泡沫水泥)
防水层
20厚1:3水泥砂浆找平层
钢筋混凝土屋面板

脊瓦宽
平瓦宽 40 40
同石宽
平瓦宽
(50~70)

挂瓦条

平瓦宽
(50~70)

檐口边

φ80排汽（水）
管@2000

300

（防水层、保温层、配筋细石混凝土
持钉层设置方法同 ③ ）

⑤ 钢筋网细石混凝土持钉层（三）

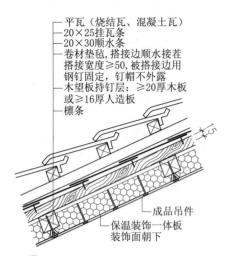

- 平瓦（烧结瓦、混凝土瓦）
- 20×25挂瓦条
- 20×30顺水条
- 卷材垫毡，搭接边顺水接茬搭接宽度≥50，被搭接边用钢钉固定，钉帽不外露
- 木望板持钉层：≥20厚木板或≥16厚人造板
- 檩条
- 成品吊件
- 保温装饰一体板装饰面朝下

① 木望板平瓦保温屋面

- 平瓦（烧结瓦、混凝土瓦）
- 最薄处≥20厚1：3水泥砂浆铺瓦层
- 3～5厚1：2.5聚合物水泥砂浆防水层
- 20厚1：3水泥砂浆找平层
- 保温层
- 装配式屋面板

（如不设防水层，则可省略找平层）

② 水泥砂浆铺砌平瓦屋面

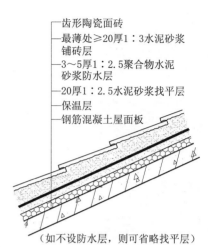

- 齿形陶瓷面砖
- 最薄处≥20厚1：3水泥砂浆铺砖层
- 3～5厚1：2.5聚合物水泥砂浆防水层
- 20厚1：2.5水泥砂浆找平层
- 保温层
- 钢筋混凝土屋面板

（如不设防水层，则可省略找平层）

③ 水泥砂浆铺贴齿形面砖屋面

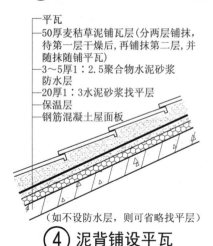

- 平瓦
- 50厚麦秸草泥铺瓦层(分两层铺抹，待第一层干燥后，再铺抹第二层，并随抹随铺平瓦)
- 3～5厚1：2.5聚合物水泥砂浆防水层
- 20厚1：3水泥砂浆找平层
- 保温层
- 钢筋混凝土屋面板

（如不设防水层，则可省略找平层）

④ 泥背铺设平瓦

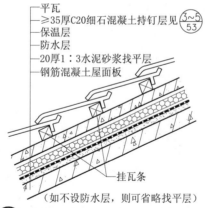

- 平瓦
- ≥35厚C20细石混凝土持钉层见 ③～⑤/53
- 保温层
- 防水层
- 20厚1：3水泥砂浆找平层
- 钢筋混凝土屋面板
- 挂瓦条

（如不设防水层，则可省略找平层）

⑤ 细石混凝土持钉层铺瓦

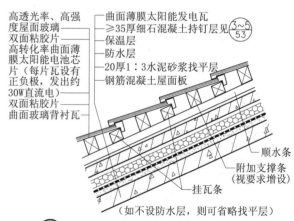

- 高透光率、高强度屋面玻璃
- 双面粘胶片
- 高转化率曲面薄膜太阳能电池芯片（每片瓦设有正负极，发出约30W直流电）
- 双面粘胶片
- 曲面玻璃背衬瓦
- 曲面薄膜太阳能发电瓦
- ≥35厚细石混凝土持钉层见 ③～⑤/53
- 保温层
- 防水层
- 20厚1：3水泥砂浆找平层
- 钢筋混凝土屋面板
- 顺水条
- 附加支撑条（视要求增设）
- 挂瓦条

⑥ 曲面薄膜太阳能发电瓦

注：1. ②③④保温层可按①设在室内。
2. ⑥为曲面薄膜太阳能发电瓦屋面。且具有发电、隔热、保温、防水、抗冰雹、防风、防雷击等功能。夏季室内温度比室外温度低5～6℃，比采用传统瓦片的室内温度低5～10℃，环境温度−40℃～ ＋85℃时能正常发电，应予大力推广使用。玻璃瓦的材质、安装要求应符合《建筑玻璃应用技术规程》JGJ 113-2015的规定。

| 图名 | 平瓦、面砖、曲面薄膜太阳能发电瓦 屋面 基层、持钉层 类型 | 分图页 | B-36 |
| | | 总图页 | 54 |

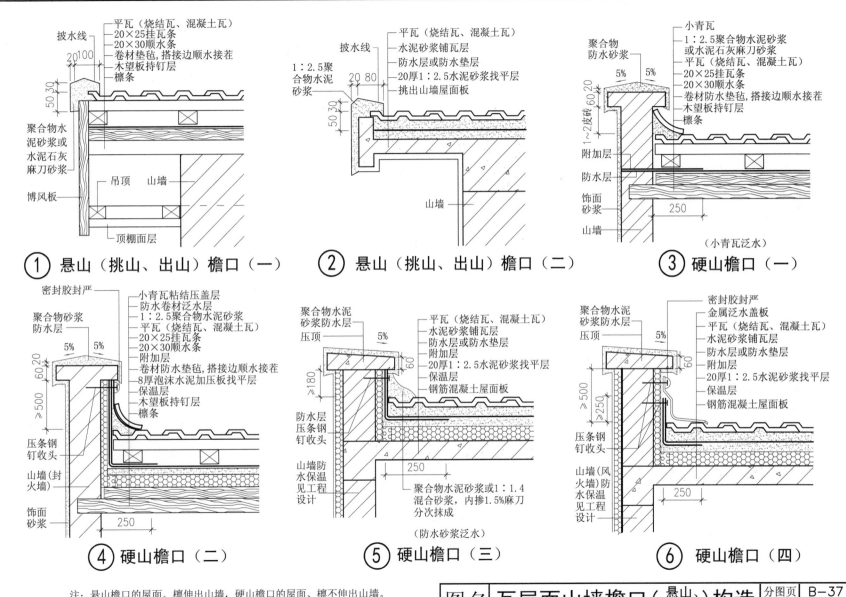

① 悬山（挑山、出山）檐口（一）

② 悬山（挑山、出山）檐口（二）

③ 硬山檐口（一）

（小青瓦泛水）

④ 硬山檐口（二）

⑤ 硬山檐口（三）

（防水砂浆泛水）

⑥ 硬山檐口（四）

注：悬山檐口的屋面、檩伸出山墙，硬山檐口的屋面、檩不伸出山墙。

图名 瓦屋面山墙檐口（悬山、硬山）构造

分图页 B-37

总图页

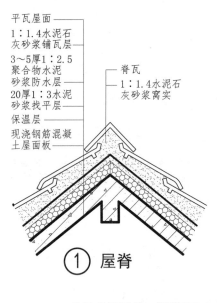

平瓦屋面
1:1.4水泥石
灰砂浆铺瓦层
3~5厚1:2.5
聚合物水泥
砂浆防水层
20厚1:3水泥
砂浆找平层
保温层
现浇钢筋混凝
土屋面板

脊瓦
1:1.4水泥石
灰砂浆窝实

① 屋脊

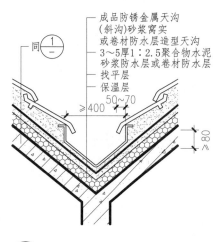

成品防锈金属天沟
(斜沟)砂浆窝实
或卷材防水层造型天沟
3~5厚1:2.5聚合物水泥
砂浆防水层或卷材防水层
保温层

50~70
≥400
≥80

② 角形天沟（一）

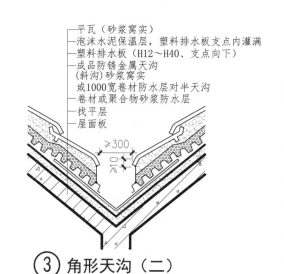

平瓦（砂浆窝实）
泡沫水泥保温层,塑料排水板支点内灌满
塑料排水板（H12~H40、支点向下）
成品防锈金属天沟
(斜沟)砂浆窝实
或1000宽卷材防水层对半天沟
卷材或聚合物砂浆防水层
找平层
屋面板

≥300

③ 角形天沟（二）

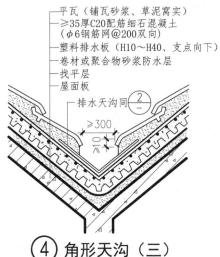

平瓦（铺瓦砂浆、草泥窝实）
≥35厚C20配筋细石混凝土
（φ6钢筋网@200双向）
塑料排水板（H10~H40、支点向下）
卷材或聚合物砂浆防水层
找平层
屋面板

排水天沟同 ②
≥300

④ 角形天沟（三）

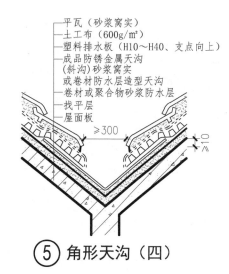

平瓦（砂浆窝实）
土工布（600g/m²）
塑料排水板（H10~H40、支点向上）
成品防锈金属天沟
(斜沟)砂浆窝实
或卷材防水层造型天沟
卷材或聚合物砂浆防水层
找平层
屋面板

≥300
≥10

⑤ 角形天沟（四）

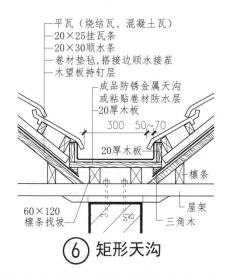

平瓦（烧结瓦、混凝土瓦）
20×25挂瓦条
20×30顺水条
卷材垫毡,搭接边顺水接茬
木望板持钉层
成品防锈金属天沟
或粘贴卷材防水层
20厚木板

300 50~70
20厚木板
檩条
屋架
三角木

60×120
檩条找坡

⑥ 矩形天沟

注：金属天沟可采用3~5mm厚镀锌钢板
或1.2~2.5mm厚不锈钢板。

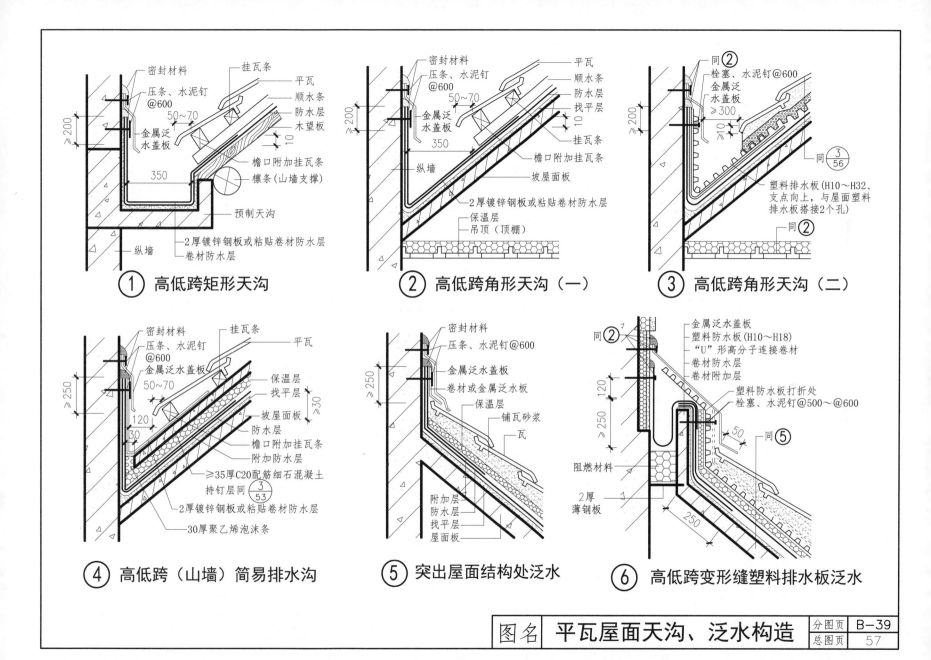

① 高低跨矩形天沟

② 高低跨角形天沟（一）

③ 高低跨角形天沟（二）

④ 高低跨（山墙）简易排水沟

⑤ 突出屋面结构处泛水

⑥ 高低跨变形缝塑料排水板泛水

图名 **平瓦屋面天沟、泛水构造**

C. 室 内 工 程 防 水

说 明

室内工程防水设计和施工尚应符合下例要求：

1. 室内防水工程楼地面、顶面防水材料选用（见表C-1）

室内防水工程楼地面、顶面防水材料选用　　表C-1

序号	部位	保护层、饰面层	楼地面（池底）防水层	顶面
1	厕浴间、厨房间	防水层表面直接贴砖或抹灰	刚性防水材料、聚乙烯丙纶卷材	聚合物水泥防水砂浆、刚性无机防水材料
		柔性材料用砂浆或细石混凝土做保护层	刚性防水材料、合成高分子涂料、改性沥青涂料、渗透结晶型防水涂料、自粘卷材、弹(塑)性体改性沥青卷材、合成高分子卷材	
2	蒸汽浴室、高温水池	防水层表面直接贴砖或抹灰	刚性防水材料	
		柔性材料用砂浆或细石混凝土做保护层	刚性防水材料、合成高分子涂料、聚合物水泥防水砂浆、渗透结晶型防水涂料、自粘橡胶沥青卷材、弹(塑)性体改性沥青卷材、合成高分子卷材	
3	游泳池、水池（常温）	无保护层和饰面层	刚性防水材料	
		防水层表面直接贴砖或抹灰	刚性防水材料、聚乙烯丙纶卷材	
		柔性材料用砂浆或细石混凝土做保护层	刚性防水材料、合成高分子涂料、改性沥青涂料、渗透结晶型防水涂料、自粘橡胶沥青卷材、弹(塑)性体改性沥青卷材、合成高分子卷材	

2. 室内防水工程立面防水材料选用（见表C-2）

室内防水工程立面防水材料选用　　表C-2

序号	部位	保护层、饰面层	立面（池壁）
1	厨房、厕浴间	防水层表面直接贴瓷砖或抹灰	刚性防水材料、聚乙烯丙纶卷材
		防水层表面经处理或挂钢丝网抹灰	刚性防水材料、合成高分子防水涂料、合成高分子防水卷材
2	蒸汽浴室	防水层表面直接贴瓷砖或抹灰	刚性防水材料、聚乙烯丙纶卷材
		防水层表面经处理或挂钢丝网抹灰、脱离式饰面层	刚性防水材料、合成高分子防水涂料、合成高分子防水卷材
3	游泳池、水池（常温）	无保护层和饰面层	刚性防水材料
		防水层表面直接贴瓷砖或抹灰	刚性防水材料、聚乙烯丙纶卷材
		混凝土保护层	刚性防水材料、合成高分子防水涂料或卷材、改性沥青防水涂料、渗透结晶型防水涂料、自粘橡胶沥青卷材、弹(塑)性体改性沥青防水卷材
4	高温水池	防水层表面直接贴瓷砖或抹灰	刚性防水材料
		混凝土保护层	刚性防水材料、合成高分子防水涂料或卷材、渗透结晶型防水涂料

3. 室内防水工程防水层最小厚度的要求 （见表C-3）

室内防水工程防水层最小厚度要求(mm)　　表C-3

序号	防水材料类型		厕所、厨房、卫生间	浴室、水池、游泳池	两道设防或复合设防
1	聚合物水泥防水砂浆、合成高分子防水涂料		1.2	1.5	1.0
2	改性沥青防水涂料		2.0	—	1.2
3	合成高分子防水卷材		1.0	1.2	1.0
4	弹(塑)性体改性沥青防水卷材		3.0	3.0	2.0
5	自粘橡胶改性沥青防水卷材		1.2	1.5	1.2
6	自粘聚酯胎改性沥青防水卷材		2.0	3.0	2.0
7	刚性防水材料	掺外加剂、掺料防水砂浆	20	25	20
		聚合物水泥防水砂浆Ⅰ类	10	20	10
		聚合物水泥防水砂浆Ⅱ类、刚性无机防水材料	3.0	5.0	3.0

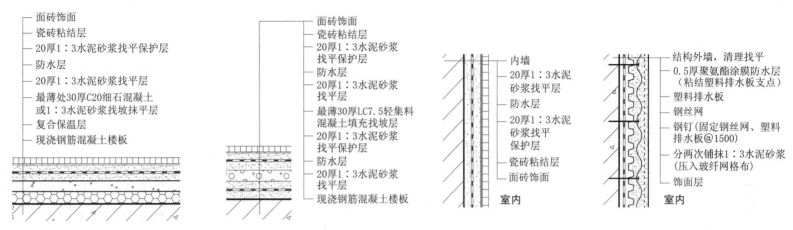

① 现浇楼板防水设计（一）

- 面砖饰面
- 瓷砖粘结层
- 20厚1:3水泥砂浆找平保护层
- 防水层
- 20厚1:3水泥砂浆找平层
- 最薄处30厚C20细石混凝土或1:3水泥砂浆找坡抹平层
- 复合保温层
- 现浇钢筋混凝土楼板

② 现浇楼板防水设计（二）

- 面砖饰面
- 瓷砖粘结层
- 20厚1:3水泥砂浆找平保护层
- 防水层
- 20厚1:3水泥砂浆找平层
- 最薄30厚LC7.5轻集料混凝土填充找坡层
- 20厚1:3水泥砂浆找平保护层
- 防水层
- 20厚1:3水泥砂浆找平层
- 现浇钢筋混凝土楼板

③ 内墙防水设计

- 内墙
- 20厚1:3水泥砂浆找平层
- 防水层
- 20厚1:3水泥砂浆找平保护层
- 瓷砖粘结层
- 面砖饰面
- 室内

④ 地下室外墙渗漏内排水设计

- 结构外墙，清理找平
- 0.5厚聚氨酯涂膜防水层（粘结塑料排水板支点）
- 塑料排水板
- 钢丝网
- 钢钉（固定钢丝网、塑料排水板@1500）
- 分两次铺抹1:3水泥砂浆（压入玻纤网格布）
- 饰面层
- 室内

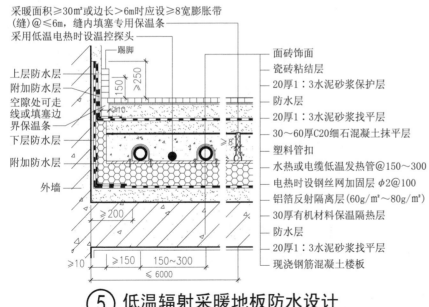

⑤ 低温辐射采暖地板防水设计

- 采暖面积≥30m²或边长>6m时应设≥8宽膨胀带（缝）@≤6m，缝内填塞专用保温条
- 采用低温电热时设温控探头
- 踢脚
- 上层防水层
- 附加防水层
- 空隙处可走线或填塞边界保温条
- 下层防水层
- 附加防水层
- 外墙
- 面砖饰面
- 瓷砖粘结层
- 20厚1:3水泥砂浆保护层
- 防水层
- 20厚1:3水泥砂浆找平层
- 30～60厚C20细石混凝土抹平层
- 塑料管扣
- 水热或电缆低温发热管@150～300
- 电热时设钢丝网加固层 φ2@100
- 铝箔反射隔离层(60g/m²～80g/m²)
- 30厚有机材料保温隔热层
- 防水层
- 20厚1:3水泥砂浆找平层
- 现浇钢筋混凝土楼板

≥10 ≥150 150～300 ≤6000
≥200

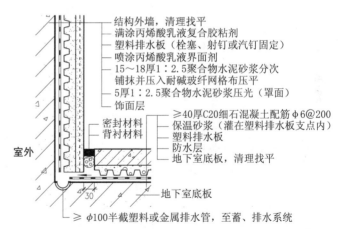

⑥ 地下室简易架空底板离壁衬套墙防水、排水设计

- 结构外墙，清理找平
- 满涂丙烯酸乳液复合胶粘剂
- 塑料排水板（栓塞、射钉或汽钉固定）
- 喷涂丙烯酸乳液界面剂
- 15～18厚1:2.5聚合物水泥砂浆分次铺抹并压入耐碱玻纤网格布压平
- 5厚1:2.5聚合物水泥砂浆压光（罩面）
- 饰面层
- 密封材料
- 背衬材料
- ≥40厚C20细石混凝土配筋 φ6@200
- 保温砂浆（灌在塑料排水板支点内）
- 塑料排水板
- 防水层
- 地下室底板，清理找平
- 室外
- 地下室底板
- ≥ φ100半截塑料或金属排水管，至蓄、排水系统

图名	室内地面、墙面防水设计	分图页	C-1
		总图页	59

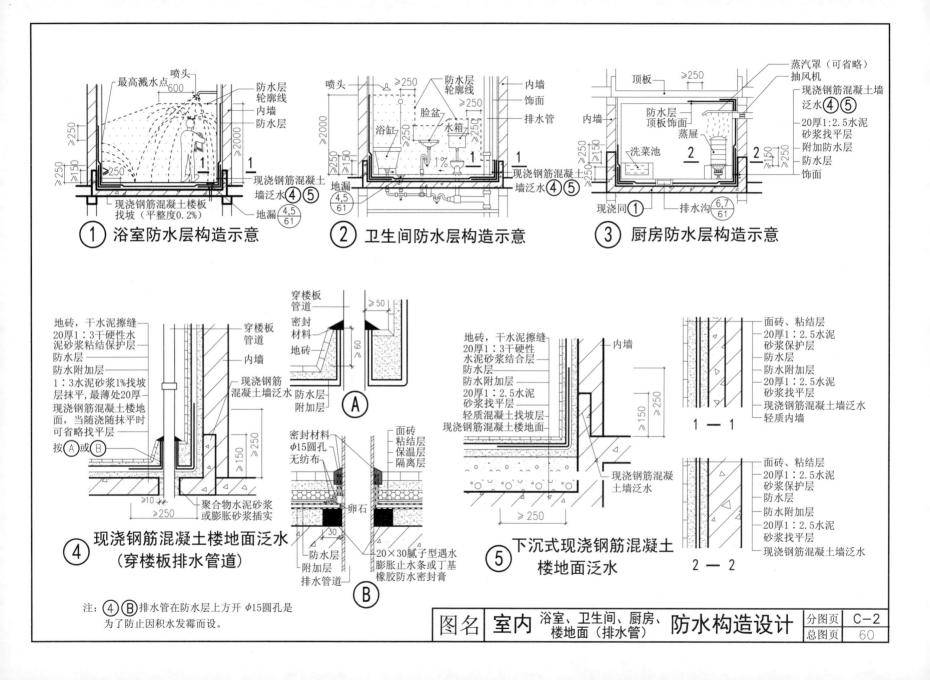

① 浴室防水层构造示意

② 卫生间防水层构造示意

③ 厨房防水层构造示意

④ 现浇钢筋混凝土楼地面泛水
（穿楼板排水管道）

⑤ 下沉式现浇钢筋混凝土楼地面泛水

注：④ ⑧排水管在防水层上方开 φ15圆孔是
为了防止因积水发霉而设。

图名	室内	浴室、卫生间、厨房、楼地面（排水管）	防水构造设计	分图页	C-2
				总图页	60

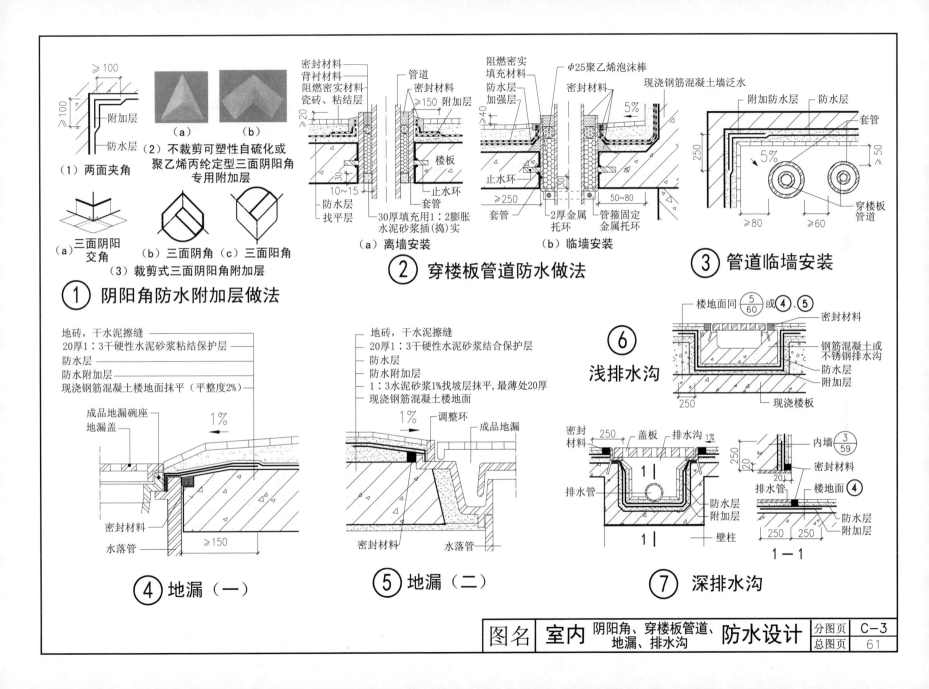

（1）两面夹角

（2）不裁剪可塑性自硫化或聚乙烯丙纶定型三面阴阳角专用附加层

（a）三面阴阳交角

（b）三面阴角　（c）三面阳角

（3）裁剪式三面阴阳角附加层

① 阴阳角防水附加层做法

（a）离墙安装

（b）临墙安装

② 穿楼板管道防水做法

③ 管道临墙安装

④ 地漏（一）

⑤ 地漏（二）

⑥ 浅排水沟

⑦ 深排水沟

图名 **室内** 阴阳角、穿楼板管道、地漏、排水沟 **防水设计**　分图页 **C-3**　总图页 **61**

D. 外墙工程防水与保温

目 录

说 明

外墙工程保温防水设计和施工尚应符合下例要求：

1. **外墙防水材料可选用：** 普通防水砂浆、聚合物水泥防水砂浆、聚合物水泥防水涂料、聚合物乳液防水涂料、聚氨酯防水涂料、防水透气膜等。

2. **外墙密封材料可选用：** 硅酮结构密封胶、硅酮耐候密封胶、聚氨酯建筑密封胶、聚硫建筑密封胶、丙烯酸酯建筑密封胶等。

3. **外墙保温材料可选用：** 泡沫聚苯乙烯塑料板、泡沫聚氨酯塑料板、泡沫酚醛树脂板、胶粉聚苯颗粒、岩棉板、岩棉夹芯板（不燃型）、泡沫玻璃、石膏酚醛复合泡沫板、泡沫水泥、蒸压加气混凝土砌块(板)等。

4. **外墙保温防水配套材料可选用：** 耐碱玻璃纤维网格布、界面处理剂、热镀锌电焊网、密封胶粘带等。

外墙工程所选用的防水、密封、保温、配套材料均应符合国家现行规范及《建筑外墙防水工程技术规程》JGJ/T 235-2011的规定。

5. **外墙防水工程防水层最小厚度的要求** （见表D-1）

外墙防水工程防水层最小厚度要求(mm)　　　表D-1

墙体基层种类	饰面层种类	聚合物水泥防水砂浆		普通防水砂浆	防水涂料
		干粉类	乳液类		
现浇混凝土	涂料	3	5	8	1.0
	面砖				—
	幕墙				1.0
砌体	涂料	5	8	10	1.2
	面砖				—
	干挂幕墙				1.2

6. **外墙保温构造分为：** 外保温、内保温、夹芯保温和自保温等。

（1）**外保温：** 可保护主体结构不受外界侵蚀、延长建筑物使用寿命，基本消除"热桥"现象。但耐久性差、造价高、做法复杂。

（2）**内保温：** 保温效果优，耐久性好，须对"热桥"进行处理。

（3）**夹芯保温：** 强度要求低。易受潮，易产生"热桥"现象。

（4）**自保温：** 锯、刨、钉、铣、钻容易，框架易引起"热桥"。

图名	外墙工程防水与保温	目录、说明	分图页 D-01
			总图页 62

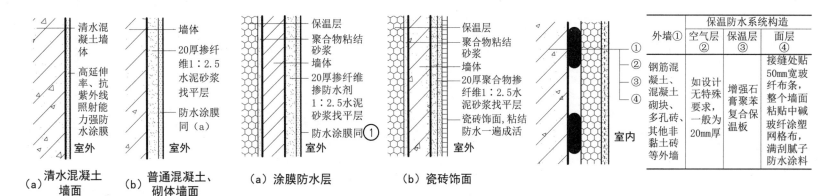

清水混凝土墙体

高延伸率、抗紫外线照射能力强防水涂膜

室外

（a）清水混凝土墙面

墙体

20厚掺纤维1：2.5水泥砂浆找平层

防水涂膜同（a）

室外

（b）普通混凝土、砌体墙面

（1）**非保温外墙外侧墙面防水做法**

保温层

聚合物粘结砂浆

墙体

20厚聚纤维掺防水剂1：2.5水泥砂浆找平层

防水涂膜同①

室外

（a）涂膜防水层

保温层

聚合物粘结砂浆

墙体

20厚聚合物掺纤维1：2.5水泥砂浆找平层

瓷砖饰面，粘结防水一遍成活

室外

（b）瓷砖饰面

（2）**外墙内保温外侧墙面防水做法**

外墙①	保温防水系统构造		
	空气层②	保温层③	面层④
钢筋混凝土、混凝土砌块、多孔砖、其他非黏土砖等外墙	如设计无特殊要求，一般为20mm厚	增强石膏聚苯复合保温板	接缝处贴50mm宽玻纤布条，整个墙面粘贴中碱玻纤涂塑网格布，满刮腻子防水涂料

（3）**外墙内保温增强石膏聚苯复合保温板内防水基本构造**

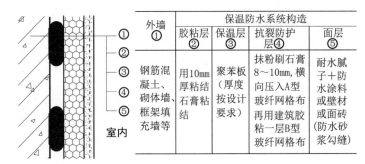

外墙①	保温防水系统构造			
	胶粘层②	保温层③	抗裂防护层④	面层⑤
钢筋混凝土、砌体墙、框架填充墙等	用10mm厚粘结石膏粘结	聚苯板（厚度按设计要求）	抹粉刷石膏8～10mm，横向压入A型玻纤网格布再用建筑胶粘一层B型玻纤网格布	耐水腻子+防水涂料或壁材或面砖（防水砂浆勾缝）

注：1.A型玻纤布：被覆盖用，网孔中心距4～6mm，单位面积质量≥130g/m²，经向断裂强力≥600N/50mm，纬向断裂强力≥400N/50mm。

2.B型玻纤涂塑网格布：粘贴用，网孔中心距2.5mm，单位面积质量≥40g/m²，，经向断裂强力≥300N/50mm，纬向断裂强力≥200N/50mm。

（4）**外墙内保温增强粉刷石膏聚苯板内防水基本构造**

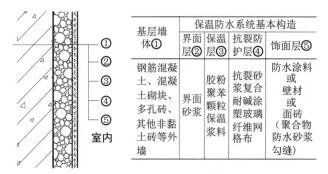

基层墙体①	保温防水系统基本构造			
	界面层②	保温层③	抗裂防护层④	饰面层⑤
钢筋混凝土、混凝土砌块、多孔砖、其他非黏土砖等外墙	界面砂浆	胶粉聚苯颗粒保温浆料	抗裂砂浆复合耐碱涂塑玻璃纤维网格布	防水涂料或壁材或面砖（聚合物防水砂浆勾缝）

（5）**外墙内保温胶粉聚苯颗粒保温浆料玻纤网格布聚合物砂浆内防水基本构造**

注：1.外墙内保温材料为无机板材时，上下排粘贴应错缝1/2板长，板的侧面不应涂布胶粘剂。

2.采用点框法、条粘法粘贴保温板时，位于阴阳角、门窗洞口周边应采用满粘法。

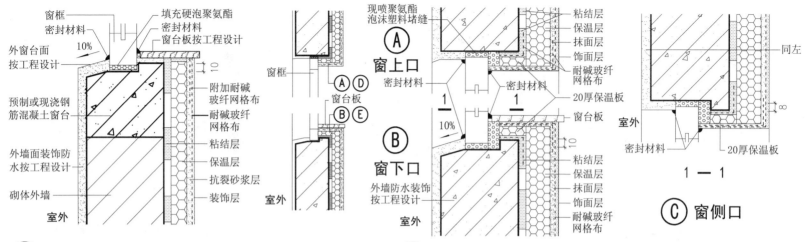

① 砌体外墙内保温窗台防水构造

② 钢筋混凝土外墙内保温窗户防水构造

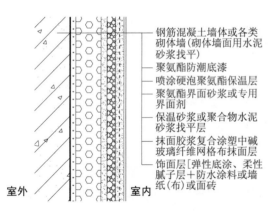

③ 外墙硬泡聚氨酯内保温防水构造

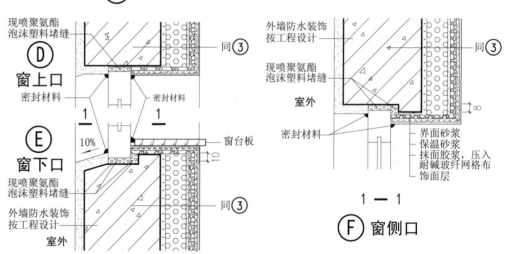

④ 钢筋混凝土外墙硬泡聚氨酯内保温窗户防水构造

注：② 窗口四周侧壁增设20厚保温层，适用于夏热冬冷地区，是为了避免热桥部位产生结露现象。夏热冬暖地区窗口四周可不设20厚保温层。

图名 外墙内保温窗户（框）防水设计

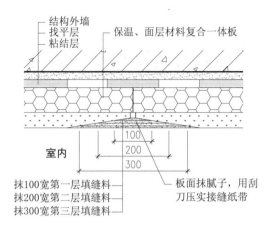

结构外墙
找平层
粘结层
保温、面层材料复合一体板

室内

100
200
300

抹100宽第一层填缝料
抹200宽第二层填缝料
抹300宽第三层填缝料

板面抹腻子，用刮刀压实接缝纸带

① 对接缝

保温、面层材料复合一体板   粘结层

50
100

板面抹腻子，用刮刀压实接缝纸带
抹50×2宽第一层填缝料
抹100×2宽第二层填缝料

50
室内
100

② 阴角接缝

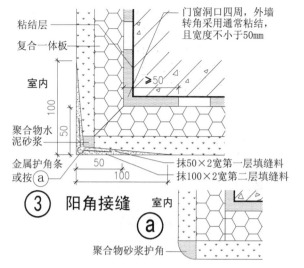

粘结层
复合一体板

室内

100

聚合物水泥砂浆

金属护条或按 ⓐ

门窗洞口四周，外墙转角采用通常粘结，且宽度不小于50mm

≥50

50

50
100

抹50×2宽第一层填缝料
抹100×2宽第二层填缝料

③ 阳角接缝   室内   ⓐ

聚合物砂浆护角

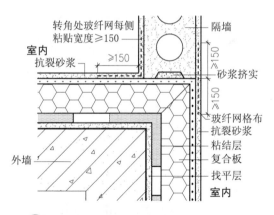

转角处玻纤网每侧粘贴宽度≥150
隔墙

室内
抗裂砂浆

≥150
≥150
≥150

砂浆挤实

玻纤网格布
抗裂砂浆
粘结层
复合板
找平层
室内

外墙

④ 隔墙与外墙交接（一）

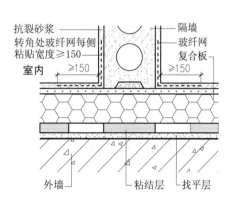

抗裂砂浆
转角处玻纤网每侧粘贴宽度≥150
隔墙
玻纤网
复合板

室内

≥150
≥150

外墙   粘结层   找平层

⑤ 隔墙与外墙交接（二）

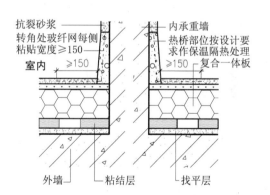

抗裂砂浆
转角处玻纤网每侧粘贴宽度≥150
内承重墙
热桥部位按设计要求作保温隔热处理

室内

≥150
≥150   复合一体板

外墙   粘结层   找平层

⑥ 内、外承重墙交接

注：1.复合保温板是在保温板的单面复合面层材料,预制成型,用于外墙内侧保温,具有隔热、防护功能。用粘结材料、嵌缝材料、锚栓将其固定于墙面,再在其表面做防水涂料或面砖饰面层,形成保温防水整体。

2.待上一层填缝料干燥后,才能涂抹下一层填缝料。

3.做内饰面前,应对接缝处基面进行打磨,然后用底漆涂抹整个基面。

4.① 、② 用于非地震地区。

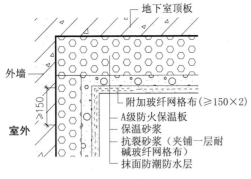

地下室顶板

外墙

室外

≥150

附加玻纤网格布(≥150×2)
A级防火保温板
保温砂浆
抗裂砂浆（夹铺一层耐碱玻纤网格布）
抹面防潮防水层

（非采暖地下室）

① 地下室顶板

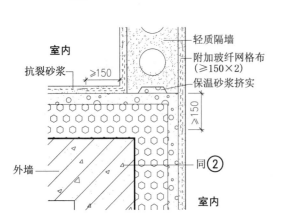

外墙

室外

≥150

附加玻纤网格布(≥150×2)
结构外墙
符合防火要求等级的墙面保温材料
保温砂浆
抗裂砂浆（夹铺一层耐碱玻纤网格布）
饰面(抹面防潮防水)层

② 阴角接缝

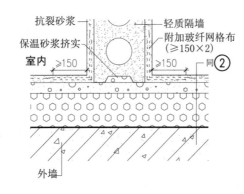

同②
抗裂砂浆
室内
室外
≥150
≥150
耐碱玻纤网格布
同②
附加玻纤网格布(≥150×2)

③ 阳角接缝

室内
抗裂砂浆
≥150
≥150
轻质隔墙
附加玻纤网格布(≥150×2)
保温砂浆挤实
同②
外墙
室内

④ 隔墙与外墙交接（一）

抗裂砂浆
保温砂浆挤实
室内
≥150
≥150
轻质隔墙
附加玻纤网格布(≥150×2)
同②
外墙

⑤ 隔墙与外墙交接（二）

耐碱玻纤网格布
附加玻纤网格布(≥150×2)
室内
≥150
≥150
内承重墙
热桥部位按设计要求作保温隔热处理
同②
外墙

⑥ 内、外承重墙交接

注：1. 墙体、顶板、楼板、地板、通道、门厅、变形缝及其余部位所选用的内保温材料的防火等级应符合《建筑内部装修设计防火规范》GB 50222-2017的规定。

2. A级防火保温材料可选用水泥发泡保温板、玻化微珠保温砂浆、岩棉板、玻璃棉板、发泡陶瓷保温板、加气混凝土板和其他无机活性保温材料等。

3. B1级防火保温材料可选用加入大量阻燃剂的挤塑聚苯板、聚氨酯板、酚醛、胶粉聚苯颗粒等。

4. B2级防火保温材料可选用加入适量阻燃剂的模塑聚苯板、挤塑聚苯板、聚氨酯、聚乙烯等。

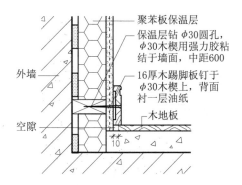

聚苯板保温层

保温层钻 φ30圆孔，
φ30木楔用强力胶粘
结于墙面，中距600

16厚木踢脚板钉于
φ30木楔上，背面
衬一层油纸

外墙

空隙

木地板

10

① 木踢脚板（一）

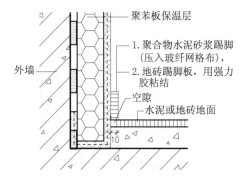

聚苯板保温层

1. 聚合物水泥砂浆踢脚
（压入玻纤网格布），

2. 地砖踢脚板，用强力
胶粘结

外墙

空隙

水泥或地砖地面

10

② 水泥、地砖踢脚板（二）

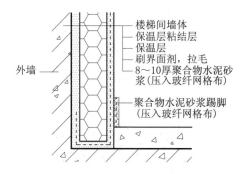

楼梯间墙体
保温层粘结层
保温层
刷界面剂，拉毛
8～10厚聚合物水泥砂
浆（压入玻纤网格布）

聚合物水泥砂浆踢脚
（压入玻纤网格布）

外墙

（建筑采暖，楼梯间不采暖构造）

③ 楼梯间内保温

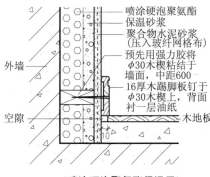

喷涂硬泡聚氨酯
保温砂浆
聚合物水泥砂浆
（压入玻纤网格布）

预先用强力胶将
φ30木楔粘结于
墙面，中距600

16厚木踢脚板钉于
φ30木楔上，背面
衬一层油纸

外墙

空隙

木地板

10

（喷涂硬泡聚氨酯保温层）

④ 木踢脚板（二）

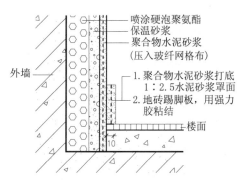

喷涂硬泡聚氨酯
保温砂浆
聚合物水泥砂浆
（压入玻纤网格布）

1. 聚合物水泥砂浆打底
1：2.5水泥砂浆罩面

2. 地砖踢脚板，用强力
胶粘结

外墙

楼面

10

（喷涂硬泡聚氨酯保温层）

⑤ 水泥、地砖踢脚板（二）

注：

1. 做水泥踢脚，应在保温层表面先满刮一层建筑用界面
剂，拉毛后再铺抹聚合物水泥砂浆，压光时应把预留
的网格布压入水泥砂浆的面层内，不能外露，然后再
铺抹聚合物水泥砂浆。预制踢脚板应采用瓷砖专用胶
粘剂满粘法粘贴。

2. 墙体最下端的玻纤网格布应压在踢脚下面。

3. 厨房、卫生间墙体保温做法，宜采用聚合物水泥粘结
剂和聚合物水泥罩面砂浆。防水层应待保温层施工结
束后再施工，以形成整体防水层。

4. 瓷砖须用专用瓷砖胶粘剂粘贴。

5. ①②③为聚苯保温板节点构造，其他板状保温材料
除粘结、锚固方法不同外，其节点构造、做法可作参
考。

6. ④⑤为喷涂硬泡聚氨酯保温层节点构造，其他喷涂
成型、颗粒浆状铺抹成型、现场发泡成型等保温材料
除施工方法不同外，其节点构造、做法可作参考。

7. 保温层防火等级按设计要求定。

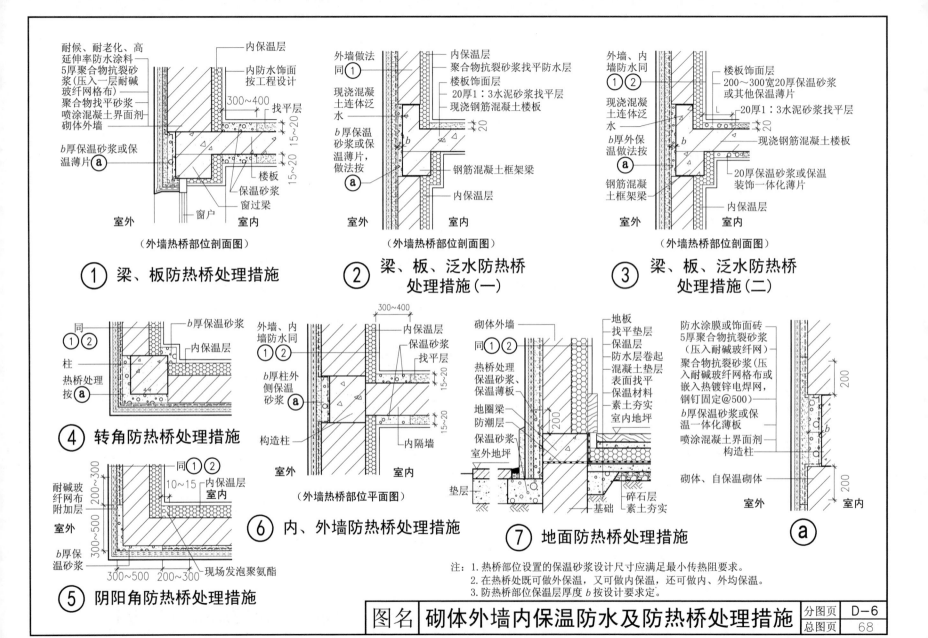

（外墙热桥部位剖面图）

① 梁、板防热桥处理措施

（外墙热桥部位剖面图）

② 梁、板、泛水防热桥
处理措施（一）

（外墙热桥部位剖面图）

③ 梁、板、泛水防热桥
处理措施（二）

④ 转角防热桥处理措施

（外墙热桥部位平面图）

⑥ 内、外墙防热桥处理措施

⑦ 地面防热桥处理措施

ⓐ

⑤ 阴阳角防热桥处理措施

注：1.热桥部位设置的保温砂浆设计尺寸应满足最小传热阻要求。
2.在热桥处既可做外保温，又可做内保温，还可做内、外均保温。
3.防热桥部位保温层厚度 b 按设计要求定。

图名	砌体外墙内保温防水及防热桥处理措施	分图页	D－6
		总图页	68

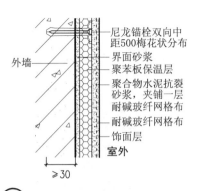

① 聚苯板外保温防水构造

外墙
尼龙锚栓双向中距500梅花状分布
界面砂浆
聚苯板保温层
聚合物水泥抗裂砂浆,夹铺一层耐碱玻纤网格布
耐碱玻纤网格布
饰面层
室外
≥30

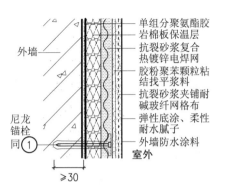

② 岩棉板外保温防水构造

外墙
尼龙锚栓同①
单组分聚氨酯胶
岩棉板保温层
抗裂砂浆复合热镀锌电焊网
胶粉聚苯颗粒粘结找平浆料
抗裂砂浆夹铺耐碱网布
弹性底涂、柔性耐水腻子
外墙防水涂料
室外
≥30

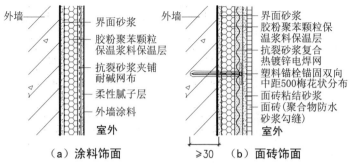

③ 胶粉聚苯颗粒外保温防水构造

（a）涂料饰面

外墙
界面砂浆
胶粉聚苯颗粒保温浆料保温层
抗裂砂浆夹铺耐碱网布
柔性腻子层
外墙涂料
室外

（b）面砖饰面

界面砂浆
胶粉聚苯颗粒保温浆料保温层
抗裂砂浆复合热镀锌电焊网
塑料锚栓锚固双向中距500梅花状分布
面砖粘结砂浆
面砖(聚合物防水砂浆勾缝)
室外
≥30

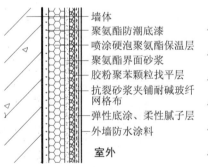

④ 喷涂硬泡聚氨酯外墙外保温防水构造

（a）涂料饰面

墙体
聚氨酯防潮底漆
喷涂硬泡聚氨酯保温层
聚氨酯界面砂浆
胶粉聚苯颗粒找平层
抗裂砂浆夹铺耐碱玻纤网格布
弹性底涂、柔性腻子层
外墙防水涂料
室外

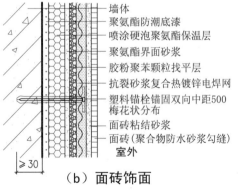

（b）面砖饰面

墙体
聚氨酯防潮底漆
喷涂硬泡聚氨酯保温层
聚氨酯界面砂浆
胶粉聚苯颗粒找平层
抗裂砂浆复合热镀锌电焊网
塑料锚栓锚固双向中距500梅花状分布
面砖粘结砂浆
面砖(聚合物防水砂浆勾缝)
室外
≥30

尼龙锚栓
室外

⑤ 胶粉聚苯颗粒粘贴聚苯板外墙外保温防水构造

基层墙体①	保温防水系统基本构造			
	界面层②	保温层③	抗裂防护层④	饰面层⑤
混凝土墙或各种砌体墙	界面砂浆	保温浆料＋梯形或燕尾槽EPS板或双孔XPS板＋保温浆料（设计要求时）	抗裂砂浆复合耐碱涂塑玻璃纤维网格布或热镀锌钢丝网	防水涂料或面砖（聚合物防水砂浆勾缝）

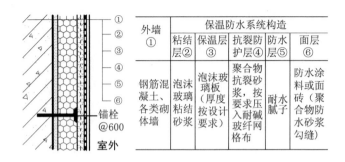

保温防水系统构造					
外墙①	粘结层②	保温层③	抗裂防护层④	防水层⑤	面层⑥
钢筋混凝土、各类砌体墙	泡沫玻璃粘结砂浆	泡沫玻璃板（厚度按设计要求）	聚合物抗裂砂浆，要求压入耐碱玻纤网格布	防水腻子	防水涂料或面砖（聚合物防水砂浆勾缝）

锚栓@600
室外

① 泡沫玻璃板（砖）外墙外保温防水构造

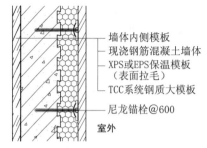

墙体内侧模板
现浇钢筋混凝土墙体
XPS或EPS保温模板（表面拉毛）
TCC系统钢质大模板
尼龙锚栓@600
室外

② TCC建筑保温模板系统外墙外保温防水构造

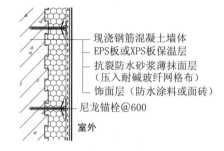

现浇钢筋混凝土墙体
EPS板或XPS板保温层
抗裂防水砂浆薄抹面层（压入耐碱玻纤网格布）
饰面层（防水涂料或面砖）
尼龙锚栓@600
室外

③ 聚苯板现浇钢筋混凝土外墙外保温防水构造

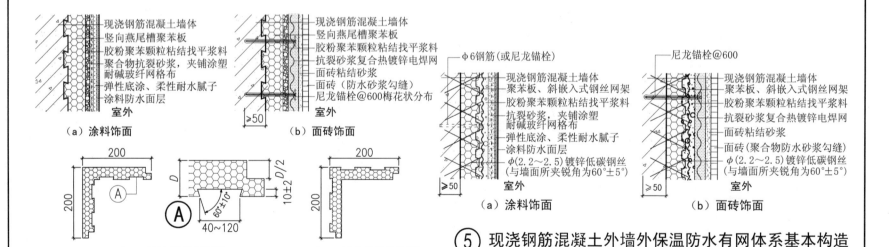

现浇钢筋混凝土墙体
竖向燕尾槽聚苯板
胶粉聚苯颗粒粘结找平浆料
聚合物抗裂砂浆，夹铺涂塑耐碱玻纤网格布
弹性底涂、柔性耐水腻子
涂料防水面层
室外

（a）涂料饰面

现浇钢筋混凝土墙体
竖向燕尾槽聚苯板
胶粉聚苯颗粒粘结找平浆料
抗裂砂浆复合热镀锌电焊网
面砖粘结砂浆
面砖（防水砂浆勾缝）
尼龙锚栓@600梅花状分布
≥50
室外

（b）面砖饰面

200
200
A

D
D/2
10±2
60°+10°
40~120

（c）EPS阳角结构预制板

200
200

（d）EPS阴角结构预制板

④ 现浇钢筋混凝土外墙外保温防水无网体系基本构造

φ6钢筋（或尼龙锚栓）
现浇钢筋混凝土墙体
聚苯板、斜嵌入式钢丝网架
胶粉聚苯颗粒粘结找平浆料
抗裂砂浆，夹铺涂塑耐碱玻纤网格布
弹性底涂、柔性耐水腻子
涂料防水面层
φ(2.2~2.5)镀锌低碳钢丝（与墙面所夹锐角为60°±5°）
≥50
室外

（a）涂料饰面

尼龙锚栓@600
现浇钢筋混凝土墙体
聚苯板、斜嵌入式钢丝网架
胶粉聚苯颗粒粘结找平浆料
抗裂砂浆复合热镀锌电焊网
面砖粘结砂浆
面砖（聚合物防水砂浆勾缝）
φ(2.2~2.5)镀锌低碳钢丝（与墙面所夹锐角为60°±5°）
≥50
室外

（b）面砖饰面

⑤ 现浇钢筋混凝土外墙外保温防水有网体系基本构造

图名 | 外墙外保温防水设计（二）

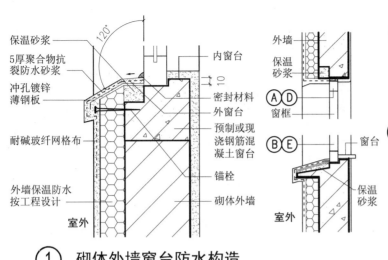

砌体外墙窗台防水构造①

- 保温砂浆
- 5厚聚合物抗裂防水砂浆
- 冲孔镀锌薄钢板
- 耐碱玻纤网格布
- 外墙保温防水按工程设计
- 室外
- 120°
- 内窗台
- 密封材料
- 外窗台
- 预制或现浇钢筋混凝土窗台
- 锚栓
- 砌体外墙
- 10
- 外墙
- 保温砂浆
- Ⓐ Ⓓ
- 窗框
- Ⓑ Ⓔ
- 窗台
- 保温砂浆
- 室外

① 砌体外墙窗台防水构造

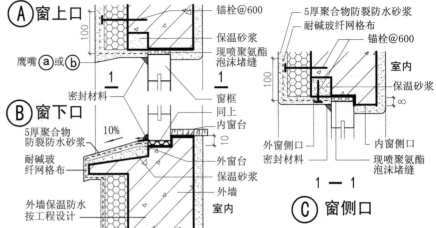

- Ⓐ 窗上口
- 锚栓@600
- 100
- 鹰嘴 ⓐ 或 ⓑ
- 保温砂浆
- 现喷聚氨酯泡沫堵缝
- 密封材料
- 窗框 同上
- Ⓑ 窗下口
- 5厚聚合物防裂防水砂浆
- 耐碱玻纤网格布
- 外墙保温防水按工程设计
- 10%
- 内窗台
- 外窗台
- 保温砂浆
- 外墙
- 室内
- 10
- 5厚聚合物防裂防水砂浆
- 耐碱玻纤网格布
- 锚栓@600
- 室内
- 保温砂浆
- 100
- 8
- 外窗侧口
- 内窗侧口
- 密封材料
- 现喷聚氨酯泡沫堵缝
- 1—1
- Ⓒ 窗侧口

② 钢筋混凝土外墙外保温 涂膜饰面窗户防水构造

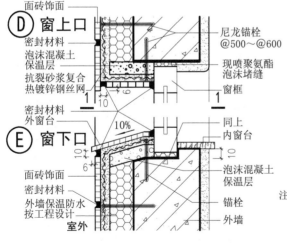

- Ⓓ 窗上口
- 面砖饰面
- 密封材料
- 泡沫混凝土保温层
- 抗裂砂浆复合热镀锌钢丝网
- 尼龙锚栓@500～@600
- 现喷聚氨酯泡沫堵缝
- 窗框
- 1
- 10
- 1
- 密封材料
- 外窗台
- Ⓔ 窗下口
- 10%
- 同上 内窗台
- 面砖饰面
- 密封材料
- 外墙保温防水按工程设计
- 泡沫混凝土保温层
- 锚栓
- 外墙
- 室外
- 6

③ 钢筋混凝土外墙外保温 面砖饰面窗户防水构造

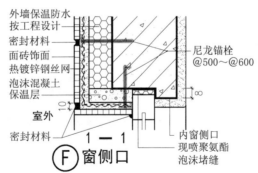

- 外墙保温防水按工程设计
- 密封材料
- 面砖饰面
- 热镀锌钢丝网
- 泡沫混凝土保温层
- 尼龙锚栓@500～@600
- 室外
- 10
- 8
- 密封材料
- 1—1
- 内窗侧口
- 现喷聚氨酯泡沫堵缝
- Ⓕ 窗侧口

注:1. ①②③混凝土内窗台、内窗侧口分别凸出外窗台、外窗侧口8～10mm,可有效阻止雨、雪水倒灌入室内。
2. 窗口四面不设置保温层适用于夏热冬暖地区,如②。窗口四面设置保温层用于夏热冬冷地区,可避免因热桥而引起的结露,如③。窗口四面设无机材料保温层,可兼作防火圈使用。

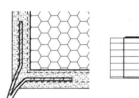

ⓐ 成品塑料鹰嘴（滴水线）

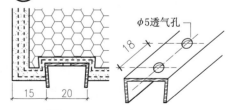

- 15 20
- φ5透气孔
- 18

ⓑ 成品塑料滴水槽

图名 **外墙外保温窗户保温防水设计**

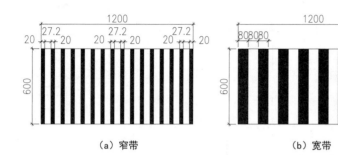

（a）窄带　　　　　　　（b）宽带

① 条粘法胶粘剂涂布方法

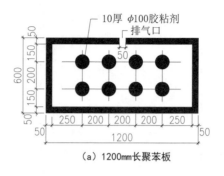

（a）1200mm长聚苯板

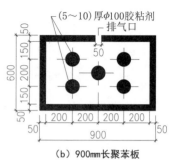

（b）900mm长聚苯板

② 点框法胶粘剂涂布方法

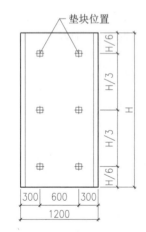

③ 现浇混凝土保温板
　保护垫块设置位置

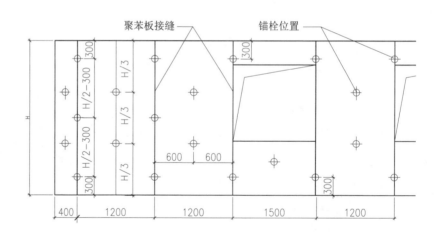

④ 保温板表面锚栓位置立面布置图

注：1. 当基面平整度≤5mm时，采用①条粘法涂布胶粘剂，条带宽度分为窄带和宽带，视施工现场条件选用。窄带胶粘剂的涂布厚度约为10mm，宽带胶粘剂的厚度约为5～8mm。

2. 当基面平整度＞5mm时，采用②点框法涂布胶粘剂，视保温板的宽度不同，分为8个点并排涂布，或5个点梅花点涂布。

图名	保温层涂胶、粘结、锚固方法	分图页	D-10
		总图页	72

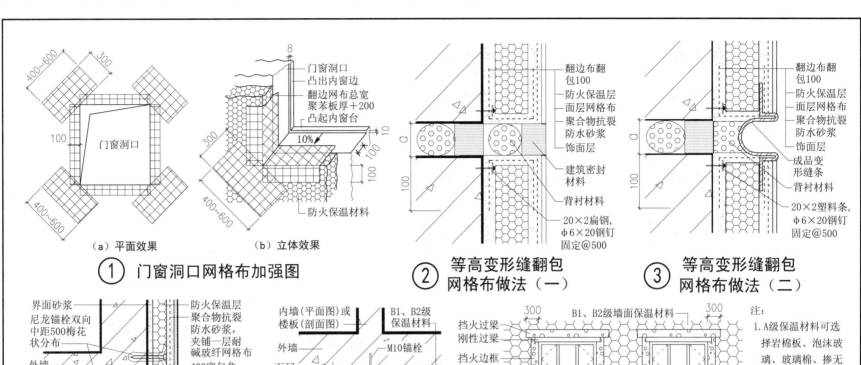

（a）平面效果　　　（b）立体效果

① 门窗洞口网格布加强图

② 等高变形缝翻包
网格布做法（一）

③ 等高变形缝翻包
网格布做法（二）

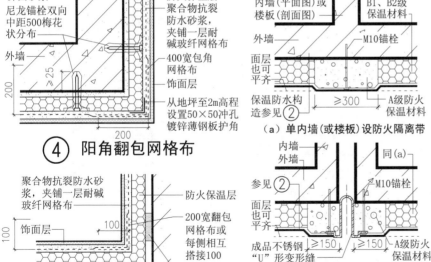

④ 阳角翻包网格布

⑤ 阴角翻包网格布

（a）单内墙（或楼板）设防火隔离带

（b）双内墙设置竖向防火隔离带

⑥ 外墙设置竖向
或横向防火隔离带

⑦ 外墙立面设置横向防火隔离带
门、窗洞口设置防火隔离圈

注：
1. A级保温材料可选择岩棉板、泡沫玻璃、玻璃棉、掺无机填料的A级高密度酚醛泡沫塑料板、改性聚苯板（由无机材料结晶体包裹聚苯颗粒）、轻骨料混凝土、多孔混凝土、泡沫混凝土、保温砂浆等。

2. 外墙、窗户、洞口的保温防水做法参见$\frac{-}{69}$～$\frac{-}{72}$。

3. 所选保温材料应具有防水、耐腐蚀性能。

图名	外墙 细部构造网格布 防火隔离带 设置方法	分图页	D－11
		总图页	73

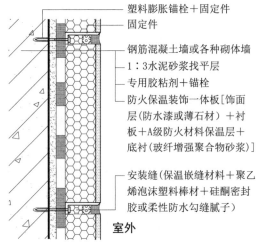

塑料膨胀锚栓＋固定件
固定件
钢筋混凝土墙或各种砌体墙
1：3水泥砂浆找平层
专用胶粘剂＋锚栓
防火保温装饰一体板［饰面层（防水漆或薄石材）＋衬板＋A级防火材料保温层＋底衬（玻纤增强聚合物砂浆）］
安装缝（保温嵌缝材料＋聚乙烯泡沫塑料棒材＋硅酮密封胶或柔性防水勾缝腻子）
室外

① **防火保温装饰一体板系统基本构造**

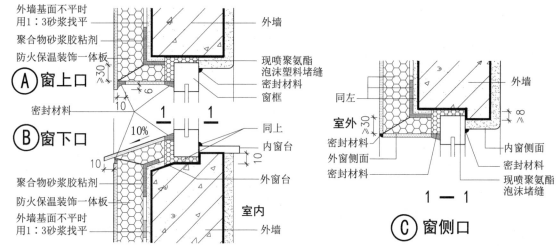

外墙基面不平时用1：3砂浆找平
聚合物砂浆胶粘剂
防火保温装饰一体板
密封材料

Ⓐ **窗上口**

Ⓑ **窗下口**
10%
同上
内窗台
聚合物砂浆胶粘剂
防火保温装饰一体板
外墙基面不平时用1：3砂浆找平
室内
外墙
外窗台

外墙
现喷聚氨酯泡沫塑料堵缝
密封材料
窗框

同左
室外
密封材料
外窗侧面
密封材料
外墙
内窗侧面
密封材料
现喷聚氨酯泡沫堵缝

1－1

Ⓒ **窗侧口**

② **防火保温装饰一体板窗口节点构造**

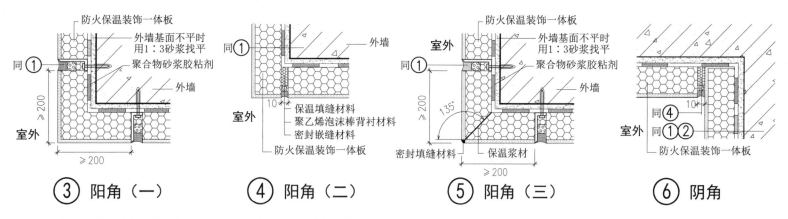

防火保温装饰一体板
外墙基面不平时用1：3砂浆找平
聚合物砂浆胶粘剂
外墙
同①
室外

③ **阳角（一）**

防火保温装饰一体板
同①
外墙
保温填缝材料
聚乙烯泡沫棒背衬材料
密封嵌缝材料
防火保温装饰一体板
室外

④ **阳角（二）**

室外
防火保温装饰一体板
外墙基面不平时用1：3砂浆找平
聚合物砂浆胶粘剂
同①
外墙
135°
密封填缝材料
保温浆材

⑤ **阳角（三）**

室外
同④
同①②
防火保温装饰一体板

⑥ **阴角**

注：防水保温、装饰一体板由饰面防水层（防水涂料或油漆）、衬板（不燃非金属材料）、A级防火保温材料保温层和底衬（玻纤增强聚合物砂浆）构成。采用以粘为主，锚固为辅的方法铺贴于基面。拼接缝用密封材料封缝，与饰面层组成整体防水层。

图名	外墙	防火、保温、装饰	一体板防水构造	分图页	D-12
				总图页	74

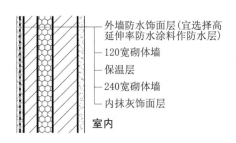

外墙防水饰面层(宜选择高
延伸率防水涂料作防水层)

120宽砌体墙

保温层

240宽砌体墙

内抹灰饰面层

室内

① 外墙夹芯保温层
防水构造

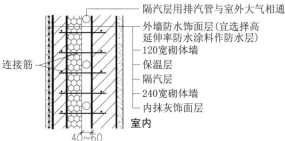

隔汽层用排汽管与室外大气相通

外墙防水饰面层(宜选择高
延伸率防水涂料作防水层)

120宽砌体墙

保温层

隔汽层

240宽砌体墙

内抹灰饰面层

室内

连接筋

40~60

（在夹芯保温层与内侧墙片之间设置隔汽层）

② 外墙夹芯保温层、隔汽层构造

外墙防水饰面层(宜选
择高延伸率防水涂料作防水层)

实体墙

空气间隔层

保温层

钢筋混凝土墙

内抹灰层

室内

连接筋

40~60

（在夹芯保温层与外侧墙片之间设置空气层）

③ 外墙夹芯保温层、空气层构造

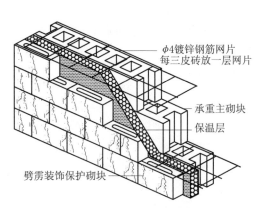

φ4镀锌钢筋网片
每三皮砖放一层网片

φ4拉结筋ⓐ
梅花形布置

承重主砌块

保温层

劈雳装饰保护砌块

④ 双层霹雳砌块外墙夹芯保温
系统立体示意图

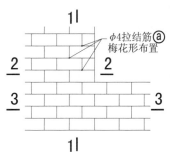

1|

φ4拉结筋ⓐ
梅花形布置

2

2

3

3

1|

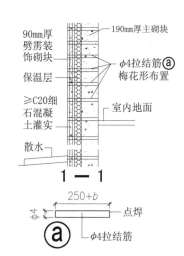

190mm厚主砌块

90mm厚
劈雳装
饰砌块

保温层

≥C20细
石混凝
土灌实

散水

φ4拉结筋ⓐ
梅花形布置

室内地面

1 — 1

250+b

φ4

点焊

ⓐ

φ4拉结筋

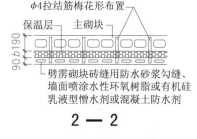

φ4拉结筋梅花形布置

保温层 主砌块

90 190

劈雳砌块砖缝用防水砂浆勾缝、
墙面喷涂水性环氧树脂或有机硅
乳液型憎水剂或混凝土防水剂

2 — 2

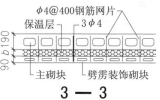

φ4@400钢筋网片

保温层 3φ4

90 190

主砌块 劈雳装饰砌块

3 — 3

⑤ 双层霹雳砌块外墙夹芯保温防水构造

注：1. ② 在夹芯保温层与内侧墙片之间设置隔汽层，适用于寒冷地区。
夏热冬冷地区可不设。
2. 隔汽层应与连接室外大气的排汽管道相通，以顺利排除室内潮气。
3. ③ 在夹芯保温层与外侧墙片之间设置空气层，可提高保温隔热效
果。

4. 在劈雳装饰砌块表面用有机硅乳液型憎水剂或水性环氧树脂做防水层时，需进行两遍
不间断地喷涂施工。

图名 外墙夹芯保温、霹雳砌块防水构造

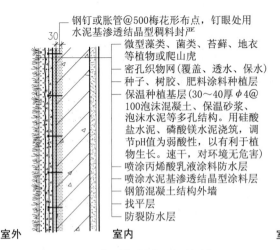

钢钉或胀管@500梅花形布点，钉眼处用水泥基渗透结晶型稠料封严

- 微型藻类、菌类、苔藓、地衣等植物或爬山虎
- 密孔织物网(覆盖、透水、保水)
- 种子、树胶、肥料涂料种植层
- 保温种植基层(30~40厚φ4@100泡沫混凝土、保温砂浆、泡沫水泥等多孔结构。用硅酸盐水泥、磷酸镁水泥浇筑，调节pH值为弱酸性，以有利于植物生长。速干，对环境无危害)
- 喷涂丙烯酸乳液涂料防水层
- 喷涂水泥基渗透结晶型涂料层
- 钢筋混凝土结构外墙
- 找平层
- 防裂防水层

室外　　室内

① 钢筋混凝土外墙
生物混凝土保温防水构造

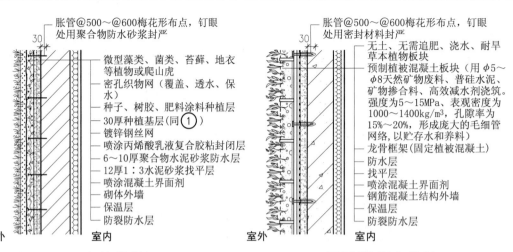

胀管@500~@600梅花形布点，钉眼处用聚合物防水砂浆封严

- 微型藻类、菌类、苔藓、地衣等植物或爬山虎
- 密孔织物网(覆盖、透水、保水)
- 种子、树胶、肥料涂料种植层
- 30厚种植基层(同①)
- 镀锌钢丝网
- 喷涂丙烯酸乳液复合胶粘封闭层
- 6~10厚聚合物水泥砂浆防水层
- 12厚1:3水泥砂浆找平层
- 喷涂混凝土界面剂
- 砌体外墙
- 保温层
- 防裂防水层

室外　　室内

② 砌体外墙
生物混凝土保温防水构造

胀管@500~@600梅花形布点，钉眼处用密封材料封严

- 无土、无需追肥、浇水、耐旱草本植物板块
- 预制植被混凝土板块(用φ5~φ8天然矿物废料、普硅水泥、矿物掺合料、高效减水剂浇筑。强度为5~15MPa，表观密度为1000~1400kg/m³，孔隙率为15%~20%，形成庞大的毛细管网络，以贮存水和养料)
- 龙骨框架(固定植被混凝土)
- 防水层
- 找平层
- 喷涂混凝土界面剂
- 钢筋混凝土结构外墙
- 保温层
- 防裂防水层

室外　　室内

③ 钢筋混凝土外墙
预制植被混凝土保温防水构造

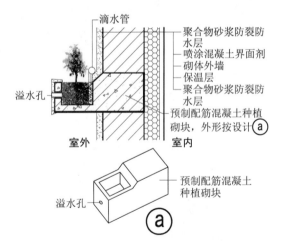

- 聚合物砂浆防裂防水层
- 喷涂混凝土界面剂
- 砌体外墙
- 保温层
- 聚合物砂浆防裂防水层
- 预制配筋混凝土种植砌块，外形按设计 ⓐ

滴水管

溢水孔

室外　　室内

- 预制配筋混凝土种植砌块

溢水孔

ⓐ

④ 预制混凝土种植砌块
有土种植外墙保温防水构造

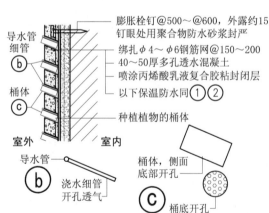

膨胀栓钉@500~@600，外露约15钉眼处用聚合物防水砂浆封严

- 绑扎φ4~φ6钢筋网@150~200
- 40~50厚多孔透水混凝土
- 喷涂丙烯酸乳液复合胶粘封闭层
- 以下保温防水同①②

导水管
细管

ⓑ

桶体

ⓒ

- 种植植物的桶体

室外　　室内

导水管

ⓑ 浇水细管开孔透气

桶体，侧面底部开孔

ⓒ 桶底开孔

⑤ 嵌入式种植桶
有土种植外墙保温防水构造

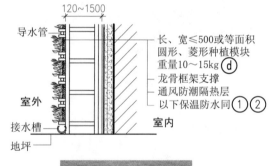

120~1500

导水管

- 长、宽≤500或等面积圆形、菱形种植模块重量10~15kg ⓓ
- 龙骨框架支撑
- 通风防潮隔热层
- 以下保温防水同①②

室外

接水槽

地坪

室内

ⓓ

⑥ 模块式（装配式）
种植外墙保温防水构造

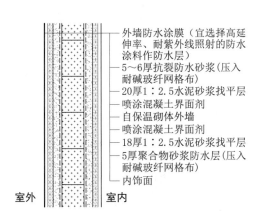

① 自保温砌体外墙防水涂料饰面

外墙防水涂膜（宜选择高延伸率、耐紫外线照射的防水涂料作防水层）
5～6厚抗裂防水砂浆（压入耐碱玻纤网格布）
20厚1：2.5水泥砂浆找平层
喷涂混凝土界面剂
自保温砌体外墙
喷涂混凝土界面剂
18厚1：2.5水泥砂浆找平层
5厚聚合物砂浆防水层（压入耐碱玻纤网格布）
内饰面
室外　室内

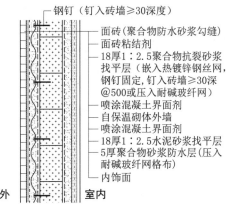

② 自保温砌体外墙面砖饰面防水

钢钉（钉入砖墙≥30深度）
面砖（聚合物防水砂浆勾缝）
面砖粘结剂
18厚1：2.5聚合物抗裂砂浆找平层（嵌入热镀锌钢丝网，钢钉固定，钉入砖墙≥30深@500或压入耐碱玻纤网）
喷涂混凝土界面剂
自保温砌体外墙
喷涂混凝土界面剂
18厚1：2.5水泥砂浆找平层
5厚聚合物砂浆防水层（压入耐碱玻纤网格布）
内饰面
室外　室内

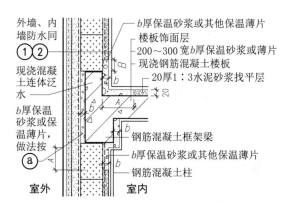

③ 梁、板、泛水防热桥处理措施

外墙、内墙防水同
现浇混凝土连体泛水
b厚保温砂浆或保温薄片，做法按 ⓐ
b厚保温砂浆或其他保温薄片
200～300宽b厚保温砂浆或薄片
现浇钢筋混凝土楼板
20厚1：3水泥砂浆找平层
钢筋混凝土框架梁
b厚保温砂浆或其他保温薄片
钢筋混凝土柱
室外　室内

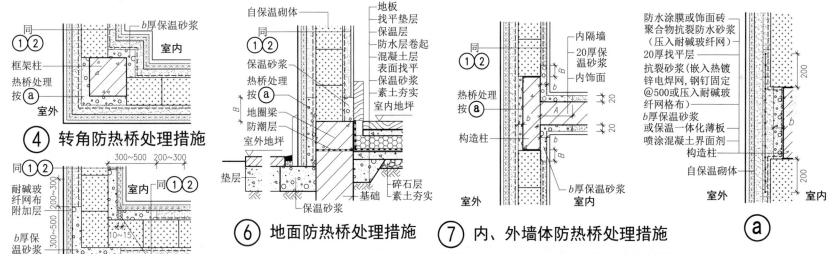

④ 转角防热桥处理措施

同①②
b厚保温砂浆
室内
框架柱
热桥处理按ⓐ
室外

⑤ 阴阳角防热桥处理措施

同①②
300~500　200~300
室内
同①②
耐碱玻纤网布附加层
b厚保温砂浆
室外
现场发泡聚氨酯
300~500　200~300

⑥ 地面防热桥处理措施

自保温砌体
同①②
保温砂浆
热桥处理按ⓐ
地圈梁
防潮层
室外地坪
垫层
地板
找平垫层
保温层
防水层卷起
混凝土层
表面找平
保温砂浆
素土夯实
室内地坪
保温砂浆
碎石层
基础　素土夯实

⑦ 内、外墙体防热桥处理措施

同①②
热桥处理按ⓐ
构造柱
内隔墙
20厚保温砂浆
内饰面
b厚保温砂浆
室外　室内

ⓐ

防水涂膜或饰面砖
聚合物抗裂防水砂浆（压入耐碱玻纤网）
20厚找平层
抗裂砂浆（嵌入热镀锌电焊网，钢钉固定@500或压入耐碱玻纤网格布）
b厚保温砂浆或保温一体化薄板
喷涂混凝土界面剂
构造柱
自保温砌体
室外　室内

注：1．热桥部位设置的保温砂浆设计尺寸应满足最小传热阻要求。
2．在热桥处既可作外保温，又可做内保温，还可做内、外均保温。
3．防热桥部位保温砂浆的厚度b、宽度A、B按设计定，一般厚度 b可取20～30mm。

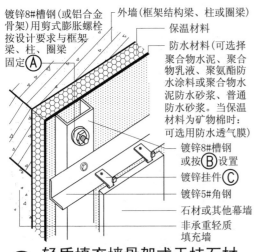

镀锌8#槽钢(或铝合金骨架)用剪式膨胀螺栓按设计要求与框架梁、柱、圈梁固定Ⓐ

外墙(框架结构梁、柱或圈梁)

保温材料

防水材料(可选择聚合物水泥、聚合物乳液、聚氨酯防水涂料或聚合物水泥防水砂浆、普通防水砂浆。当保温材料为矿物棉时：可选用防水透气膜)

镀锌8#槽钢或按Ⓑ设置

镀锌挂件Ⓒ

镀锌5#角钢

石材或其他幕墙

非承重轻质填充墙

① 轻质填充墙骨架式干挂石材或其他幕墙构造

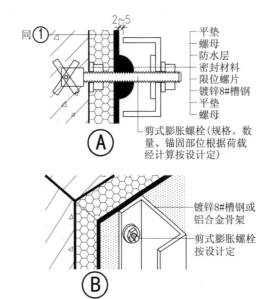

同①　2~5

平垫
螺母
防水层
密封材料
限位螺片
镀锌8#槽钢
平垫
螺母

剪式膨胀螺栓(规格、数量、锚固部位根据荷载经计算按设计定)

Ⓐ

镀锌8#槽钢或铝合金骨架

剪式膨胀螺栓按设计定

Ⓑ

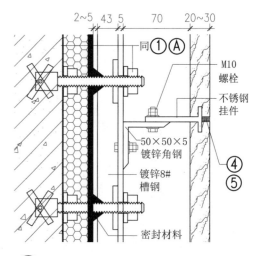

2~5　4 3 5　70　20~30

同①Ⓐ

M10螺栓

不锈钢挂件

50×50×5镀锌角钢

镀锌8#槽钢

密封材料

④

⑤

② 骨架式干挂石材连接构造

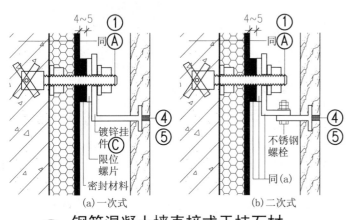

4~5　①

同Ⓐ

镀锌挂件Ⓒ

限位螺片

密封材料

(a)一次式

4~5　①

同Ⓐ

不锈钢螺栓

④

⑤

同(a)

(b)二次式

③ 钢筋混凝土墙直接式干挂石材或其他幕墙构造

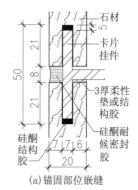

石材
卡片挂件

21　50　8　21

3厚柔性垫或结构胶

硅酮耐候密封胶

硅酮结构胶

7 7 6　20

(a)锚固部位嵌缝

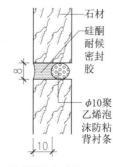

石材
硅酮耐候密封胶

8

φ10聚乙烯泡沫防粘背衬条

10

(b)其他部位嵌缝

④ 干挂石材离缝铺贴接缝密封构造

3.凡无防腐蚀功能的干挂金属材料、个别因焊接而裸露的金属部位，均应涂刷防锈漆。

(a)卡片石头挂件　(b)φ6×50销钉挂件
(镀锌、不锈钢或铝合金卡片、锚栓)

Ⓒ 挂件示意图

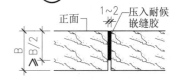

1~2　压入耐候嵌缝胶

正面

B/2　B

⑤ 干挂石材闭缝铺贴接缝密封构造

注：1.室外石材最低标高处应低于室外地坪至少50mm，以防地面沉降露边。
　　2.槽钢自室外地坪以上20～30mm开始设置。

图名 干挂石材、幕墙 保温防水构造

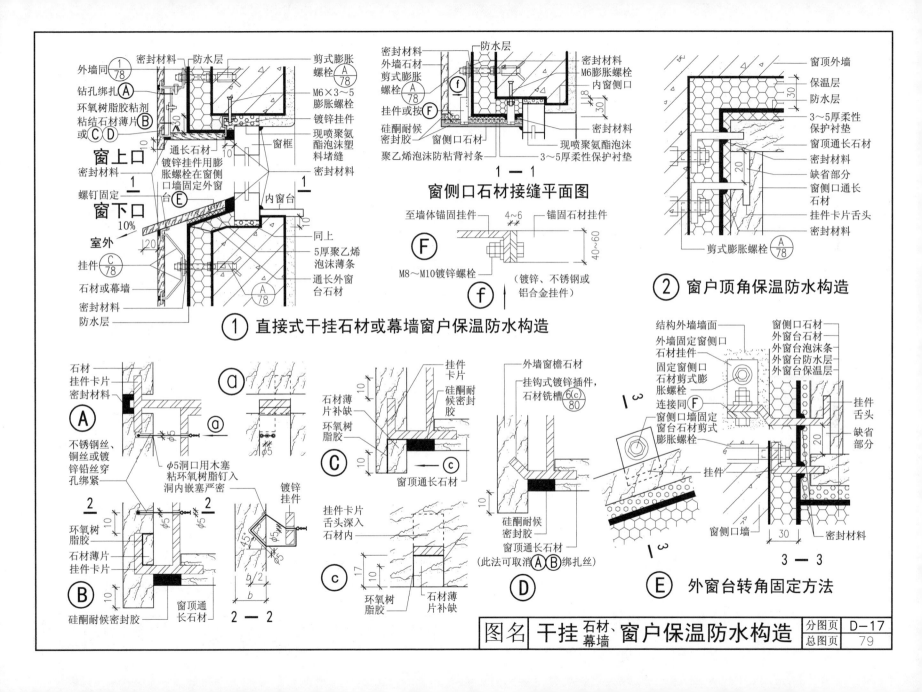

① 直接式干挂石材或幕墙窗户保温防水构造

窗侧口石材接缝平面图 (1-1)

② 窗户顶角保温防水构造

Ⓐ Ⓑ Ⓒ Ⓓ

2-2

Ⓒ Ⓓ (c)

Ⓔ 外窗台转角固定方法

3-3

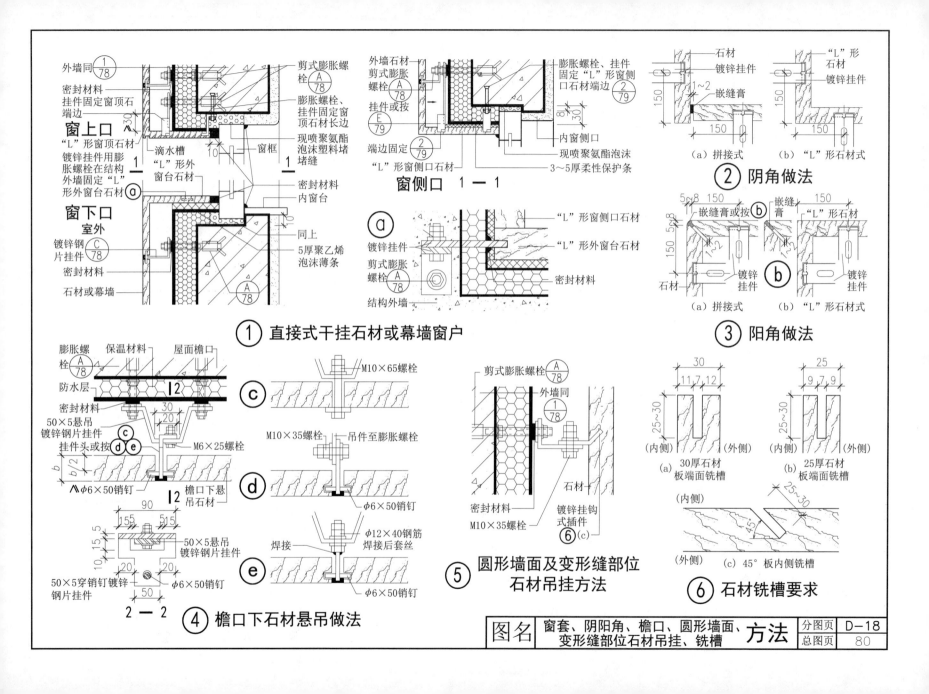

① 直接式干挂石材或幕墙窗户

② 阴角做法

③ 阳角做法

④ 檐口下石材悬吊做法

⑤ 圆形墙面及变形缝部位石材吊挂方法

⑥ 石材铣槽要求

窗上口

窗下口
室外

窗侧口 1－1

2－2

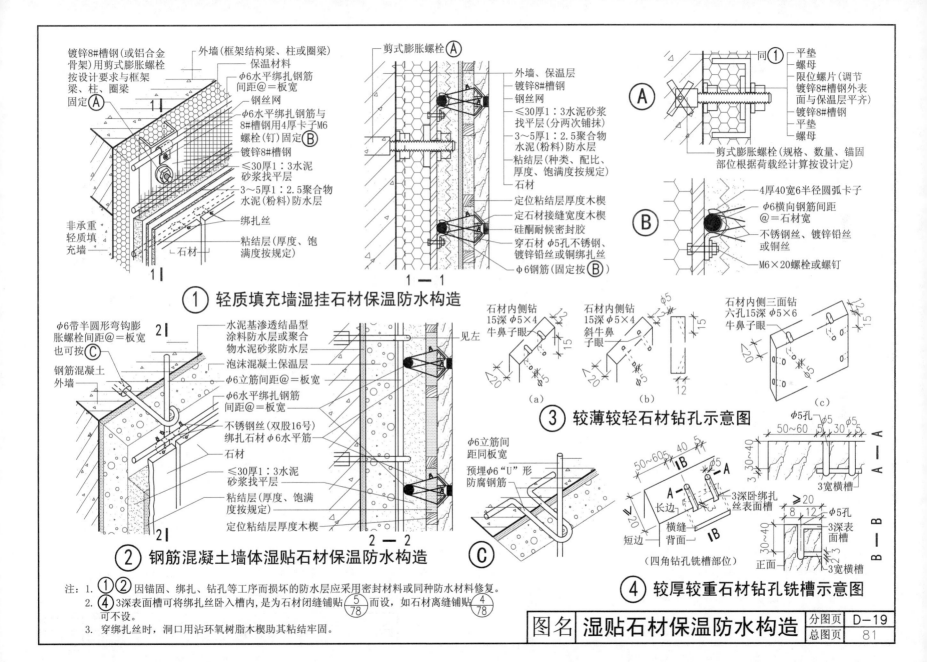

① 轻质填充墙湿挂石材保温防水构造

② 钢筋混凝土墙体湿贴石材保温防水构造

③ 较薄较轻石材钻孔示意图

④ 较厚较重石材钻孔铣槽示意图

注：1. ①②因锚固、绑扎、钻孔等工序而损坏的防水层应采用密封材料或同种防水材料修复。
 2. ④3深表面槽可将绑扎丝卧入槽内，是为石材闭缝铺贴 ⑤/78 而设，如石材离缝铺贴 ④/78 可不设。
 3. 穿绑扎丝时，洞口用沾环氧树脂木楔助其粘结牢固。

图名	湿贴石材保温防水构造	分图页	D-19
		总图页	81

E. 地下工程防水

目　录

说　明

1. 地下工程迎水面主体结构应采用防水混凝土，并根据防水等级的要求采取其他防水措施。

2. 地下工程防水等级分为四级，各等级防水标准应符合表E-1的规定。

地下工程防水等级标准　　　　　　　　　表E-1

防水等级	防　水　标　准
一级	不允许漏水，结构表面无湿渍
二级	不允许漏水，结构表面可有少量湿渍； 工业与民用建筑：总湿渍面积不应大于总防水面积（包括顶板、墙面、地面）的1/1000；任意100m²防水面积上的湿渍不超过2处，单个湿渍的最大面积不大于0.1 m²； 其他地下工程：总湿渍面积不应大于总防水面积的2/1000；任意100m²防水面积上的湿渍不超过3处，单个湿渍的最大面积不大于0.2 m²；其中，隧道工程还要求平均渗漏水量不大于0.05L/(m²·d)；任意100m²防水面积上的渗漏水量不大于0.15L/(m²·d)
三级	有少量漏水点，不得有线流和漏泥砂； 任意100m²防水面积上的漏水或湿点渍数不超过7处，单个漏水点的最大漏水量不大于2.5L/d，单个湿渍的最大面积不大于0.3 m²
四级	有漏水点，不得有线流和漏泥砂； 整个工程平均漏水量不大于2L/(m²·d)；任意100m²防水面积的平均漏水量不大于4L/(m²·d)

3.地下工程不同防水等级的使用范围按表E-2选用。

不同防水等级的适用范围 表E-2

防水等级	适用范围
一级	人员长期停留的场所；因有少量湿渍会使物品变质、失效的贮物场所及严重影响设备正常运转和危及工程安全运营的部位；极重要的战备工程、地铁车站
二级	人员经常活动的场所；在有少量湿渍的情况下不会使物品变质、失效的贮物场所及基本不影响设备正常运转和工程安全运营的部位；重要的战备工程
三级	人员临时活动的场所；一般战备工程
四级	对渗漏水无严格要求的工程

4.明挖法地下工程防水设防要求按表E-3执行。

明挖法地下工程防水设防 表E-3

工程部位	主体结构							施工缝						后浇带					变形缝（诱导缝）						
防水措施	防水混凝土	防水卷材	防水涂料	塑料防水板	膨润土防水材料	防水砂浆	金属防水板	遇水膨胀止水条（胶）	外贴式止水带	中埋式止水带	外抹防水砂浆	外涂防水涂料	水泥基渗透结晶	补偿收缩混凝土	外贴式止水带	预埋注浆管	遇水膨胀止水条（胶）	防水密封材料	中埋式止水带	外贴式止水带	可卸式止水带	防水密封材料	外贴防水卷材	外涂防水涂料	遇水膨胀止水条（胶）
一级	应选	应选一至二种						应选二种						应选	应选二种				应选二种						
二级	应选	应选一种						应选一至二种						应选	应选一至二种				应选一至二种						
三级	应选	宜选一种						宜选一至二种						应选	宜选一至二种				宜选一至二种						
四级	宜选	—						宜选一种						应选	宜选一种				宜选一种						

5.暗挖法地下工程防水设防要求按表E-4执行。

暗挖法地下工程防水设防 表E-4

工程部位	衬砌结构						内衬砌施工缝						内衬砌变形缝（诱导缝）				
防水措施	防水混凝土	塑料防水板	防水砂浆	防水涂料	防水卷材	金属防水板	外贴式止水带	预埋注浆管	遇水膨胀止水条（胶）	防水材料密封	中埋式止水带	水泥基渗透结晶防水涂料	中埋式止水带	外贴式止水带	可卸式止水带	防水材料密封	遇水膨胀止水条（胶）
一级	必选	应选一至二种					应选一至二种						应选	应选一至二种			
二级	应选	应选一种					应选一种						应选	应选一种			
三级	宜选	宜选一种					宜选一种						应选	宜选一种			
四级	宜选	宜选一种					宜选一种						应选	宜选一种			

6.地下工程防水分项图的主要编制内容。

（1）地下工程防水分项图按施工方法排序,如"混凝土结构主体防水、外防外做、外防内做"等,地连墙围护结构的防水层是做在地连墙的内侧,故并入外防内做;逆作法防水层虽然亦做在围护结构内侧,但筑法独特,故单列。

（2）除"混凝土结构主体防水"只绘出了"混凝土结构主体防水构造"图外,其他防水做法均分两部分进行编制,以便于归类和查找。前一部分是结构主体防水设计图,后一部分是细部构造防水设计图。在细部构造图中,所涉柔性防水材料除具体注明种类外,其余只注"柔性防水层、柔性加强层"。在实际应用时,应根据所建地下工程防水等级服从主体结构的选择要求。凡图例中所注"柔性材料防水层",是指防水涂料、防水卷材、涂料与卷材复合、双层卷材复合防水层等。详图中不再赘述。

（3）为避免重复，同时兼顾不同的材料，一般在绘出了各部位常用做法的防水构造形式外，还绘制提供用多种新材料设防的其他节点构造形式，以便补充借鉴。

7.防水设防要求。

（1）混凝土的各种配料、外加剂和防水卷材、防水涂料、辅料、配件的规格性能均应符合现行国家规范所规定的质量要求。

（2）当采用卷材与卷材、卷材与涂料复合设防时，除特殊注明外，它们的材质和密封材料的材质均应具有相容性。除空铺外，要求采用与基层牢固粘结的胶粘剂，涂料应具有良好的粘结性。

（3）处于侵蚀性介质中的地下工程，应采用耐侵蚀的防水混凝土、防水砂浆、卷材、涂料、密封材料等防水材料。

（4）防水材料进场前，质检人员应按要求对质量证明文件和检测报告进行检查，进场后，按《地下防水工程质量验收规范》GB 50208的要求进行抽样复验，提出检测报告，合格的产品方可使用。

8.防水施工、质检监理要求。

（1）防水工程必须由防水专业队伍施工。施工前，由施工单位技术负责人编写施工方案报请设计、监理、建设单位项目技术负责人，会签同意后方可施工。施工时，做好记录。未经质检、监理人员对上道工序的检查确认，不得进行下一道工序的施工。严防发生后凿、后改、漏做等现象。施工期间，应对先期完工的防水层随时进行妥善保护。

（2）基坑（槽）基土不宜超挖，可预留约200厚的土方量待垫层施工前再挖清，个别超挖部位或基土已被扰动，应挖去扰动部分，再用C15混凝土或砂、碎石填平。

（3）对软土地基、膨胀土地基、湿陷性黄土地基、冻土地基，应遵循国家及当地有关规定和行之有效的措施进行处理。

（4）明挖法防水施工，地下水位应降至工程底部最低高程500以下或符合当地施工降水管理办法的规定，降水作业应持续至回填完毕。如因过早撤离降排水，主体结构随地下水位突升而大范围倾斜、上浮，防水层亦即损坏，发生极其严重质量事故，应待地面以上主体结构筑至其自重大于静水压头造成的浮力时方可停止降排水。自重不足时必须采用锚桩或其他抗浮措施，使抗浮安全系数（结构自重与静水压头浮力之比）为1.05～1.1。

（5）为保证施工期间变形缝的相对稳定性，应先施工主体结构后施工裙房或与主体结构相连接的低层建筑物。

（6）明挖法地下工程的基坑待防水层、保护层施工结束，在满足设计要求、检查合格后，应及时回填，并应满足以下要求：

1）基坑内杂物应清理干净，无积水；

2）工程周围800以内宜用灰土、现场挖出的黏土或亚黏土回填，其中不得混有石块、碎砖、灰渣及有机杂物，也不得有冻土。回填、分层夯实应均匀对称进行。人工夯实每层厚度不>250，机械夯实每层厚度不>300，并应防止损伤保护层和防水层；

3）工程顶部（顶板）回填土厚度超过500厚时，才允许采用机械回填碾压。

（7）质检监理人员，应按主控项目、一般项目、质检提纲予以检查，不合格的应予返工。分项工程完工后应进行验收。不同工种交叉施工时，应进行有效协调，以确保已完工防水层不被非防水施工时遭到人为破坏。

（8）涉及易爆、易燃、有害介质、高落差工程，应有可靠的防护设施，确保人身安全。

9.地下工程不同防水等级防水材料的设防要求和主要性能。

（1）**防水卷材**：防水卷材应铺贴在混凝土结构主体的迎水面，自底板至外墙顶端（顶板），在外围形成全封闭、半封闭的防水层。按不同防水等级采用一层或双层。高聚物改性沥青防水卷材、合成高分子防水卷材的厚度分别按表E-5、表E-6选用。

高聚物改性沥青防水卷材的使用厚度(mm)　　表E-5

防水等级	设防道数	弹性体改性沥青防水卷材 改性沥青聚乙烯胎防水卷材	自粘聚合物改性沥青防水卷材	
			聚酯胎	无胎体
一级	一道或两道	单层≥4.0	单层≥4.0	单层≥2.0
二级	一道或以上	双层≥3.0×2或≥4.0+3.0	双层≥3.0+3.0	双层≥1.5+1.5
三级	一道	≥4.0	≥3.0	≥1.5
	复合	≥3.0	≥2.0	≥1.2

注：带有聚酯毡胎体的自粘聚合物沥青防水卷材现执行《自粘聚合物改性沥青聚酯胎防水卷材》JC 898规定；无胎体的自粘聚合物沥青防水卷材现执行《自粘橡胶沥青防水卷材》JC 840规定。

合成高分子防水卷材的使用厚度(mm)　　表E-6

防水等级	设防道数	三元乙丙橡胶防水卷材	聚氯乙烯防水卷材	聚乙烯丙纶复合防水卷材	高分子自粘胶膜防水卷材
一级	一道或两道	单层≥1.5	单层≥1.5	单层 卷材厚≥0.9 芯材厚≥0.6 粘结厚≥1.3	单层≥1.2
二级	一道或以上	双层≥1.2×2	双层≥1.2×2	双层 卷材厚≥0.7+0.7 芯材厚≥0.5+0.5 粘结料厚≥1.3+1.3	
三级	一道	≥1.2	≥1.2	≥0.7+1.3	—

卷材防水层的阴阳角基层(找平层)应做成圆弧或折角，圆弧半径视卷材品种而定，在阴阳角和特殊部位，应增做1～2层卷材加强层，宽度宜为300～500mm。

卷材搭接边、卷材与基层的粘结应采用与卷材材性相容的胶粘剂进行粘结，粘结质量应符合表E-7的要求。

防水卷材粘结质量要求　　表E-7

项目		自粘聚合物改性沥青防水卷材粘合面		三元乙丙橡胶和聚氯乙烯防水卷材胶粘剂	合成橡胶胶粘带	高分子自粘胶膜防水卷材粘合面
		聚酯毡胎体	无胎体			
剪切状态下的粘合性（卷材-卷材）	标准试验条件 (N/10mm)≥	40或卷材断裂	20或卷材断裂	20或卷材断裂	20或卷材断裂	40或卷材断裂
粘结剥离强度（卷材-卷材）	标准试验条件 (N/10mm)≥	15或卷材断裂		15或卷材断裂	4或卷材断裂	—
	浸水168h后保持率(%)≥	70		70	80	
与混凝土粘结强度（卷材-混凝土）	标准试验条件 (N/10mm)≥	15或卷材断裂		15或卷材断裂	6或卷材断裂	20或卷材断裂

（2）**防水涂料**：有机防水涂料适宜用于结构主体的迎水面，用于背水面时应具有较高的抗渗性、与基层有较强的粘结性；无机防水涂料适宜用于结构主体的背水面；潮湿基层应选择与潮湿基面粘结力大的无机或有机涂料（如水乳型防水涂料、聚合物水泥基类有机防水涂料等），或采用先涂水泥基类无机涂料，后涂有机涂料的复合涂层。各级地下工程除了应采用结构自防水外，外加防水层还可采用有机防水涂料、无机防水涂料。有机、无机防水涂料成膜后的厚度分别按表E-8、表E-9选用。

有机防水涂膜厚度选用　　表E-8

防水等级	设防道数	厚　度（mm）		
		反应型	水乳型	聚合物水泥
一级	二道以上	1.2～2.0	1.2～1.5	≥3.0
二级	一道以上			
三级	一道	—	—	≥2.0
	复合	—	—	≥1.5

无机防水涂层厚度选用 表E-9

防水等级	设防道数	水泥基涂层厚度（mm）	渗透结晶型涂层厚度（mm）	
			水泥基（粉末型）	溶液型
一级	二道以上	≥3.0	≥1.0（用量≥1.5kg/m²）	按要求喷涂
二级	一道以上	1.5～2.0		
三级	一道	≥2.0	—	—
	复合	≥1.5	—	—

1）有机防水涂料的粘结、抗渗、拉伸性能见表E-10。

有机防水涂料的粘结、抗渗、拉伸性能 表E-10

涂料种类	潮湿基面粘结强度(MPa)	抗渗性（MPa）		浸水168h后		表干时间(h)
		砂浆迎水面	砂浆背水面	拉伸强度(MPa)	断裂伸长率(%)	
反应型	≥0.5	≥0.8	≥0.3	≥1.7	≥400	≤12
水乳型	≥0.2	≥0.8	≥0.3	≥0.5	≥300	≤4
聚合物水泥	≥1.0	≥0.8	≥0.6	≥1.5	≥80	≤4

2）无机防水涂料的抗折、粘结、抗渗性能见表E-11。

无机防水涂料的抗折、粘结、抗渗性能 表E-11

涂料种类	抗折强度(MPa)	粘结强度(MPa)	抗渗性(MPa)	
			第一次	第二次
掺外加剂、掺合料水泥基防水涂料	≥4.0	≥1.0	≥0.8	—
水泥基渗透结晶型防水涂料	≥4.0	≥1.0	≥1.0	≥0.8

（3）防水砂浆： 对普通防水砂浆进行改性是为了提高其抗渗性能，改性剂及改性后防水砂浆的性能应符合表E-12的规定。

改性后防水砂浆的主要性能 表E-12

改性剂种类	粘结强度(MPa)	抗渗性(MPa)	抗折强度(MPa)	干缩率(%)	吸水率(%)	冻融循环(次)	耐碱性	耐水性(%)
外加剂、掺合料	>0.6	≥0.8	同普通砂浆	同普通砂浆	≤3	>50	10%NaOH溶液浸泡14d无变化	—
聚合物	>1.2	≥1.5	≥8.0	≤1.5	≤4			≥80

注：耐水性指标是指砂浆浸水168h后材料的粘结强度及抗渗性的保持率。

改性防水砂浆包括聚合物水泥防水砂浆、掺外加剂或掺合料防水砂浆，宜采用多层抹压法施工。可设在主体结构的迎水面或背水面，不应用于受持续振动或温度高于80℃的地下工程防水。水泥砂浆防水层应在基础垫层、初期支护、围护结构及内衬结构验收合格后再施工，施工厚度应符合表E-13的要求。

改性防水砂浆的施工厚度(mm) 表E-13

名 称	厚 度
聚合物水泥砂浆防水层	单层=6～8，双层=10～12
掺外加剂、掺合料水泥砂浆防水层	18～20

铺抹防水砂浆前，基层表面的孔洞、缝隙应用同比砂浆堵塞抹平，使基面平整、坚实、清洁，并充分湿润、无明水。预埋件、穿墙管预留的凹槽等部位应预先嵌填密封材料。施工配比中的用水量应包括乳液中的含水量。防水层应分层铺抹或喷射，并应压实、抹平，最后一层表面应提浆压光。聚合物砂浆拌合后应在规定的时间内用完，施工过程中不得加水。水泥砂浆防水层终凝后应及时进行养护，养护温度不宜低于5℃，并应保持砂浆表面湿润，养护时间不得少于14d。聚合物砂浆防水层未达到硬化状态时，不得浇水养护或直接受雨水冲刷，硬化后应采用干湿交替的养护方法。潮湿环境中，可在自然条件下养护。

（4）密封材料： 密封材料一般用于变形缝、凹槽、管道根、卷材搭接边等部位，外露部位应耐候。密封宽度及深度见表E-14。

密封材料的密封宽度及深度(mm) 表E-14

项 目	密 封 要 求
宽度（d）	5≤d≤30
深度（h）	迎水面：$h=(0.5～0.7)d$，　背水面：$h=(1.5～2.0)d$

注：密封深度的调节可采用与密封材料不粘结或少粘结的聚乙烯泡沫塑料棒(管)材。

10. 地下工程不同防水等级其他防水材料做法选用表。

一级至四级地下工程防水，主体结构均应采用≥250厚防水混凝土，在此基础上再采取其他防水措施，遵循"刚柔相济"的原则。

（1）一级防水：其他防水材料选用见表E-15。

一级地下工程除结构自防水外的其他防水材料选用表（mm）表E-15

编号	防水层组成	主要性能及适用范围
一级1	(4+3)厚SBS改性沥青防水卷材	耐严寒，适用于寒冷地区，可在≤-10℃或潮湿环境下热熔空铺施工
一级2	(4+3)厚APP改性沥青防水卷材	耐高温，适用于炎热地区，冬季或潮湿环境下可热熔空铺施工
一级3	(3+3)厚自粘橡胶改性沥青聚酯胎防水卷材	抗拉性能好，适应基层变形能力强，可湿铺、预铺反粘法施工
一级4	(1.2+1.2)厚三元乙丙橡胶防水卷材	耐严寒、耐热、延伸性好。适宜在夏季、干燥环境下施工
一级5	(1.2+1.2)厚氯化聚乙烯-橡胶共混防水卷材	高低温性能良好，阻燃、耐臭氧，适宜在干燥的基面冷粘法施工
一级6	(1.2+1.2)厚氯化聚乙烯防水卷材	强度、延伸率大，阻燃、耐撕裂，冷粘法施工
一级7	(1.2+1.2)厚氯磺化聚乙烯防水卷材	难燃、耐臭氧、耐腐蚀，适用于防腐、防水工程
一级8	0.7厚聚乙烯丙纶复合1.3厚聚合物水泥粘结料+0.7厚聚乙烯丙纶复合非固化型防水粘结料	类似满粘、空铺，不窜水，适用于基层容易开裂的工程
一级9	2厚塑料防水板	延伸率大，适用于水利、垃圾填埋、初次衬砌、喷射混凝土粗糙基面，焊接施工
一级10	≥5厚（≥4500g/m²）钠基膨润土防水毯或覆膜法钠基膨润土防水毯	垃圾填埋、水利、粗糙围护基面、主体结构迎水面，钉铺法施工
一级11	4厚自粘改性沥青聚酯胎防水卷材+3厚双面自粘改性沥青防水卷材	同一级3
一级12	1.2厚三元乙丙橡胶防水卷材+1.5厚水乳型三元乙丙橡胶防水涂料	同一级4，适应基层变形的能力强，可在潮湿基面施工
一级13	2厚喷涂速凝橡胶沥青防水涂料+0.8厚聚乙烯防水卷材+1.3厚聚合物水泥粘结料	应在干燥基面施工

编号	防水层组成	主要性能及适用范围
一级14	3厚SBS改性沥青防水卷材+2厚水乳型SBS橡胶弹性沥青防水胶	同一级1，适应基层变形的能力强，可在潮湿基面施工
一级15	3厚SBS改性沥青防水卷材+2厚聚合物水泥防水涂料	当聚灰比≥50%时，用于非长期浸水环境；10%～25%时，用于长期浸水环境
一级16	1.2厚三元乙丙橡胶防水卷材+1.5厚水乳型有机防水涂料	参见一级4，可在潮湿基面施工
一级17	1.2厚氯化聚乙烯-橡胶共混防水卷材+1.5厚水乳型有机防水涂料	参见一级5，可在潮湿基面施工
一级18	2厚自粘橡胶沥青防水卷材+1厚水泥基渗透结晶型防水涂料	可在潮湿基面施工
一级19	3厚自粘橡胶沥青防水卷材+1.5～2厚单组份聚氨酯防水涂料	可在潮湿基面施工
一级20	0.9厚聚乙烯丙纶防水卷材+1.3厚聚合物水泥粘结料+0.8厚水泥基渗透结晶型防水涂料	可在潮湿基面施工
一级21	0.8厚聚乙烯丙纶防水卷材+1.2厚聚合物水泥粘结料+1.2～1.5厚聚合物水泥防水涂料	可在潮湿基面施工
一级22	3厚喷涂速凝橡胶沥青防水涂料+0.8厚水泥基渗透结晶型防水涂料	可在潮湿基面施工
一级23	1.2厚EVA防水卷材+6厚EVA聚合物水泥砂浆防水层	可在潮湿基面施工
一级24	1.5厚喷涂聚脲弹性防水涂料+0.8厚水泥基渗透结晶型防水涂料	可在潮湿基面施工
一级25	2厚聚氨酯防水涂料+0.8厚水泥基渗透结晶型防水涂料	可在潮湿基面施工
一级26	1.2～2.0厚环氧树脂防水涂料+0.8厚水泥基渗透结晶型防水涂料	可在潮湿基面施工
一级27	1.2厚高分子自粘胶膜防水卷材	迎水面设防，预铺反粘法施工，在变形缝、凹槽等无混凝土部位需增设附加增强层

（2）二级防水： 其他防水材料选用见表E-16。

二级地下工程除结构自防水外的其他防水材料选用表(mm) 表E-16

编号	防水层组成	主要性能及适用范围
二级1	4厚SBS改性沥青防水卷材	参见一级1
二级2	4厚APP改性沥青防水卷材	参见一级2
二级3	4厚橡胶改性沥青聚酯胎防水卷材	参见一级3
二级4	3厚自粘橡胶改性沥青聚酯胎防水卷材	参见一级3
二级5	1.2厚三元乙丙橡胶防水卷材	参见一级4
二级6	1.2厚氯化聚乙烯-橡胶共混防水卷材	参见一级5
二级7	1.2厚氯化聚乙烯防水卷材	参见一级6
二级8	1.2厚氯磺化聚乙烯防水卷材	参见一级7
二级9	4厚自粘橡胶改性沥青聚乙烯胎防水卷材	抗拉强度低，适应变形能力强
二级10	0.9厚聚乙烯丙纶复合＋1.3厚聚合物水泥粘结料	参见一级9
二级11	2厚喷涂速凝橡胶沥青防水涂料＋0.8厚聚乙烯防水卷材＋1.3厚聚合物水泥粘结料	应在干燥基面施工
二级12	0.7厚聚乙烯丙纶复合＋1.2厚聚合物水泥粘结料＋1.2厚聚合物水泥防水涂料	参见一级21
二级13	≥1.5厚塑料防水板	参见一级10
二级14	≥5厚（≥4000g/m²）钠基膨润土防水毯	参见一级11
二级15	≥1.5厚EVA防水卷材	参见一级24
二级16	2厚聚合物水泥防水涂料	可在潮湿基层施工
二级17	2膜厚溶剂型、反应型有机防水涂料	防腐保温，冬期干燥基层施工
二级18	≥1.5膜厚硅橡胶等水乳型、水溶性有机涂料	可在≥5℃、潮湿基层施工
二级19	1厚水泥基渗透结晶型防水涂料	可在潮湿基层施工
二级20	1.2厚聚合物水泥防水涂料＋8厚聚合物水泥防水砂浆	可在潮湿基层施工
二级21	1.2厚水乳型有机防水涂料＋18厚掺外加剂、掺料水泥砂浆防水层	可在潮湿基层施工
二级22	3厚喷涂速凝橡胶沥青防水涂料	适用于要求快速固化的工程
二级23	0.7厚聚乙烯丙纶复合＋非固化型防水粘结料	参见一级9
二级24	≥1.5厚交叉层压膜自粘橡胶改性沥青防水卷材	参见一级28

（3）三级防水： 其他防水材料选用见表E-17。

三级地下工程除结构自防水外的其他防水材料选用表(mm) 表E-17

编号	防水层组成	主要性能及适用范围
三级1	3～4厚SBS改性沥青防水卷材	参见一级1
三级2	3～4厚APP改性沥青防水卷材	参见一级2
三级3	3～4厚橡胶改性沥青防水卷材	参见一级3
三级4	3厚自粘橡胶改性沥青防水卷材	参见一级3
三级5	1厚三元乙丙橡胶防水卷材	参见一级4
三级6	1厚氯化聚乙烯-橡胶共混防水卷材	参见一级5
三级7	1厚氯化聚乙烯防水卷材	参见一级6
三级8	1厚氯磺化聚乙烯防水卷材	参见一级7
三级9	0.7厚聚乙烯丙纶复合＋1.3厚聚合物水泥粘结料	参见一级9
三级10	≥1厚塑料防水板	参见一级10
三级11	≥1.2厚EVA防水卷材	参见一级24
三级12	≥1.5厚聚合物水泥防水涂料	可在潮湿基面施工
三级13	3厚高聚物改性沥青防水卷材＋2厚水泥基无机防水涂料	≥5℃，可潮湿基层施工
三级14	≥1.2厚溶剂型、反应型有机防水涂料	参见一级17
三级15	≥1.2厚水乳型、水性有机防水涂料	可在潮湿基面施工

（4）四级防水： 主体结构宜选择防水混凝土。迎（背）水面可不设柔性防水层，细部构造进行刚柔复合设防。

11.当地下水水压大于表E-15～E-17中所选柔性防水层耐水压力时，应适当增加柔性防水材料的厚度或层数。

12.因施工场地狭窄，无法在迎水面设置防水层或外防水失败时，可参考表E-15～E-17中推荐的采用无机、有机防水涂料、改性防水砂浆做背水面内防水层。

图名	地下工程防水	说明(七)	分图页	E-07
			总图页	88

13. 工程设计人员应选定的事项：

（1）工程设计人员应对地下工程所处的地理位置、气温气候、地下水类型、补给来源、水质、流量、流向、压力、水位的年变化情况及由于外因引起的周围水文地质改变的情况等与防水工程有密切关系的因素进行详细调查。并根据地下工程的使用要求、使用功能、结构形式、环境条件等综合因素来确定防水工程的设防等级。再根据设防等级选择防水层材料。

（2）主体结构防水混凝土，依水文地质条件按第90页"防水混凝土的种类及其适用范围"表E-18选用。

（3）虽然不同防水等级的防水材料相同，但防水材料的档次、厚度是不同的。

（4）立面部位用两种柔性防水材料复合设防时，两者材性应相容，并紧密结合。平面部位可相容，也可不相容，不相容时，上层防水材料宜选择卷材，并应空铺，搭接边冷粘。

（5）施工场地宽敞时，均应采用外防外做施工工艺，因场地狭窄不能外防外做时，可采用外防内做施工工艺，因场地特别狭窄，不能做外防水层或外防水失败时，才能采用内防内做施工工艺。

（6）底板、外墙和顶板（有顶板时）均应设防水层。且防水层、止水带、止水条都必须有效交圈，不得断开。

（7）有保温节能要求时，保温层的设置方法和防热桥措施参见 ⑨／98 和第D章"外墙工程防水与保温"的有关内容。

14. 留待施工人员选定的事项

防水层甩接茬做法及施工缝、诱导缝、后浇带、变形缝、穿墙管、坑槽(池)、预埋件、桩基等细部构造做法如设计人员没有具体选定时，可由施工人员根据现场作业面情况选择相应

的做法详图，并与设计人员商定。

15. 应用说明：

（1）工程中实际采用的防水材料，可不局限于图集中介绍的种类。凡质量可靠，并通过当地质检部门鉴定的其他防水材料均可采用。例如：热力管道保温层外附设的防水层，图集中只采用了玻璃钢防水层这一常用做法。实际上，某些防腐蚀防水土工膜、防腐蚀防水涂料、防水卷材的耐高温性能≥120℃，亦能满足使用要求，施工方法又比玻璃钢防水层简便，都可以采用，但防水层外宜设置柔性材料保护层。

（2）本图集所谓聚合物水泥砂浆的防腐蚀功能，可参阅《聚合物水泥砂浆防腐蚀工程技术规程》（CECS 18:2000）。一般情况下，该《规程》中给出的防腐蚀配方、副腐蚀层厚度亦能满足防水要求。对于重要的地下工程，其防水功能还应根据工程的埋置深度及酸、碱、盐的实际浓度等情况经试验确定。

（3）凡在国内外经实践证明防水性能可靠、符合先进国家、地区防水材料标准和技术规范的引进、开发产品和技术，经当地主管部门认定后，亦可采用。

（4）多道设防的工程，每一道都必须自成体系地成为独立的防水层、不能相互依赖，不能削弱任何一道防水层的设防要求。

（5）在使用防水设计图和防水施工详图时，工程设计人员和施工技术人员既要有侧重又要相互熟悉，这对提高防水的可靠性、治理渗漏、洽商变更是极为有利的。

（6）地下工程防水施工图根据各地区实际情况而编制，以供各地区广大工程设计、施工技术人员选用。

混凝土主体结构防水

目　录

说　明

1. 防水混凝土通过集料连续级配、规定水泥最小用量、控制水灰比(水胶比①)或掺入膨胀剂、防水剂、引气剂、减水剂、密实剂、复合型外加剂、掺合料等外加剂而获得。其种类、抗渗强度、特点及适用范围参见表E-18。

注：①目前混凝土中多掺有掺合料,与水泥一起起凝胶作用,故称水胶比。

防水混凝土的种类及其适用范围　表E-18

续表E-18

代号	种类	最高抗渗强度(MPa)	特点	适用范围
H-1	外加剂防水混凝土 补偿收缩防水混凝土	≥3.6	微膨胀补偿收缩,提高混凝土的抗裂、防渗性能	适用于地下防水工程、现浇管廊、隧道、水工、地下连续墙、逆作法、预制构件、坑槽回填及后浇带、膨胀带等防裂防渗工程 尤其适用于超长和大体积混凝土的防裂防渗工程
H-2	掺纤维补偿收缩防水混凝土	≥3.0	高强、高抗裂、高韧性,提高耐磨、抗渗性	在混凝土中掺入钢纤维或化学纤维 适用于对抗拉、抗剪、抗折强度和抗冲击、抗裂、抗疲劳、抗震、抗爆性能等要求均较高的工业与民用建筑地下防水工程
H-3	外加剂防水混凝土 引气剂防水混凝土	≥2.2	改变毛细管性质,抗冻性好 含气量:3%～5%	适用于高寒、抗冻性要求较高、处于地下水位以下遭受冰冻的地下防水工程和市政工程
H-4	减水剂防水混凝土	≥2.2	拌合物流动性好。 引气型减水剂,含气量控制为:3%～5%	适用于钢筋密集或捣固困难的薄壁型防水结构、对混凝土凝结时间(促凝或缓凝)和流动性有特殊要求的防水工程(如泵送) 缓凝型:适宜夏季施工,推迟水化峰值出现;亦适用于大体积混凝土,减小内外温差。 早强型:冬期施工,早期强度高; 高效型:减水率高、坍落度大、冬期施工
H-5	防水剂防水混凝土	≥3.5	增加密实性,提高抗渗性	适用于游泳池、管廊、基础水箱、水电、水工等工业与民用地下防水工程
H-6	掺水泥基渗透结晶型掺合剂防水混凝土	在原有基础上提高抗渗能力	结晶体渗透性堵塞渗水通道,提高强度、抗渗性	适用于需提高混凝土强度、耐化学腐蚀、抑制碱骨料反应、提高冻融循环的适应能力及迎水面无法做柔性防水层的地下工程
H-7	普通防水混凝土	≥2.0	提高水泥用量和砂率	适用于一般工业、民用建筑地下工程

注：应选择不含或少含氯离子的外加剂掺入地下工程钢筋混凝土结构中。

2. 防水混凝土的设计抗渗等级根据地下工程的埋置深度而确定（见表E-19）。

防水混凝土设计抗渗等级　　　　　　表E-19

工程埋置深度H(m)	$H<10$	$10 \leqslant H<20$	$20 \leqslant H<30$	$H \geqslant 30$
设计抗渗能力(MPa)	0.6	0.8	1.0	1.2
设计抗渗等级(Px)	P6	P8	P10	P12

注：本表适用于Ⅰ、Ⅱ、Ⅲ类围岩(土层及软弱围岩)。

3. 钢筋混凝土结构防水应符合以下规定：

（1）结构厚度不应＜250；裂缝宽度不得＞0.2，并不得贯通。

（2）钢筋保护层的厚度，迎水面应≥50。当遇有腐蚀性介质时，应适当加厚。

（3）使用环境温度不得高于80℃；处于侵蚀性介质中的耐侵蚀系数(防水混凝土试块在侵蚀性介质中和在饮用水中分别养护6个月后的抗折强度之比）不应＜0.8。

（4）底板下的混凝土垫层，强度等级应≥C15，厚度应≥100，在软弱土层中应≥150。

（5）施工抗渗配合比由试验确定，其抗渗等级应比设计抗渗等级提高一级(0.2MPa)，即施工抗渗等级≥Px+P2（Px：设计抗渗等级，x：6、8、10、12）。

4. 防水混凝土原材料应符合以下规定：

（1）水泥的强度等级不应低于32.5MPa，并按表E-20选择；

（2）石子应洗净，粒径宜为5～40，泵送时应为管径的1/4，吸水率应≤1.5%，不得使用碱活性骨料，质量应符合有关规定；

（3）砂宜采用中砂，其质量应符合有关规定；

（4）拌制混凝土所用的水，应符合有关规定。

（5）所掺入的膨胀剂、防水剂、减水剂、密实剂、引气剂、复合型外加剂等，其品种和掺量应经试验确定。所掺外加剂的技术性能，应符合现行国家或行业标准一等品以上的质量要求。

（6）所选粉料，以胶凝材料总重量计：粉煤灰宜为20%～30%(级别不应低于Ⅱ级)，当水胶比＜0.45时，可适当增加；硅粉宜为2%～5%；粒化高炉矿渣粉的使用要求应符合现行国家标准《用于水泥和混凝土中的粒化高炉矿渣粉》GB/T 18046的有关规定；复合掺合料的掺量应经过试验确定。

（7）每立方米防水混凝土中各类材料的总碱量(Na₂O当量）不得＞3kg；氯离子含量不应超过胶凝材料总重量的0.1%。

防水混凝土水泥的选用　　　　　　表E-20

环境条件	优先选用	可以使用	不宜使用
常温下不受侵蚀性介质作用	普通硅酸盐水泥、硅酸盐水泥、矿渣硅酸盐水泥（必须掺入高效减水剂）	粉煤灰硅酸盐水泥	火山灰质硅酸盐水泥
严寒地区露天、寒冷地区在地下水位升降范围内	普通硅酸盐水泥	矿渣硅酸盐水泥（必须掺入高效减水剂）	火山灰质硅酸盐水泥、粉煤灰硅酸盐水泥
严寒地区在水位升降范围内	普通硅酸盐水泥	——	火山灰质硅酸盐水泥、粉煤灰硅酸盐水泥、矿渣硅酸盐水泥
侵蚀性介质	按介质的性质选用相应水泥		

注：1. 常温系指最冷月份里的月平均温度＞-5℃；寒冷系指最寒冷月份里的月平均温度在-5～-15℃之间；严寒系指最寒冷月份里的月平均温度＜-15℃。
2. 所用水泥不得过期或受湿结块，不同品种、不同标号的水泥不得混用。

5. 防水混凝土的重量配比应符合以下规定:

(1)胶凝材料总量不宜＜320kg/m³,当强度要求较高或地下水有腐蚀性时,胶凝材料用量可通过试验调整。在满足混凝土抗渗等级、强度等级和耐久性条件下,水泥用量不宜＜260kg/m³。

(2)砂率宜为35%～40%,泵送时可增至45%;灰砂比宜为1:1.5～1:2.5;水胶比不得＞0.50,有侵蚀性介质时水胶比不宜＞0.45。

(3)现拌混凝土坍落度宜控制在60～80mm,采用预拌时,入泵坍落度宜控制在120～160mm,坍落度每小时损失值不应＞20mm,坍落度总损失值不应＞40mm;预拌混凝土的初凝时间宜为6～8h。掺加引气剂或引气型减水剂时,混凝土含气量应控制在3%～5%。

(4)防水混凝土称量应准确,允许偏差应符合表E-21的规定。

防水混凝土配料计量允许偏差　　　表E-21

混凝土组成材料	每盘计量允许偏差（%）	累计计量允许偏差（%）
水泥、掺合料	±2	±1
粗、细骨料	±3	±2
水、外加剂	±2	±1

注:累计计量仅适用于微机控制计量的搅拌站。

(5)常用膨胀剂的种类和掺量:

将膨胀剂按内掺法(替代等量胶凝材料)掺入混凝土或水泥砂浆中。常用膨胀剂的种类和掺量参见表E-22。

6. 防水混凝土的施工应符合以下规定:

(1)防水混凝土应分层连续浇筑,分层厚度不得＞500mm。

(2)用于防水混凝土的模板应拼缝严密、支撑牢固。

(3)防水混凝土拌合物应采用机械搅拌,搅拌时间不宜小于2min。掺外加剂时,应根据其技术要求确定搅拌时间。

(4)防水混凝土拌合物在运输后如出现离析,必须进行二次搅拌。当坍落度损失后不能满足施工要求时,应加入原水灰比的水泥浆或掺加同品种的减水剂进行搅拌,严禁直接加水。当加入

同品种减水剂时,加入量应通过试验确定,以防某些减水剂如超量加入,混凝土会出现长期不凝固的质量事故。

(5)防水混凝土必须采用高频机械振捣密实,振捣时间宜为10～30s,以混凝土泛浆和不冒气泡为准,应避免漏振、欠振和超振。

(6)混凝土终凝前应加强抹压。

(7)混凝土浇筑完毕后的12h内进行覆盖、保湿养护。头7d的养护特别重要,保湿养护不得少于14d,养护期间不得断水断湿,不得浇冷水、不得在阳光下暴晒。

(8)防水混凝土冬期施工,入模温度不应低于5℃。

常用膨胀剂种类和掺量　　　表E-22

混凝土或砂浆种类	常用膨胀剂	掺量(%)	用途
补偿收缩混凝土或砂浆 限制膨胀率(%):0.25～0.05 自应力值(MPa):0.2～0.7	硫铝酸钙膨胀剂	8～10	钢筋混凝土主体结构自防水
	氧化钙-硫铝酸钙类膨胀剂	8～12	
	UEA膨胀剂	8～12	
填充用膨胀混凝土或砂浆 限制膨胀率(%):0.04～0.06 自应力值(MPa):0.5～1.0	硫铝酸钙膨胀剂	12～13	浇筑后浇带、膨胀带,嵌塞插钎凹槽、坑、孔洞、空隙
	氧化钙-硫铝酸钙类膨胀剂	14～15	
	UEA膨胀剂	14～15	

注:掺膨胀剂混凝土、水泥砂浆所使用的水泥品种必须符合膨胀剂产品的规定:

1. 混凝土膨胀剂的质量应符合《混凝土外加剂应用技术规范》GB 50119的规定。

2. 硫铝酸钙类膨胀剂,宜采用硅酸盐水泥、普通硅酸盐水泥。如采用其他水泥应通过试验确定。并不宜使用氯盐类外加剂。

3. UEA膨胀剂宜采用硅酸盐水泥、普通硅酸盐水泥和矿渣硅酸盐水泥。

4. 掺膨胀剂混凝土和水泥砂浆必须通过试验确定外加剂掺量。

5. 含CaO的膨胀剂需做水泥安定性检验。合格者方能使用。

6. 补偿收缩混凝土的机械搅拌时间不得＜3min。

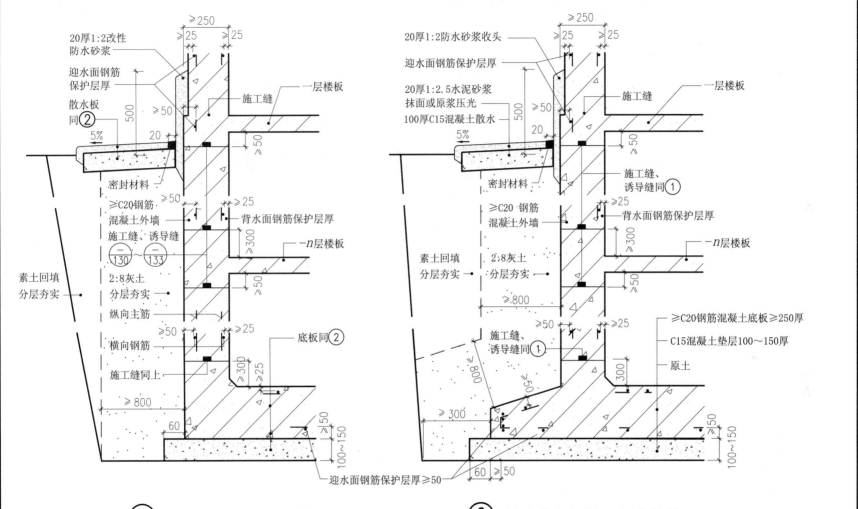

20厚1:2改性
防水砂浆

迎水面钢筋
保护层厚

散水板
同②

≥250
≥25   25

施工缝

一层楼板

密封材料

≥C20钢筋
混凝土外墙

施工缝、诱导缝
(130/一)～(133/一)

2:8灰土
分层夯实

纵向主筋

素土回填
分层夯实

横向钢筋

施工缝同上

底板同②

背水面钢筋保护层厚

—n层楼板

① 一般钢筋混凝土外墙

20厚1:2防水砂浆收头

迎水面钢筋保护层厚

20厚1:2.5水泥砂浆
抹面或原浆压光
100厚C15混凝土散水

素土回填
分层夯实

2:8灰土
分层夯实

施工缝、
诱导缝同①

施工缝、
诱导缝同①

≥250
≥25   25

施工缝

一层楼板

密封材料

≥C20 钢筋
混凝土外墙

背水面钢筋保护层厚

—n层楼板

≥C20钢筋混凝土底板≥250厚

C15混凝土垫层100～150厚

原土

迎水面钢筋保护层厚≥50

② 悬挑底板钢筋混凝土外墙

注：1.钢筋混凝土结构主体防水适用于四级地下工程。一、二、三级地下工程迎水面
结构主体除应采用防水混凝土外，还应根据防水等级按规范要求和参照本图册
提供的防水层一、二、三级分级组合另加其他防水层。外墙和底板的抗渗等级
根据工程的埋置深度按第91页表E-19确定。

2.按有关规定和设计要求可在结构外墙迎水面、背水面设置保温层或设置夹芯保
温层(参见D.外墙工程防水与保温)。

图名 混凝土结构主体防水构造

分图页 E-1
总图页 93

外墙防水层外防外做

目　录

说　明

1. 施工场地宽敞的地下工程，其外墙迎水面防水层均应采用外防外做的设计方案和施工工艺。按表E-15~表E-17选择防水层。

2. 防水设计：可选择防水卷材、防水涂料、金属板（卷材）、

图名	外墙防水层外防外做	目录、说明（一）	分图页	E-b1
			总图页	94

防水砂浆作迎水面防水层。单建式的地下工程，宜采用全封闭、部分封闭的防排水设计；附建式的全地下或半地下工程的防水设防高度，应高出室外地坪高程500mm以上。

3. 防水层施工

（1）卷材防水层施工

1）卷材防水层应铺贴在20厚1：2.5水泥砂浆找平层上，找平层阴阳角应做成圆弧（合成高分子卷材$R \geqslant 20$，改性沥青卷材$R \geqslant 50$）或45°（135°）坡角。铺贴前，应先涂刷与粘结剂相容的基层处理剂，当找平层较潮湿时，应涂刷湿固化型胶粘剂或潮湿界面隔离剂。

2）聚乙烯丙纶防水卷材、以水泥基作胶粘剂的自粘卷材可直接铺贴于表面坚实、清洁、无毛刺，平整度达0.25%的混凝土基面。

3）在转角、阴阳角和细部构造部位，应增贴（空铺、点粘）1～2层500宽同种卷材附加层。垫层表面卷材宜采用空铺法或点粘法铺贴，立面或其他部位应采用满粘法铺贴。

4）改性沥青卷材宜采用热熔法施工；树脂类卷材宜采用焊接法搭接；橡胶型、共混型合成高分子卷材应采用该卷材指定的胶粘剂粘结；聚乙烯丙纶卷材采用聚合物水泥胶结料、非固化橡胶沥青防水粘结料铺贴；自粘改性沥青卷材低温施工时，宜对卷材和基面适当加热后铺贴；自粘卷材可采用预铺反粘、湿铺法铺贴。表E-23为常用胶粘剂供参考。

5）搭接缝应用封口条封边，并用密封材料封严，密封宽度不应＜10。搭接边和封口条的宽度宜按卷材种类、铺贴方法和地下室的层数确定，表E-24供参考。

6）铺贴双层卷材时，上下层和相邻两幅卷材的接缝应错开1/3～1/2幅宽，同层内除底板折向外墙的卷材可垂直铺贴外，其余部位及上下层卷材不得相互垂直铺贴。

7）在立面与平面转角处，卷材搭接缝应留在平面上，距立面不应＜600。并应按先平面后立面的顺序铺贴，交接处应交叉搭接。

8）从底板折向永久性保护墙的阴阳角部位，应空铺。

常用防水卷材粘结材料　　表E-23

卷材名称\ 适用\ 粘结剂	三元乙丙橡胶防水卷材	氯化聚乙烯－橡胶共混防水卷材	氯化聚乙烯防水卷材	氯磺化聚乙烯防水卷材	聚乙烯丙纶防水卷材	自粘胶膜、以水泥基为粘结料的改性沥青防水卷材
基层处理剂	聚氨酯底胶液		404氯丁胶粘剂	氯丁胶、沥青胶液	1.聚合物水泥防水粘结料、2.非固化橡胶沥青防水粘结料	1. 普通自粘法施工 2. 预铺反粘法施工 3. 湿铺法施工粘结料：水泥净浆、水泥砂浆、聚合物水泥砂浆或其他防水砂浆 4. 封边配套密封材料： 长边：自粘封口条 短边：胶粘带
基层粘结剂	404氯丁胶粘剂	BX-12胶粘剂				
搭接边粘结、密封材料	Ⅰ	搭接边基面粘结：丁基橡胶防水密封胶粘剂 两侧搭接边封边：硅酮密封材料、聚硫密封材料、丁基橡胶防水密封胶粘带、聚丙烯酸酯密封材料、聚氨酯密封材料。根据地下工程防水等级的不同，在迎、背水面任选两种密封材料封边。				
	Ⅱ	基面、搭接缝：丁基橡胶防水密封胶粘带（胶粘带）				

卷材搭接边及封口条的最小宽度（mm）　　表E-24

铺贴方法\ 卷材种类		搭接边宽度（L）				封口条宽度（M）			
		长边搭接宽度		短边搭接宽度		长边封口条宽度		短边封口条宽度	
		满粘	空铺 点粘 条粘	满粘	空铺 点粘 条粘	满粘	空铺 点粘 条粘	满粘	空铺 点粘 条粘
高聚物改性沥青类		100	100	100	100	100	120	100	120
合成高分子类	胶粘剂	100	100	100	100	100	120	100	120
	胶粘带（b）	50	60	50	60	20	30	20	30
	单焊缝	搭接宽度：50，有效焊接宽度应$\geqslant 30$							
	双焊缝	搭接宽度：100，双焊缝中任何一条焊缝的有效焊接宽度应$\geqslant 10$							

注：1. 表中L、M、b值宜随地下室层数增加而增加。地下二层时，L、M值宜增加20，b值宜增加10；地下三层及以上时，L、M值宜增加40，b值宜增加20。

　2. 甩接茬部位，高聚物改性沥青防水卷材的搭接宽度$\geqslant 150$。

（2）涂料防水层施工

1）有机防水涂料基层表面应干燥平整、无气孔、凹凸、蜂窝麻面等缺陷，无机防水涂料基面应干净平整、无浮浆和明显积水。阴阳角应做成圆弧形，阴角直径宜＞50，阳角直径宜＞10，当涂膜与卷材复合设防时，应满足卷材的圆弧要求。

2）涂刷前，应先对阴阳角、预埋件、穿墙管道等细部构造部位进行密封和附加增强处理，然后涂刷大面。涂刷的遍数，每道厚度应满足要求，后一遍涂层应待前一遍涂层实干后再涂刷[①]。每遍涂层的涂刷方向应"十字"交叉。同层涂层先后接茬宽度宜＞50，施工缝的接茬宽度不应＜100，并应对甩茬进行保护。

3）对于铺贴胎体材料的有机防水涂料工程，应使胎体充分浸透涂料，不得有白茬及褶皱，并应在阴阳角、管根及底板增加一层胎体增强材料，并增涂2～4遍涂料，涂料应浸透胎体。同层相邻胎体材料的搭接宽度应＞100，上下层搭接方法与卷材相同。

夹铺胎体时，外墙外防外做宜铺贴于防水涂层表层，外防内做和底板下防水层宜铺贴于涂层中间层，以最大限度发挥涂膜良好的延伸性能。如因夹铺胎体而严重影响涂膜的延伸性能，在基层变形时，导致涂膜断裂，宜不设胎体。

（3）水泥砂浆防水层施工

1）基层表面应平整、坚实、粗糙、干净。施工前，浇水充分湿润至饱和，但不积水。孔洞、缝隙等缺陷部位用同砂浆填塞抹平。混凝土基层的强度等级不得＜C15，砌体结构基层砌筑用的砂浆强度等级不应＜M7.5。

2）水泥的强度等级应不低于32.5MPa，应采用普通硅酸盐水泥、硅酸盐水泥、特种水泥，严禁使用过期或受湿结块水泥。

3）砂子宜采用 φ3以下的中砂，含泥量不＞1%，硫化物和硫酸盐含量不＞1%。

4）拌合用水应符合《混凝土拌合用水标准》JGJ 63－2006的规定。

5）外加剂质量应符合现行国家或行业产品标准的要求。

6）聚合物乳液的外观：应为均匀液体，无杂质、无沉淀、不分层，其质量要求应符合国家现行标准《建筑防水涂料用聚合物乳液》JC/T 1017-2006的有关规定，宜选用专用产品。

7）防水砂浆的配合比和施工方法应符合所掺材料的规定。其中，减水剂砂浆和和聚合物砂浆中的用水量应包括减水剂溶液和聚合物乳液中的含水量。

8）掺入外加剂、掺合料、聚合物等改性后防水砂浆的性能应符合第86页表E-12的要求。

9）水泥砂浆防水层应分层铺抹或喷射，铺抹时应压实、抹平，最后一层表面应提浆压光。

10）分层抹压的各层应紧密贴合，每层宜连续施工。施工缝留茬应成阶梯坡形，离阴阳角处≥200，接茬应依层次顺序操作，层层搭接紧密。

11）防水层阴阳角处应抹成圆弧。

12）水泥砂浆防水层终凝后，应及时保持湿润养护，养护温度不宜低于5℃，保持砂浆表面湿润，养护时间不得＜14d。

13）聚合物水泥砂浆拌合后应在1h内用完，施工中不得任意加水，防水层在未达到硬化状态时，不得浇水养护或直接受雨水冲刷，硬化后应采用干湿交替（先湿后干）的方法养护。地下室较潮湿时，可在自然状态下养护。

14）补偿收缩水泥砂浆养护期间不得断水。

15）特种水泥、外加剂、掺合料防水砂浆应按产品规定养护。

注：[①]不得使用实干后前后两遍涂层会出现分层和粘结力减弱的涂料。

（4）塑料防水板施工

参见"地下连续墙围护" $\dfrac{二}{206}$ $\dfrac{二}{207}$ 的有关内容。

（5）金属防水层施工

1）用钢板作防水层时,应采用E43焊条对接缝进行焊接。钢板厚度≤4时,采用搭接焊,＞4时,采用对接焊。竖向钢板的垂直接缝应相互错开。

2）钢板防水层外防外做时,底板下钢板通过锚固件与混凝土结合成一体,外墙钢板焊接在混凝土或砌体结构的预埋件上,空隙处用防水砂浆灌严。

3）当选择铜板、铝板、铅合金卷（板）材等材料作金属防水层时,其焊缝应采用相应的焊接材料和焊接技术进行焊接。

4）金属防水层的防水性能取决于接缝的焊接质量。对外观检查和无损检测不合格的焊缝应予补焊或返工。

5）焊接前,对于遇氧、遇水产生锈蚀的金属材料,应彻底除锈,施工完毕后应按要求通涂防锈漆。需用其他材料作保护层时,应符合设计要求。

（6）膨润土防水毯（板）施工

防水毯有纺布一面朝向混凝土结构,防水板膨润土颗粒面朝向混凝土结构,当基面潮湿时,应将HDPE面朝向潮湿面,毯搭接宽≥100,防水板搭接宽≥70。用射钉枪、≥40长射钉、≥ϕ30垫圈钉铺施工,射钉呈梅花图形,立（斜）面钉距不大于450、搭接缝处钉距不大于300；平面（顶板、底板）仅在搭接缝处用射钉固定；钢钉距离搭接缝边缘应为15～20。在搭接缝处、转角、管根、收头等细部构造部位,应播撒膨润土防水粉和嵌填膨润土防水密封浆(膏),密封厚度应≥20。

基层应清洁干净,≥1.5宽的裂缝应用密封材料嵌严。平整度应符合$D/L≤1/6$的要求（D-基面相邻两凸面凹进去的深度；L-基面相邻两凸面间的距离）。阴阳角做成ϕ50圆角,或50×50钝角。

4. 柔性防水层的保护层、隔离层（表E-25 ～ 表E-27）

柔性防水层保护层材料（mm）　　　　表E-25

种类＼部位	顶 板	底 板	外 墙
卷材防水层	隔离层＋≥70厚细石混凝土	隔离层＋≥50厚细石混凝土	软保护层(表28)或20厚1：3水泥砂浆
有机防水涂料防水层	隔离层＋20厚1：2.5水泥砂浆层＋70厚细石混凝土	隔离层＋20厚1：2.5水泥砂浆层＋50厚细石混凝土	迎水面：软保护层（表E-26）或20厚1：2.5水泥砂浆
			背水面：20厚1：2.5水泥砂浆

软保护层　　　　表E-26

1	5厚聚乙烯泡沫塑料片材(30～40kg/,用氯丁胶粘结；粘贴面涂有胶粘剂的片材,撕掉隔离纸即可铺贴)
2	50厚聚苯乙烯泡沫塑料板(20Kg/,用聚醋酸乙烯乳液点粘)

隔离层材料　　　　表E-27

序号	材　料	厚(mm)	序号	材　料	厚(mm)
1	石灰膏：砂=1：3～1：4,上罩纸筋灰	10～20	4	纸筋灰、麻刀灰	适量
2	石灰膏：砂：黏土=1：2.4：3.6	10～20	5	聚氯乙烯薄膜	0.4
3	石灰膏：=1：3～1：4	10～20	6	纸胎油毡或低档卷材	

5. 地下防水工程严禁在雨天、雪天和五级风及其以上时施工,其施工环境气温条件应符合表E-28的要求。

防水层施工环境气温条件　　　　表E-28

防水层材料名称	允许施工环境气温
高聚物改性沥青防水卷材	冷粘法不低于5℃,热熔法不低于-10℃
合成高分子防水卷材	冷粘法不低于5℃,热风焊接法不低于-10℃
有机防水涂料	溶剂型-5～35℃,水乳型5～35℃
无机防水涂料	5～35℃
细石混凝土、水泥砂浆	

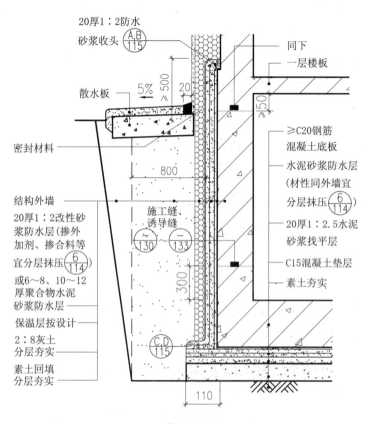

① 一般钢筋混凝土外墙

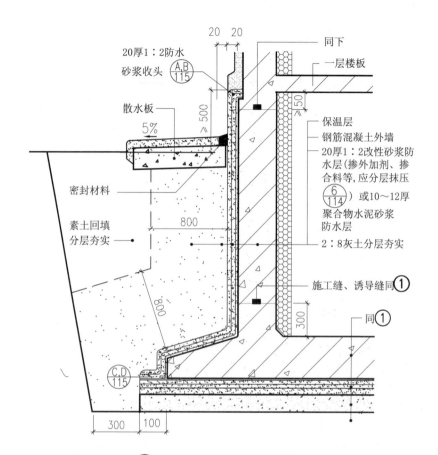

② 悬挑底板钢筋混凝土外墙

注：

1. 水泥砂浆类刚性材料一般不单独作主体结构迎水面防水层。

2. ①②适用于雨量少、常年或干涸期地下水位在底板以下的三、四级地下工程。其迎水面一般只需做聚合物水泥砂浆防水层。

3. 有节能要求时，地下工程可在迎水面设置外保护层①或在背水面设置内保温层②，也可采用夹芯保温或自保温,连同防热桥措施参见第D章。

4. 工程周围800mm范围以内肥槽除了可采用2：8灰土回填外，还可采用挖出的黏土或亚黏土回填,其中不得含有石块、碎砖、灰渣、有机杂物以及冻土。

图名	改性防水砂浆防水层	分图页	E-2
		总图页	98

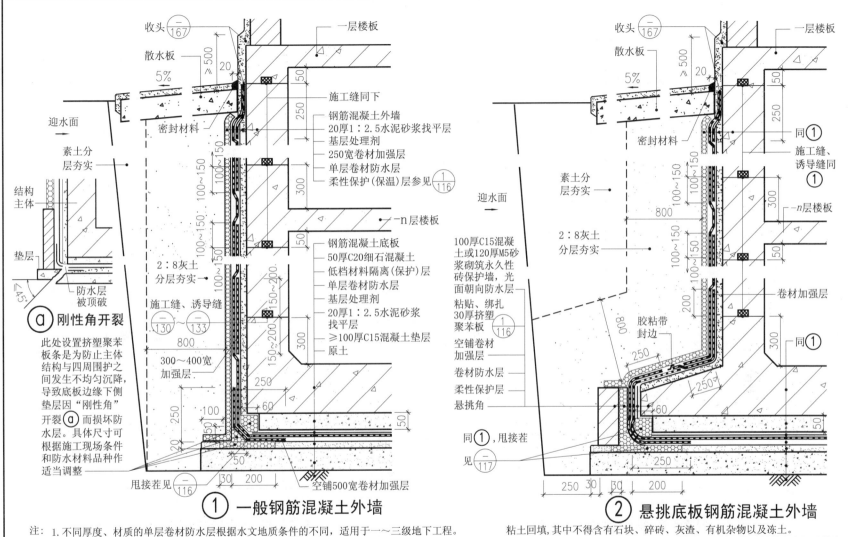

⓪ 刚性角开裂

此处设置挤塑聚苯板条是为了防止主体结构与四周围护之间发生不均匀沉降，导致底板边缘下侧垫层因"刚性角"开裂⓪而损坏防水层。具体尺寸可根据施工现场条件和防水材料品种作适当调整

① 一般钢筋混凝土外墙

② 悬挑底板钢筋混凝土外墙

注：1. 不同厚度、材质的单层卷材防水层根据水文地质条件的不同，适用于一～三级地下工程。
　　2. ①转角部位、转角的垫层表面，②永久性保护墙与防水层之间均采用挤塑聚苯板做保护层，可有效避免当结构主体与围护结构发生错位沉降时，防水层四周的刚性材料损坏防水层。
　　3. 除距底板上表面高程300mm处按规定留设施工缝外，其余部位施工缝按结构规范要求留设。
　　4. 工程周围800mm范围以内肥槽除了可采用2：8灰土回填外，还可采用现场挖出的粘土或亚

粘土回填，其中不得含有石块、碎砖、灰渣、有机杂物以及冻土。
5. 当混凝土基面的平整度≤0.25%时，采用自粘卷材、粘结材料为水泥基的卷材，外墙表面、垫层表面可不做找平层，此时垫层表面的聚苯板条应预埋。
6. 当柔性保护层兼有保温作用时，宜采用挤塑聚苯板(厚度密度应符合设计要求)。

图名	单层卷材防水层	分图页	E-3
		总图页	99

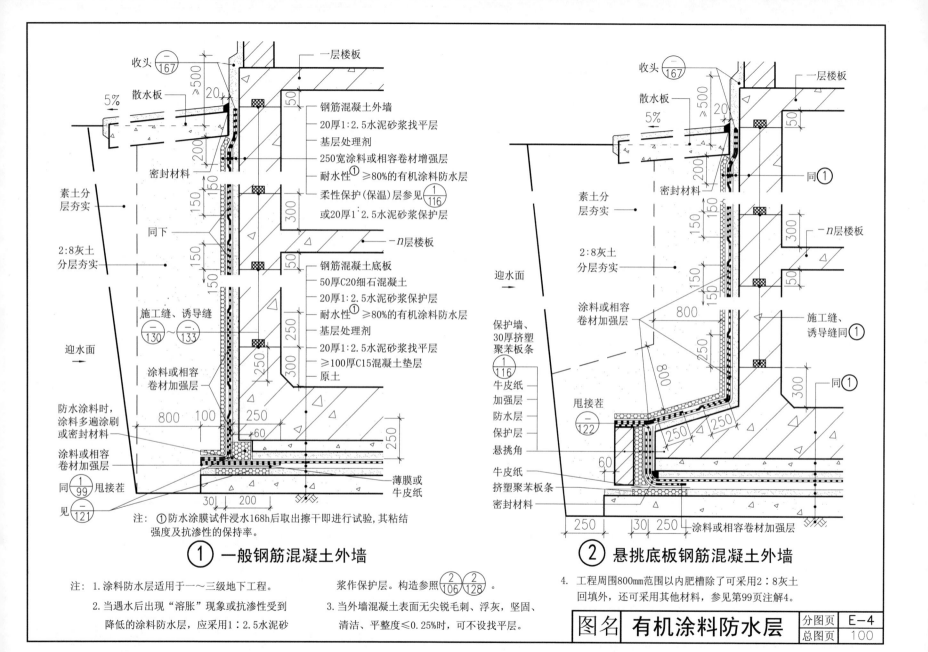

收头 $\frac{-}{167}$

散水板 5%

素土分层夯实

2:8灰土分层夯实

迎水面

密封材料

同下

施工缝、诱导缝 $\frac{-}{130}$ ～ $\frac{-}{133}$

涂料或相容卷材加强层

防水涂料时，涂料多遍涂刷或密封材料

涂料或相容卷材加强层

同 $\frac{1}{99}$ 甩接茬

见 $\frac{-}{121}$

一层楼板

钢筋混凝土外墙
20厚1:2.5水泥砂浆找平层
基层处理剂
250宽涂料或相容卷材增强层
耐水性① ≥80%的有机涂料防水层
柔性保护(保温)层参见 $\frac{1}{116}$
或20厚1:2.5水泥砂浆保护层

－n层楼板

钢筋混凝土底板
50厚C20细石混凝土
20厚1:2.5水泥砂浆保护层
耐水性① ≥80%的有机涂料防水层
基层处理剂
20厚1:2.5水泥砂浆找平层
≥100厚C15混凝土垫层
原土

薄膜或牛皮纸

注：①防水涂膜试件浸水168h后取出擦干即进行试验，其粘结强度及抗渗性的保持率。

① 一般钢筋混凝土外墙

注：1.涂料防水层适用于一～三级地下工程。
　　2.当遇水后出现"溶胀"现象或抗渗性受到降低的涂料防水层，应采用1:2.5水泥砂

浆作保护层。构造参照 $\frac{2}{106}$ $\frac{2}{128}$ 。

3.当外墙混凝土表面无尖锐毛刺、浮灰，坚固、清洁、平整度≤0.25%时，可不设找平层。

收头 $\frac{-}{167}$

散水板 5%

素土分层夯实

2:8灰土分层夯实

迎水面

密封材料

涂料或相容卷材加强层

保护墙、30厚挤塑聚苯板条 $\frac{1}{116}$
牛皮纸
加强层
防水层
保护层
悬挑角
牛皮纸
挤塑聚苯板条
密封材料

甩接茬 $\frac{-}{122}$

一层楼板

同①

－n层楼板

施工缝、诱导缝同①

同①

涂料或相容卷材加强层

② 悬挑底板钢筋混凝土外墙

4.工程周围800mm范围以内肥槽除了可采用2:8灰土回填外，还可采用其他材料，参见第99页注解4。

图名	有机涂料防水层	分图页	E-4
		总图页	100

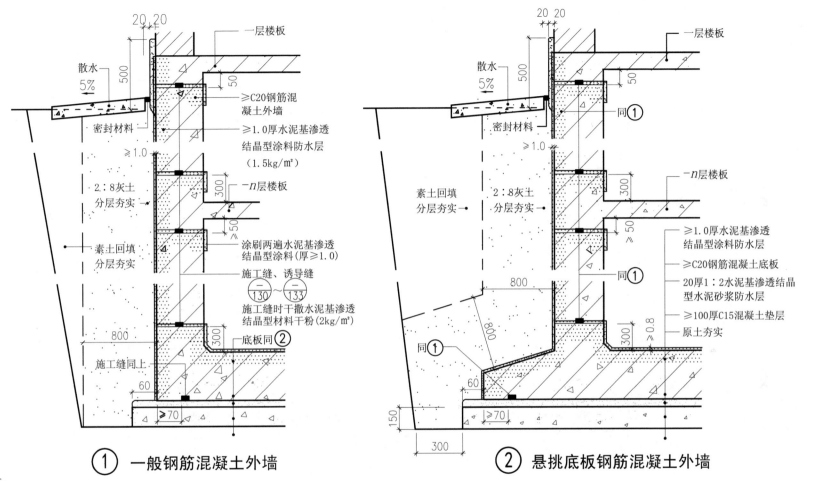

①一般钢筋混凝土外墙

②悬挑底板钢筋混凝土外墙

注:

1. ①②适用于二、三级地下工程。

2. 渗透结晶封闭层是在混凝土表面涂抹或喷涂水泥基渗透结晶型防水涂料(将粉末状调制成涂料状)而形成的封闭型防水层。为保证施工质量,应严格按产品要求进行涂抹或喷涂。

3. 涂抹水泥基渗透结晶型涂料前,必须将基层表面的泥皮或浮灰用高压水冲洗干净(必要时凿毛、抓毛等),露出洁净、充分湿润(无积水)的粗糙基面,使以水为载体的活性物质渗入毛细孔缝中,进而生长成晶体,从而使混凝土致密,切断渗水通道。

4. 水泥基渗透结晶型涂料应保证每平米涂层的用量,并按规定要求进行养护。

5. 结构外墙可按设计要求设置迎水面或背水面保温层。做法参见本图集D外墙工程防水。

4. 工程周围800mm范围以内肥槽除了可采用2∶8灰土回填外,还可采用其他材料,参见第99页注解4。

图名	水泥基渗透结晶型 防水涂料**防水层**	分图页	E-5
		总图页	101

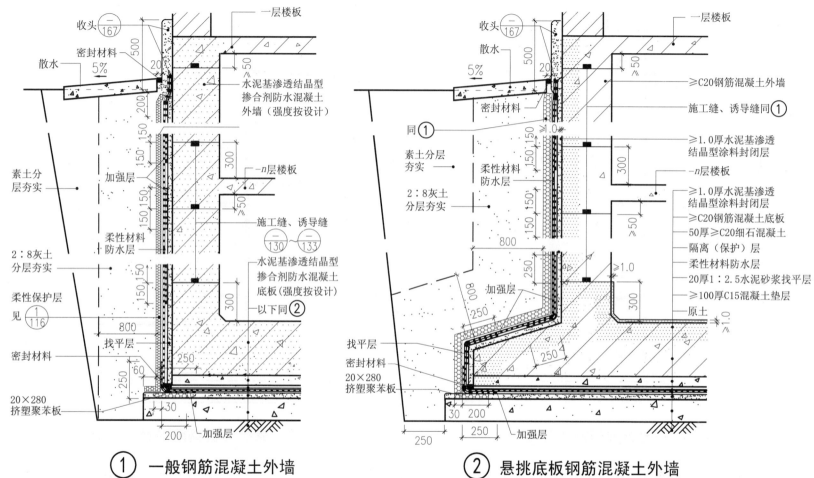

① 一般钢筋混凝土外墙

② 悬挑底板钢筋混凝土外墙

注:
1. ①②适用于一级地下工程。②的水泥基渗透结晶型防水涂料外墙设置在迎水面,底板设置在背水面,通过施工缝连接成一体。
2. 水泥基渗透结晶型掺合剂必须与粗、细骨料干拌均匀后再加入拌合水搅拌均匀。
3. 掺入水泥基渗透结晶型掺合剂的混凝土具有缓凝特性。其缓凝时间由混凝土配比、温度及掺合剂的加入量决定。施工时,掺合剂及其他外加剂的加入量,应按混凝土的设计凝固时间,由试验确定。
4. 回填土材料参见第99页注解4。

图名	水泥基渗透结晶型掺合剂、涂料与柔性防水材料复合**防水层**	分图页	E-6
		总图页	102

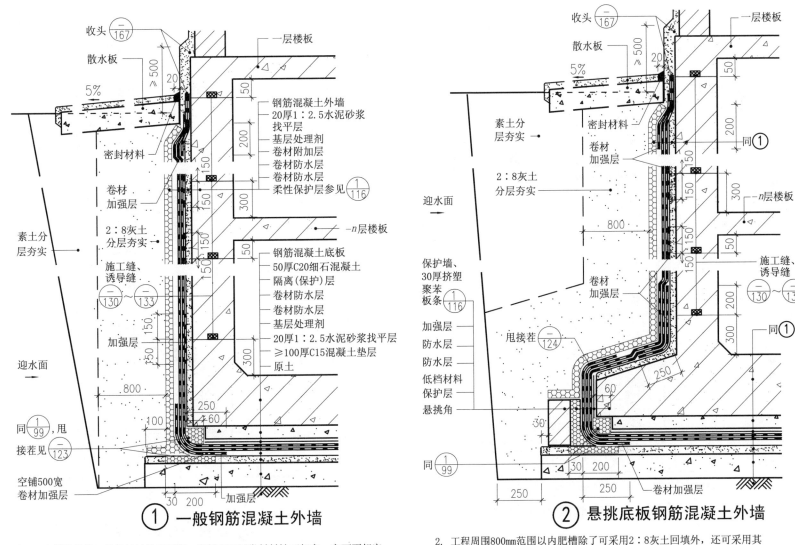

收头 $\frac{二}{167}$
散水板
5%
密封材料
卷材加强层
素土分层夯实
施工缝、诱导缝 $\frac{一}{130} \sim \frac{一}{133}$
加强层
迎水面
同 $\frac{1}{99}$,甩接茬见 $\frac{一}{123}$
空铺500宽卷材加强层

> 500
20
50
200
150
150
300
300
150
150
150
800
250
60
100
30 200
加强层

一层楼板

钢筋混凝土外墙
20厚1:2.5水泥砂浆找平层
基层处理剂
卷材附加层
卷材防水层
卷材防水层
柔性保护层参见 $\frac{1}{116}$

－n层楼板

钢筋混凝土底板
50厚C20细石混凝土
隔离(保护)层
卷材防水层
卷材防水层
基层处理剂
20厚1:2.5水泥砂浆找平层
≥100厚C15混凝土垫层
原土

2:8灰土分层夯实

① 一般钢筋混凝土外墙

收头 $\frac{二}{167}$
散水板
5%
密封材料
卷材加强层
素土分层夯实
2:8灰土分层夯实
迎水面
保护墙、30厚挤塑聚苯板条 $\frac{1}{116}$
加强层
防水层
防水层
低档材料保护层
悬挑角
甩接茬 $\frac{一}{124}$
同 $\frac{1}{99}$

> 500
20
50
50
200
150
300
150
150
50
200
300
800
250
60
60
30
30 200
250
250
卷材加强层

一层楼板
卷材加强层
同 ①
－n层楼板
施工缝、诱导缝 $\frac{一}{130} \sim \frac{一}{133}$
同 ①

② 悬挑底板钢筋混凝土外墙

注: 1. 本做法外墙双层卷材材性应相容。底板下双层卷材材性可相容,亦可不相容,
相容时,卷材间宜满粘,适用于水压大的一级地下工程;不相容时,上层卷材
应空铺,适用于变形量很大的一级地下工程。

2. 工程周围800mm范围以内肥槽除了可采用2:8灰土回填外,还可采用其
他材料,参见第99页注解4。

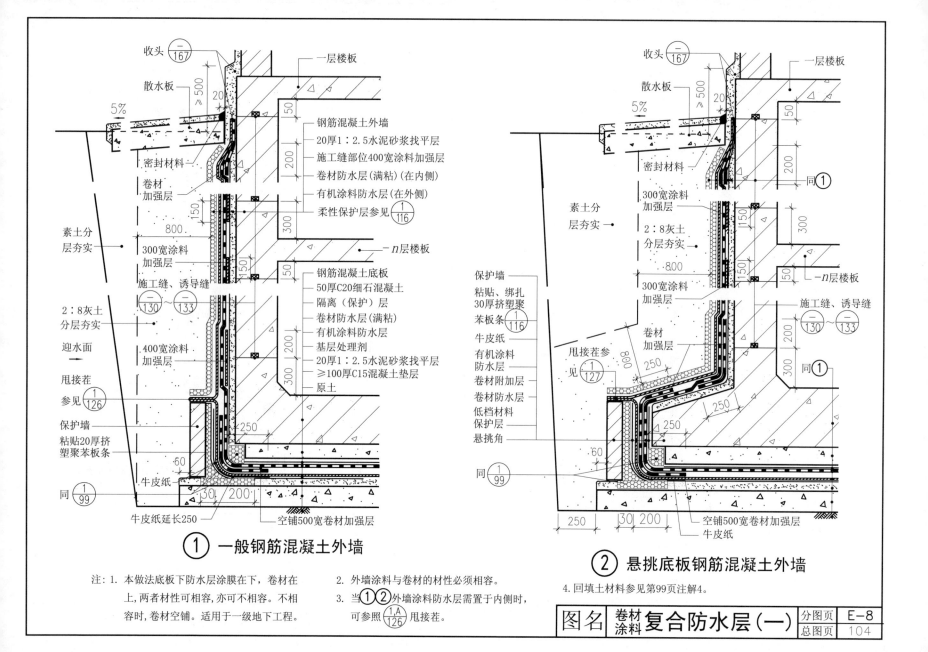

① 一般钢筋混凝土外墙

收头 $\frac{二}{167}$
散水板
密封材料
卷材加强层
素土分层夯实
300宽涂料加强层
施工缝、诱导缝 $\frac{1}{130}$～$\frac{1}{133}$
2:8灰土分层夯实
迎水面 →
甩接茬参见 $\frac{1}{126}$
保护墙
粘贴20厚挤塑聚苯板条
牛皮纸
同 $\frac{1}{99}$
牛皮纸延长250
5%
≥500
20
400宽涂料加强层
150
800
150
60
30 200
空铺500宽卷材加强层

一层楼板
50
钢筋混凝土外墙
20厚1:2.5水泥砂浆找平层
施工缝部位400宽涂料加强层
卷材防水层(满粘)(在内侧)
有机涂料防水层(在外侧)
柔性保护层参见 $\frac{1}{116}$
200
300
150
50
—n层楼板
钢筋混凝土底板
50厚C20细石混凝土隔离(保护)层
卷材防水层(满粘)
有机涂料防水层
基层处理剂
20厚1:2.5水泥砂浆找平层
≥100厚C15混凝土垫层
原土
200
300

② 悬挑底板钢筋混凝土外墙

收头 $\frac{二}{167}$
散水板
密封材料
素土分层夯实
300宽涂料加强层
2:8灰土分层夯实
800
300宽涂料加强层
保护墙
粘贴、绑扎30挤塑聚苯板条 $\frac{1}{116}$
牛皮纸
有机涂料防水层
卷材附加层
卷材防水层
低档材料保护层
悬挑角
同 $\frac{1}{99}$
250
60
250
5%
≥500
20
50
200
同①
一层楼板
50
200
300
—n层楼板
150
卷材加强层
甩接茬参见 $\frac{1}{127}$
施工缝、诱导缝 $\frac{1}{130}$～$\frac{1}{133}$
200
300
同①
250
30 200
空铺500宽卷材加强层
牛皮纸

注:1. 本做法底板下防水层涂膜在下,卷材在上,两者材性可相容,亦可不相容。不相容时,卷材空铺。适用于一级地下工程。
2. 外墙涂料与卷材的材性必须相容。
3. 当①②外墙涂料防水层需置于内侧时,可参照 $\frac{1,A}{126}$ 甩接茬。
4.回填土材料参见第99页注解4。

图名 卷材涂料 复合防水层(一)

分图页 **E-8**
总图页 104

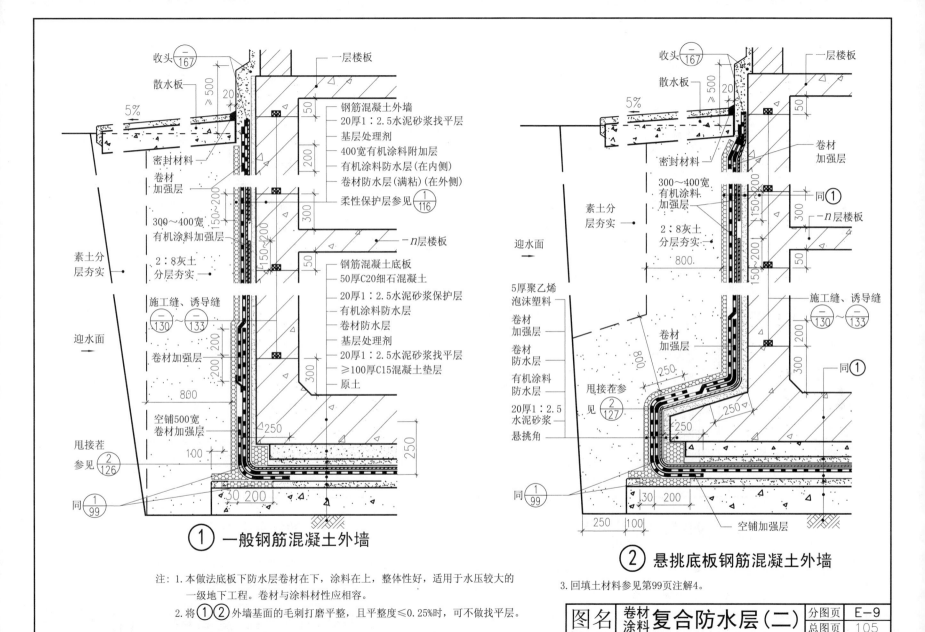

收头 $\overline{\left(\frac{-}{167}\right)}$

散水板

一层楼板

5%

密封材料

卷材加强层

300~400宽
有机涂料加强层

2:8灰土
分层夯实

施工缝、诱导缝
$\overline{\left(\frac{-}{130}\right)}$~$\overline{\left(\frac{-}{133}\right)}$

卷材加强层

素土分层夯实

迎水面

甩接茬
参见 $\overline{\left(\frac{2}{126}\right)}$

同 $\overline{\left(\frac{1}{99}\right)}$

空铺500宽
卷材加强层

钢筋混凝土外墙
20厚1:2.5水泥砂浆找平层
基层处理剂
400宽有机涂料附加层
有机涂料防水层(在内侧)
卷材防水层(满粘)(在外侧)
柔性保护层参见 $\overline{\left(\frac{1}{116}\right)}$

-n层楼板

钢筋混凝土底板
50厚C20细石混凝土
20厚1:2.5水泥砂浆保护层
有机涂料防水层
卷材防水层
基层处理剂
20厚1:2.5水泥砂浆找平层
≥100厚C15混凝土垫层
原土

① 一般钢筋混凝土外墙

收头 $\overline{\left(\frac{-}{167}\right)}$

散水板

一层楼板

5%

密封材料

卷材加强层

300~400宽
有机涂料
加强层

2:8灰土
分层夯实

素土分层夯实

迎水面

5厚聚乙烯
泡沫塑料

卷材加强层

卷材防水层

有机涂料防水层

20厚1:2.5
水泥砂浆

悬挑角

甩接茬参见 $\overline{\left(\frac{2}{127}\right)}$

同 $\overline{\left(\frac{1}{99}\right)}$

空铺加强层

同①

-n层楼板

施工缝、诱导缝
$\overline{\left(\frac{-}{130}\right)}$~$\overline{\left(\frac{-}{133}\right)}$

同①

② 悬挑底板钢筋混凝土外墙

注:1. 本做法底板下防水层卷材在下,涂料在上,整体性好,适用于水压较大的一级地下工程。卷材与涂料材性应相容。
    2. 将①②外墙基面的毛刺打磨平整,且平整度≤0.25%时,可不做找平层。

3. 回填土材料参见第99页注解4。

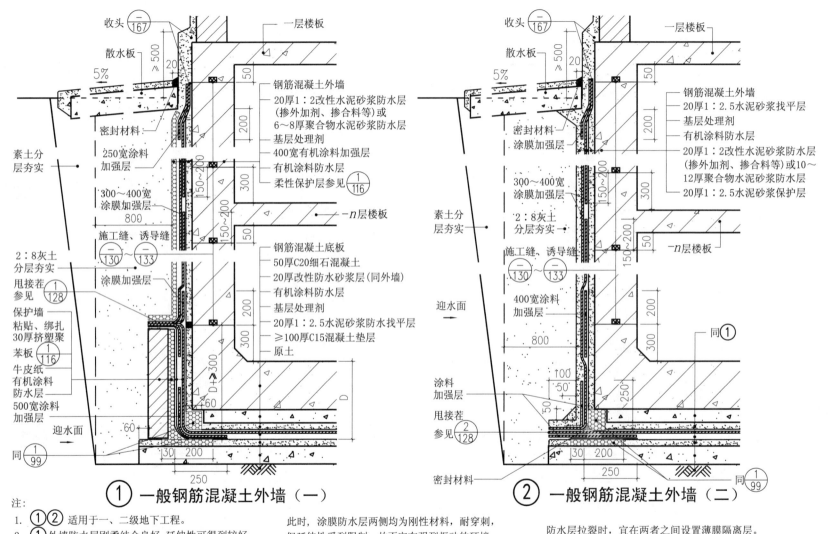

① **一般钢筋混凝土外墙（一）**

收头 $\binom{-}{167}$
散水板
一层楼板
密封材料
5%
>500
20
50
钢筋混凝土外墙
20厚1:2改性水泥砂浆防水层
（掺外加剂、掺合料等）或
6~8厚聚合物水泥砂浆防水层
基层处理剂
400宽有机涂料加强层
有机涂料防水层
柔性保护层参见 $\binom{1}{116}$
素土分层夯实
250宽涂料加强层
200
300
150~200
300~400宽涂膜加强层
800
150~200
-n层楼板
2:8灰土分层夯实
施工缝、诱导缝 $\binom{-}{130} \sim \binom{-}{133}$
涂膜加强层
50
钢筋混凝土底板
50厚C20细石混凝土
20厚改性防水砂浆层（同外墙）
有机涂料防水层
基层处理剂
20厚1:2.5水泥砂浆防水找平层
≥100厚C15混凝土垫层
原土
甩接茬参见 $\binom{1}{128}$
保护墙
粘贴、绑扎30厚挤塑聚苯板 $\binom{1}{116}$
牛皮纸
有机涂料防水层
500宽涂料加强层
迎水面
D+300
60
60
同 $\binom{1}{99}$
30 200
250
D

② **一般钢筋混凝土外墙（二）**

收头 $\binom{-}{167}$
散水板
一层楼板
密封材料
涂膜加强层
5%
>500
20
50
钢筋混凝土外墙
20厚1:2.5水泥砂浆找平层
基层处理剂
有机涂料防水层
20厚1:2改性水泥砂浆防水层
（掺外加剂、掺合料等）或10~
12厚聚合物水泥砂浆防水层
20厚1:2.5水泥砂浆保护层
素土分层夯实
200
300
300~400宽涂膜加强层
2:8灰土分层夯实
150~200
-n层楼板
施工缝、诱导缝 $\binom{-}{130} \sim \binom{-}{133}$
400宽涂料加强层
150~200
800
迎水面
200
300
涂料加强层
甩接茬参见 $\binom{2}{128}$
密封材料
50
50
250
100
同①
30 200
250
同 $\binom{1}{99}$

注:
1. ①② 适用于一、二级地下工程。
2. ① 外墙防水层刚柔结合良好，延伸性可得到较好发挥，故适应基层变形的能力较强。
3. 当遇水后出现"溶胀"现象或致使抗渗性能降低低的涂料防水层，应采用水泥砂浆作保护层②，此时，涂膜防水层两侧均为刚性材料，耐穿刺，但延伸性受到限制，故不宜在强烈振动的环境下使用。无"溶胀"现象的涂膜防水层。仍应采用50厚模塑聚苯板作保护层。
4. 如预计底板下细石混凝土因干缩会将水泥砂浆防水层拉裂时，宜在两者之间设置薄膜隔离层。
5. 回填土材料参见第99页注解4。

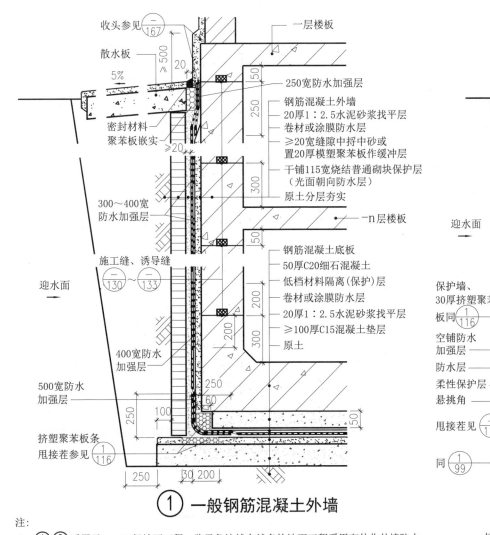

①一般钢筋混凝土外墙

收头参见 $\left(\dfrac{-}{167}\right)$

散水板

一层楼板

5%

≥500

20

50

250宽防水加强层

钢筋混凝土外墙
20厚1:2.5水泥砂浆找平层
卷材或涂膜防水层
≥20宽缝隙中掉中砂或
置20厚模塑聚苯板作缓冲层
干铺115宽烧结普通砌块保护层
（光面朝向防水层）
原土分层夯实

密封材料
聚苯板嵌实
≥20

300～400宽
防水加强层

300

250

施工缝、诱导缝
$\left(\dfrac{-}{130}\right)$～$\left(\dfrac{-}{133}\right)$

迎水面

400宽防水
加强层

50

200

300

500宽防水
加强层

250

100

60

50

挤塑聚苯板条
甩接茬参见 $\left(\dfrac{1}{116}\right)$

250

30 200

—n层楼板

钢筋混凝土底板
50厚C20细石混凝土
低档材料隔离(保护)层
卷材或涂膜防水层
20厚1:2.5水泥砂浆找平层
≥100厚C15混凝土垫层
原土

②悬挑底板钢筋混凝土外墙

收头参见 $\left(\dfrac{-}{167}\right)$

散水板

一层楼板

5%

≥500

20

50

250宽防水加强层

施工缝、诱导缝
$\left(\dfrac{-}{130}\right)$～$\left(\dfrac{-}{133}\right)$

密封材料
聚苯板嵌实
≥20

同①

300

迎水面

砌块平铺
20厚1:3水泥
砂浆粘结层
50厚聚苯板
保护层
防水加强层
防水层
20厚1:2.5水
泥砂浆找平层
悬挑底板

保护墙、
30厚挤塑聚苯
板同 $\left(\dfrac{1}{116}\right)$

空铺防水
加强层
防水层
柔性保护层
悬挑角

甩接茬见 $\left(\dfrac{-}{117}\right)$

—n层楼板

防水加强层

封口条

250

200

50

300

同①

同 $\left(\dfrac{1}{99}\right)$

60

60

250

30 200

250

注:
1. ①②适用于一～三级地下工程。鉴于各地越来越多的地下工程采用砌体作外墙防水层的保护层,以便于向基坑中直接回填原土夯实。考虑到当结构主体与围护砌体发生不均匀沉降时,防水层被墙体表面的毛刺因拉裂而发生渗漏的事故层出不穷,故在砌体保

护墙与防水层之间设置≥20宽中砂缓冲层,缝隙内应灌满中砂或设置聚苯板。
2. 保温层可设置在外墙的外侧或内侧,方法参见D外墙工程防水与保温。

图名	外墙防水层 用砌体做保护层(一)	分图页	E-11
		总图页	107

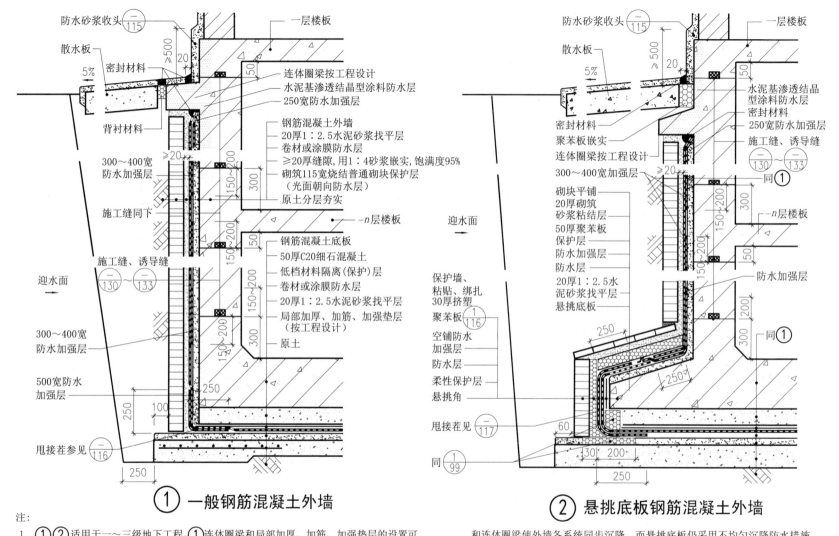

防水砂浆收头 (一/115)
一层楼板
散水板
密封材料
≥500
20
50
连体圈梁按工程设计
水泥基渗透结晶型涂料防水层
5%
背衬材料
250宽防水加强层
钢筋混凝土外墙
20厚1:2.5水泥砂浆找平层
卷材或涂膜防水层
≥20厚缝隙,用1:4砂浆嵌实,饱满度95%
砌筑115宽烧结普通砌块保护层
(光面朝向防水层)
原土分层夯实
300～400宽防水加强层
≥20
150～200
300
施工缝同下
-n层楼板
150～200
50
钢筋混凝土底板
50厚C20细石混凝土
低档材料隔离(保护)层
卷材或涂膜防水层
20厚1:2.5水泥砂浆找平层
局部加厚、加筋、加强垫层(按工程设计)
原土
施工缝、诱导缝 (一/130)～(一/133)
迎水面
150～200
150～200
300
300～400宽防水加强层
500宽防水加强层
250
100
250
甩接茬参见 (一/116)
250

① 一般钢筋混凝土外墙

防水砂浆收头 (一/115)
一层楼板
散水板
密封材料
聚苯板嵌实
连体圈梁按工程设计
5%
≥500
20
50
水泥基渗透结晶型涂料防水层
密封材料
250宽防水加强层
施工缝、诱导缝 (一/130)～(一/133)
同①
迎水面
300～400宽加强层
≥20
150～200
300
砌块平铺
20厚砌筑砂浆粘结层
50厚聚苯板保护层
防水加强层
防水层
20厚1:2.5水泥砂浆找平层
悬挑底板
-n层楼板
150～200
50
防水加强层
保护墙、粘贴、绑扎30厚挤塑聚苯板 (1/116)
空铺防水加强层
防水层
柔性保护层
悬挑角
甩接茬见 (一/117)
250
250
同①
200
同 (1/99)
60
130 200
250

② 悬挑底板钢筋混凝土外墙

注:
1. ①②适用于一～三级地下工程。①连体圈梁和局部加厚、加筋、加强垫层的设置可使砌体保护墙、防水层和结构主体三者同步沉降,可切实消除因发生不均匀沉降,任由墙体表面毛刺拉坏防水层而导致渗漏事故隐患而采取的又一有效措施。②利用悬挑底板和连体圈梁使外墙各系统同步沉降。而悬挑底板仍采用不均匀沉降防水措施。
2. 保温层可设置在外墙的外侧或内侧,方法参见D外墙工程防水与保温。

图名	外墙防水层 用砌体做保护层(二)	分图页	E-12
		总图页	108

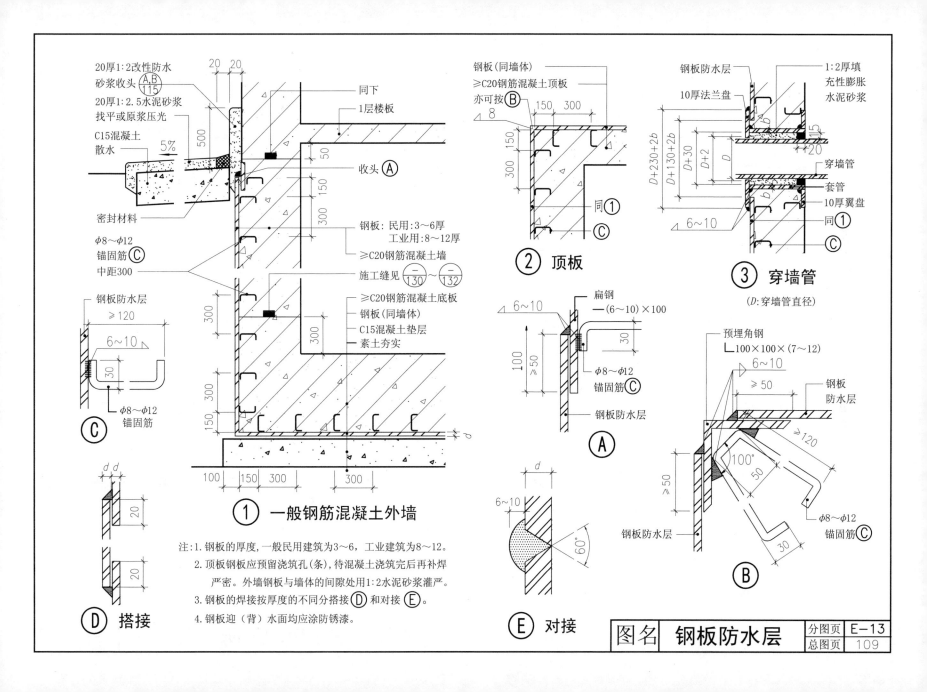

20厚1:2改性防水
砂浆收头 Ⓐ,Ⓑ
115

20厚1:2.5水泥砂浆
找平或原浆压光

C15混凝土
散水

5%

密封材料

φ8~φ12
锚固筋 Ⓒ
中距300

钢板防水层
≥120
6~10
30
φ8~φ12
锚固筋

Ⓒ

20
20
d d

Ⓓ 搭接

同下

1层楼板

50

150

300

收头 Ⓐ

钢板:民用:3~6厚
    工业用:8~12厚

≥C20钢筋混凝土墙

施工缝见 (─/130)~(─/132)

≥C20钢筋混凝土底板
钢板(同墙体)
C15混凝土垫层
素土夯实

300

300

300

150

100 150 300   300

d

① 一般钢筋混凝土外墙

注:1. 钢板的厚度,一般民用建筑为3~6,工业建筑为8~12。
   2. 顶板钢板应预留浇筑孔(条),待混凝土浇筑完后再补焊
      严密。外墙钢板与墙体的间隙处用1:2水泥砂浆灌严。
   3. 钢板的焊接按厚度的不同分搭接 Ⓓ 和对接 Ⓔ。
   4. 钢板迎(背)水面均应涂防锈漆。

钢板(同墙体)
≥C20钢筋混凝土顶板
亦可按 Ⓑ
8

150 300

300

150
150

② 顶板

同①
Ⓒ

钢板防水层
10厚法兰盘

1:2厚填
充性膨胀
水泥砂浆
115
20

D+230+2b
D+130+2b
D+30
D+2
D

穿墙管
套管
10厚翼盘
同①
Ⓒ

6~10

③ 穿墙管
(D:穿墙管直径)

扁钢
—(6~10)×100
30
φ8~φ12
锚固筋 Ⓒ
钢板防水层

6~10

100
>50

Ⓐ

d
6~10
60°

Ⓔ 对接

预埋角钢
∟100×100×(7~12)
6~10
≥50
钢板
防水层
100°
50
≥50
30
≥120
φ8~φ12
锚固筋 Ⓒ
钢板防水层

Ⓑ

图名 **钢板防水层**

分图页 E-13
总图页 109

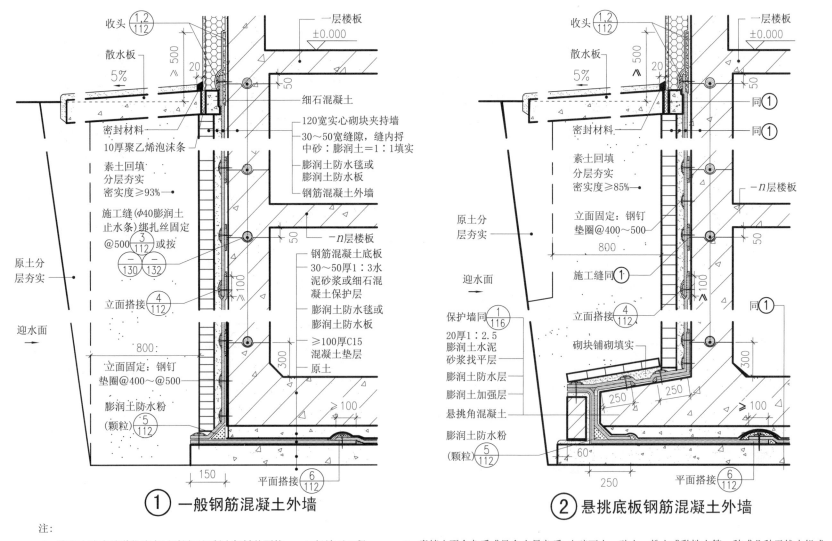

收头 (1,2/112)
散水板
5%
密封材料
10厚聚乙烯泡沫条
素土回填
分层夯实
密实度≥93%
施工缝(φ40膨润土止水条)绑扎丝固定@500 (3/112) 或按 (—/130) (—/132)
立面搭接 (4/112)
原土分层夯实
迎水面
立面固定：钢钉垫圈@400～@500
膨润土防水粉(颗粒) (5/112)
≥500
20
800:
150

一层楼板 ±0.000
细石混凝土
120宽实心砌块夹持墙
30～50宽缝隙，缝内抒中砂：膨润土＝1：1填实
膨润土防水毯或膨润土防水板
钢筋混凝土外墙
-n层楼板
钢筋混凝土底板
30～50厚1：3水泥砂浆或细石混凝土保护层
膨润土防水毯或膨润土防水板
≥100厚C15混凝土垫层
原土
平面搭接 (6/112)

① 一般钢筋混凝土外墙

收头 (1,2/112)
散水板
5%
密封材料
素土回填
分层夯实
密实度≥85%
立面固定：钢钉垫圈@400～500
原土分层夯实
迎水面
施工缝同①
立面搭接 (4/112)
保护墙同 (1/116)
20厚1：2.5膨润土水泥砂浆找平层
膨润土防水层
膨润土加强层
悬挑角混凝土
膨润土防水粉(颗粒) (5/112)
≥500
20
800
同①
同①
一层楼板 ±0.000
-n层楼板
砌块铺砌填实
250
250
60
250
平面搭接 (6/112)

② 悬挑底板钢筋混凝土外墙

注:
1. 膨润土防水毯(板)防水层适用于混凝土粗糙基面的一、二级地下工程。
2. 回填土应切实夯实，使防水层两侧有足够的夹持力。
3. 素填土不含杂质或只含少量杂质，由碎石土、砂土、粉土或黏性土等一种或几种天然土组成。

图名 膨润土防水毯(板)防水层(一)

分图页 E-14
总图页 110

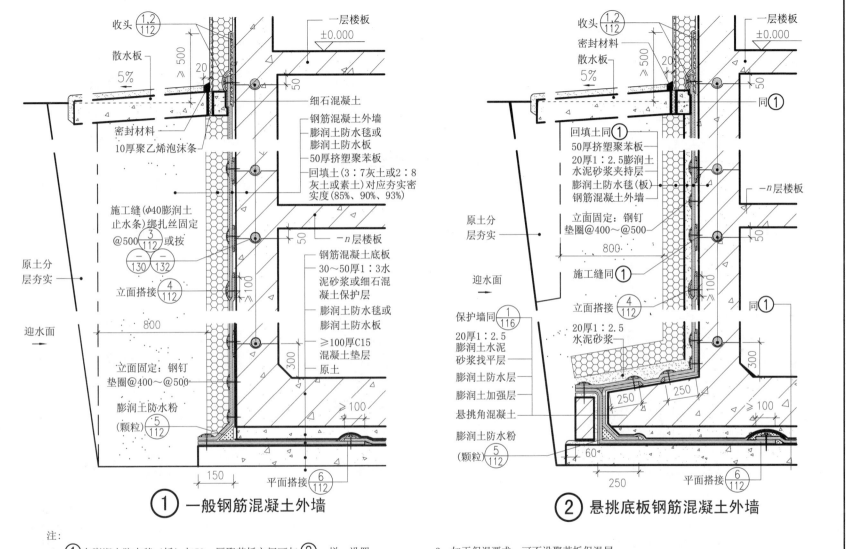

注：
1. ① 在膨润土防水毯（板）与50mm厚聚苯板之间可以与②一样，设置20mm厚1：2.5水泥砂浆夹持层，并应及时回填密实的回填土。

2. 如无保温要求，可不设聚苯板保温层。

① 一般钢筋混凝土外墙

② 悬挑底板钢筋混凝土外墙

| 图名 | 膨润土防水毯（板）防水层（二） | 分图页 | E-15 |
| | | 总图页 | 111 |

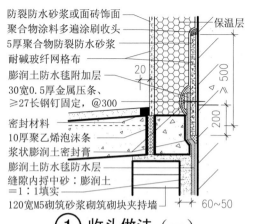

防裂防水砂浆或面砖饰面
聚合物涂料多遍涂刷收头
5厚聚合物防裂防水砂浆
耐碱玻纤网格布
膨润土防水毯附加层
30宽0.5厚金属压条、
≥27长钢钉固定，@300
密封材料
10厚聚乙烯泡沫条
浆状膨润土密封膏
膨润土防水毯防水层
缝隙内拌中砂：膨润土
＝1：1填实
120宽M5砌筑砂浆砌筑砌块夹持墙

保温层
20
200
≥500
60~50

① 收头做法（一）

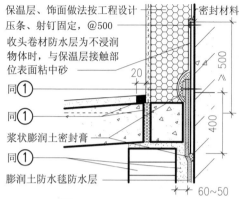

保温层、饰面做法按工程设计
压条、射钉固定，@500
收头卷材防水层为不浸润
物体时，与保温层接触部
位表面粘中砂
同①
同①
浆状膨润土密封膏
同①
膨润土防水毯防水层

密封材料
20
≥500
400
60~50

② 收头做法（二）

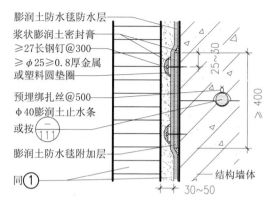

膨润土防水毯防水层
浆状膨润土密封膏
≥27长钢钉@300
≥φ25≥0.8厚金属
或塑料圆垫圈
预埋绑扎丝@500
φ40膨润土止水条
或按 111
膨润土防水毯附加层
同①
结构墙体

25~30
≥400
30~50

③ 施工缝做法

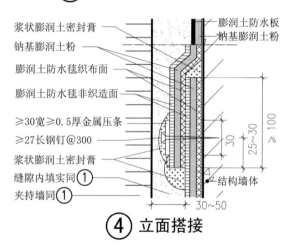

浆状膨润土密封膏
钠基膨润土粉
膨润土防水毯织布面
膨润土防水毯非织造面
≥30宽≥0.5厚金属压条
≥27长钢钉@300
浆状膨润土密封膏
缝隙内填实同①
夹持墙同①

膨润土防水板
钠基膨润土粉
30
25~30
≥100
结构墙体
30~50

④ 立面搭接

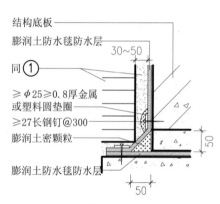

结构底板
膨润土防水毯防水层
同①
≥φ25≥0.8厚金属
或塑料圆垫圈
≥27长钢钉@300
膨润土密颗粒
膨润土防水毯防水层

30~50
50
50

⑤ 转角做法

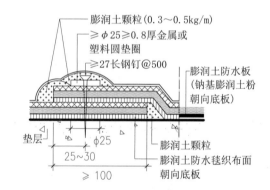

膨润土颗粒(0.3~0.5kg/m)
≥φ25≥0.8厚金属或
塑料圆垫圈
≥27长钢钉@500
膨润土防水板
(钠基膨润土粉
朝向底板)
垫层
φ25
25~30
≥100
膨润土颗粒
膨润土防水毯织布面
朝向底板

⑥ 平面搭接

注：1. 视实际情况砌块夹持墙和中砂：膨润土＝1：1填实可改为同厚细石混凝土夹持墙。
2. 宜选用橡胶型合成高分子防水卷材作附加层，与膨润土防水毯之间应搭接连接，
搭接宽度应大于400，立面部位搭接缝用浆状膨润土密封膏(胶)涂封，平面部位搭
接缝干撒膨润土颗粒，用量0.3~0.5kg/m。
3. ⑥膨润土防水板的膨润土粉朝向垫层的优点：施工时，HDPE板可隔断施工用

水、雨水。缺点：使用期间膨润土粉缺省部位的HDPE板一旦开裂，渗漏水在底板下
"窜流"至裂缝部位渗入室内。消除此隐患的办法是：将防水板的HDPE面朝向垫
层，膨润土粉朝向底板，防水板铺设后及时铺抹水泥砂浆或浇筑细石混凝土保护层，
以阻隔施工用水、雨水。

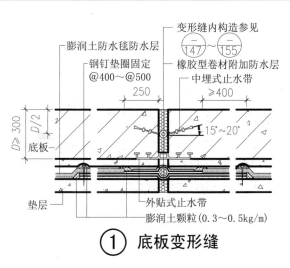

① 底板变形缝

- 膨润土防水毯防水层
- 钢钉垫圈固定 @400～@500
- 橡胶型卷材附加防水层
- 变形缝内构造参见 ⑭⑦～⑮⑤
- 中埋式止水带
- 15°～20°
- 外贴式止水带
- 膨润土颗粒(0.3～0.5kg/m)
- 垫层
- D≥300
- D/2
- 底板
- 250
- ≥400

② 外墙变形缝

- 橡胶型卷材搭接防水层
- 膨润土防水毯防水层
- 填实同 ①/⑪②
- 浆状膨润土密封膏
- ≥30宽≥0.5厚金属压条，≥27长钢钉@300
- 薄膜隔离条
- 6厚浆状膨润土密封膏
- 双面胶带
- φ50聚乙烯泡沫棒
- 砌块扁砌保护条
- 120宽M5砌筑砂浆砌筑砌块夹持墙
- 20～50
- ≥400
- 30～50

③ 穿墙管

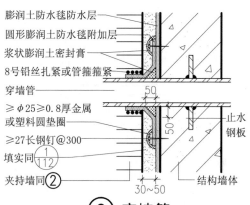

- 膨润土防水毯防水层
- 圆形膨润土防水毯附加层
- 浆状膨润土密封膏
- 8号铅丝扎紧或管箍箍紧
- 穿墙管
- ≥φ25≥0.8厚金属或塑料圆垫圈
- ≥27长钢钉@300
- 填实同 ①/⑪②
- 夹持墙同②
- 止水钢板
- 结构墙体
- 50
- 30～50

④ 底板后浇带

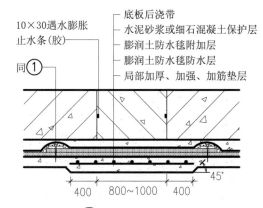

- 10×30遇水膨胀止水条(胶)
- 底板后浇带
- 水泥砂浆或细石混凝土保护层
- 膨润土防水毯附加层
- 膨润土防水毯防水层
- 局部加厚、加强、加筋垫层
- 同①
- 45°
- 400 800～1000 400

⑤ 外墙后浇带

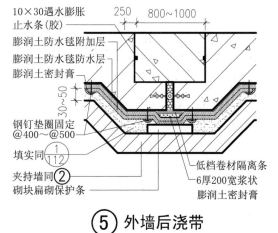

- 10×30遇水膨胀止水条(胶)
- 膨润土防水毯附加层
- 膨润土防水毯防水层
- 膨润土密封膏
- 钢钉垫圈固定 @400～@500
- 填实同 ①/⑪②
- 夹持墙同②
- 砌块扁砌保护条
- 低档卷材隔离条
- 6厚200宽浆状膨润土密封膏
- 250 800～1000
- 30～50

⑥ 桩头

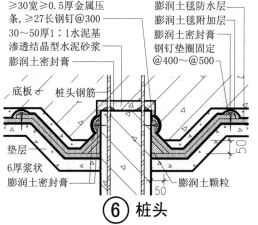

- ≥30宽≥0.5厚金属压条，≥27长钢钉@300
- 30～50厚1:1水泥基渗透结晶型水泥砂浆
- 膨润土密封膏
- 底板
- 桩头钢筋
- 垫层
- 6厚浆状膨润土密封膏
- 膨润土毯防水层
- 膨润土毯附加层
- 膨润土密封膏
- 钢钉垫圈固定 @400～@500
- 膨润土颗粒
- 50
- 50

⑦ 破损修补

- 100 100
- 膨润土密封膏
- ≥6

⑧ 搭接边临时固定

- 45
- 23
- PE胶带临时封边，以防止施工水、雨水流入
- 被搭接边

注：①② 变形缝部位应采用具有良好延伸性能的防水卷材替代膨润土防水毯（板），两者应搭接连接，搭接宽度应不小于400mm，搭接缝应按第112页注2.的方法密封。

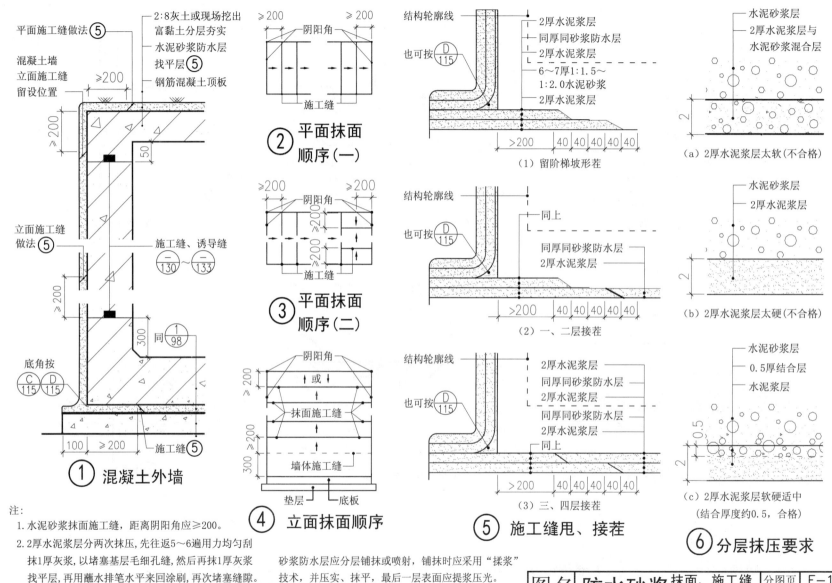

平面施工缝做法⑤

混凝土墙
立面施工缝
留设位置

≥200

≥200

2:8灰土或现场挖出
富黏土分层夯实

水泥砂浆防水层

找平层⑤

钢筋混凝土顶板

50

立面施工缝
做法⑤

施工缝、诱导缝
①／130～①／133

底角按
C／115 D／115

300

同①／98

① 混凝土外墙

100 ≥200 施工缝⑤

≥200 阴阳角 ≥200

施工缝

② 平面抹面
顺序(一)

≥200 阴阳角 ≥200

≥200 ≥200

施工缝

③ 平面抹面
顺序(二)

≥200 阴阳角 或

抹面施工缝

300 ≥200 墙体施工缝

垫层 底板

④ 立面抹面顺序

结构轮廓线

也可按 D／115

2厚水泥浆层
同厚同砂浆防水层
2厚水泥浆层
6～7厚1:1.5～
1:2.0水泥砂浆
2厚水泥浆层

＞200 40 40 40 40 40

(1) 留阶梯坡形茬

结构轮廓线

也可按 D／115

同上

同厚同砂浆防水层
2厚水泥浆层

＞200 40 40 40 40 40

(2) 一、二层接茬

结构轮廓线

也可按 D／115

2厚水泥浆层
同厚同砂浆防水层
2厚水泥浆层
同厚同砂浆防水层
2厚水泥浆层

同上

＞200 40 40 40 40 40

(3) 三、四层接茬

⑤ 施工缝甩、接茬

水泥砂浆层
2厚水泥浆层与
水泥砂浆混合层

2

(a) 2厚水泥浆层太软(不合格)

水泥砂浆层
2厚水泥浆层

2

(b) 2厚水泥浆层太硬(不合格)

水泥砂浆层
0.5厚结合层
水泥浆层

0.5 2

(c) 2厚水泥浆层软硬适中
(结合厚度约0.5,合格)

⑥ 分层抹压要求

注:
1. 水泥砂浆抹面施工缝, 距离阴阳角应≥200。
2. 2厚水泥浆层分两次抹压, 先往返5～6遍用力均匀刮抹1厚灰浆, 以堵塞基层毛细孔缝, 然后再抹1厚灰浆找平层, 再用蘸水排笔水平来回涂刷, 再次堵塞缝隙。

砂浆防水层应分层铺抹或喷射, 铺抹时应采用"揉浆"技术, 并压实、抹平, 最后一层表面应提浆压光。

图名 **防水砂浆** 抹面、施工缝
分层抹压要求

分图页 **E-18**

总图页 114

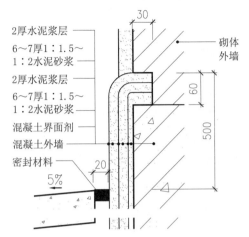

2厚水泥浆层
6～7厚1:1.5～
1:2水泥砂浆
2厚水泥浆层
6～7厚1:1.5～
1:2水泥砂浆
混凝土界面剂
混凝土外墙
密封材料
砌体外墙
30
60
500
20
5%

Ⓐ 砌混交接收头

2厚水泥浆层
6～7厚1:1.5～
1:2水泥砂浆
2厚水泥浆层
6～7厚1:1.5～
1:2水泥砂浆
2厚水泥浆层
混凝土外墙
密封材料
混凝土外墙
20
500
20
5%

Ⓑ 混凝土外墙收头

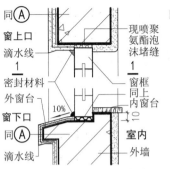

同Ⓐ
窗上口
滴水线
密封材料
外窗台
同Ⓐ
滴水线
现喷聚氨酯泡沫堵缝
窗框同上内窗台
10%
10
室内
外墙
1

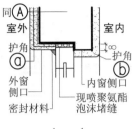

同Ⓐ
室外
护角
外窗侧口
密封材料
室内
护角
内窗侧口
现喷聚氨酯泡沫堵缝
ⓐ
ⓑ
8

1—1
窗侧口

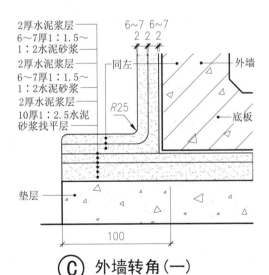

2厚水泥浆层
6～7厚1:1.5～
1:2水泥砂浆
2厚水泥浆层
6～7厚1:1.5～
1:2水泥砂浆
2厚水泥浆层
10厚1:2.5水泥砂浆找平层
垫层
同左
R25
外墙
底板
100
6～7 6～7
2 2 2

Ⓒ 外墙转角(一)

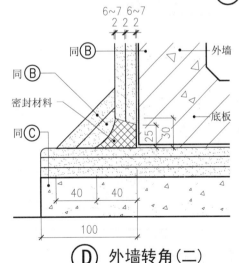

同Ⓑ
同Ⓑ
密封材料
同Ⓒ
外墙
底板
25
30
40 40
100
6～7 6～7
2 2 2

Ⓓ 外墙转角(二)

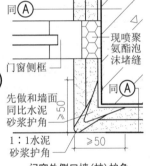

同Ⓐ
门窗侧框
先做和墙面同比水泥砂浆护角
同Ⓐ
现喷聚氨酯泡沫堵缝
≥50
≥50
1:1水泥砂浆护角

门窗外侧口墙(柱)护角

20
1:3水泥砂浆
1:2.5面层砂浆
1:3水泥砂浆护角(墙柱时高度应≥2m)
≥50
1:1.5～1:2水泥砂浆护角(墙柱时高度应≥2m)

门窗内侧口墙(柱)护角

Ⓔ 窗井窗侧口转角护角

注:1. 砂浆与混凝土基层的接触面可用混凝土界面接触剂Ⓐ,也可用水泥浆Ⓑ～Ⓓ。
　2. 聚合物水泥砂浆单层厚度宜为6～8mm,双层厚度宜为2×(5～6)mm。
　3. 掺外加剂或掺合料水泥防水砂浆的厚度宜为18～20mm。
　4. 地下室窗井门窗洞口、墙、柱面的所有阳角为防止碰坏,需做护角Ⓔ,砂浆抹压要求线条清晰、挺直。墙、柱护角高度应≥2m。

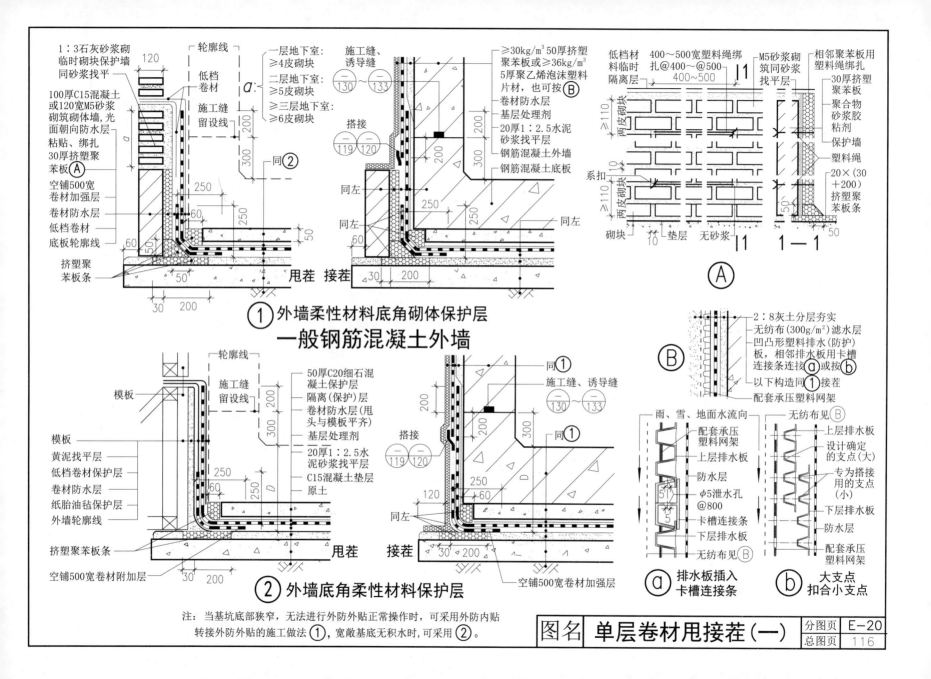

①外墙柔性材料底角砌体保护层

一般钢筋混凝土外墙

②外墙底角柔性材料保护层

ⓐ排水板插入卡槽连接条

ⓑ大支点扣合小支点

注：当基坑底部狭窄，无法进行外防外贴正常操作时，可采用外防内贴转接外防外贴的施工做法①，宽敞基底无积水时，可采用②。

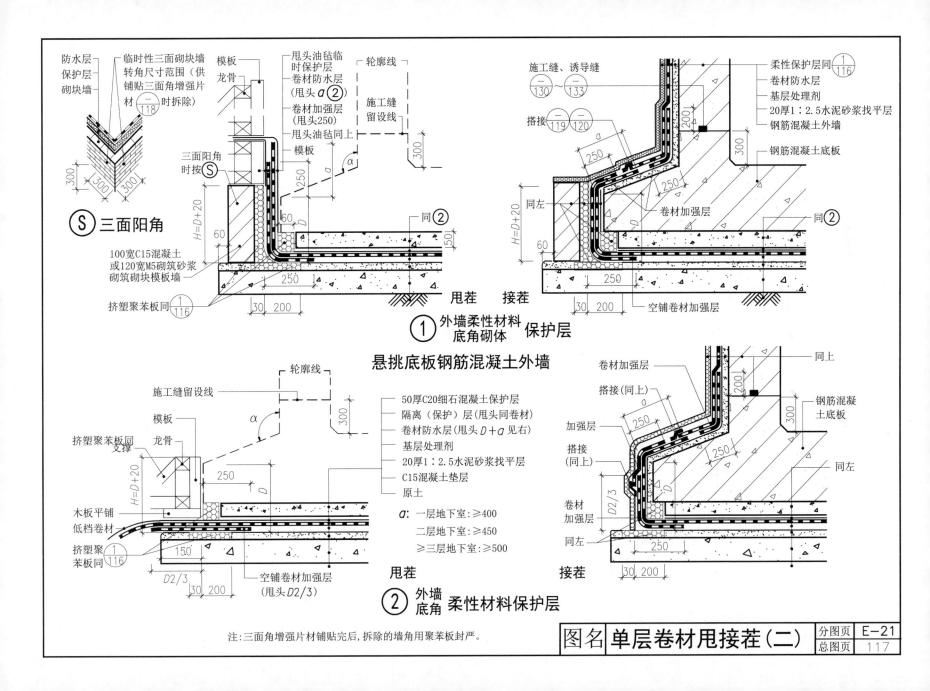

S 三面阳角

防水层
保护层
砌块墙
临时性三面砌块墙转角尺寸范围(供铺贴三面角增强片材 $\frac{二}{118}$ 时拆除)

100宽C15混凝土或120宽M5砌筑砂浆砌筑砌块模板墙

挤塑聚苯板同 $\frac{1}{116}$

模板
龙骨

甩头油毡临时保护层
卷材防水层(甩头 a ②)
卷材加强层(甩头250)
甩头油毡同上
模板
三面阳角时按 S

轮廓线
施工缝留设线

300

$H=D+20$
250
60
D
60
a
α
同②
150

250
30 200

甩茬   接茬

① 外墙柔性材料保护层
底角砌体

柔性保护层同 $\frac{1}{116}$
卷材防水层
基层处理剂
20厚1:2.5水泥砂浆找平层
钢筋混凝土外墙
钢筋混凝土底板

施工缝、诱导缝 $\frac{二}{130} \sim \frac{二}{133}$
搭接 $\frac{二}{119} \frac{二}{120}$

卷材加强层
同②
空铺卷材加强层

$H=D+20$
60
a
D
250
200
250
300

250
30 200

悬挑底板钢筋混凝土外墙

施工缝留设线
模板
龙骨
挤塑聚苯板同 ① 支撑

木板平铺
低档卷材
挤塑聚苯板同 $\frac{1}{116}$

轮廓线
α
300
250
$H=D+20$
D
$D2/3$
150
$D2/3$
30 200

空铺卷材加强层(甩头D2/3)

50厚C20细石混凝土保护层
隔离(保护)层(甩头同卷材)
卷材防水层(甩头 $D+a$ 见右)
基层处理剂
20厚1:2.5水泥砂浆找平层
C15混凝土垫层
原土

a: 一层地下室:≥400
二层地下室:≥450
≥三层地下室:≥500

甩茬

② 外墙底角 柔性材料保护层

卷材加强层
搭接(同上)
加强层
搭接(同上)
卷材加强层
同左

同上
钢筋混凝土底板
同左
a
D
250
200
250
300
$D2/3$
同左
250
30 200

接茬

注:三面角增强片材铺贴完后,拆除的墙角用聚苯板封严。

图名 **单层卷材甩接茬(二)**

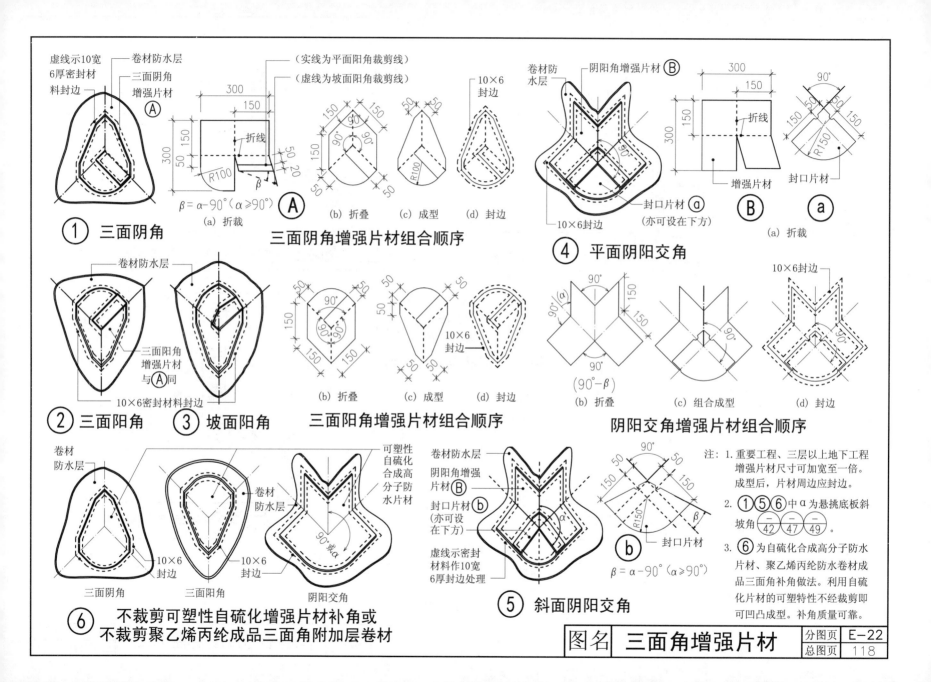

① 三面阴角

三面阴角增强片材组合顺序
(a) 折裁
β = α-90°（α≥90°）
(b) 折叠　(c) 成型　(d) 封边

② 三面阳角　③ 坡面阳角

三面阳角增强片材组合顺序
(b) 折叠　(c) 成型　(d) 封边

④ 平面阴阳交角
(a) 折裁

阴阳交角增强片材组合顺序
(90°-β)
(b) 折叠　(c) 组合成型　(d) 封边

⑥ 不裁剪可塑性自硫化增强片材补角或
不裁剪聚乙烯丙纶成品三面角附加层卷材

三面阴角　三面阳角　阴阳交角

⑤ 斜面阴阳交角
β = α-90°（α≥90°）

注：1. 重要工程、三层以上地下工程增强片材尺寸可加宽至一倍。成型后，片材周边应封边。
2. ①⑤⑥中α为悬挑底板斜坡角⑴⑴⑴（42 47 49）。
3. ⑥为自硫化合成高分子防水片材、聚乙烯丙纶防水卷材成品三面角补角做法。利用自硫化片材的可塑特性不经裁剪即可凹凸成型。补角质量可靠。

图名　三面角增强片材

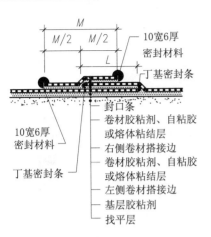

10宽6厚密封材料
丁基密封条
封口条
卷材胶粘剂、自粘胶或熔体粘结层
右侧卷材搭接边
卷材胶粘剂、自粘胶或熔体粘结层
左侧卷材搭接边
基层胶粘剂
找平层
10宽6厚密封材料
丁基密封条

① 平面冷粘、自粘或热熔封边

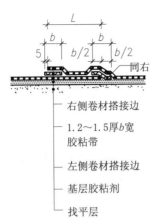

同右
右侧卷材搭接边
1.2～1.5厚b宽胶粘带
左侧卷材搭接边
基层胶粘剂
找平层

③ 各类卷材平面胶粘带封边

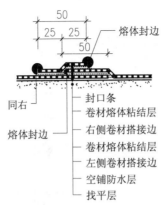

熔体封边
同右
熔体封边
封口条
卷材熔体粘结层
右侧卷材搭接边
卷材熔体粘结层
左侧卷材搭接边
空铺防水层
找平层

⑤ 树脂类卷材平面热风或热楔焊封边

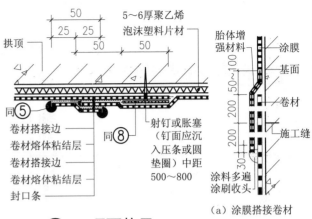

拱顶
5～6厚聚乙烯泡沫塑料片材
同⑤
同⑧
射钉或胀塞（钉面应沉入压条或圆垫圈）中距500～800
卷材搭接边
卷材熔体粘结层
卷材搭接边
卷材熔体粘结层
封口条

⑦ 顶面热风或热楔焊封边

胎体增强材料
涂膜
基面
卷材
施工缝
涂料多遍涂刷收头

（a）涂膜搭接卷材

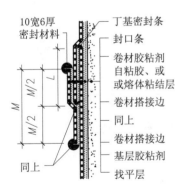

丁基密封条
封口条
卷材胶粘剂自粘胶、或或熔体粘结层
卷材搭接边
同上
卷材搭接边
基层胶粘剂
找平层
10宽6厚密封材料
同上

② 立面冷粘、自粘或热熔封边

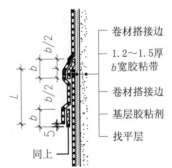

卷材搭接边
1.2～1.5厚b宽胶粘带
卷材搭接边
基层胶粘剂
找平层
同上

④ 各类卷材立面胶粘带封边

熔体封边
封口条
卷材熔体粘结层
上部卷材搭接边
卷材熔体粘结层
下部卷材搭接边
空铺防水层
找平层
同上

⑥ 树脂类卷材立面热风或热楔焊封边

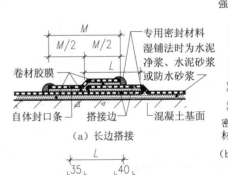

专用密封材料湿铺法时为水泥净浆、水泥砂浆或防水砂浆
卷材胶膜
搭接边
自体封口条
混凝土基面

（a）长边搭接

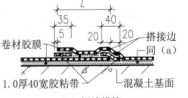

卷材胶膜
搭接边
同（a）
1.0厚40宽胶粘带
混凝土基面

（b）短边搭接

⑧ 自粘胶膜卷材封边

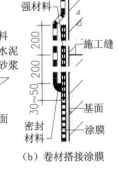

胎体增强材料
卷材
施工缝
基面
密封材料
涂膜

（b）卷材搭接涂膜

⑨ 同材性卷材、涂料搭接

注： 除热风、热楔焊封边外，卷材搭接边的宽度（L）、封口条的宽度（M）和防水密封胶粘带的宽度（b）宜按地下室的层数确定，参见第95页表E-24。

图名 同种卷材 同材性卷材、涂料 单层搭接

分图页 E-23
总图页 119

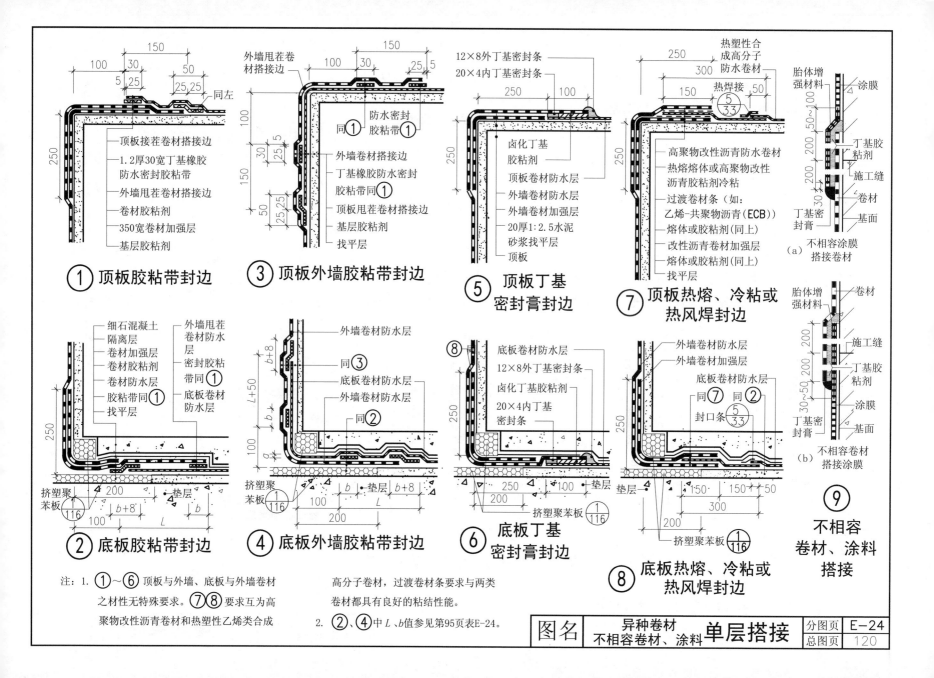

① 顶板胶粘带封边

顶板接茬卷材搭接边
1.2厚30宽丁基橡胶防水密封胶粘带
外墙甩茬卷材搭接边
卷材胶粘剂
350宽卷材加强层
基层胶粘剂

③ 顶板外墙胶粘带封边

外墙甩茬卷材搭接边
防水密封胶粘带①
同①
外墙卷材搭接边
丁基橡胶防水密封胶粘带同①
顶板甩茬卷材搭接边
基层胶粘剂
找平层

⑤ 顶板丁基密封膏封边

12×8外丁基密封条
20×4内丁基密封条
卤化丁基胶粘剂
顶板卷材防水层
外墙卷材防水层
外墙卷材加强层
20厚1:2.5水泥砂浆找平层
顶板

⑦ 顶板热熔、冷粘或热风焊封边

热塑性合成高分子防水卷材
热焊接⑤/33
高聚物改性沥青防水卷材
热熔熔体或高聚物改性沥青胶粘剂冷粘
过渡卷材条（如：乙烯-共聚物沥青(ECB)）
熔体或胶粘剂(同上)
改性沥青卷材加强层
熔体或胶粘剂(同上)
找平层

(a) 不相容涂膜搭接卷材
胎体增强材料
涂膜
丁基胶粘剂
施工缝
卷材
基面
丁基密封膏

② 底板胶粘带封边

细石混凝土
隔离层
卷材加强层
卷材胶粘剂
卷材防水层
胶粘带同①
找平层
外墙甩茬卷材防水层
密封胶粘带同①
底板卷材防水层
挤塑聚苯板①/116

④ 底板外墙胶粘带封边

外墙卷材防水层
同③
底板卷材防水层
外墙卷材防水层
同②
挤塑聚苯板①/116

⑥ 底板丁基密封膏封边

⑧
底板卷材防水层
12×8外丁基密封条
卤化丁基胶粘剂
20×4内丁基密封条
外墙卷材防水层
外墙卷材加强层
底板卷材防水层
同⑦
同②
封口条⑤/33
挤塑聚苯板①/116

⑧ 底板热熔、冷粘或热风焊封边

(b) 不相容卷材搭接涂膜
胎体增强材料
卷材
施工缝
丁基胶粘剂
涂膜
丁基密封膏

⑨ 不相容卷材、涂料搭接

注：1. ①～⑥顶板与外墙、底板与外墙卷材之性性无特殊要求。⑦⑧要求互为高聚物改性沥青卷材和热塑性乙烯类合成高分子卷材，过渡卷材条要求与两类卷材都具有良好的粘结性能。
2. ②、④中L、b值参见第95页表E-24。

图名	异种卷材 不相容卷材、涂料 单层搭接	分图页	E-24
		总图页	120

注：

1. 应按产品要求确定涂刷遍数，以确保涂膜防水层的厚度。产品无要求时，一般水乳型有机防水涂料（如硅橡胶防水涂料）宜涂刷九～十遍；溶剂型、反应型聚合物水泥涂料和无机防水涂料宜涂刷四～五遍。立面应比平面多涂刷一遍。

2. 当基底宽敞时，可采用全外防外涂甩接茬做法①。如因地下水从基底四周泛溢至垫层边缘而严重影响涂层施工质量时，可在垫层四周筑砌块挡墙挡水Ⓐ或设排水沟排水Ⓑ。

3. 当基底狭窄，不能进行全外防外涂施工作业时，可在垫层四周先筑一小段永久性保护墙，再进行由外防内涂转换成外防外涂的甩接茬做法②。

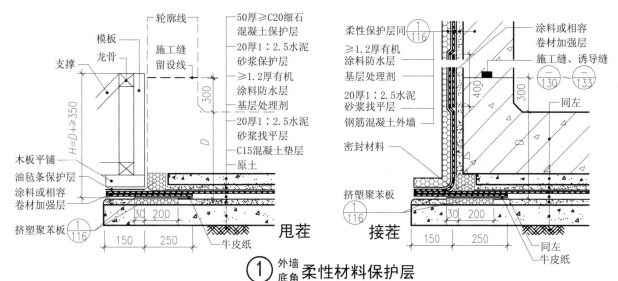

50厚≥C20细石混凝土保护层
20厚1：2.5水泥砂浆保护层
≥1.2厚有机涂料防水层
基层处理剂
20厚1：2.5水泥砂浆找平层
C15混凝土垫层
原土

轮廓线
施工缝留设线
模板
龙骨
支撑
木板平铺
油毡条保护层
涂料或相容卷材加强层
挤塑聚苯板
牛皮纸

甩茬　接茬

柔性保护层同①
≥1.2厚有机涂料防水层
基层处理剂
20厚1：2.5水泥砂浆找平层
钢筋混凝土外墙
密封材料
涂料或相容卷材加强层
施工缝、诱导缝 ⑴₃₀～⑴₃₃
同左

① 外墙底角 柔性材料保护层
一般钢筋混凝土外墙

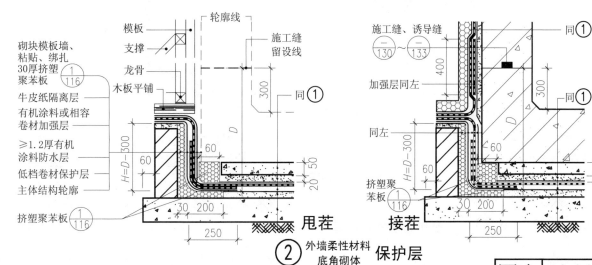

砌块模板墙、粘贴、绑扎30厚挤塑聚苯板
牛皮纸隔离层
有机涂料或相容卷材加强层
≥1.2厚有机涂料防水层
低档卷材保护层
主体结构轮廓
挤塑聚苯板

模板
支撑
龙骨
木板平铺
轮廓线
施工缝留设线
同①

施工缝、诱导缝 ⑴₃₀～⑴₃₃
加强层同左
同左
挤塑聚苯板
同①

甩茬　接茬

② 外墙柔性材料底角砌体 保护层

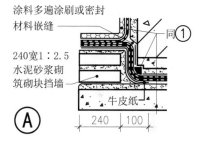

涂料多遍涂刷或密封材料嵌缝
同①
240宽1：2.5水泥砂浆砌筑砌块挡墙
牛皮纸
Ⓐ

排水沟
自然土
垫层
Ⓑ

图名　涂料转角甩接茬（一）

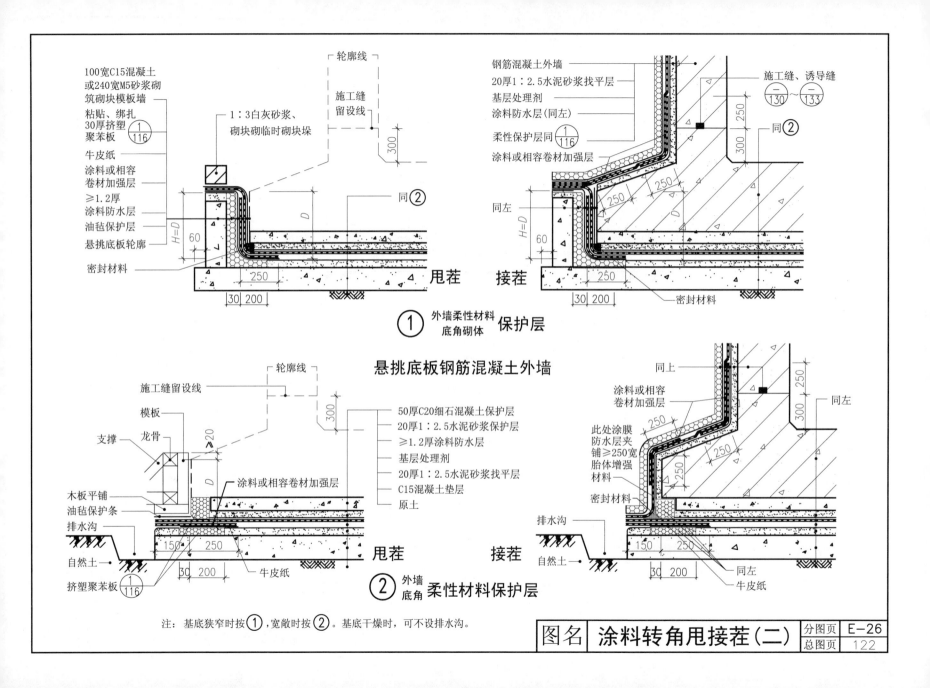

100宽C15混凝土
或240宽M5砂浆砌
筑砌块模板墙

1：3白灰砂浆、
砌块砌临时砌块垛

轮廓线

施工缝
留设线

钢筋混凝土外墙

20厚1：2.5水泥砂浆找平层

施工缝、诱导缝
$\frac{-}{130}$～$\frac{-}{133}$

基层处理剂

涂料防水层(同左)

柔性保护层同 $\frac{1}{116}$

涂料或相容卷材加强层

粘贴、绑扎
30厚挤塑
聚苯板 $\frac{1}{116}$

牛皮纸

涂料或相容
卷材加强层

≥1.2厚
涂料防水层

油毡保护层

悬挑底板轮廓

密封材料

同②

同左

甩茬

① 外墙柔性材料底角砌体保护层

接茬

密封材料

悬挑底板钢筋混凝土外墙

轮廓线

施工缝留设线

模板

支撑

龙骨

木板平铺

油毡保护条

排水沟

自然土

挤塑聚苯板 $\frac{1}{116}$

涂料或相容卷材加强层

50厚C20细石混凝土保护层

20厚1：2.5水泥砂浆保护层

≥1.2厚涂料防水层

基层处理剂

20厚1：2.5水泥砂浆找平层

C15混凝土垫层

原土

甩茬

② 外墙底角 柔性材料保护层

牛皮纸

同上

涂料或相容
卷材加强层

同左

此处涂膜
防水层夹
铺≥250宽
胎体增强
材料

密封材料

排水沟

自然土

接茬

同左

牛皮纸

注：基底狭窄时按①，宽敞时按②。基底干燥时，可不设排水沟。

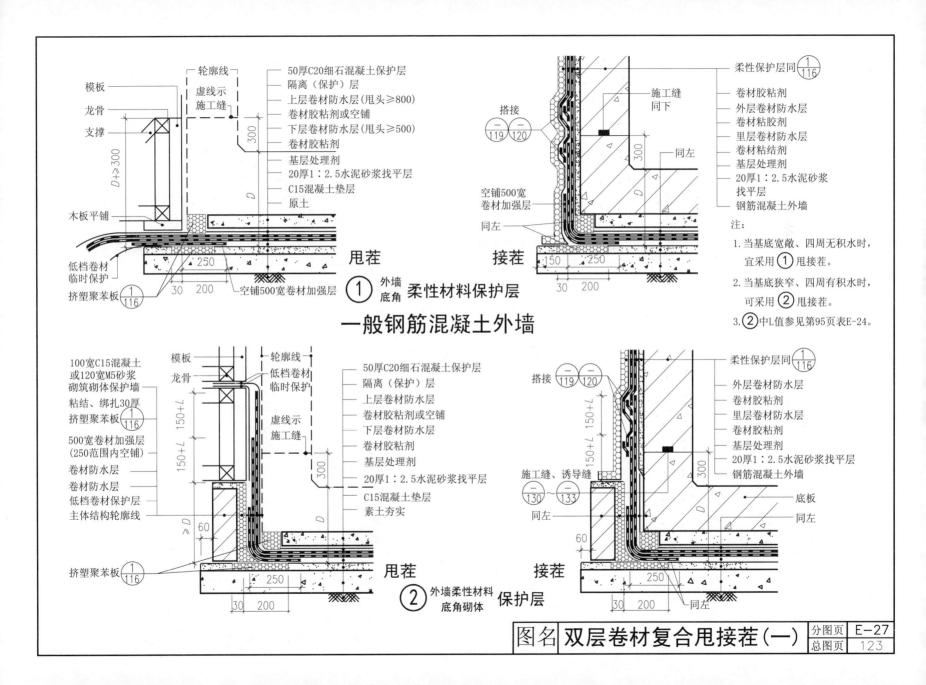

图名 双层卷材复合甩接茬(一)

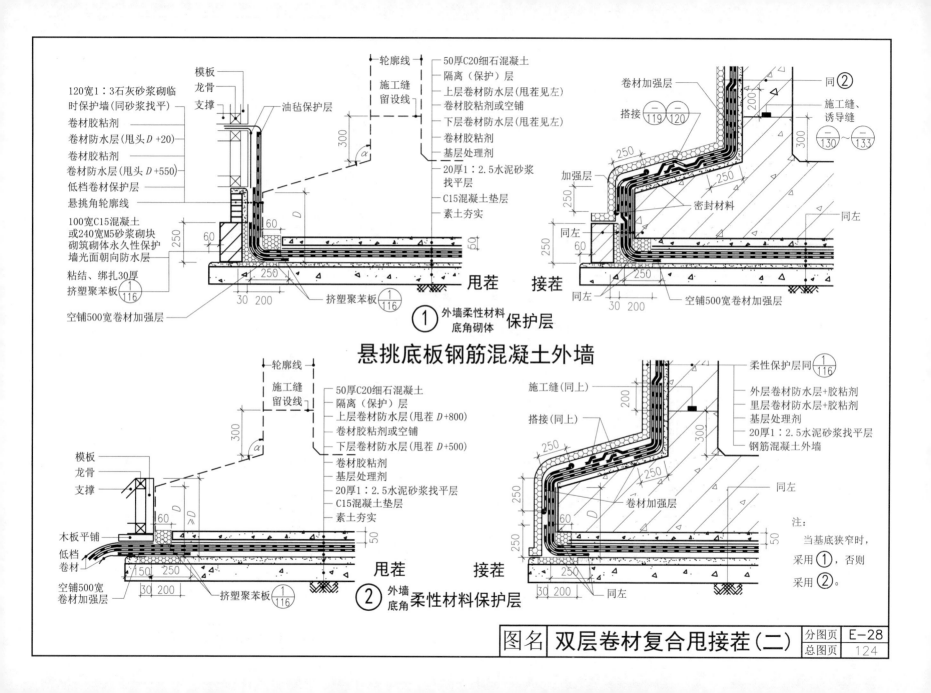

悬挑底板钢筋混凝土外墙

① 外墙柔性材料保护层 底角砌体

② 外墙底角 柔性材料保护层

甩茬　接茬

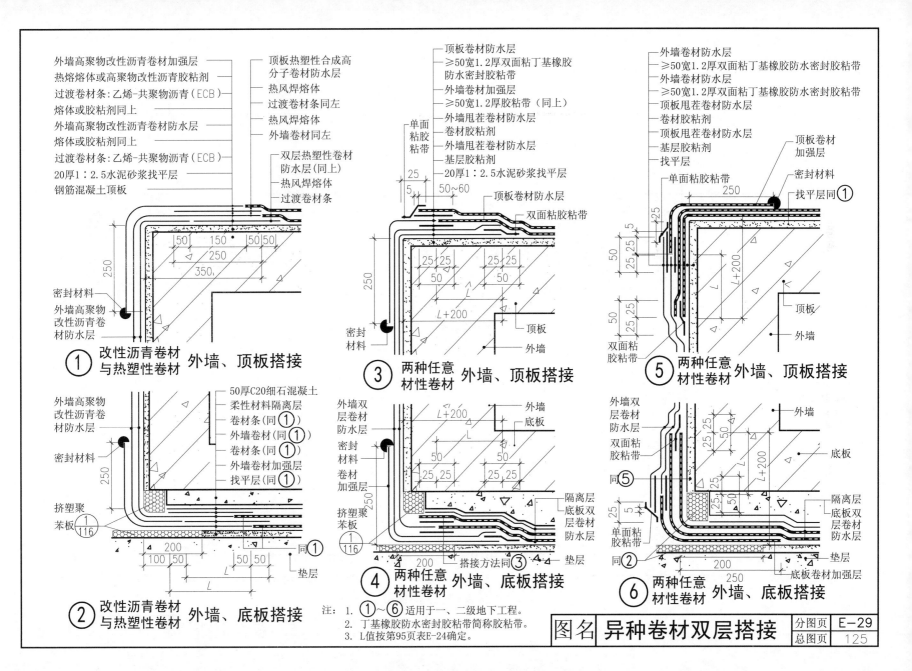

① 改性沥青卷材与热塑性卷材 外墙、顶板搭接

② 改性沥青卷材与热塑性卷材 外墙、底板搭接

③ 两种任意材性卷材 外墙、顶板搭接

④ 两种任意材性卷材 外墙、底板搭接

⑤ 两种任意材性卷材 外墙、顶板搭接

⑥ 两种任意材性卷材 外墙、底板搭接

注: 1. ①～⑥适用于一、二级地下工程。
2. 丁基橡胶防水密封胶粘带简称胶粘带。
3. L值按第95页表E-24确定。

图名 异种卷材双层搭接

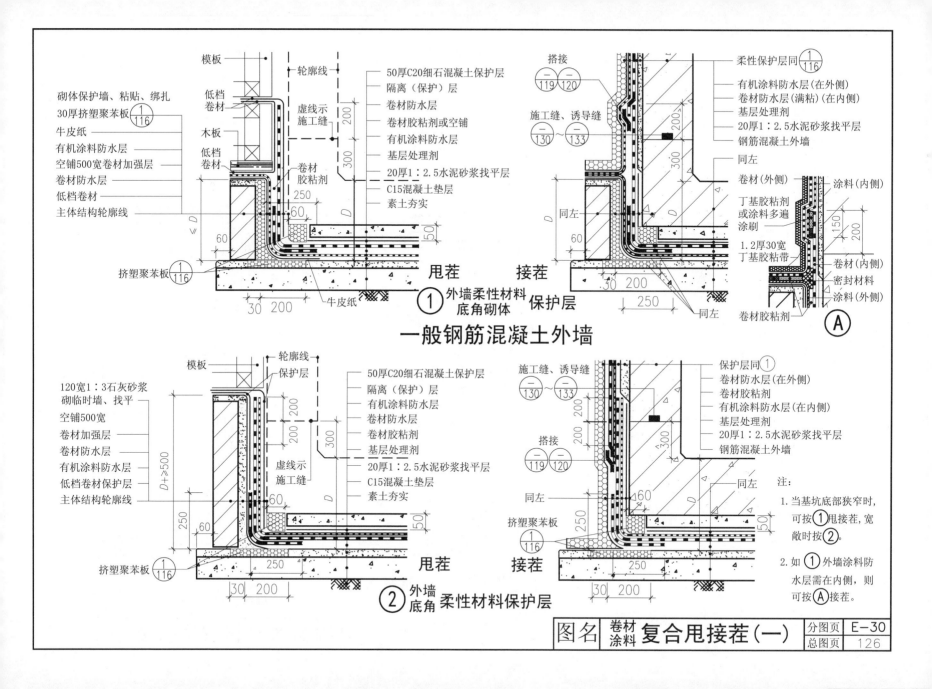

砌体保护墙、粘贴、绑扎
30厚挤塑聚苯板 ①/116
牛皮纸
有机涂料防水层
空铺500宽卷材加强层
卷材防水层
低档卷材
主体结构轮廓线

模板
轮廓线
低档卷材
木板
低档卷材
卷材胶粘剂
虚线示施工缝

50厚C20细石混凝土保护层
隔离（保护）层
卷材防水层
卷材胶粘剂或空铺
有机涂料防水层
基层处理剂
20厚1：2.5水泥砂浆找平层
C15混凝土垫层
素土夯实

挤塑聚苯板 ①/116
牛皮纸
甩茬

① 外墙柔性材料底角砌体

搭接 ⑪⑨ ⑫⑩
施工缝、诱导缝 ⑬⑩～⑬③

柔性保护层同 ①/116
有机涂料防水层(在外侧)
卷材防水层(满粘)(在内侧)
基层处理剂
20厚1：2.5水泥砂浆找平层
钢筋混凝土外墙
同左

接茬 保护层
同左

卷材(外侧) 涂料(内侧)
丁基胶粘剂或涂料多遍涂刷
1.2厚30宽丁基胶粘带
卷材(内侧)
密封材料
涂料(外侧)
卷材胶粘剂

Ⓐ

一般钢筋混凝土外墙

模板
轮廓线
保护层

120宽1：3石灰砂浆砌临时墙、找平
空铺500宽
卷材加强层
卷材防水层
有机涂料防水层
低档卷材保护层
主体结构轮廓线

虚线示施工缝

50厚C20细石混凝土保护层
隔离（保护）层
有机涂料防水层
卷材防水层
卷材胶粘剂
基层处理剂
20厚1：2.5水泥砂浆找平层
C15混凝土垫层
素土夯实

挤塑聚苯板 ①/116
甩茬

② 外墙底角 柔性材料保护层

施工缝、诱导缝 ⑬⑩～⑬③

保护层同①
卷材防水层(在外侧)
卷材胶粘剂
有机涂料防水层(在内侧)
基层处理剂
20厚1：2.5水泥砂浆找平层
钢筋混凝土外墙

搭接 ⑪⑨ ⑫⑩
同左

挤塑聚苯板 ①/116
接茬

注:
1. 当基坑底部狭窄时，可按①甩接茬,宽敞时按②。

2. 如①外墙涂料防水层需在内侧,则可按Ⓐ接茬。

图名	卷材涂料 复合甩接茬(一)	分图页	E-30
		总图页	126

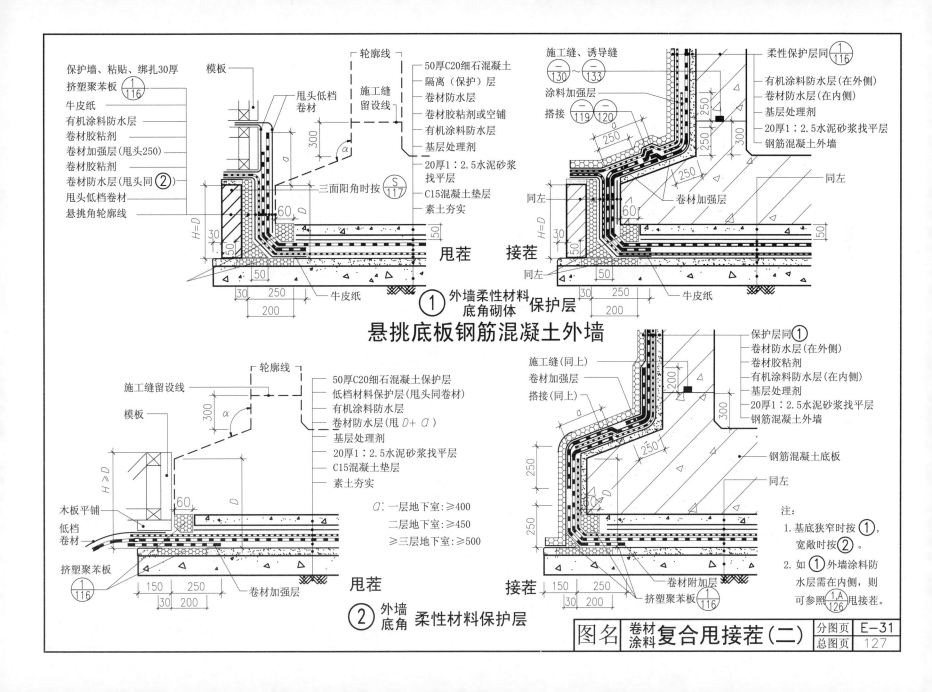

保护墙、粘贴、绑扎30厚
挤塑聚苯板 $\binom{1}{116}$
牛皮纸
有机涂料防水层
卷材胶粘剂
卷材加强层(甩头250)
卷材胶粘剂
卷材防水层(甩头同②)
甩头低档卷材
悬挑角轮廓线

模板
甩头低档卷材

轮廓线
施工缝留设线
三面阳角时按 $\binom{S}{117}$

50厚C20细石混凝土
隔离(保护)层
卷材防水层
卷材胶粘剂或空铺
有机涂料防水层
基层处理剂
20厚1:2.5水泥砂浆找平层
C15混凝土垫层
素土夯实

甩茬

① 外墙柔性材料保护层
底角砌体

施工缝、诱导缝 $\binom{-}{130} \sim \binom{-}{133}$
涂料加强层
搭接 $\binom{-}{119}\binom{-}{120}$

柔性保护层同 $\binom{1}{116}$
有机涂料防水层(在外侧)
卷材防水层(在内侧)
基层处理剂
20厚1:2.5水泥砂浆找平层
钢筋混凝土外墙

同左
卷材加强层
接茬
同左
牛皮纸

悬挑底板钢筋混凝土外墙

施工缝留设线
模板
木板平铺
低档卷材
挤塑聚苯板 $\binom{1}{116}$

轮廓线
50厚C20细石混凝土保护层
低档材料保护层(甩头同卷材)
有机涂料防水层
卷材防水层(甩 $D+a$)
基层处理剂
20厚1:2.5水泥砂浆找平层
C15混凝土垫层
素土夯实

a: 一层地下室:≥400
二层地下室:≥450
≥三层地下室:≥500

卷材加强层

甩茬

② 外墙
底角 **柔性材料保护层**

施工缝(同上)
卷材加强层
搭接(同上)

保护层同①
卷材防水层(在外侧)
卷材胶粘剂
有机涂料防水层(在内侧)
基层处理剂
20厚1:2.5水泥砂浆找平层
钢筋混凝土外墙

钢筋混凝土底板

同左

卷材附加层
挤塑聚苯板 $\binom{1}{116}$

接茬

注:
1. 基底狭窄时按①,宽敞时按②。
2. 如①外墙涂料防水层需在内侧,则可参照 $\binom{1A}{126}$ 甩接茬。

图名	卷材涂料复合甩接茬(二)	分图页	E-31
		总图页	127

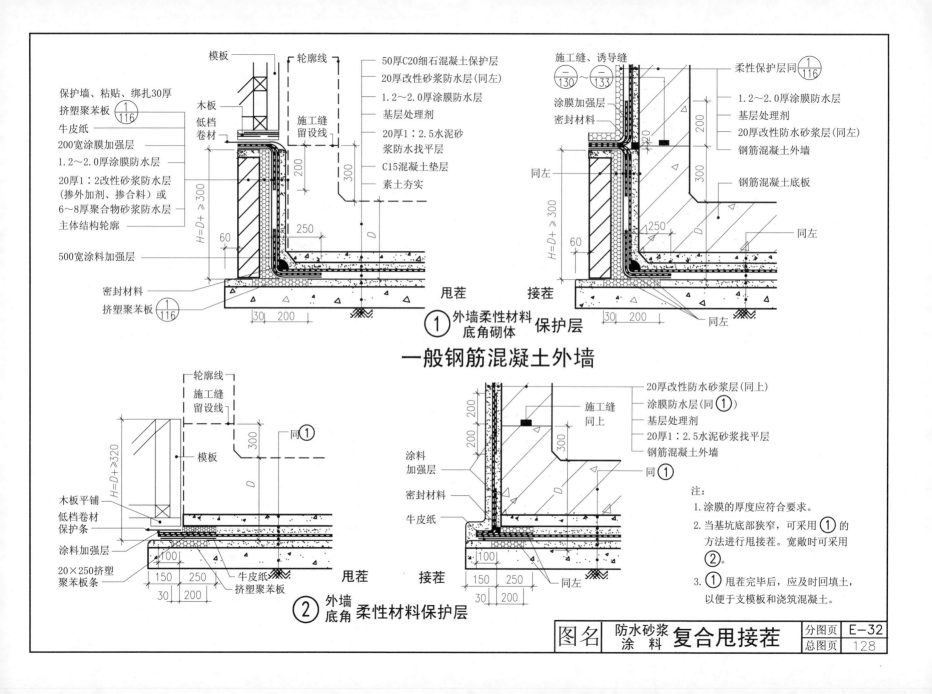

保护墙、粘贴、绑扎30厚
挤塑聚苯板 ①/116
牛皮纸
200宽涂膜加强层
1.2~2.0厚涂膜防水层
20厚1:2改性砂浆防水层
（掺外加剂、掺合料）或
6~8厚聚合物砂浆防水层
主体结构轮廓

500宽涂料加强层

密封材料
挤塑聚苯板 ①/116

模板
木板
低档卷材

轮廓线
施工缝留设线

50厚C20细石混凝土保护层
20厚改性砂浆防水层(同左)
1.2~2.0厚涂膜防水层
基层处理剂
20厚1:2.5水泥砂浆防水找平层
C15混凝土垫层
素土夯实

① 外墙柔性材料保护层 底角砌体 甩茬

施工缝、诱导缝 ①/130~①/133
涂膜加强层
密封材料

柔性保护层同 ①/116
1.2~2.0厚涂膜防水层
基层处理剂
20厚改性防水砂浆层(同左)
钢筋混凝土外墙
钢筋混凝土底板
同左

接茬 同左

一般钢筋混凝土外墙

轮廓线
施工缝留设线
模板
木板平铺
低档卷材保护条
涂料加强层
20×250挤塑聚苯板条
牛皮纸
挤塑聚苯板
同①

甩茬

② 外墙底角 柔性材料保护层

20厚改性防水砂浆层(同上)
涂膜防水层(同①)
基层处理剂
20厚1:2.5水泥砂浆找平层
钢筋混凝土外墙
同①
涂料加强层
密封材料
牛皮纸

接茬 同左

注：
1. 涂膜的厚度应符合要求。
2. 当基坑底部狭窄，可采用①的方法进行甩接茬。宽敞时可采用②。
3. ①甩茬完毕后，应及时回填土，以便于支模板和浇筑混凝土。

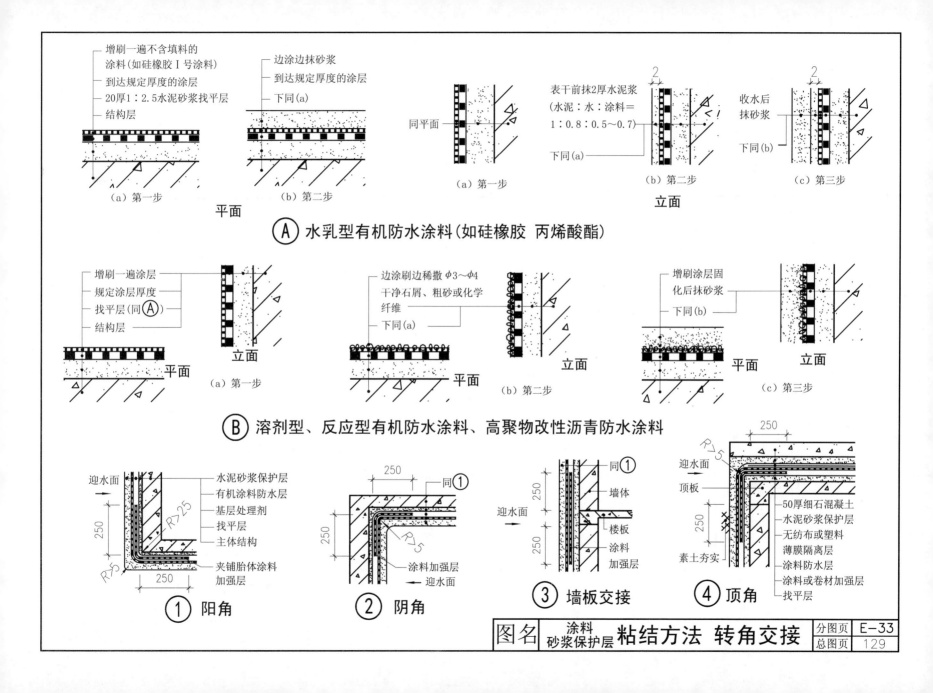

增刷一遍不含填料的
涂料(如硅橡胶Ⅰ号涂料)
到达规定厚度的涂层
20厚1：2.5水泥砂浆找平层
结构层

（a）第一步

边涂边抹砂浆
到达规定厚度的涂层
下同(a)

（b）第二步

平面

同平面

（a）第一步

表干前抹2厚水泥浆
(水泥：水：涂料＝
1：0.8：0.5～0.7)
下同(a)

（b）第二步

收水后
抹砂浆
下同(b)

（c）第三步

立面

Ⓐ 水乳型有机防水涂料(如硅橡胶 丙烯酸酯)

增刷一遍涂层
规定涂层厚度
找平层(同Ⓐ)
结构层

平面

立面

（a）第一步

边涂刷边稀撒 φ3～φ4
干净石屑、粗砂或化学
纤维
下同(a)

平面

立面

（b）第二步

增刷涂层固
化后抹砂浆
下同(b)

平面

立面

（c）第三步

Ⓑ 溶剂型、反应型有机防水涂料、高聚物改性沥青防水涂料

迎水面

水泥砂浆保护层
有机涂料防水层
基层处理剂
找平层
主体结构
夹铺胎体涂料
加强层

① 阳角

250

同①

涂料加强层
迎水面

② 阴角

250

同①

墙体
楼板
涂料
加强层

③ 墙板交接

250

迎水面
顶板

50厚细石混凝土
水泥砂浆保护层
无纺布或塑料
薄膜隔离层
涂料防水层
涂料或卷材加强层
找平层

素土夯实

④ 顶角

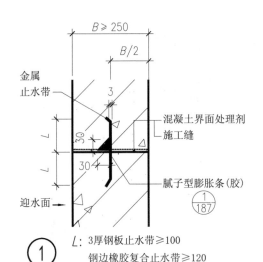

① L：3厚钢板止水带≥100
钢边橡胶复合止水带≥120

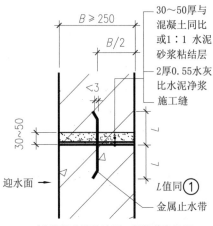

② （先浇筑砂浆粘结层，紧接着浇筑混凝土，可有效防止结合层出现蜂窝）

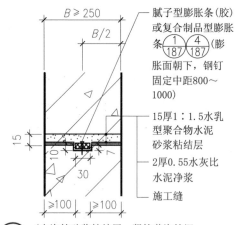

③ （先浇筑砂浆粘结层，紧接着浇筑混凝土，可有效防止结合层出现蜂窝）

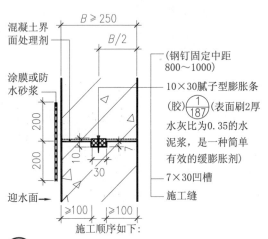

④ 施工顺序如下：
扫浮灰 → 嵌入止水条 → 刷水泥浆
扎钢筋 → 射钢钉 → 支模板 → 浇混凝土

注：施工缝留茬应采用平(竖)直缝。墙体水平施工缝不应留在剪力与弯矩最大处或底板与外墙的交接处，应留在高出底板、楼板上表面≥300的墙体上，或留在低于无梁楼板、顶板下表面≥50的墙体上，设有孔洞的墙体，应留在距孔洞表缘≥300处，拱(板)墙结合的水平施工缝，宜留在起拱线以下150～300处。

垂直施工缝应避开地下水和裂隙水较多的地段，并宜与变形缝相结合。

不同的止水类型具有不同的止水性能，适用于不同的防水等级。参见表E-29。

施工缝止水类型、性能及适用防水等级　　表E-29

编号	止水类型	止水性能	适用防水等级
①	钢板或钢边橡胶止水带与腻子型遇水膨胀止水条(胶)复合止水	很可靠	特别重要的一级地下工程
②	钢板与富水泥砂浆复合止水	可靠	一、二级
③	膨胀条与改性防水砂浆复合止水	可靠	一、二级
④	膨胀条与涂料或防水砂浆复合止水	可靠	一、二级

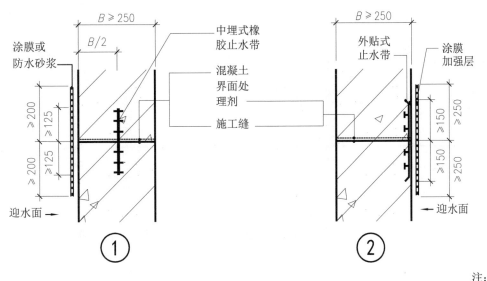

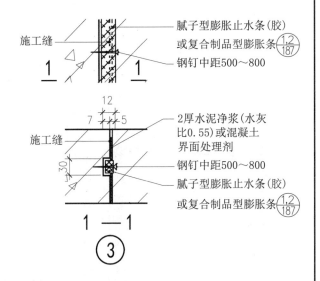

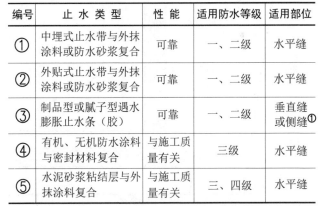

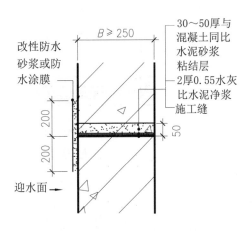

（先浇筑砂浆粘结层，紧接着浇筑混凝土，可有效防止结合层出现蜂窝）

注：施工缝止水类型、性能及适用防水等级见表E-30：

施工缝止水类型、性能及适用防水等级   表E-30

编号	止水类型	性能	适用防水等级	适用部位
①	中埋式止水带与外抹涂料或防水砂浆复合	可靠	一、二级	水平缝
②	外贴式止水带与外抹涂料或防水砂浆复合	可靠	一、二级	水平缝
③	制品型或腻子型遇水膨胀止水条（胶）	可靠	一、二级	垂直缝或侧缝①
④	有机、无机防水涂料与密封材料复合	与施工质量有关	三级	水平缝
⑤	水泥砂浆粘结层与外抹涂料复合	与施工质量有关	三、四级	水平缝

注：①垂直缝或侧缝止水的另一种做法是：支模时，在端面模板上涂刷混凝土缓凝剂。在混凝土初凝前，拆除端面模板，用水冲掉端面混凝土表面的细骨料和水泥砂浆，露出粗骨料。使后浇混凝土砂浆握裹粗骨料而止水。

图名	施工缝（二）	分图页	E-35
		总图页	131

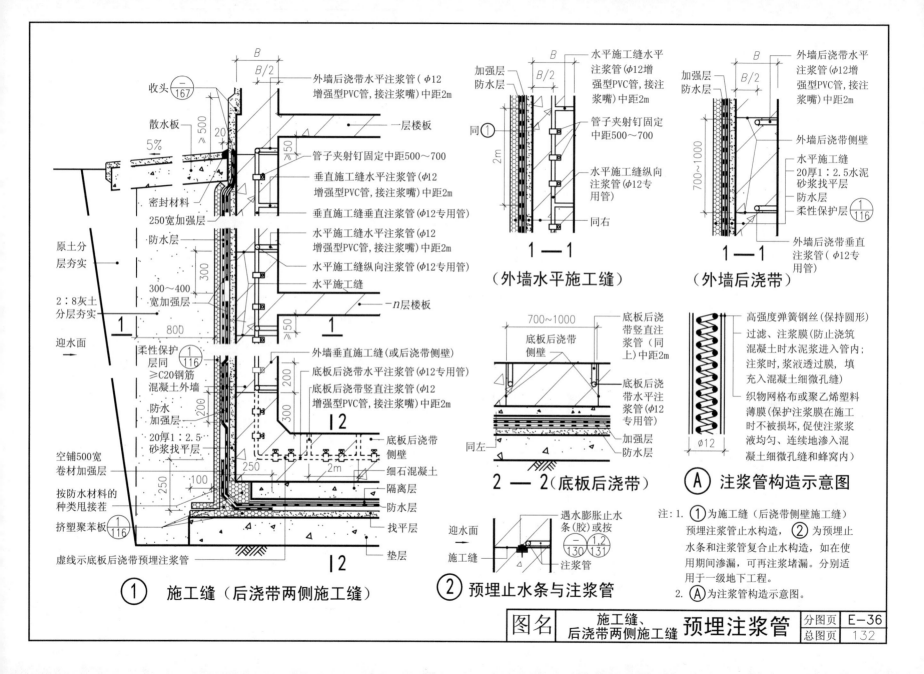

收头（二/167）

散水板

5%

外墙后浇带水平注浆管（φ12增强型PVC管，接注浆嘴）中距2m

一层楼板

管子夹射钉固定中距500～700

垂直施工缝水平注浆管（φ12增强型PVC管，接注浆嘴）中距2m

垂直施工缝垂直注浆管（φ12专用管）

密封材料

250宽加强层

防水层

水平施工缝水平注浆管（φ12增强型PVC管，接注浆嘴）中距2m

水平施工缝纵向注浆管（φ12专用管）

水平施工缝

-n层楼板

原土分层夯实

2:8灰土分层夯实

迎水面

300～400宽加强层

800

柔性保护层同（1/116）

≥C20钢筋混凝土外墙

防水加强层

外墙垂直施工缝（或后浇带侧壁）

底板后浇带水平注浆管（φ12专用管）

底板后浇带竖直注浆管（φ12增强型PVC管，接注浆嘴）中距2m

空铺500宽卷材加强层

按防水材料的种类甩接荐

挤塑聚苯板（1/116）

20厚1:2.5砂浆找平层

底板后浇带侧壁

细石混凝土

隔离层

防水层

找平层

垫层

2m

250

100

虚线示底板后浇带预埋注浆管

① 施工缝（后浇带两侧施工缝）

水平施工缝水平注浆管（φ12增强型PVC管，接注浆嘴）中距2m

加强层
防水层

同①

2m

管子夹射钉固定中距500～700

水平施工缝纵向注浆管（φ12专用管）

同右

1—1（外墙水平施工缝）

外墙后浇带水平注浆管（φ12增强型PVC管，接注浆嘴）中距2m

加强层
防水层

700～1000

外墙后浇带侧壁

水平施工缝

20厚1:2.5水泥砂浆找平层

防水层

柔性保护层（1/116）

外墙后浇带垂直注浆管（φ12专用管）

1—1（外墙后浇带）

700～1000

底板后浇带竖直注浆管（同上）中距2m

底板后浇带侧壁

底板后浇带水平注浆管（φ12专用管）

加强层
防水层

同左

2—2（底板后浇带）

迎水面

遇水膨胀止水条（胶）或按（1,2/130,131）

施工缝

注浆管

② 预埋止水条与注浆管

高强度弹簧钢丝（保持圆形）

过滤、注浆膜（防止浇筑混凝土时水泥浆进入管内；注浆时，浆液透过膜，填充入混凝土细微孔缝）

织物网格布或聚乙烯塑料薄膜（保护注浆膜在施工时不被损坏，促使注浆浆液均匀、连续地渗入混凝土细微孔缝和蜂窝内）

φ12

Ⓐ 注浆管构造示意图

注：1. ①为施工缝（后浇带侧壁施工缝）预埋注浆管止水构造，②为预埋止水条和注浆管复合止水构造，如在使用期间渗漏，可再注浆堵漏。分别适用于一级地下工程。

2. Ⓐ为注浆管构造示意图。

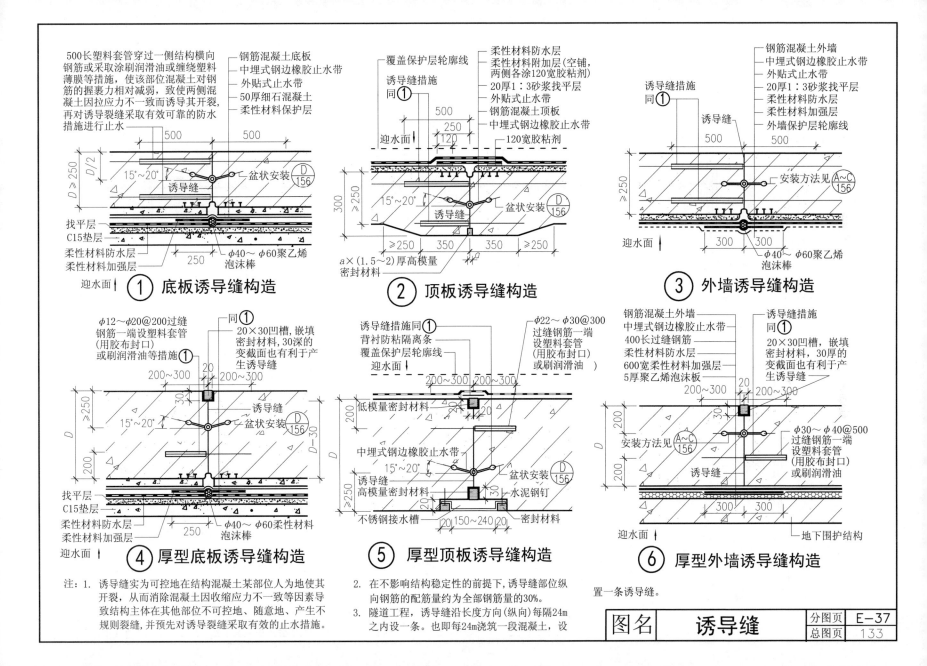

500长塑料套管穿过一侧结构横向钢筋或采取涂刷润滑油或缠绕塑料薄膜等措施，使该部位混凝土对钢筋的握裹力相对减弱，致使两侧混凝土因拉应力不一致而诱导其开裂，再对诱导裂缝采取有效可靠的防水措施进行止水。

钢筋混凝土底板
中埋式钢边橡胶止水带
外贴式止水带
50厚细石混凝土
柔性材料保护层

① 底板诱导缝构造

15°～20°
诱导缝
盆状安装 D/156
D≥250
D/2
500 500
找平层
C15垫层
柔性材料防水层
柔性材料加强层
250
φ40～φ60聚乙烯泡沫棒
迎水面

② 顶板诱导缝构造

覆盖保护层轮廓线
诱导缝措施同①
迎水面
柔性材料防水层
柔性材料附加层(空铺，两侧各涂120宽胶粘剂)
20厚1:3砂浆找平层
外贴式止水带
钢筋混凝土顶板
中埋式钢边橡胶止水带
120宽胶粘剂
500
250 120
300 ≥250
15°～20°
诱导缝
盆状安装 D/156
≥250 350 350 ≥250
a×(1.5～2)厚高模量密封材料

③ 外墙诱导缝构造

钢筋混凝土外墙
中埋式钢边橡胶止水带
外贴式止水带
20厚1:3砂浆找平层
柔性材料防水层
柔性材料加强层
外墙保护层轮廓线
诱导缝措施同①
500 500
≥250
安装方法见 A~C/156
诱导缝
迎水面
300 300
φ40～φ60聚乙烯泡沫棒

④ 厚型底板诱导缝构造

φ12～φ20@200过缝钢筋一端设塑料套管(用胶布封口)或刷润滑油等措施
同①
20×30凹槽，嵌填密封材料，30深的变截面也有利于产生诱导缝
200～300 20 200～300
30
D≥250 D-30
15°～20°
诱导缝
盆状安装 D/156
200
D
找平层
C15垫层
柔性材料防水层
柔性材料加强层
250
φ40～φ60柔性材料泡沫棒
迎水面

⑤ 厚型顶板诱导缝构造

诱导缝措施同①
背衬防粘隔离条
覆盖保护层轮廓线
迎水面
φ22～φ30@300过缝钢筋一端设塑料套管(用胶布封口)或刷润滑油
200～300 200～300
低模量密封材料
200
中埋式钢边橡胶止水带
15°～20°
诱导缝
高模量密封材料
盆状安装 D/156
30
水泥钢钉
不锈钢接水槽
20 150～240 20
密封材料
≥250

⑥ 厚型外墙诱导缝构造

钢筋混凝土外墙
中埋式钢边橡胶止水带
400长过缝钢筋
柔性材料防水层
600宽柔性材料加强层
5厚聚乙烯泡沫板
诱导缝措施同①
20×30凹槽，嵌填密封材料，30厚的变截面也有利于产生诱导缝
200～300 20 200～300
30
安装方法见 A~C/156
诱导缝
φ30～φ40@500过缝钢筋一端设塑料套管(用胶布封口)或刷润滑油
200
200
D
300 300
迎水面
地下围护结构

注：1. 诱导缝实为可控地在结构混凝土某部位人为地使其开裂，从而消除混凝土因收缩应力不一致等因素导致结构主体在其他部位不可控地、随意地、产生不规则裂缝，并预先对诱导裂缝采取有效的止水措施。

2. 在不影响结构稳定性的前提下，诱导缝部位纵向钢筋的配筋量约为全部钢筋量的30%。

3. 隧道工程，诱导缝沿长度方向(纵向)每隔24m之内设一条。也即每24m浇筑一段混凝土，设置一条诱导缝。

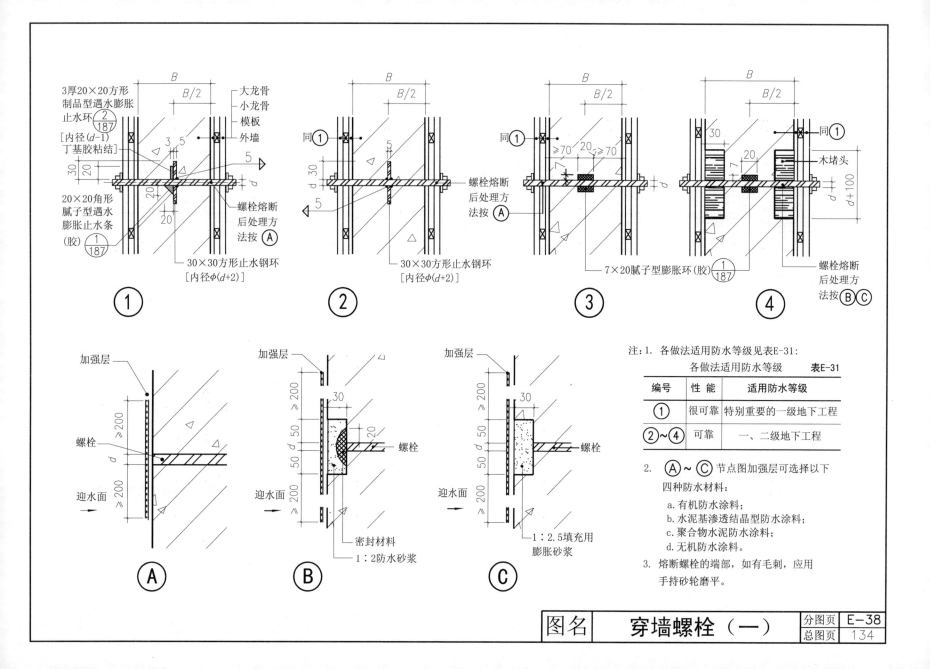

3厚20×20方形制品型遇水膨胀止水环 ②/187
[内径(d-1)丁基胶粘结]
20×20角形腻子型遇水膨胀止水条(胶) ①/187
30×30方形止水钢环[内径φ(d+2)]

大龙骨
小龙骨
模板
外墙
螺栓熔断后处理方法按 Ⓐ

①

同①
5
螺栓熔断后处理方法按 Ⓐ
30×30方形止水钢环[内径φ(d+2)]

②

同①
≥70 20 ≥70
螺栓熔断后处理方法按 Ⓐ
7×20腻子型膨胀环(胶) ①/187

③

30
20 7
同①
木堵头
d+100
螺栓熔断后处理方法按 Ⓑ Ⓒ

④

加强层
螺栓
≥200
d
≥200
迎水面

Ⓐ

加强层
30
d 50
50 20
≥200
迎水面
螺栓
密封材料
1:2防水砂浆

Ⓑ

加强层
30
d 50
50
≥200
迎水面
螺栓
1:2.5填充用膨胀砂浆

Ⓒ

注：1. 各做法适用防水等级见表E-31：

各做法适用防水等级 表E-31

编号	性能	适用防水等级
①	很可靠	特别重要的一级地下工程
②～④	可靠	一、二级地下工程

2. Ⓐ～Ⓒ节点图加强层可选择以下四种防水材料：

　　a. 有机防水涂料；
　　b. 水泥基渗透结晶型防水涂料；
　　c. 聚合物水泥防水涂料；
　　d. 无机防水涂料。

3. 熔断螺栓的端部，如有毛刺，应用手持砂轮磨平。

图名	穿墙螺栓（一）	分图页	E-38
		总图页	134

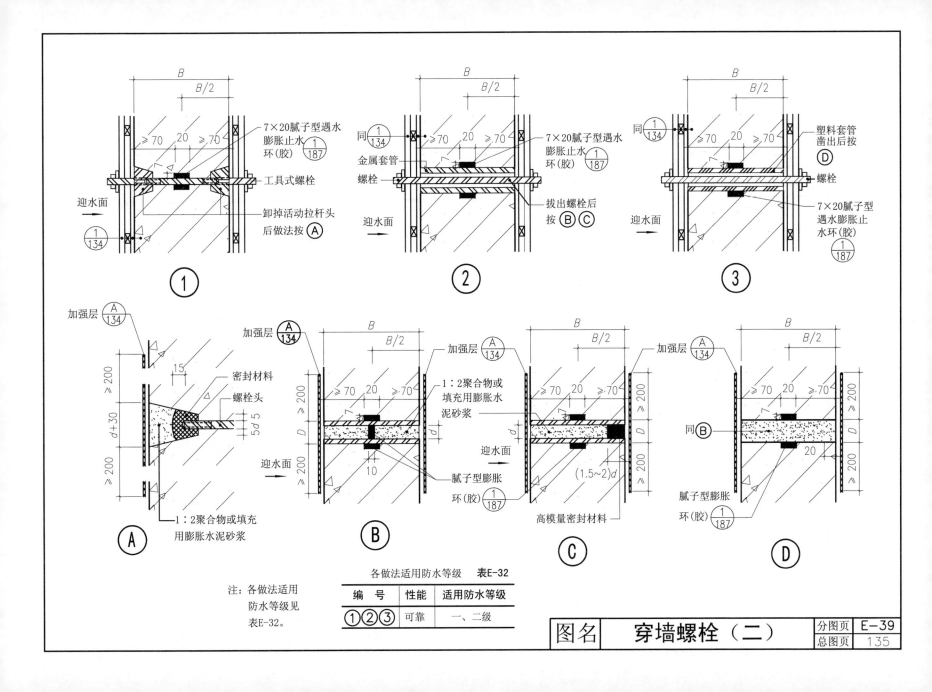

图1
7×20腻子型遇水膨胀止水环(胶) $\frac{1}{187}$
工具式螺栓
卸掉活动拉杆头后做法按Ⓐ
迎水面
≥ 70　20　≥ 70
B　$B/2$
$\frac{1}{134}$

图2
同$\frac{1}{134}$
金属套管
螺栓
7×20腻子型遇水膨胀止水环(胶) $\frac{1}{187}$
拔出螺栓后按ⒷⒸ
迎水面
≥ 70　20　≥ 70
B　$B/2$

图3
同$\frac{1}{134}$
塑料套管凿出后按Ⓓ
螺栓
7×20腻子型遇水膨胀止水环(胶) $\frac{1}{187}$
迎水面
≥ 70　20　≥ 70
B　$B/2$

Ⓐ
加强层 $\frac{A}{134}$
密封材料
螺栓头
1:2聚合物或填充用膨胀水泥砂浆
≥ 200　≥ 200　$d+30$　$5d$　5　15

Ⓑ
加强层 $\frac{A}{134}$
加强层 $\frac{A}{134}$
1:2聚合物或填充用膨胀水泥砂浆
腻子型膨胀环(胶) $\frac{1}{187}$
迎水面
≥ 70　20　≥ 70
B　$B/2$
≥ 200　D　≥ 200　d　10

Ⓒ
加强层 $\frac{A}{134}$
1:2聚合物或填充用膨胀水泥砂浆
高模量密封材料
迎水面
≥ 70　20　≥ 70
B　$B/2$
$(1.5\sim2)d$　d
≥ 200　D　≥ 200

Ⓓ
加强层 $\frac{A}{134}$
同Ⓑ
腻子型膨胀环(胶) $\frac{1}{187}$
≥ 70　20　≥ 70
B　$B/2$
20
≥ 200　D　≥ 200

注：各做法适用防水等级见表E-32。

各做法适用防水等级　表E-32

编　号	性能	适用防水等级
①②③	可靠	一、二级

图名　**穿墙螺栓（二）**

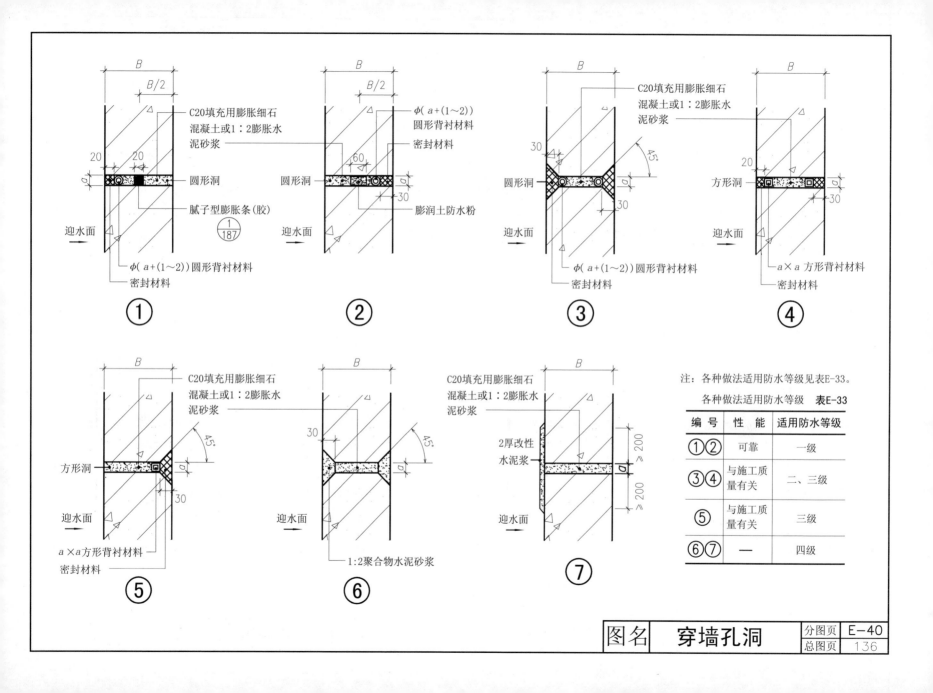

注：各种做法适用防水等级见表E-33。

各种做法适用防水等级   表E-33

编　号	性　能	适用防水等级
①②	可靠	一级
③④	与施工质量有关	二、三级
⑤	与施工质量有关	三级
⑥⑦	—	四级

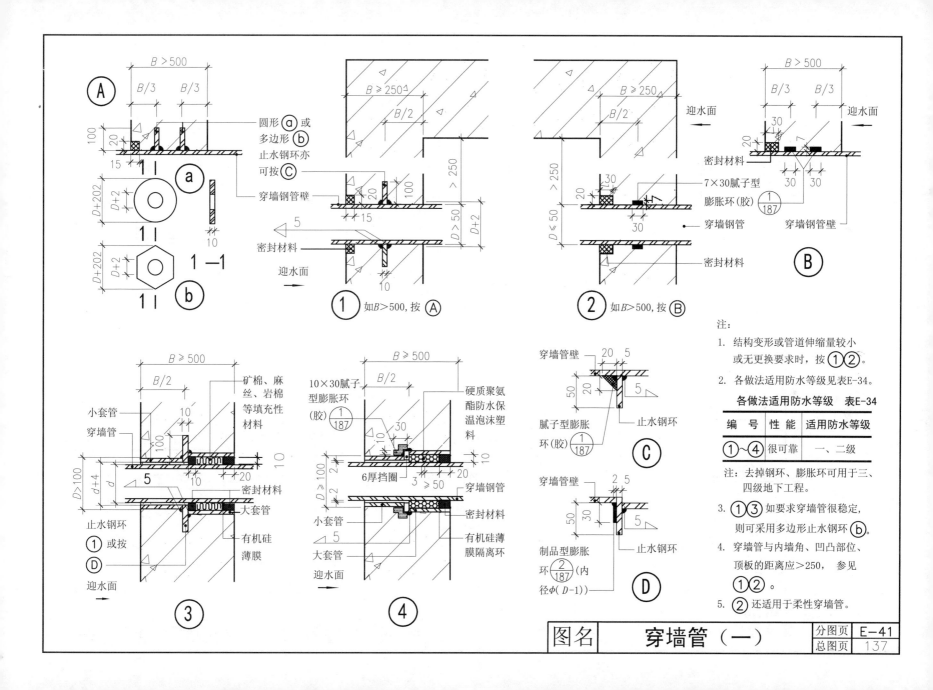

圆形 ⓐ 或
多边形 ⓑ
止水钢环亦
可按 Ⓒ

穿墙钢管壁

密封材料

迎水面

1—1

如B>500, 按 Ⓐ ①

迎水面

密封材料

7×30腻子型
膨胀环(胶) (1/187)

穿墙钢管壁

密封材料

如B>500, 按 Ⓑ ②

Ⓑ

矿棉、麻
丝、岩棉
等填充性
材料

小套管

穿墙管

10×30腻子
型膨胀环
(胶) (1/187)

硬质聚氨
酯防水保
温泡沫塑
料

6厚挡圈

止水钢环
① 或按
Ⓓ

密封材料

大套管

有机硅
薄膜

迎水面

③

小套管

大套管

穿墙钢管

密封材料

穿墙管壁

有机硅薄
膜隔离环

迎水面

④

穿墙管壁

腻子型膨胀
环(胶) (1/187)

止水钢环

Ⓒ

穿墙管壁

制品型膨胀
环 (2/187)(内
径φ(D-1))

止水钢环

Ⓓ

注:
1. 结构变形或管道伸缩量较小
   或无更换要求时,按①②。
2. 各做法适用防水等级见表E-34。

各做法适用防水等级   表E-34

编 号	性 能	适用防水等级
①～④	很可靠	一、二级

注:去掉钢环、膨胀环可用于三、
   四级地下工程。

3. ①③如要求穿墙管很稳定,
   则可采用多边形止水钢环ⓑ。
4. 穿墙管与内墙角、凹凸部位、
   顶板的距离应>250, 参见
   ①②。
5. ② 还适用于柔性穿墙管。

图名	穿墙管(一)	分图页	E-41
		总图页	137

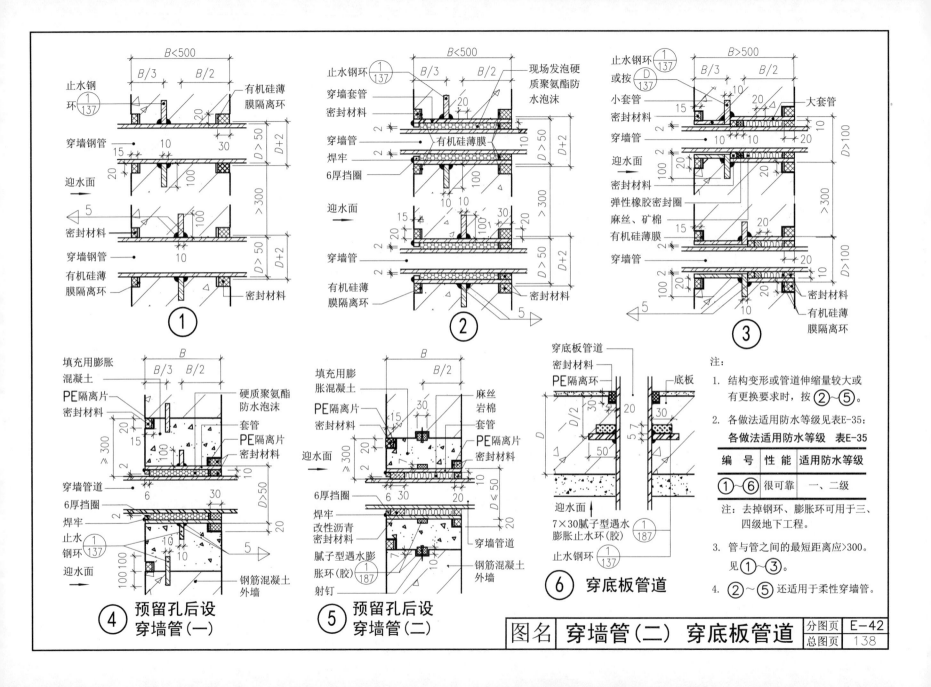

注:
1. 结构变形或管道伸缩量较大或有更换要求时，按②~⑤。

2. 各做法适用防水等级见E-35：

各做法适用防水等级　表E-35

编 号	性 能	适用防水等级
①~⑥	很可靠	一、二级

注：去掉钢环、膨胀环可用于三、四级地下工程。

3. 管与管之间的最短距离应>300。见①~③。

4. ②~⑤还适用于柔性穿墙管。

④ 预留孔后设穿墙管（一）

⑤ 预留孔后设穿墙管（二）

⑥ 穿底板管道

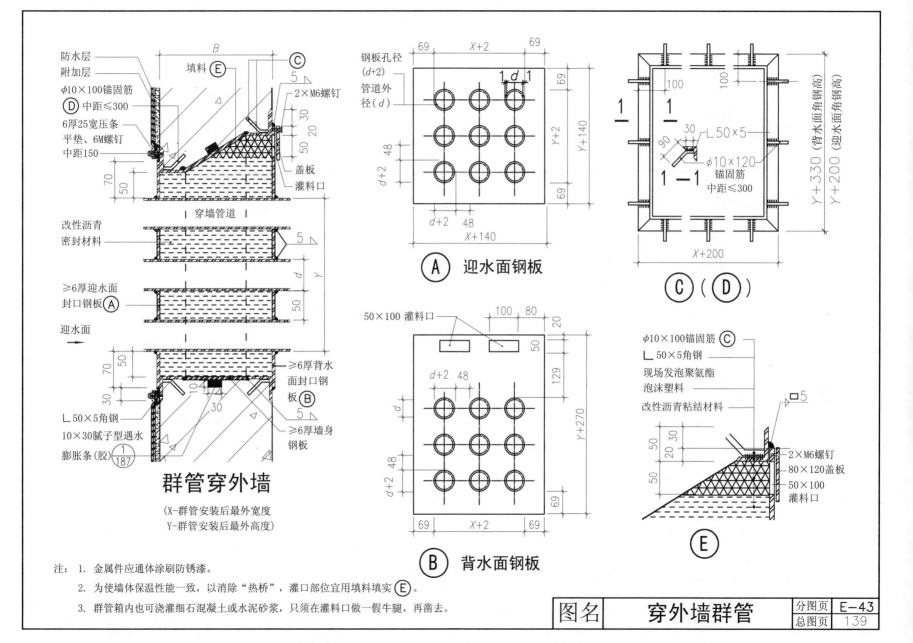

防水层
附加层
φ10×100锚固筋
(D) 中距≤300
6厚25宽压条
平垫、6M螺钉
中距150

填料 (E)

(C)

5
2×M6螺钉

盖板
灌料口

穿墙管道

改性沥青
密封材料

5

≥6厚迎水面
封口钢板 (A)

迎水面

≥6厚背水
面封口钢
板 (B)

L 50×5角钢
10×30腻子型遇水
膨胀条(胶) (1/187)

≥6厚墙身
钢板

群管穿外墙

(X-群管安装后最外宽度
Y-群管安装后最外高度)

钢板孔径
(d+2)
管道外
径(d)

(A) 迎水面钢板

50×100 灌料口

(B) 背水面钢板

(C)(D)

L 50×5
φ10×120
锚固筋
中距≤300

φ10×100锚固筋 (C)
L 50×5角钢
现场发泡聚氨酯
泡沫塑料
改性沥青粘结材料

□5

2×M6螺钉
80×120盖板
50×100
灌料口

(E)

注：1. 金属件应通体涂刷防锈漆。
2. 为使墙体保温性能一致，以消除"热桥"，灌口部位宜用填料填实 (E)。
3. 群管箱内也可浇灌细石混凝土或水泥砂浆，只须在灌料口做一假牛腿，再凿去。

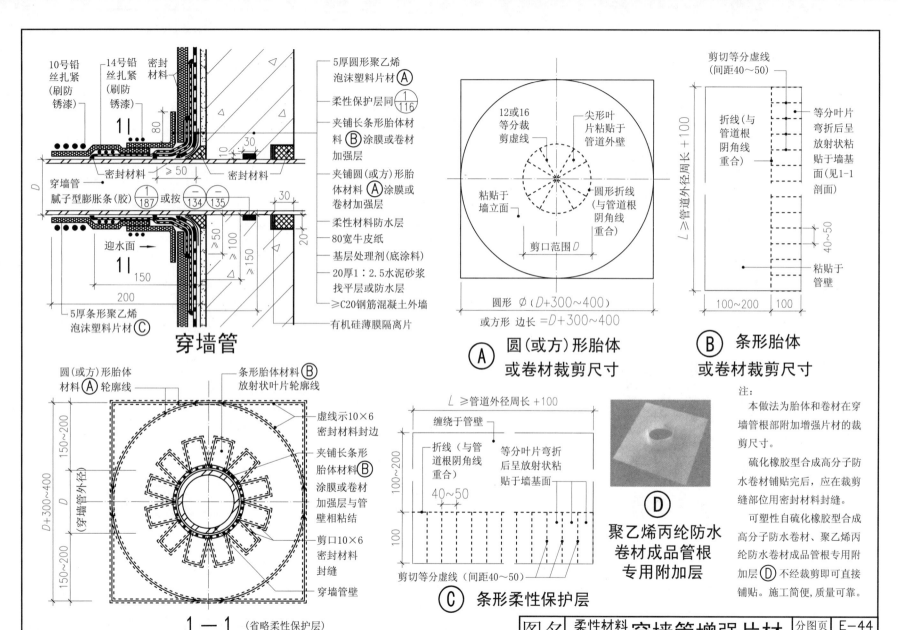

10号铅丝扎紧(刷防锈漆)
14号铅丝扎紧(刷防锈漆)
密封材料
密封材料
穿墙管
腻子型膨胀条(胶) $\frac{1}{187}$ 或按 $\frac{-}{134}$ $\frac{-}{135}$
≥50
密封材料
迎水面→
≥50
≥100
≥150
150
200
5厚条形聚乙烯泡沫塑料片材C

穿墙管

5厚圆形聚乙烯泡沫塑料片材A
柔性保护层同 $\frac{1}{116}$
夹铺长条形胎体材料B涂膜或卷材加强层
夹铺圆(或方)形胎体材料A涂膜或卷材加强层
柔性材料防水层
80宽牛皮纸
基层处理剂(底涂料)
20厚1:2.5水泥砂浆找平层或防水层
≥C20钢筋混凝土外墙
有机硅薄膜隔离片

12或16等分裁剪虚线
尖形叶片粘贴于管道外壁
粘贴于墙立面
圆形折线(与管道根阴角线重合)
剪口范围 D
圆形 ϕ ($D+300\sim400$)
或方形 边长=$D+300\sim400$

A 圆(或方)形胎体或卷材裁剪尺寸

剪切等分虚线(间距40~50)
折线(与管道根阴角线重合)
等分叶片弯折后呈放射状粘贴于墙基面(见1-1剖面)
L≥管道外径周长+100
40~50
粘贴于管壁
100~200 100

B 条形胎体或卷材裁剪尺寸

圆(或方)形胎体材料A轮廓线
条形胎体材料B放射状叶片轮廓线
150~200
$D+300\sim400$
(穿墙管外径)
150~200
虚线示10×6密封材料封边
夹铺长条形胎体材料B涂膜或卷材加强层与管壁相粘结
剪口10×6密封材料封缝
穿墙管壁

1-1 (省略柔性保护层)

L≥管道外径周长+100
缠绕于管壁
折线(与管道根阴角线重合)
等分叶片弯折后呈放射状粘贴于墙基面
40~50
100~200
100
剪切等分虚线(间距40~50)

C 条形柔性保护层

D 聚乙烯丙纶防水卷材成品管根专用附加层

注:
本做法为胎体和卷材在穿墙管根部附加增强片材的裁剪尺寸。

硫化橡胶型合成高分子防水卷材铺贴完后,应在裁剪缝部位用密封材料封缝。

可塑性自硫化橡胶型合成高分子防水卷材、聚乙烯丙纶防水卷材成品管根专用附加层D不经裁剪即可直接铺贴。施工简便,质量可靠。

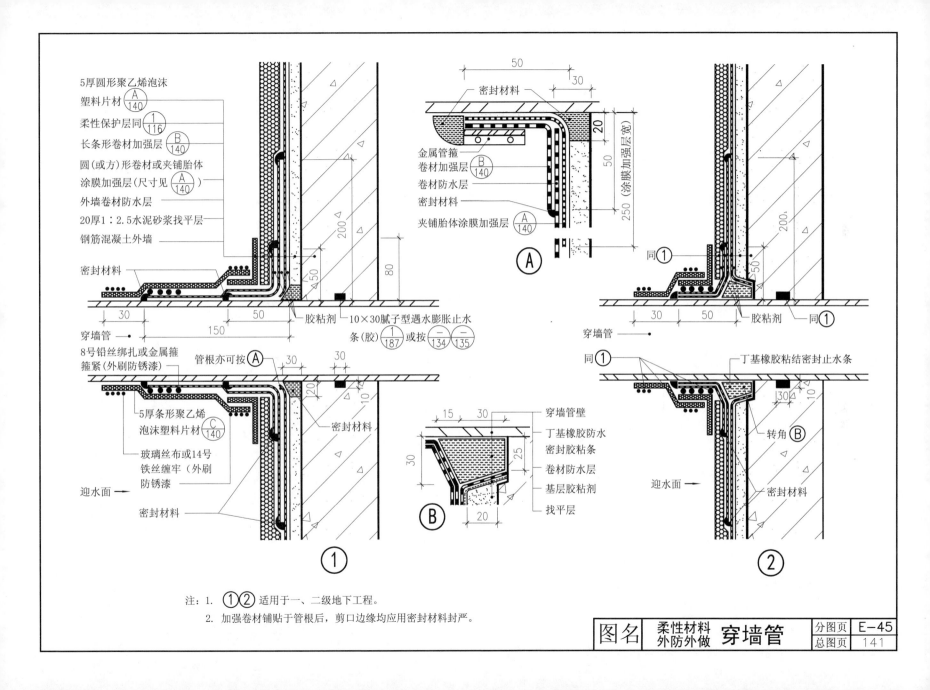

5厚圆形聚乙烯泡沫
塑料片材 (A/140)
柔性保护层同 (1/116)
长条形卷材加强层 (B/140)
圆(或方)形卷材或夹铺胎体
涂膜加强层(尺寸见 (A/140))
外墙卷材防水层
20厚1：2.5水泥砂浆找平层
钢筋混凝土外墙

密封材料

穿墙管

8号铅丝绑扎或金属箍
箍紧(外刷防锈漆)

5厚条形聚乙烯
泡沫塑料片材 (C/140)

玻璃丝布或14号
铁丝缠牢（外刷
防锈漆）

密封材料

迎水面

50
30
密封材料
金属管箍
卷材加强层 (B/140)
卷材防水层
密封材料
夹铺胎体涂膜加强层 (A/140)

Ⓐ

胶粘剂

10×30腻子型遇水膨胀止水
条(胶) (1/187) 或按 (—/134) (—/135)

管根亦可按 (A)

密封材料

穿墙管壁
丁基橡胶防水
密封胶粘条
卷材防水层
基层胶粘剂
找平层

Ⓑ

①

胶粘剂
同①
穿墙管

同①
丁基橡胶粘结密封止水条
转角 (B)
密封材料
迎水面

②

注：1. ①② 适用于一、二级地下工程。
2. 加强卷材铺贴于管根后，剪口边缘均应用密封材料封严。

| 图名 | 柔性材料
外防外做 **穿墙管** | 分图页 | E-45 |
| | | 总图页 | 141 |

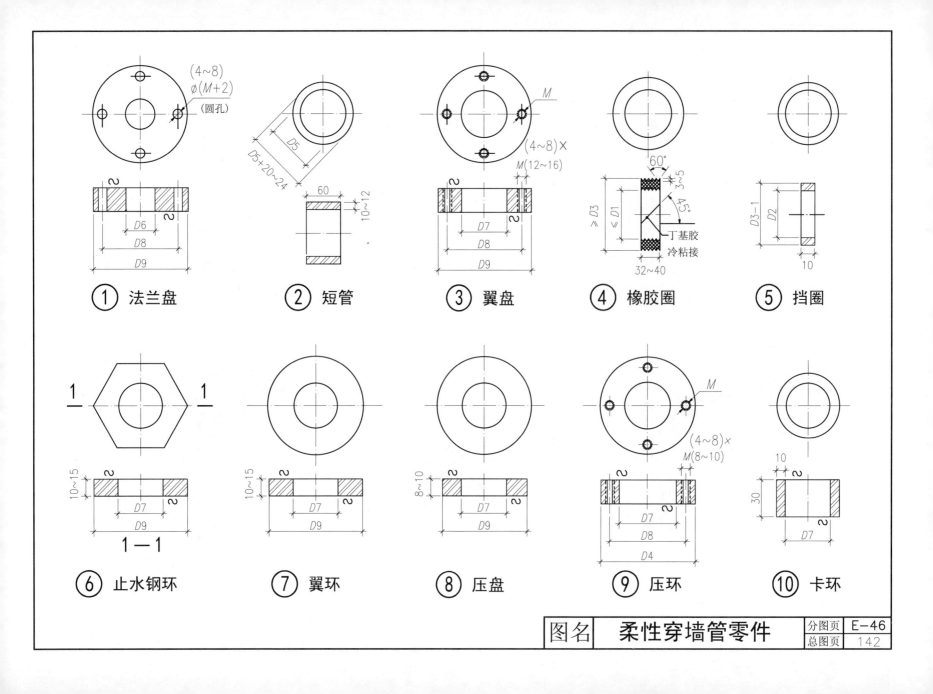

① 法兰盘

② 短管

③ 翼盘

④ 橡胶圈

⑤ 挡圈

⑥ 止水钢环

⑦ 翼环

⑧ 压盘

⑨ 压环

⑩ 卡环

图名	柔性穿墙管零件	分图页	E-46
		总图页	142

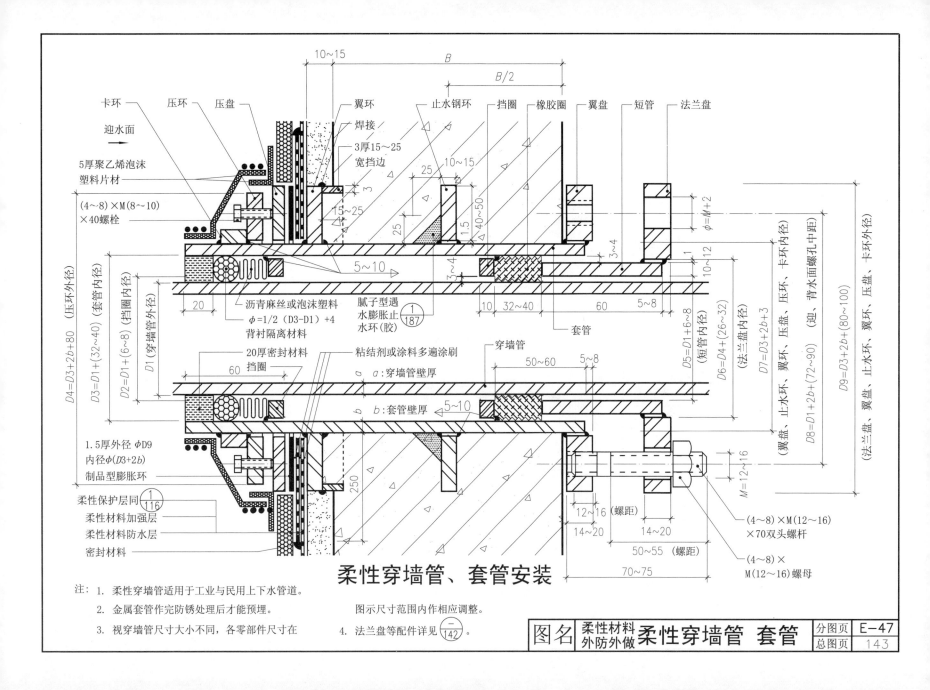

柔性穿墙管、套管安装

注: 1. 柔性穿墙管适用于工业与民用上下水管道。
2. 金属套管作完防锈处理后才能预埋。
3. 视穿墙管尺寸大小不同，各零部件尺寸在
4. 法兰盘等配件详见 $\frac{-}{142}$。
图示尺寸范围内作相应调整。

图名	柔性材料 外防外做	柔性穿墙管 套管	分图页	E-47
			总图页	143

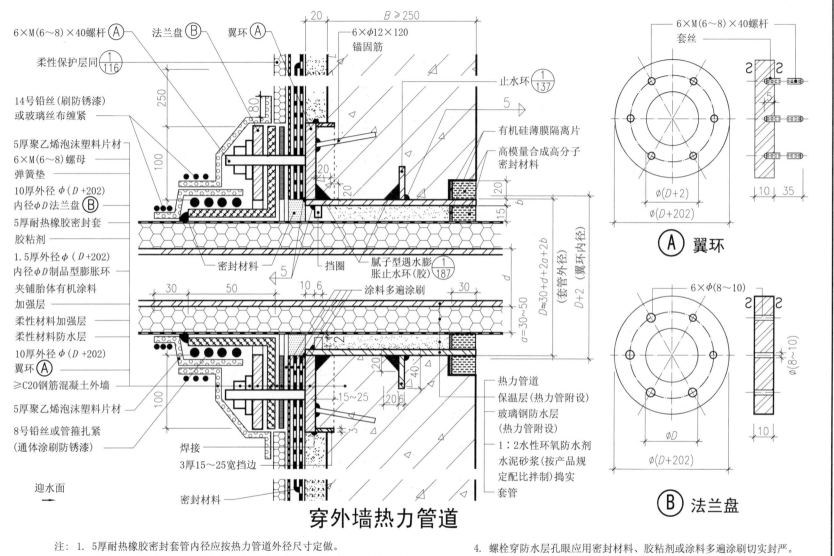

穿外墙热力管道

注：1. 5厚耐热橡胶密封套管内径应按热力管道外径尺寸定做。
　　2. 如当地无耐热橡胶，则可以3厚夹铺耐碱玻璃丝布环氧树脂防水涂料代替。
　　3. 如热力管不附设玻璃钢防水层，则应在保温层外涂刷2.5厚夹铺低碱玻璃丝
　　　 布环氧树脂防水层。
　　4. 螺栓穿防水层孔眼应用密封材料、胶粘剂或涂料多遍涂刷切实封严。
　　5. 金属紧固件应涂刷机油，以防锈蚀。

图名 柔性材料外防外做 穿墙热力管道

分图页 E-48
总图页 144

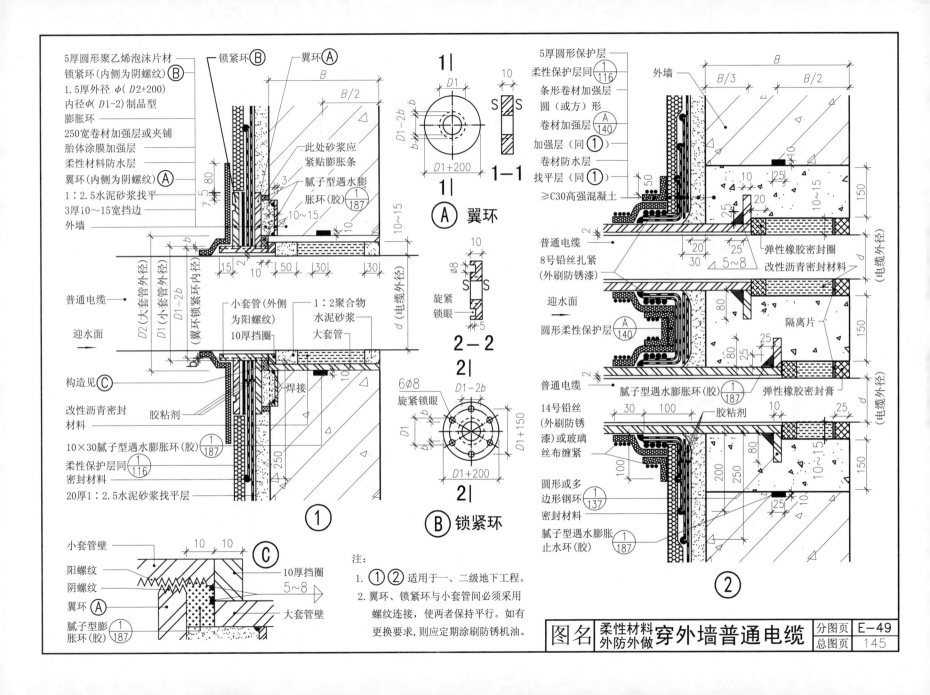

图名 柔性材料外防外做 穿外墙普通电缆　　E-49　145

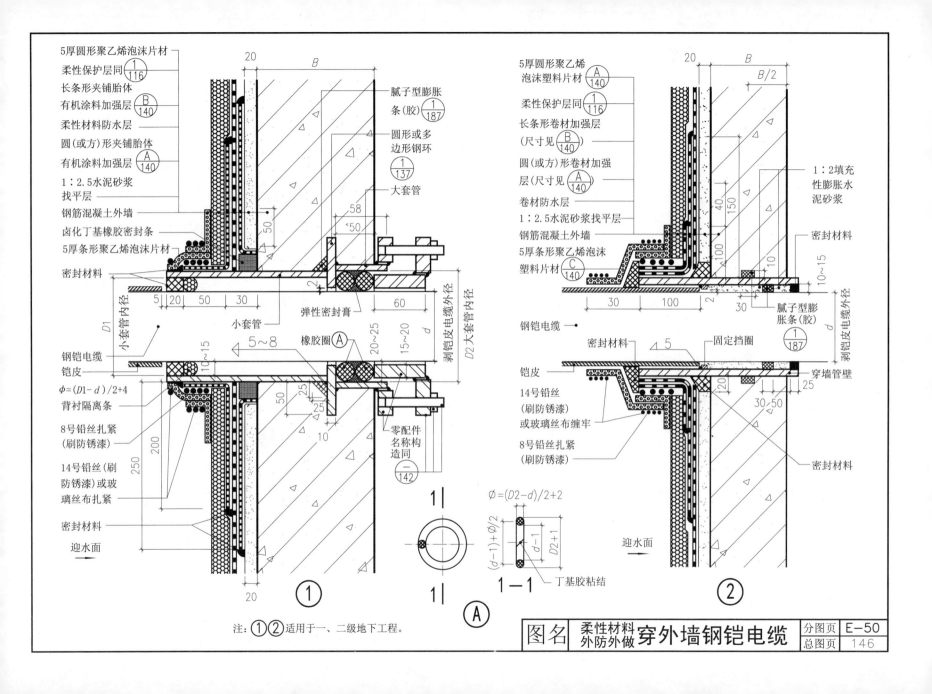

注：①②适用于一、二级地下工程。

图名	柔性材料外防外做 穿外墙钢铠电缆	分图页	E-50
		总图页	146

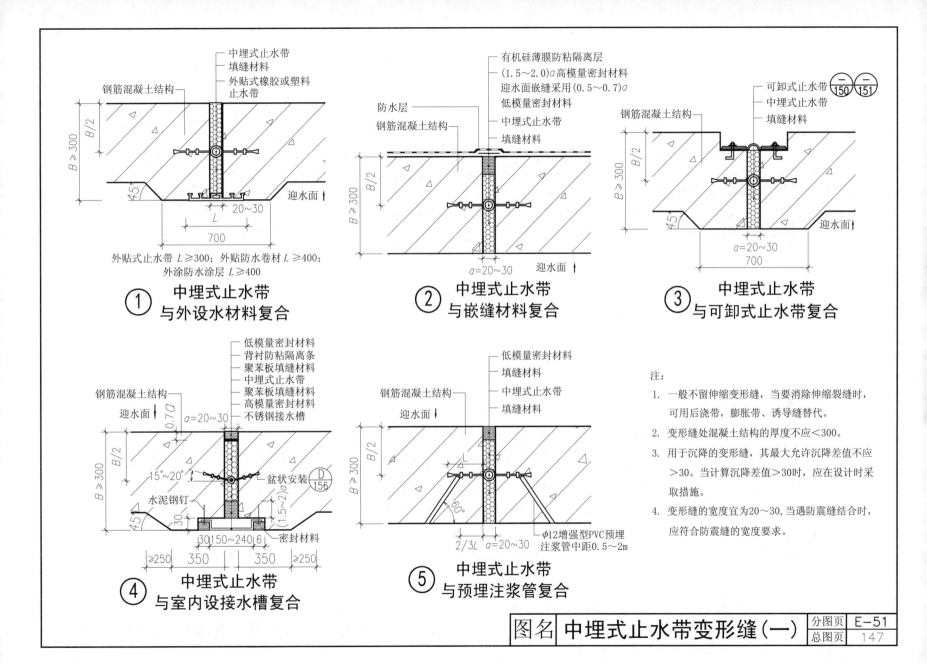

① 中埋式止水带
与外设水材料复合

外贴式止水带 L≥300；外贴防水卷材 L≥400；
外涂防水涂层 L≥400

② 中埋式止水带
与嵌缝材料复合

③ 中埋式止水带
与可卸式止水带复合

④ 中埋式止水带
与室内设接水槽复合

⑤ 中埋式止水带
与预埋注浆管复合

注：
1. 一般不留伸缩变形缝，当要消除伸缩裂缝时，可用后浇带，膨胀带、诱导缝替代。

2. 变形缝处混凝土结构的厚度不应<300。

3. 用于沉降的变形缝，其最大允许沉降差值不应>30。当计算沉降差值>30时，应在设计时采取措施。

4. 变形缝的宽度宜为20～30，当遇防震缝结合时，应符合防震缝的宽度要求。

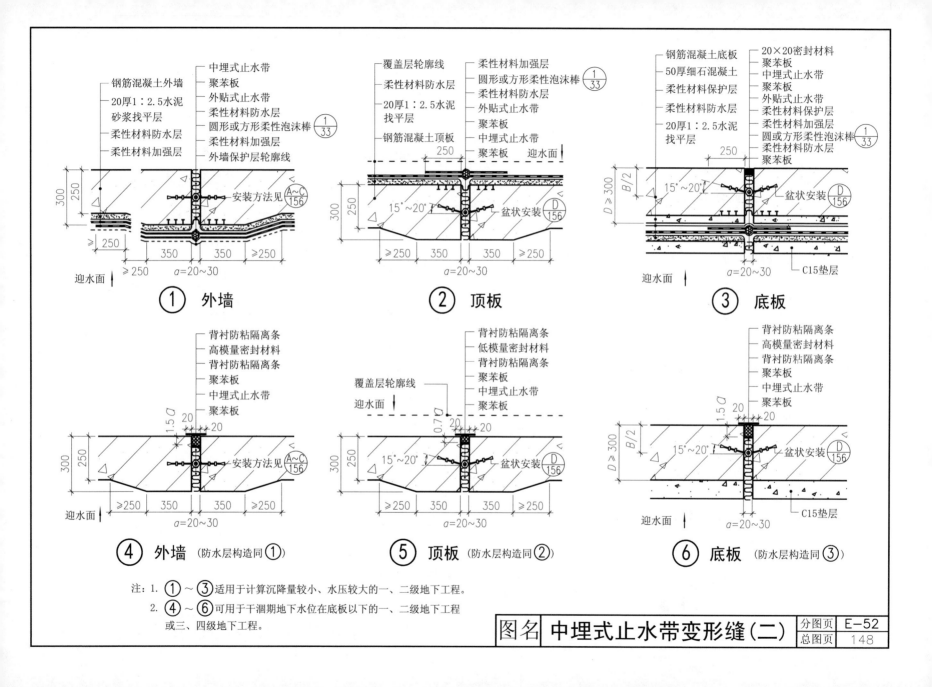

① 外墙

② 顶板

③ 底板

④ 外墙 （防水层构造同①）

⑤ 顶板 （防水层构造同②）

⑥ 底板 （防水层构造同③）

注：1. ①～③适用于计算沉降量较小、水压较大的一、二级地下工程。
2. ④～⑥可用于干涸期地下水位在底板以下的一、二级地下工程或三、四级地下工程。

图名 **中埋式止水带变形缝（二）**

分图页 **E-52**

总图页 **148**

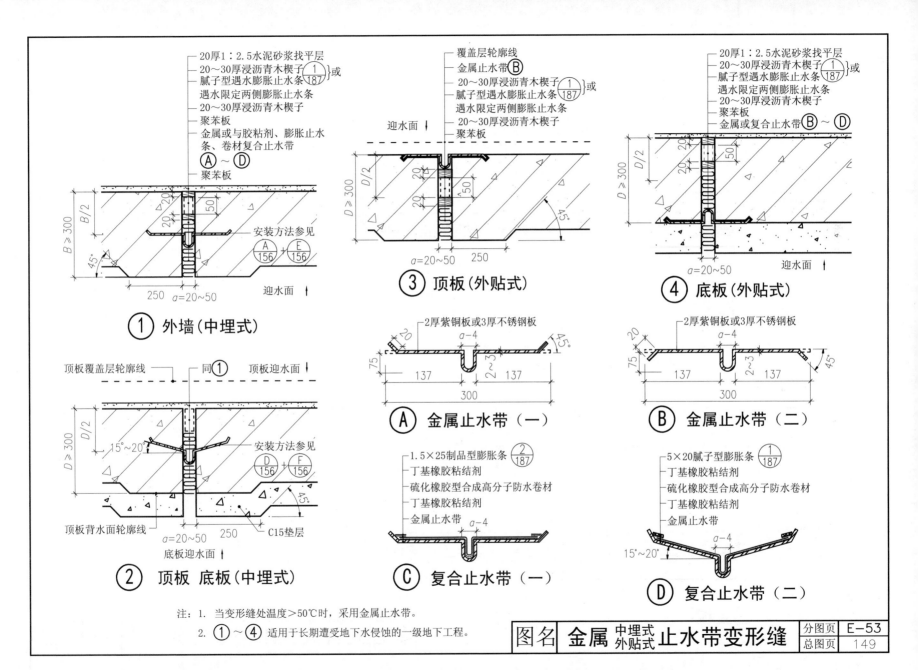

① 外墙（中埋式）

② 顶板 底板（中埋式）

③ 顶板（外贴式）

④ 底板（外贴式）

Ⓐ 金属止水带（一）

Ⓑ 金属止水带（二）

Ⓒ 复合止水带（一）

Ⓓ 复合止水带（二）

注：1. 当变形缝处温度>50℃时，采用金属止水带。
2. ①～④适用于长期遭受地下水侵蚀的一级地下工程。

图名　金属 中埋式 外贴式 止水带变形缝

分图页 E-53
总图页 149

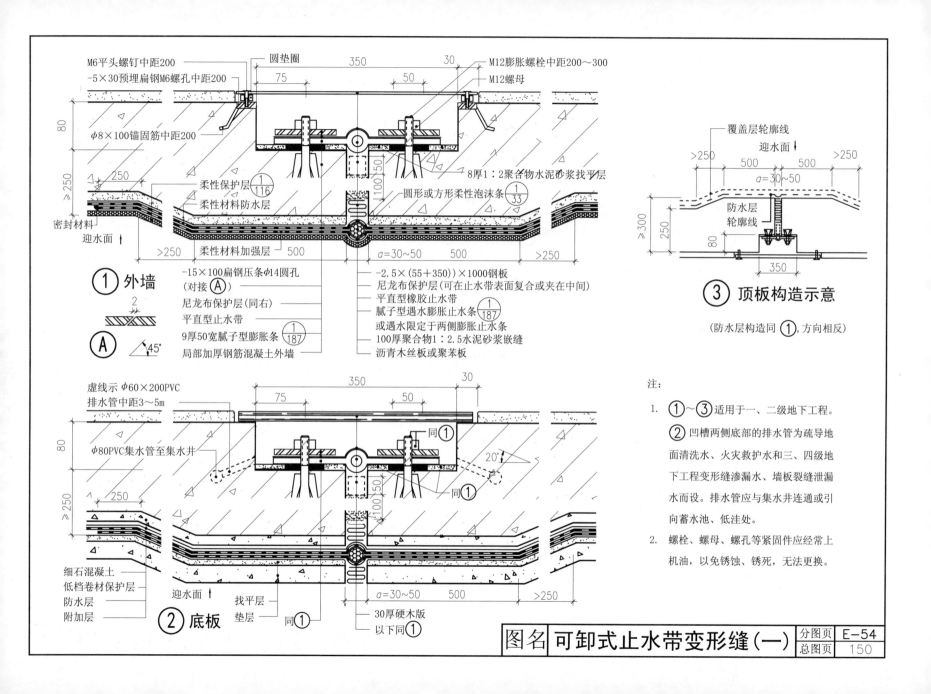

① 外墙

M6平头螺钉中距200
-5×30预埋扁钢M6螺孔中距200
φ8×100锚固筋中距200
圆垫圈
M12膨胀螺栓中距200～300
M12螺母
80
≥250
250
柔性保护层 (1/116)
柔性材料防水层
密封材料
迎水面
柔性材料加强层 500
>250
圆形或方形柔性泡沫条 (1/33)
8厚1：2聚合物水泥砂浆找平层
100 50
a=30～50 500 >250

-15×100扁钢压条φ14圆孔
（对接 Ⓐ）
尼龙布保护层 (同右)
平直型止水带
9厚50宽腻子型膨胀条 (1/187)
局部加厚钢筋混凝土外墙

-2.5×（55+350)）×1000钢板
尼龙布保护层 (可在止水带表面复合或夹在中间)
平直型橡胶止水带
腻子型遇水膨胀止水条 (1/187)
或遇水限定于两侧膨胀止水条
100厚聚合物1：2.5水泥砂浆嵌缝
沥青木丝板或聚苯板

②
2
Ⓐ
45°

③ 顶板构造示意

覆盖层轮廓线
迎水面
>250 500 500 >250
a=30～50
防水层
轮廓线
≥300
250
80
350

(防水层构造同 ①，方向相反)

虚线示 φ60×200PVC
排水管中距3～5m
φ80PVC集水管至集水井
80
≥250
250
同①
20°
同①
100 50

细石混凝土
低档卷材保护层
防水层
附加层
迎水面
找平层
垫层
同①
30厚硬木版
以下同①
a=30～50 500 >250

② 底板

注：

1. ①～③ 适用于一、二级地下工程。
   ② 凹槽两侧底部的排水管为疏导地面清洗水、火灾救护水和三、四级地下工程变形缝渗漏水、墙板裂缝泄漏水而设。排水管应与集水井连通或引向蓄水池、低洼处。

2. 螺栓、螺母、螺孔等紧固件应经常上机油，以免锈蚀、锈死，无法更换。

350 30
75 50

图名 **可卸式止水带变形缝(一)**

分图页 **E-54**
总图页 **150**

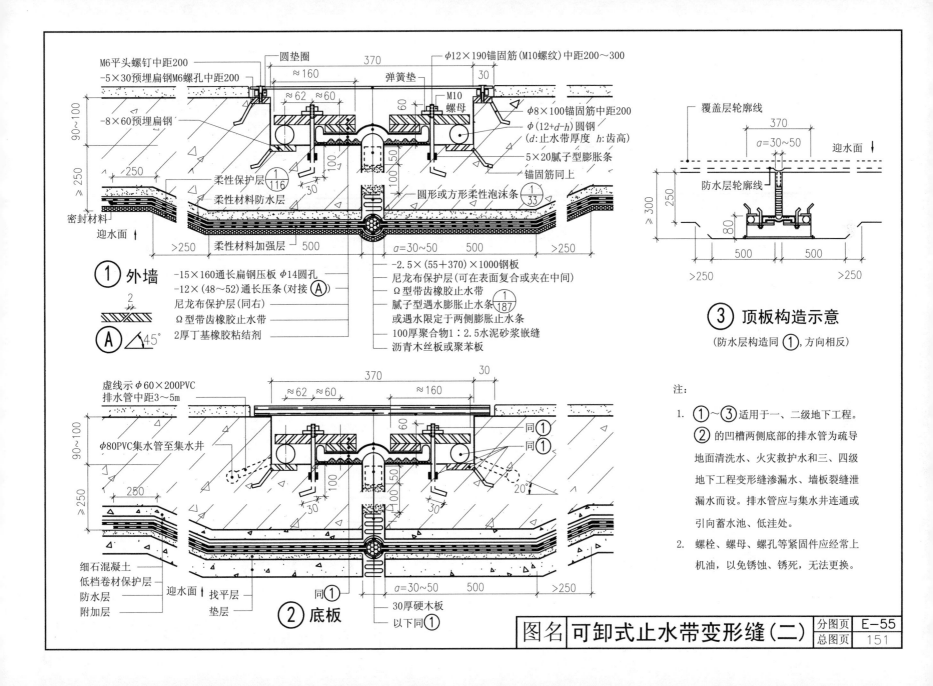

① 外墙

② 底板

③ 顶板构造示意

（防水层构造同①，方向相反）

注：

1. ①～③适用于一、二级地下工程。②的凹槽两侧底部的排水管为疏导地面清洗水、火灾救护水和三、四级地下工程变形缝渗漏水、墙板裂缝泄漏水而设。排水管应与集水井连通或引向蓄水池、低洼处。

2. 螺栓、螺母、螺孔等紧固件应经常上机油，以免锈蚀、锈死，无法更换。

图名 **可卸式止水带变形缝（二）**

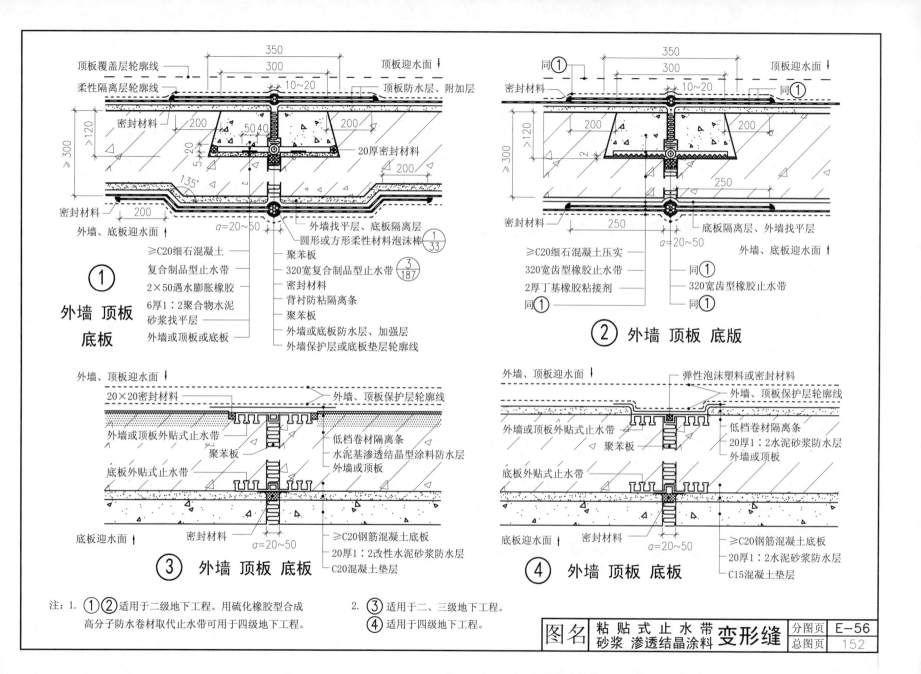

①②适用于二级地下工程。用硫化橡胶型合成高分子防水卷材取代止水带可用于四级地下工程。

注：1. ①②适用于二级地下工程。用硫化橡胶型合成
高分子防水卷材取代止水带可用于四级地下工程。
2. ③适用于二、三级地下工程。
④适用于四级地下工程。

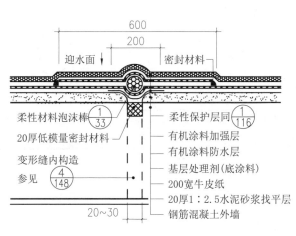

①外墙变形缝

600
200
迎水面↓　　　密封材料

柔性材料泡沫棒　①/33
柔性保护层同　①/116
20厚低模量密封材料　有机涂料加强层
有机涂料防水层
变形缝内构造　基层处理剂(底涂料)
参见　④/148　200宽牛皮纸
20厚1：2.5水泥砂浆找平层
20~30　钢筋混凝土外墙

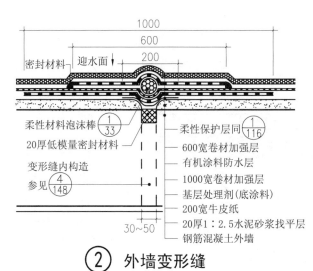

②外墙变形缝

1000
600
密封材料　迎水面↓　200

柔性材料泡沫棒　①/33
柔性保护层同　①/116
20厚低模量密封材料　600宽卷材加强层
有机涂料防水层
变形缝内构造　1000宽卷材加强层
参见　④/148　基层处理剂(底涂料)
200宽牛皮纸
30~50　20厚1：2.5水泥砂浆找平层
钢筋混凝土外墙

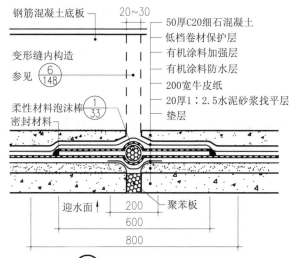

钢筋混凝土底板　20~30
50厚C20细石混凝土
低档卷材保护层
变形缝内构造　有机涂料加强层
参见　⑥/148　有机涂料防水层
200宽牛皮纸
柔性材料泡沫棒　①/33　20厚1：2.5水泥砂浆找平层
密封材料　垫层

迎水面↓　200
600
800

③底板变形缝

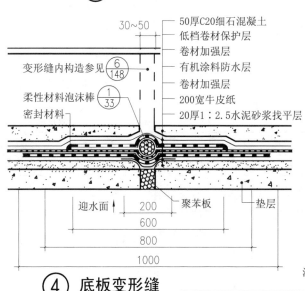

30~50
50厚C20细石混凝土
低档卷材保护层
变形缝内构造参见　⑥/148　卷材加强层
有机涂料防水层
柔性材料泡沫棒　①/33　卷材加强层
密封材料　200宽牛皮纸
20厚1：2.5水泥砂浆找平层

迎水面↓　200　聚苯板　垫层
600
800
1000

④底板变形缝

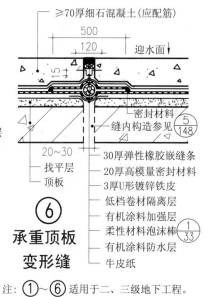

按要求回填分层夯实
40~50厚细石混凝土保护层
20厚1：2.5水泥砂浆保护层
塑料薄膜隔离层

200　迎水面↓

500　密封材料

20~30
同⑥　3厚200宽镀锌铁皮
以下同⑥

⑤非承重顶板变形缝

≥70厚细石混凝土(应配筋)
500
120　迎水面↓

密封材料
缝内构造参见　⑤/148

20~30
找平层　30厚弹性橡胶嵌缝条
顶板　20厚高模量密封材料
3厚U形镀锌铁皮
低档卷材隔离层
有机涂料加强层
⑥　柔性材料泡沫棒　①/33
有机涂料防水层
牛皮纸

承重顶板变形缝

注：①～⑥适用于二、三级地下工程。

图名　**涂料外防外涂变形缝**

分图页　**E-57**
总图页　**153**

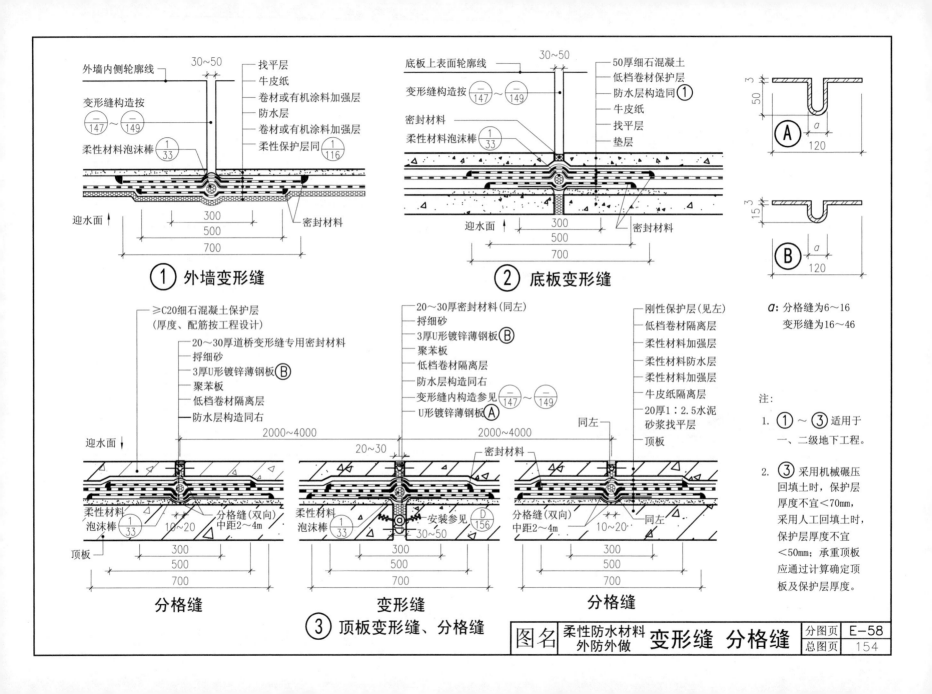

① 外墙变形缝

- 外墙内侧轮廓线
- 变形缝构造按 $\frac{-}{147} \sim \frac{-}{149}$
- 柔性材料泡沫棒 $\frac{1}{33}$
- 30～50
- 找平层
- 牛皮纸
- 卷材或有机涂料加强层
- 防水层
- 卷材或有机涂料加强层
- 柔性保护层同 $\frac{1}{116}$
- 密封材料
- 迎水面
- 300 / 500 / 700

② 底板变形缝

- 底板上表面轮廓线
- 变形缝构造按 $\frac{-}{147} \sim \frac{-}{149}$
- 密封材料
- 柔性材料泡沫棒 $\frac{1}{33}$
- 30～50
- 50厚细石混凝土
- 低档卷材保护层
- 防水层构造同①
- 牛皮纸
- 找平层
- 垫层
- 密封材料
- 迎水面
- 300 / 500 / 700

- Ⓐ 50 / 3 / a / 120
- Ⓑ 15 / 3 / a / 120

a: 分格缝为6～16
变形缝为16～46

③ 顶板变形缝、分格缝

分格缝
- ≥C20细石混凝土保护层（厚度、配筋按工程设计）
- 20～30厚道桥变形缝专用密封材料
- 挬细砂
- 3厚U形镀锌薄钢板 Ⓑ
- 聚苯板
- 低档卷材隔离层
- 防水层构造同右
- 柔性材料泡沫棒 $\frac{1}{33}$
- 分格缝（双向）中距2～4m
- 10～20
- 2000～4000
- 迎水面
- 顶板
- 300 / 500 / 700

变形缝
- 20～30厚密封材料（同左）
- 挬细砂
- 3厚U形镀锌薄钢板 Ⓑ
- 聚苯板
- 低档卷材隔离层
- 防水层构造同右
- 变形缝内构造参见 $\frac{-}{147} \sim \frac{-}{149}$
- U形镀锌薄钢板 Ⓐ
- 柔性材料泡沫棒 $\frac{1}{33}$
- 安装参见 $\frac{D}{156}$
- 20～30
- 30～50
- 密封材料
- 300 / 500 / 700

分格缝
- 刚性保护层（见左）
- 低档卷材隔离层
- 柔性材料加强层
- 柔性材料防水层
- 柔性材料加强层
- 牛皮纸隔离层
- 20厚1:2.5水泥砂浆找平层
- 顶板
- 2000～4000
- 同左
- 分格缝（双向）中距2～4m
- 10～20
- 同左
- 300 / 500 / 700

注:
1. ①～③适用于一、二级地下工程。
2. ③采用机械碾压回填土时，保护层厚度不宜<70mm，采用人工回填土时，保护层厚度不宜<50mm；承重顶板应通过计算确定顶板及保护层厚度。

图名 柔性防水材料 外防外做 **变形缝 分格缝**

分图页 **E-58**
总图页 154

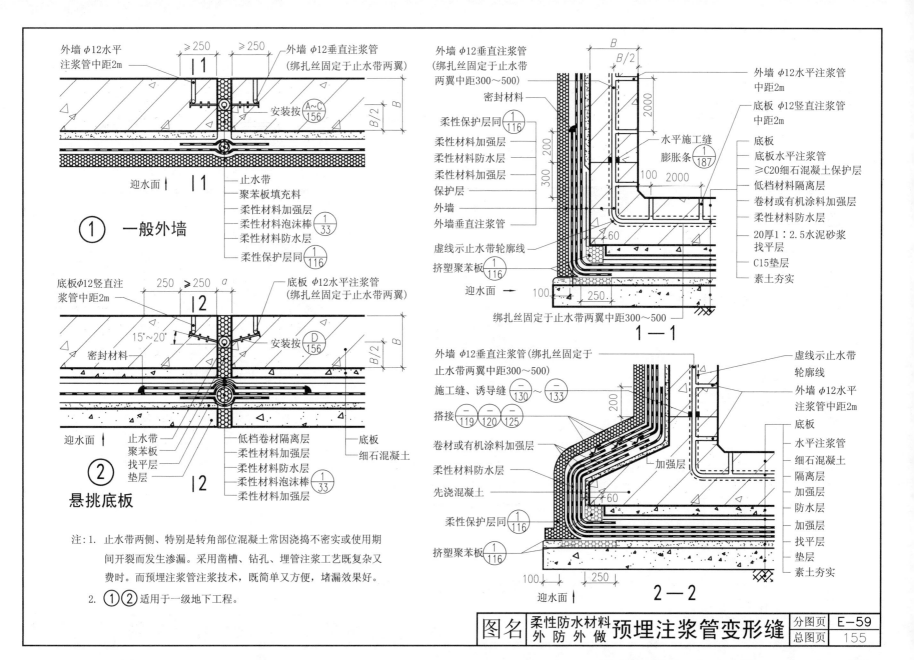

注：1. 止水带两侧、特别是转角部位混凝土常因浇捣不密实或使用期
间开裂而发生渗漏。采用凿槽、钻孔、埋管注浆工艺既复杂又
费时。而预埋注浆管注浆技术，既简单又方便，堵漏效果好。

2. ①②适用于一级地下工程。

| 图名 | 柔性防水材料
外 防 外 做 预埋注浆管变形缝 | 分图页 | E-59 |
| | | 总图页 | 155 |

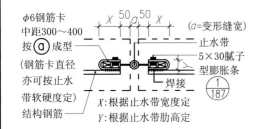

φ6钢筋卡
中距300～400
按 ⓐ 成型
(钢筋卡直径
亦可按止水
带软硬度定)
结构钢筋

止水带
5×30腻子
型膨胀条
焊接

X：根据止水带宽度定
Y：根据止水带肋高定

(a=变形缝宽)

①/187

遇水膨胀止水条
①/187
φ6钢筋卡

轨迹

结构钢筋
焊缝

成型步骤：
1.焊接
2.敷止水带
3.弯钢筋卡
4.缠膨胀条

ⓐ

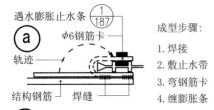

Ⓐ **平直型安装方法（一）**

φ6钢筋夹
中距400～500

结构钢筋
止水带
绑扎丝

150 130 280

(a=变形缝宽)
50 a 50
50
50
50

Ⓑ **平直型安装方法（二）**

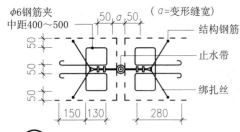

20号钢
丝拉紧

止水带
结构钢筋

(a=变形缝宽)

Ⓒ **平直型安装方法（三）**

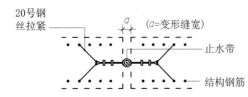

φ6钢筋条中距
300～400

焊接
结构钢筋 焊接

$D \geqslant 300$
$D/2$
h

x 50 a 50 X

$2X+b$
15°～20°
$Y=0.27～0.36$
$X=1$

第一步：焊接15°～20°斜角钢筋条
（X：根据止水带宽度定 h：根据结构钢筋位置定）
（a=变形缝宽 b=止水带肋高）

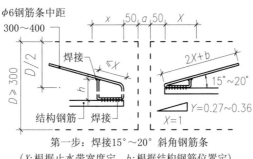

φ6钢筋条中距
300～400

焊接
结构钢筋 焊接

$D \geqslant 300$
$D/2$
b
50 a 50

15°～20°
$Y=0.27～0.36$
$X=1$

第二步：敷止水带

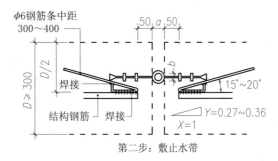

φ6钢筋卡
中距300～400

手掌施压
成型轨迹
5×30腻子
型膨胀条
焊接
结构钢筋 焊接

$D \geqslant 300$
$D/2$
50 a 50

15°～20°
$Y=0.27～0.36$
$X=1$

第三步：成型、缠膨胀条

Ⓓ **止水带呈盆状安装施工步骤**

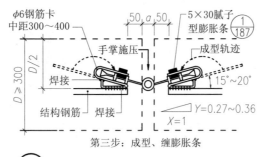

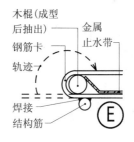

木棍(成型
后抽出)
钢筋卡
轨迹
焊接
结构筋

金属
止水带
15°～30°

Ⓔ

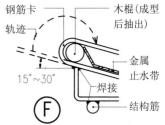

钢筋卡
轨迹

木棍(成型
后抽出)
金属
止水带
焊接
结构筋
15°～30°

Ⓕ

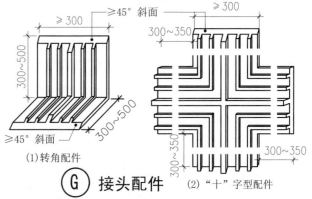

≥300 ≥45°斜面
300～500
300～500
≥45°斜面

（1）转角配件

≥300
300～350
300～350

（2）"十"字型配件

Ⓖ **接头配件**

接头粘结方法
橡胶：硫化焊接
塑料：热熔焊接

≥45°
止水带

Ⓗ

注：1. Ⓐ～ⒸⒺ为止水带呈平直型
状态的三种施工方法。其中Ⓐ施
工简单、省料、效果好。Ⓑ施工
复杂、费料，效果好。Ⓒ施工简
单、省料、稳定性差。

2. ⒹⒻ为止水带呈盆状安装的施
工步骤。

3. Ⓖ为外贴式止水带专用配件。
(1)用于转角部位。(2)用于变形缝
和施工缝均采用外贴式止水带时的
相交部位。

4. Ⓗ为止水带接头粘结方法。

图名 **止水带安装及接头粘结方法**

分图页 E-60
总图页 156

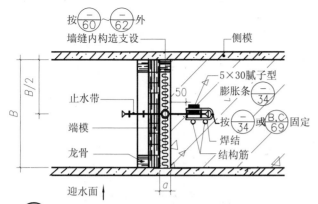

① 外墙变形缝两侧混凝土分别浇筑

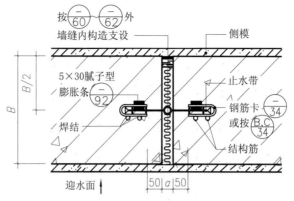

③ 外墙变形缝两侧混凝土同时对称浇筑

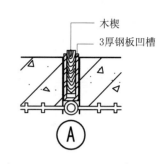

Ⓐ

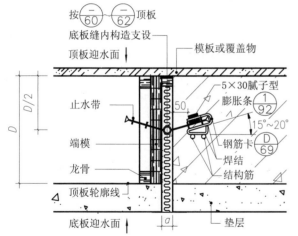

② 顶板、底板变形缝两侧混凝土分别浇筑

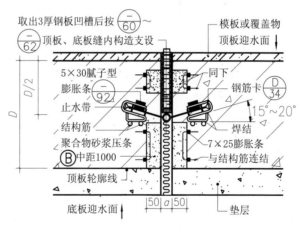

④ 顶板、底板变形缝两侧混凝土同时对称浇筑

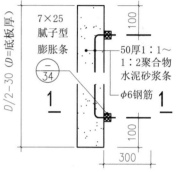

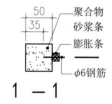

Ⓑ 聚合物砂浆压条

（聚合物砂浆压条的强度应≥底板混凝土强度）

注：浇筑④止水带上方混凝土时，可用3厚钢板做一"U"形凹槽置于缝槽位置，槽内塞木楔Ⓐ，待浇筑的混凝土硬化后取出，缝壁呈较光滑的平面，利于后续施工。④的下方，可用50厚聚合物水泥砂浆压条和φ6钢筋条Ⓑ固定填缝材料。

图名	变形缝施工方法	分图页	E-61
		总图页	157

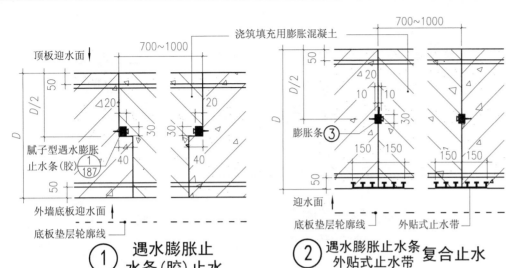

① 遇水膨胀止
水条(胶)止水

② 遇水膨胀止水条
外贴式止水带 复合止水

③ 遇水膨胀止水条止水

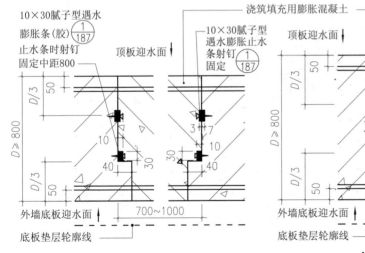

④ 大体积双道遇水膨胀
止水条(胶)止水

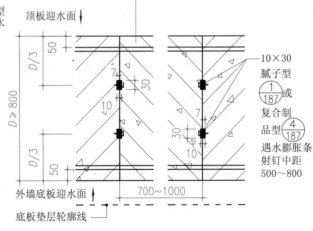

⑤ 大体积双道遇水膨胀
止水条止水

注:
1. 后浇带应设在受力和变形较小、收缩应力
   最大的部位。间距宜为30～50m, 带宽宜为
   700～1000。
2. 后浇带可做成平直缝, 结构主筋不宜在带
   中断开, 必须断开时, 则主筋搭接长度应
   >45倍主筋直径, 并应加设附加钢筋。
3. ①～⑤适用于一、二级地下工程。
4. 后浇带内均应采用填充用膨胀混凝土(限
   制膨胀率为0.04%～0.06%, 自应力值为0.5～
   1.0MPa)浇筑。膨胀率由试验确定。
5. 填充用膨胀混凝土的种类和掺量参见第92
   页表E-22。

图名	后浇带	分图页	E-62
		总图页	158

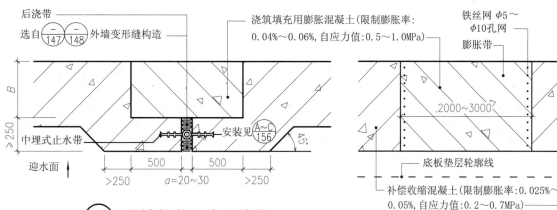

① 外墙超前止水后浇带

③ 外墙 底板 顶板膨胀带防渗

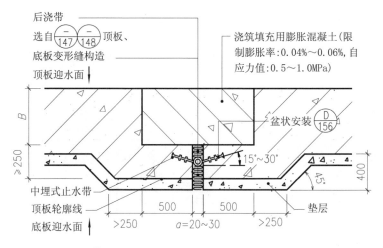

② 底板 顶板超前止水后浇带

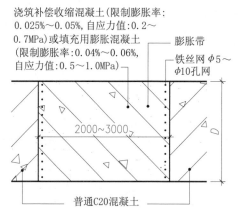

④ 楼板膨胀带防裂

注:
1. ①②后浇带做法适用于一、二级地下工程。后浇带内浇筑填充用膨胀混凝土。

2. 采用膨胀带施工技术可取消后浇带。

3. 膨胀带的留设位置与后浇带相同。宽度为2～3m。带之间应适当增加10%～15%的水平温度钢筋。密孔铁丝网为防两侧混凝土滚入膨胀带而设。整个工程的混凝土应连续浇筑,先浇带外混凝土,当接近带体时,再浇筑带内混凝土,不留施工缝和后浇带。混凝土中膨胀剂的加入量由试验确定,带内混凝土的强度宜比两侧混凝土提高0.5个等级(≥0.1MPa)。

4. 外墙、底板、顶板的膨胀带必须防裂防渗,故③膨胀带两侧采用补偿收缩混凝土浇筑,膨胀带内采用填充用膨胀混凝土浇筑。而楼板膨胀带一般防裂就能满足使用要求,故④膨胀带的两侧采用普通混凝土浇筑,带内采用补偿收缩混凝土或填充用膨胀混凝土浇筑。

5. 常用膨胀剂的种类和掺量参见第92页表E-22。

图名 超前止水 后浇带、膨胀带（一）

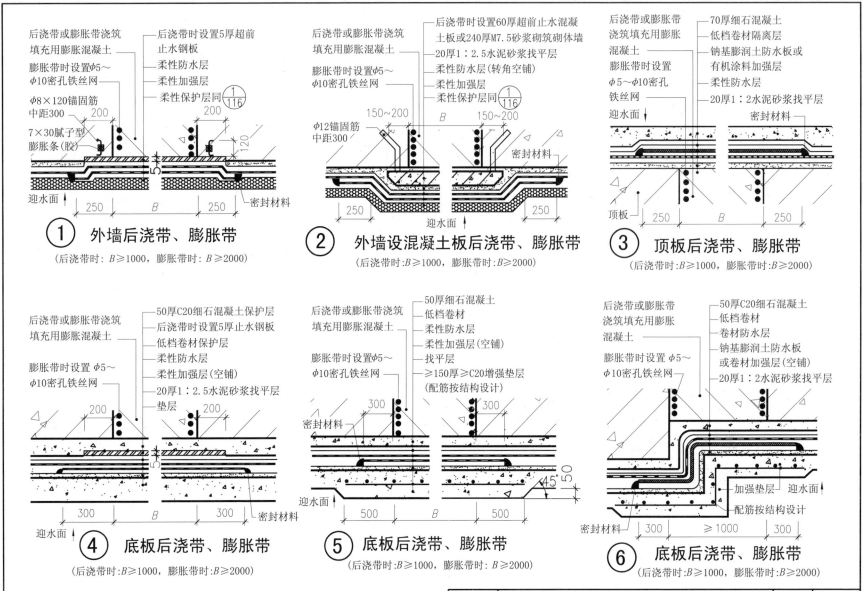

① 外墙后浇带、膨胀带
(后浇带时：B≥1000，膨胀带时：B≥2000)

② 外墙设混凝土板后浇带、膨胀带
(后浇带时：B≥1000，膨胀带时：B≥2000)

③ 顶板后浇带、膨胀带
(后浇带时：B≥1000，膨胀带时：B≥2000)

④ 底板后浇带、膨胀带
(后浇带时：B≥1000，膨胀带时：B≥2000)

⑤ 底板后浇带、膨胀带
(后浇带时：B≥1000，膨胀带时：B≥2000)

⑥ 底板后浇带、膨胀带
(后浇带时：B≥1000，膨胀带时：B≥2000)

注：①～⑥适用于一、二级地下工程。

图名　柔性防水材料外防外做　后浇带　膨胀带(二)

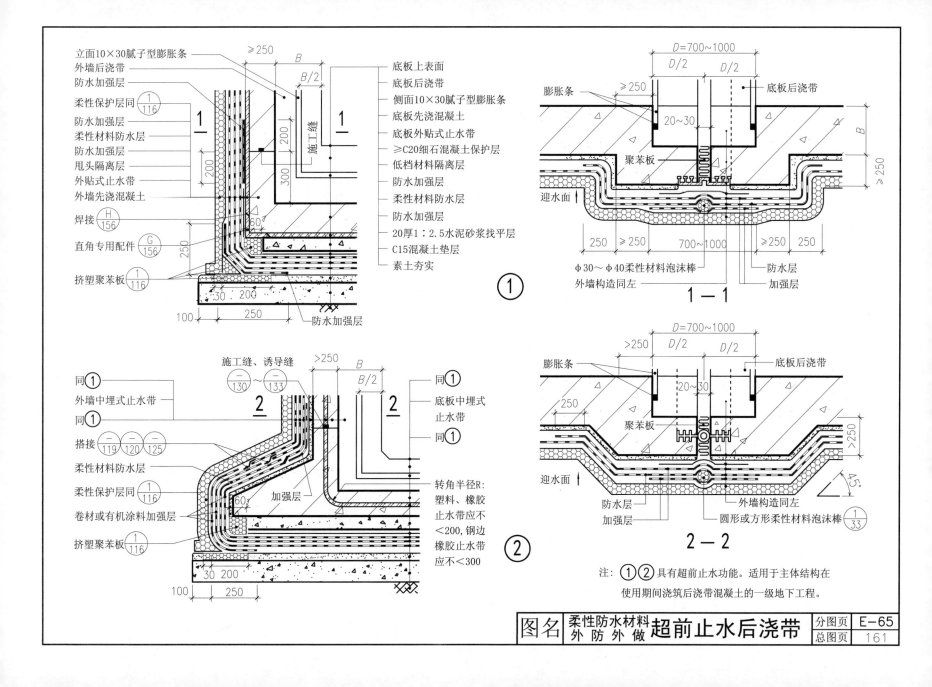

立面10×30腻子型膨胀条
外墙后浇带
防水加强层
柔性保护层同 ①/116
防水加强层
柔性材料防水层
防水加强层
甩头隔离层
外贴式止水带
外墙先浇混凝土
焊接 H/156
直角专用配件 G/156
挤塑聚苯板 ①/116

≥250
B
B/2
200
200
施工缝
300
250
60°
100 30 200
250

底板上表面
底板后浇带
侧面10×30腻子型膨胀条
底板先浇混凝土
底板外贴式止水带
≥C20细石混凝土保护层
低档材料隔离层
防水加强层
柔性材料防水层
防水加强层
20厚1：2.5水泥砂浆找平层
C15混凝土垫层
素土夯实
防水加强层

①

D=700~1000
D/2 D/2
膨胀条
≥250
底板后浇带
20~30
聚苯板
B
≥250
迎水面
250 ≥250 700~1000 ≥250 250
φ30～φ40柔性材料泡沫棒
外墙构造同左
防水层
加强层

1－1

施工缝、诱导缝 —/130 ～ —/133
>250
B
B/2
同①
外墙中埋式止水带
同①
同①
搭接 —/119 —/120 —/125
柔性材料防水层
柔性保护层同 ①/116
卷材或有机涂料加强层
挤塑聚苯板 ①/116
加强层
60°
2
2
底板中埋式止水带
同①
转角半径R：塑料、橡胶止水带应不＜200，钢边橡胶止水带应不＜300
100 30 200 250

②

D=700~1000
D/2 D/2
膨胀条
>250
底板后浇带
250
20~30
聚苯板
>250
迎水面
45°
防水层
加强层
外墙构造同左
圆形或方形柔性材料泡沫棒 ①/33

2－2

注：①②具有超前止水功能。适用于主体结构在使用期间浇筑后浇带混凝土的一级地下工程。

图名 柔性防水材料 外防外做 **超前止水后浇带**

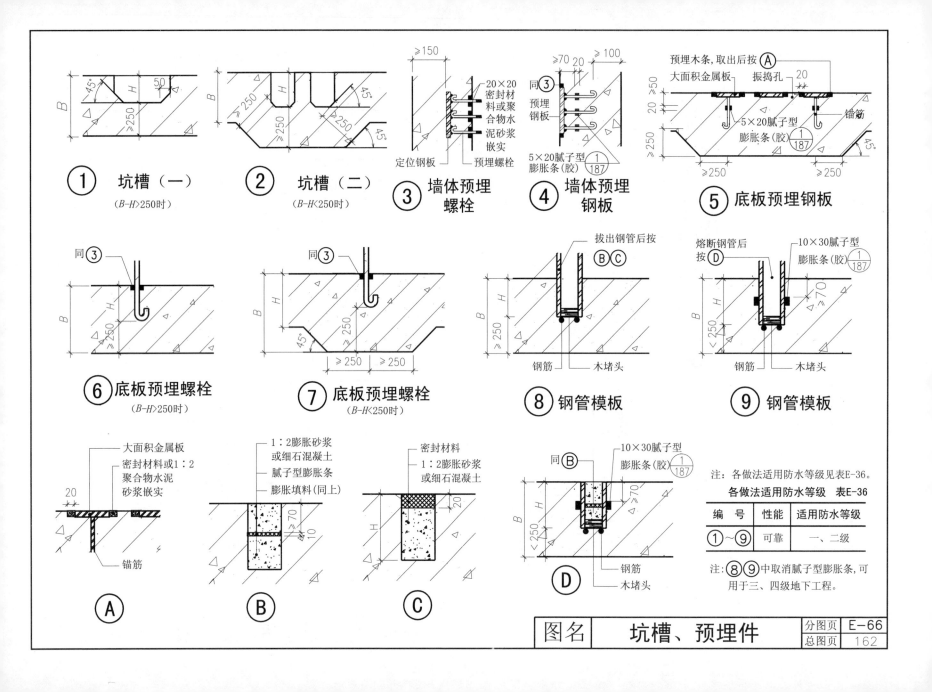

① 坑槽（一）
（B-H>250时）

② 坑槽（二）
（B-H<250时）

③ 墙体预埋螺栓
20×20密封材料或聚合物水泥砂浆嵌实
定位钢板
预埋螺栓

④ 墙体预埋钢板
同③预埋钢板
5×20腻子型膨胀条（胶） $\frac{1}{187}$

⑤ 底板预埋钢板
预埋木条，取出后按Ⓐ
大面积金属板
振捣孔
5×20腻子型膨胀条（胶） $\frac{1}{187}$
锚筋

⑥ 底板预埋螺栓
（B-H>250时）
同③

⑦ 底板预埋螺栓
（B-H<250时）
同③

⑧ 钢管模板
拔出钢管后按ⒷⒸ
钢筋
木堵头

⑨ 钢管模板
熔断钢管后按Ⓓ
10×30腻子型膨胀条（胶） $\frac{1}{187}$
钢筋
木堵头

Ⓐ
大面积金属板
密封材料或1:2聚合物水泥砂浆嵌实
锚筋

Ⓑ
1:2膨胀砂浆或细石混凝土
腻子型膨胀条
膨胀填料(同上)

Ⓒ
密封材料
1:2膨胀砂浆或细石混凝土

Ⓓ
同Ⓑ
10×30腻子型膨胀条（胶） $\frac{1}{187}$
钢筋
木堵头

注：各做法适用防水等级见表E-36。

各做法适用防水等级　表E-36

编　号	性能	适用防水等级
①～⑨	可靠	一、二级

注：⑧⑨中取消腻子型膨胀条，可用于三、四级地下工程。

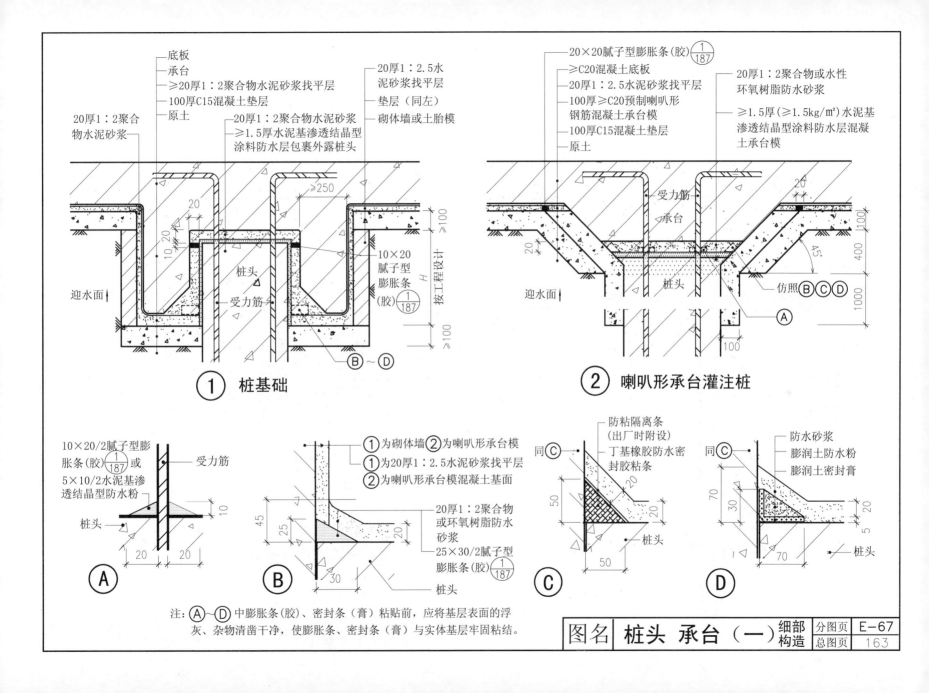

① 桩基础

② 喇叭形承台灌注桩

Ⓐ

Ⓑ

Ⓒ

Ⓓ

注：Ⓐ～Ⓓ中膨胀条(胶)、密封条(膏)粘贴前,应将基层表面的浮
灰、杂物清凿干净,使膨胀条、密封条(膏)与实体基层牢固粘结。

图名 桩头 承台（一） 细部构造

分图页 E-67
总图页 163

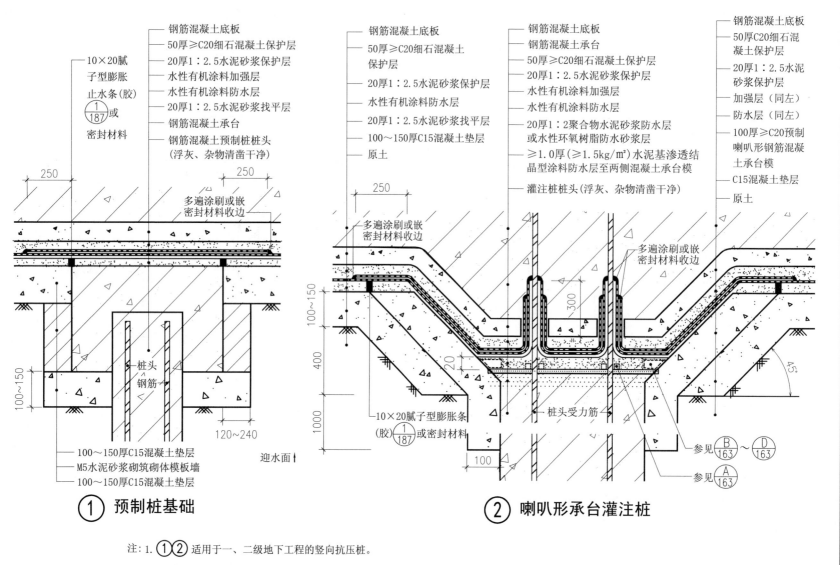

① **预制桩基础**

钢筋混凝土底板
50厚≥C20细石混凝土保护层
20厚1：2.5水泥砂浆保护层
水性有机涂料加强层
水性有机涂料防水层
20厚1：2.5水泥砂浆找平层
钢筋混凝土承台
钢筋混凝土预制桩桩头
(浮灰、杂物清凿干净)

10×20腻子型膨胀止水条(胶) ①/187 或密封材料

多遍涂刷或嵌密封材料收边

桩头钢筋

迎水面

100～150厚C15混凝土垫层
M5水泥砂浆砌筑砌体模板墙
100～150厚C15混凝土垫层

② **喇叭形承台灌注桩**

钢筋混凝土底板
50厚≥C20细石混凝土保护层
20厚1：2.5水泥砂浆保护层
水性有机涂料防水层
20厚1：2.5水泥砂浆找平层
100～150厚C15混凝土垫层
原土

钢筋混凝土底板
钢筋混凝土承台
50厚≥C20细石混凝土保护层
20厚1：2.5水泥砂浆保护层
水性有机涂料加强层
水性有机涂料防水层
20厚1：2聚合物水泥砂浆防水层
或水性环氧树脂防水砂浆层
≥1.0厚(≥1.5kg/m²)水泥基渗透结晶型涂料防水层至两侧混凝土承台模
灌注桩桩头(浮灰、杂物清凿干净)

钢筋混凝土底板
50厚C20细石混凝土保护层
20厚1：2.5水泥砂浆保护层
加强层（同左）
防水层（同左）
100厚≥C20预制喇叭形钢筋混凝土承台模
C15混凝土垫层
原土

多遍涂刷或嵌密封材料收边

多遍涂刷或嵌密封材料收边

10×20腻子型膨胀条(胶) ①/187 或密封材料

桩头受力筋

参见 B/163 ～ D/163

参见 A/163

注：1. ①② 适用于一、二级地下工程的竖向抗压桩。
2. 涂膜加强层边缘应经多遍涂刷或嵌密封材料收边。

图名	防水涂料 外防外涂 **桩头 承台(二)**	分图页	**E-68**
		总图页	**164**

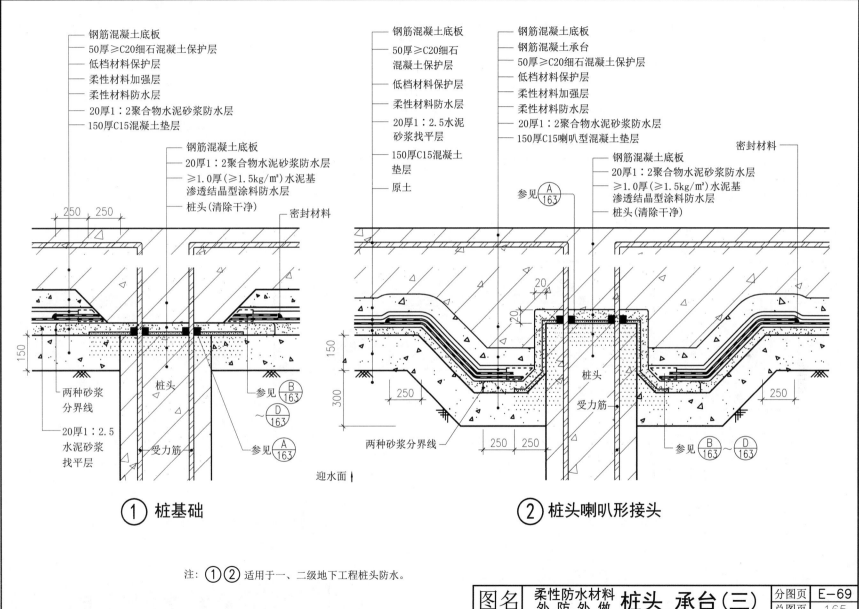

钢筋混凝土底板
50厚≥C20细石混凝土保护层
低档材料保护层
柔性材料加强层
柔性材料防水层
20厚1:2聚合物水泥砂浆防水层
150厚C15混凝土垫层

钢筋混凝土底板
20厚1:2聚合物水泥砂浆防水层
≥1.0厚(≥1.5kg/m²)水泥基渗透结晶型涂料防水层
桩头(清除干净)

密封材料

250 250

150

两种砂浆分界线

20厚1:2.5水泥砂浆找平层

桩头

受力筋

参见 B/163

~ D/163

参见 A/163

① 桩基础

钢筋混凝土底板
50厚≥C20细石混凝土保护层
低档材料保护层
柔性材料防水层
20厚1:2.5水泥砂浆找平层
150厚C15混凝土垫层
原土

钢筋混凝土底板
钢筋混凝土承台
50厚≥C20细石混凝土保护层
低档材料保护层
柔性材料加强层
柔性材料防水层
20厚1:2聚合物水泥砂浆防水层
150厚C15喇叭型混凝土垫层

密封材料

参见 A/163

钢筋混凝土底板
20厚1:2聚合物水泥砂浆防水层
≥1.0厚(≥1.5kg/m²)水泥基渗透结晶型涂料防水层
桩头(清除干净)

20

20

150

300

250

桩头

受力筋

250 250

250

两种砂浆分界线

迎水面

参见 B/163 ~ D/163

② 桩头喇叭形接头

注：① ② 适用于一、二级地下工程桩头防水。

图名 柔性防水材料外防外做 桩头 承台(三)

分图页 E-69
总图页 165

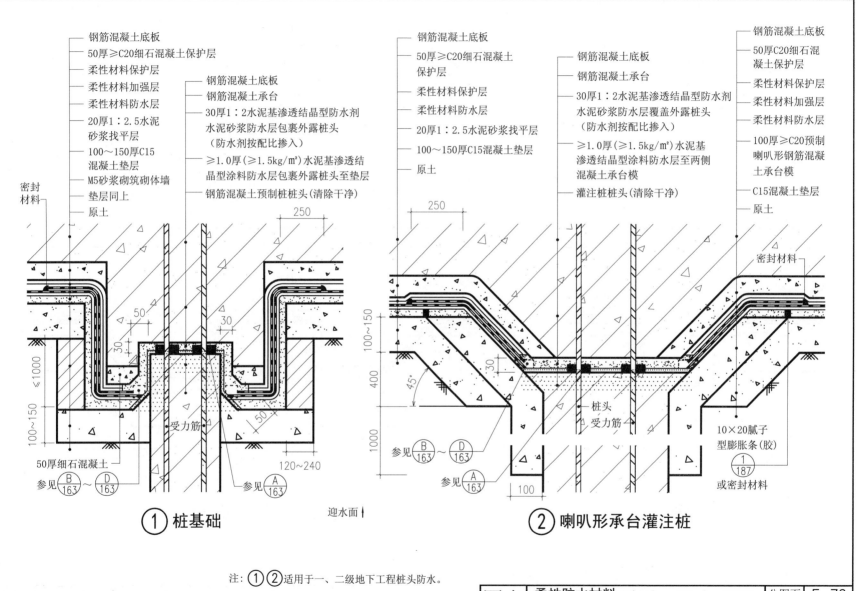

钢筋混凝土底板
50厚≥C20细石混凝土保护层
柔性材料保护层
柔性材料加强层
柔性材料防水层
20厚1:2.5水泥砂浆找平层
100～150厚C15混凝土垫层
M5砂浆砌筑砌体墙
垫层同上
原土

钢筋混凝土底板
钢筋混凝土承台
30厚1:2水泥基渗透结晶型防水剂水泥砂浆防水层包裹外露桩头（防水剂按配比掺入）
≥1.0厚（≥1.5kg/m²）水泥基渗透结晶型涂料防水层包裹外露桩头至垫层
钢筋混凝土预制桩桩头(清除干净)

密封材料
原土

250

50

30

≤1000

100～150

50厚细石混凝土

参见 B/163 ～ D/163

120～240

受力筋

参见 A/163

迎水面

① 桩基础

钢筋混凝土底板
50厚≥C20细石混凝土保护层
柔性材料保护层
柔性材料防水层
20厚1:2.5水泥砂浆找平层
100～150厚C15混凝土垫层
原土

钢筋混凝土底板
钢筋混凝土承台
30厚1:2水泥基渗透结晶型防水剂水泥砂浆防水层覆盖外露桩头（防水剂按配比掺入）
≥1.0厚（≥1.5kg/m²）水泥基渗透结晶型涂料防水层至两侧混凝土承台模
灌注桩桩头(清除干净)

钢筋混凝土底板
50厚≥C20细石混凝土保护层
柔性材料保护层
柔性材料加强层
柔性材料防水层
100厚≥C20预制喇叭形钢筋混凝土承台模
C15混凝土垫层
原土

密封材料

250

100～150

400

1000

45°

30

桩头受力筋

参见 B/163 ～ D/163

参见 A/163

100

10×20腻子型膨胀条(胶)

1/187

或密封材料

② 喇叭形承台灌注桩

注：①②适用于一、二级地下工程桩头防水。

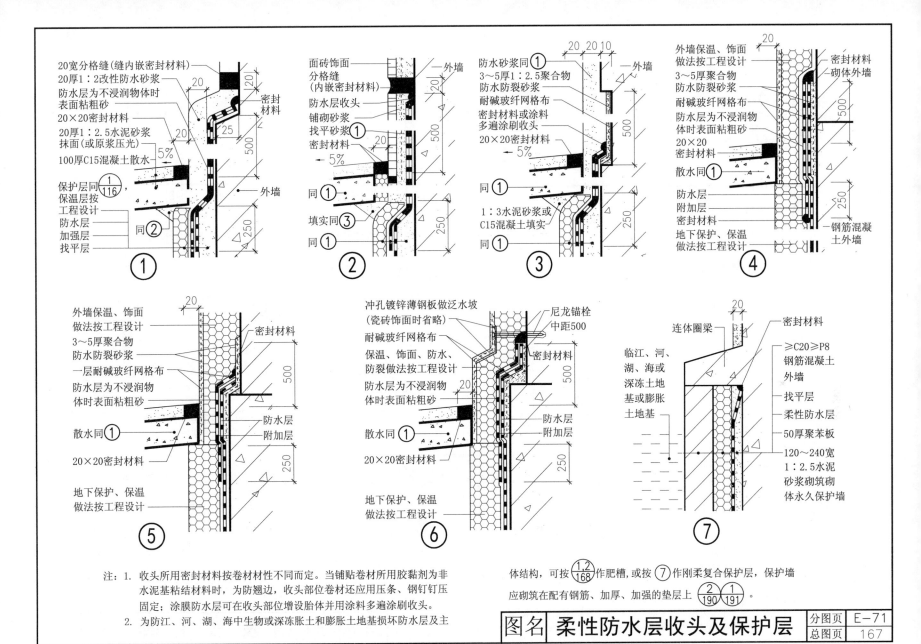

注：1. 收头所用密封材料按卷材材性不同而定。当铺贴卷材所用胶黏剂为非水泥基粘结材料时，为防翘边，收头部位卷材还应用压条、钢钉钉压固定；涂膜防水层可在收头部位增设胎体并用涂料多遍涂刷收头。

2. 为防江、河、湖、海中生物或深冻胀土和膨胀土地基损坏防水层及主体结构，可按 $\frac{1.2}{168}$ 作肥槽，或按 ⑦ 作刚柔复合保护层，保护墙应砌筑在配有钢筋、加厚、加强的垫层上 $\frac{2}{190}$ $\frac{1}{191}$ 。

图名 **柔性防水层收头及保护层**

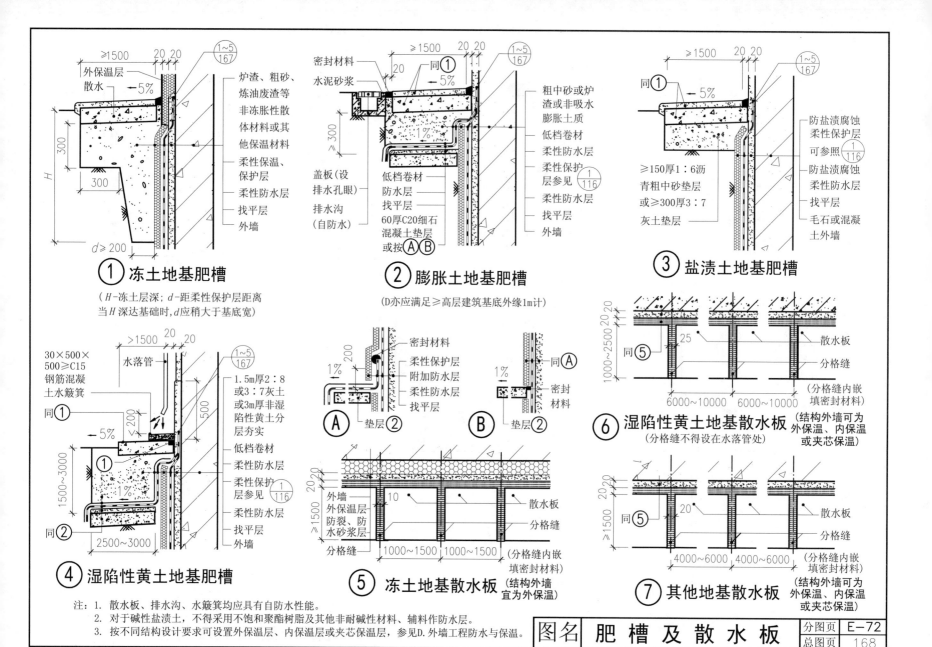

①冻土地基肥槽

（*H*-冻土层深；*d*-距柔性保护层距离
当*H*深达基础时，*d*应稍大于基底宽）

②膨胀土地基肥槽

（D亦应满足≥高层建筑基底外缘1m计）

③盐渍土地基肥槽

④湿陷性黄土地基肥槽

⑤冻土地基散水板（结构外墙宜为外保温）

⑥湿陷性黄土地基散水板（结构外墙可为外保温、内保温或夹芯保温）
（分格缝不得设在水落管处）

⑦其他地基散水板（结构外墙可为外保温、内保温或夹芯保温）

注：1. 散水板、排水沟、水簸箕均应具有自防水性能。
　　2. 对于碱性盐渍土，不得采用不饱和聚酯树脂及其他非耐碱性材料、辅料作防水层。
　　3. 按不同结构设计要求可设置外保温层、内保温层或夹芯保温层，参见D.外墙工程防水与保温。

图名	肥槽及散水板	分图页	E-72
		总图页	168

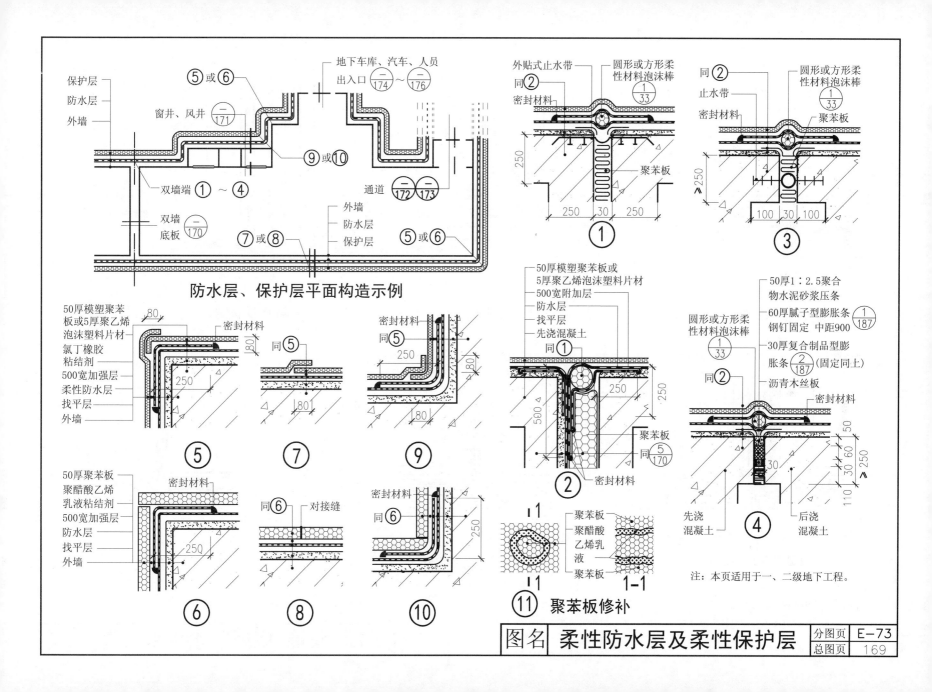

防水层、保护层平面构造示例

聚苯板修补

1-1

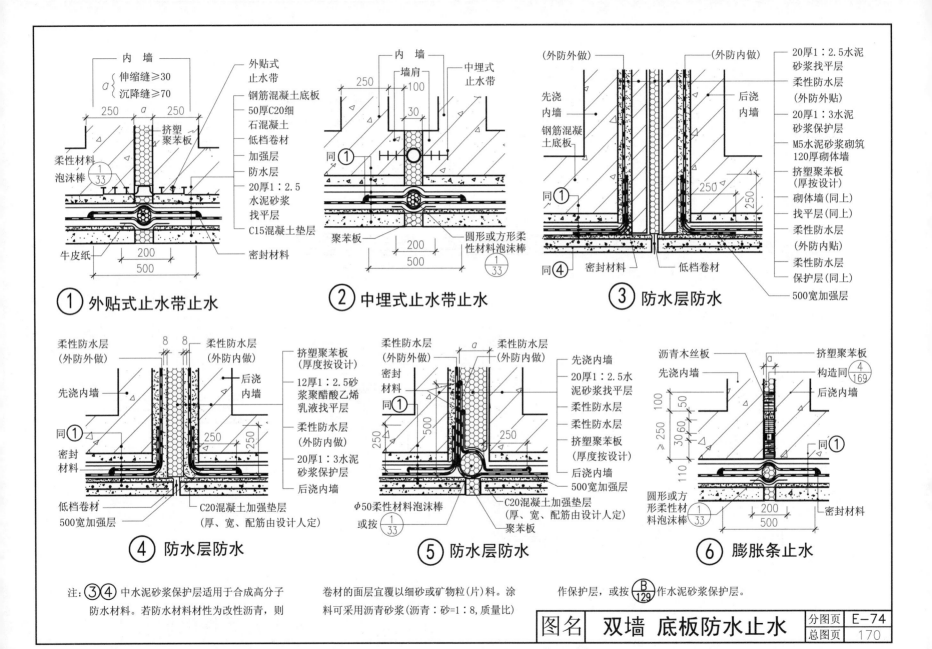

① 外贴式止水带止水

② 中埋式止水带止水

③ 防水层防水

④ 防水层防水

⑤ 防水层防水

⑥ 膨胀条止水

注：③④中水泥砂浆保护层适用于合成高分子
防水材料。若防水材料材性为改性沥青，则
卷材的面层宜覆以细砂或矿物粒(片)料。涂
料可采用沥青砂浆(沥青：砂=1：8,质量比)

作保护层，或按 Ⓑ/129 作水泥砂浆保护层。

| 图名 | 双墙 底板防水止水 | 分图页 | E-74 |
| | | 总图页 | 170 |

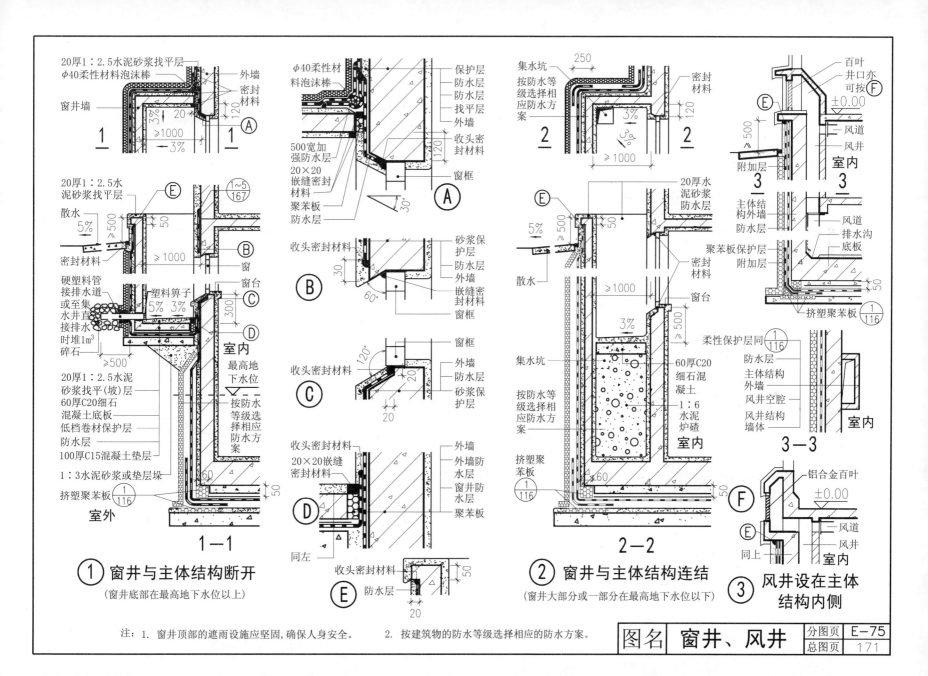

图① 窗井与主体结构断开

（窗井底部在最高地下水位以上）

图② 窗井与主体结构连结

（窗井大部分或一部分在最高地下水位以下）

图③ 风井设在主体结构内侧

注：1. 窗井顶部的遮雨设施应坚固,确保人身安全。　2. 按建筑物的防水等级选择相应的防水方案。

| 图名 | 窗井、风井 | 分图页 | E-75 |
| | | 总图页 | 171 |

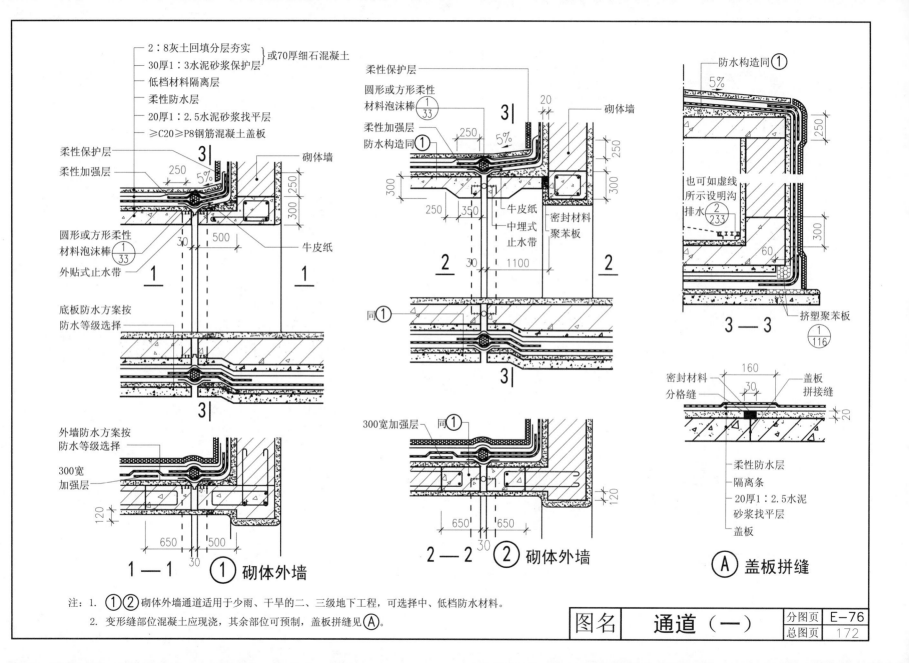

注：1. ①②砌体外墙通道适用于少雨、干旱的二、三级地下工程，可选择中、低档防水材料。
　　2. 变形缝部位混凝土应现浇，其余部位可预制，盖板拼缝见Ⓐ。

图名	通道（一）	分图页	E-76
		总图页	172

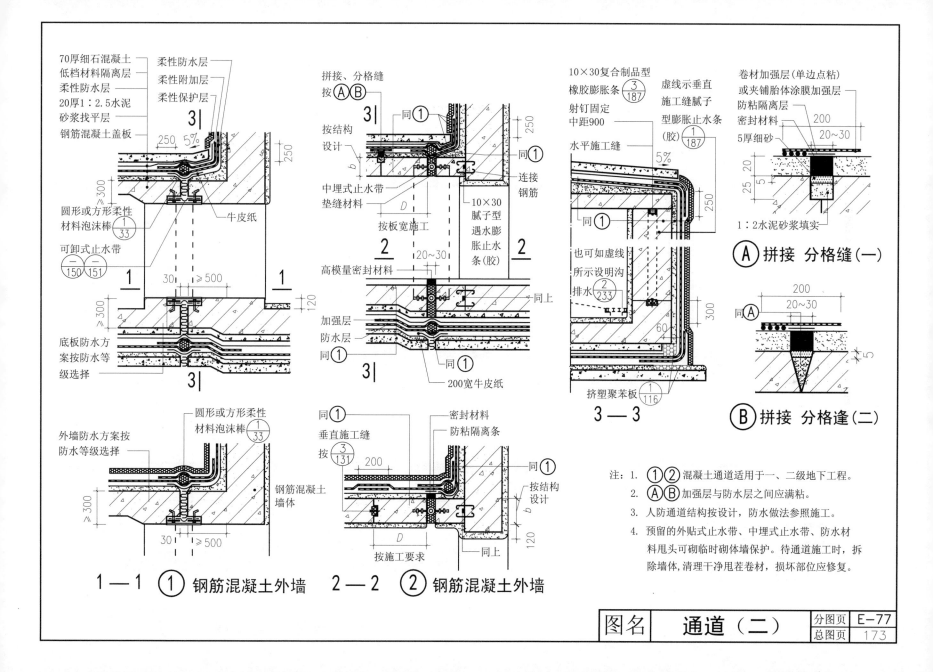

70厚细石混凝土
低档材料隔离层
柔性防水层
20厚1:2.5水泥
砂浆找平层
钢筋混凝土盖板

柔性防水层
柔性附加层
柔性保护层

250 5%

250

≥300

250

圆形或方形柔性
材料泡沫棒
①/33

牛皮纸

可卸式止水带
—/150 —/151

≥300

30 ≥500

120

底板防水方
案按防水等
级选择

拼接、分格缝
按 Ⓐ Ⓑ

同①
同①

250

按结构
设计

b

按板宽施工

中埋式止水带
垫缝材料

D

连接
钢筋

10×30
腻子型
遇水膨
胀止水
条(胶)

2

高模量密封材料

20~30

同上

加强层
防水层
同①

200宽牛皮纸

同① 3|

3|

10×30复合制品型
橡胶膨胀条 ③/187
射钉固定
中距900

虚线示垂直
施工缝腻子
型膨胀止水条
(胶) ①/187

水平施工缝

5%

同①

250

也可如虚线
所示设明沟
排水 ②/233

300

60

挤塑聚苯板
①/116

3—3

卷材加强层(单边点粘)
或夹铺胎体涂膜加强层
防粘隔离层
密封材料

200
20~30

5厚细砂

25 20 5

1:2水泥砂浆填实

Ⓐ 拼接 分格缝(一)

200
20~30

同Ⓐ

5

Ⓑ 拼接 分格逢(二)

圆形或方形柔性
材料泡沫棒
①/33

外墙防水方案按
防水等级选择

钢筋混凝土
墙体

≥300

30 ≥500

1—1 ① 钢筋混凝土外墙

同①

垂直施工缝
按 ③/131

200

密封材料
防粘隔离条

同①

按结构
设计

b

按施工要求

D

同上

120

2—2 ② 钢筋混凝土外墙

注: 1. ①② 混凝土通道适用于一、二级地下工程。
2. Ⓐ Ⓑ 加强层与防水层之间应满粘。
3. 人防通道结构按设计,防水做法参照施工。
4. 预留的外贴式止水带、中埋式止水带、防水材料甩头可砌临时砌体墙保护。待通道施工时,拆除墙体,清理干净甩荐卷材,损坏部位应修复。

| 图名 | 通道（二） | 分图页 | E-77 |
| | | 总图页 | 173 |

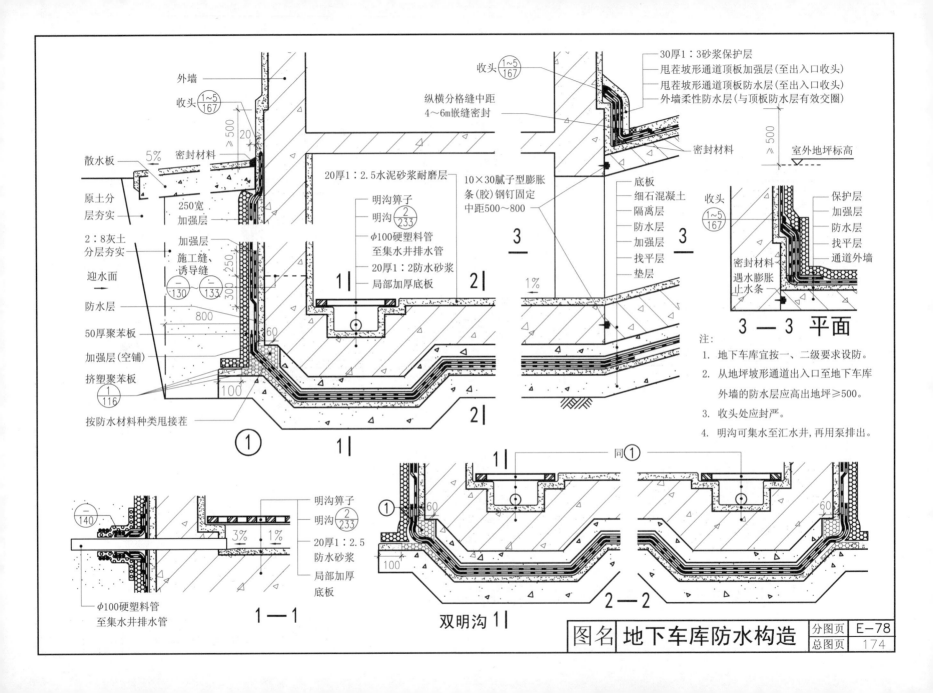

外墙
收头 $\frac{1\sim5}{167}$
散水板
5%
密封材料
原土分层夯实
250宽加强层
2:8灰土分层夯实
迎水面
防水层
50厚聚苯板
加强层(空铺)
挤塑聚苯板 $\frac{1}{116}$
按防水材料种类甩接茬
加强层
施工缝、诱导缝 $\frac{1}{130}$ $\frac{1}{133}$
800

30厚1:3砂浆保护层
甩茬坡形通道顶板加强层(至出入口收头)
甩茬坡形通道顶板防水层(至出入口收头)
外墙柔性防水层(与顶板防水层有效交圈)
收头 $\frac{1\sim5}{167}$
室外地坪标高
≥500
密封材料

纵横分格缝中距4~6m嵌缝密封

20厚1:2.5水泥砂浆耐磨层
明沟算子
明沟 $\frac{2}{233}$
φ100硬塑料管至集水井排水管
20厚1:2防水砂浆
局部加厚底板

10×30腻子型膨胀条(胶)钢钉固定中距500~800

底板
细石混凝土
隔离层
防水层
加强层
找平层
垫层

收头 $\frac{1\sim5}{167}$
保护层
加强层
防水层
找平层
通道外墙
密封材料
遇水膨胀止水条

3—3 平面

注:
1. 地下车库宜按一、二级要求设防。
2. 从地坪坡形通道出入口至地下车库外墙的防水层应高出地坪≥500。
3. 收头处应封严。
4. 明沟可集水至汇水井,再用泵排出。

φ100硬塑料管至集水井排水管
明沟算子
明沟 $\frac{2}{233}$
20厚1:2.5防水砂浆
局部加厚底板
$\frac{-}{140}$
3% 1%

1—1

双明沟1

同①

2—2

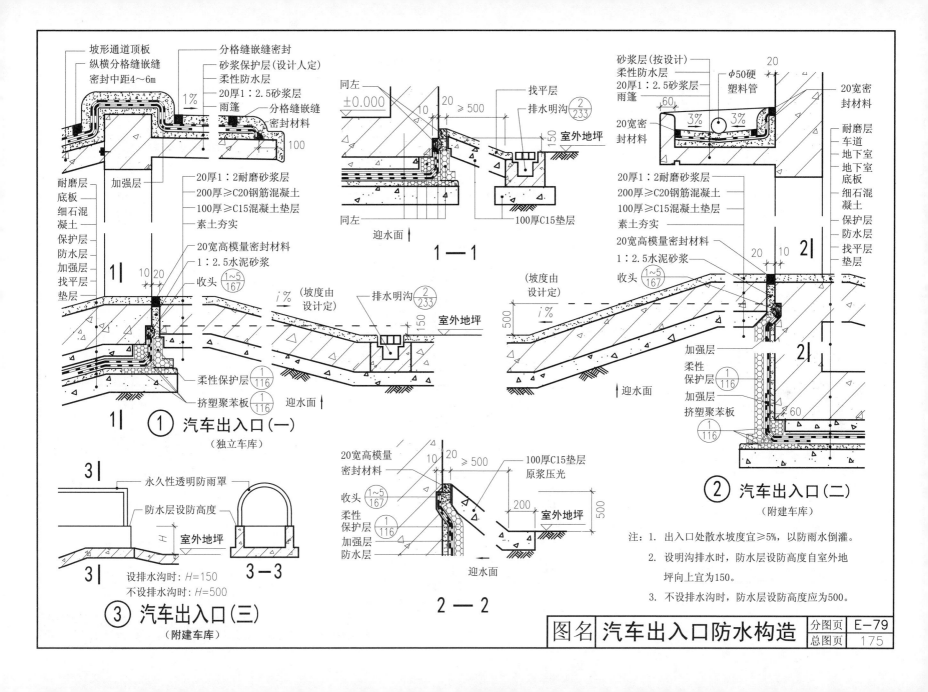

坡形通道顶板
纵横分格缝嵌缝密封中距4～6m
分格缝嵌缝密封
砂浆保护层(设计人定)
柔性防水层
20厚1:2.5砂浆层
雨篷
分格缝嵌缝密封材料
1%
100

耐磨层
底板
细石混凝土
保护层
防水层
加强层
找平层
垫层

加强层

20厚1:2耐磨砂浆层
200厚≥C20钢筋混凝土
100厚≥C15混凝土垫层
素土夯实

20宽高模量密封材料
1:2.5水泥砂浆
收头 $\frac{1～5}{167}$

10 20

i% (坡度由设计定)

柔性保护层 $\frac{1}{116}$

挤塑聚苯板 $\frac{1}{116}$

迎水面

① 汽车出入口(一)
(独立车库)

同左
±0.000
10 20 ≥500
找平层
排水明沟 $\frac{2}{233}$
150 室外地坪

20厚1:2耐磨砂浆层
200厚≥C20钢筋混凝土
100厚≥C15混凝土垫层
素土夯实

i% (坡度由设计定)

排水明沟 $\frac{2}{233}$
150 室外地坪

100厚C15垫层

迎水面

1—1

砂浆层(按设计)
柔性防水层
20厚1:2.5砂浆层
雨篷
ϕ50硬塑料管
60
3% 3%
20宽密封材料
20宽密封材料

耐磨层
车道
地下室
地下室底板
细石混凝土
保护层
防水层
找平层
垫层

20宽高模量密封材料
1:2.5水泥砂浆
收头 $\frac{1～5}{167}$

20 10

500 i%

加强层
柔性保护层 $\frac{1}{116}$
加强层
挤塑聚苯板 $\frac{1}{116}$
60

2 汽车出入口(二)
(附建车库)

永久性透明防雨罩
防水层设防高度
室外地坪
H

设排水沟时：H=150
不设排水沟时：H=500

3—3

③ 汽车出入口(三)
(附建车库)

20宽高模量密封材料
10 20 ≥500
收头 $\frac{1～5}{167}$
柔性保护层 $\frac{1}{116}$
加强层
防水层

100厚C15垫层
原浆压光

200 室外地坪 500

迎水面

2—2

注：1. 出入口处散水坡度宜≥5%,以防雨水倒灌。
　　2. 设明沟排水时,防水层设防高度自室外地坪向上宜为150。
　　3. 不设排水沟时,防水层设防高度应为500。

图名	汽车出入口防水构造	分图页	E-79
		总图页	175

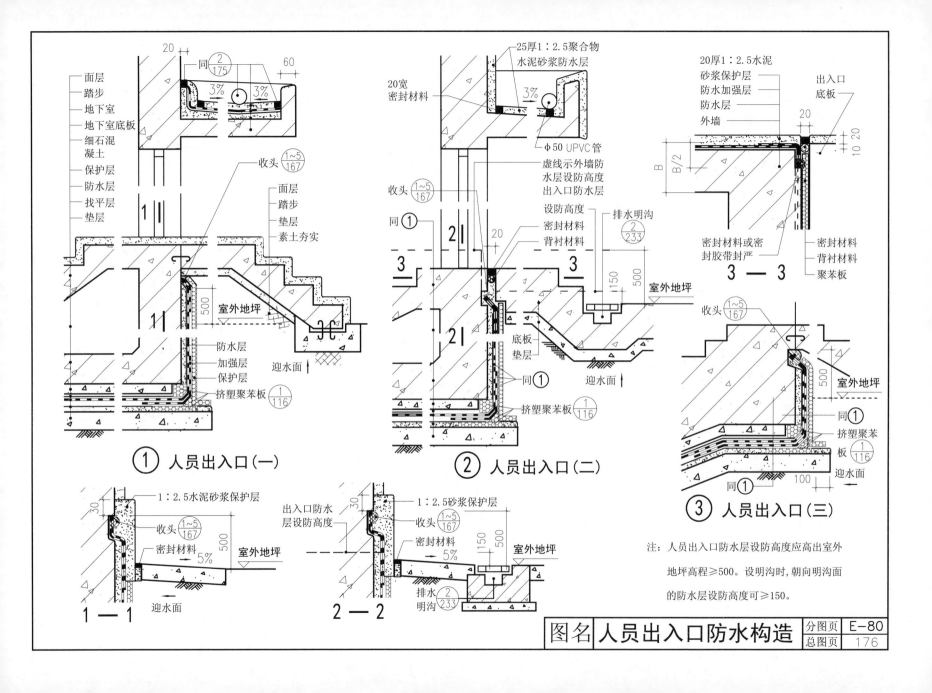

① 人员出入口（一）

面层
踏步
地下室
地下室底板
细石混凝土
保护层
防水层
找平层
垫层

收头 (1~5/167)

面层
踏步
垫层
素土夯实

防水层
加强层
保护层
挤塑聚苯板 (1/116)

室外地坪

迎水面

同 (2/175)

3% 3%

60

20

1——1

1：2.5水泥砂浆保护层
收头 (1~5/167)
密封材料
室外地坪
迎水面

30

5%

500

② 人员出入口（二）

25厚1：2.5聚合物
水泥砂浆防水层

20宽密封材料

φ50 UPVC管
虚线示外墙防水层设防高度出入口防水层

收头 (1~5/167)

同①

3%

设防高度
密封材料
背衬材料

排水明沟

同①

底板
垫层

同①

挤塑聚苯板 (1/116)

室外地坪

迎水面

150 500

(2/233)

2——2

出入口防水层设防高度
1：2.5砂浆保护层
收头 (1~5/167)
密封材料
室外地坪
排水明沟 (2/233)

30

5%

150 500

③ 人员出入口（三）

20厚1：2.5水泥砂浆保护层
防水加强层
防水层
外墙

出入口底板

20

B/2

B

密封材料或密封胶带封严

3——3

出入口底板

密封材料
背衬材料
聚苯板

10 20

收头 (1~5/167)

同①

挤塑聚苯板 (1/116)

室外地坪

迎水面

500

100

注：人员出入口防水层设防高度应高出室外地坪高程≥500。设明沟时，朝向明沟面的防水层设防高度可≥150。

图名 | 人员出入口防水构造 | 分图页 | E-80
总图页 | 176

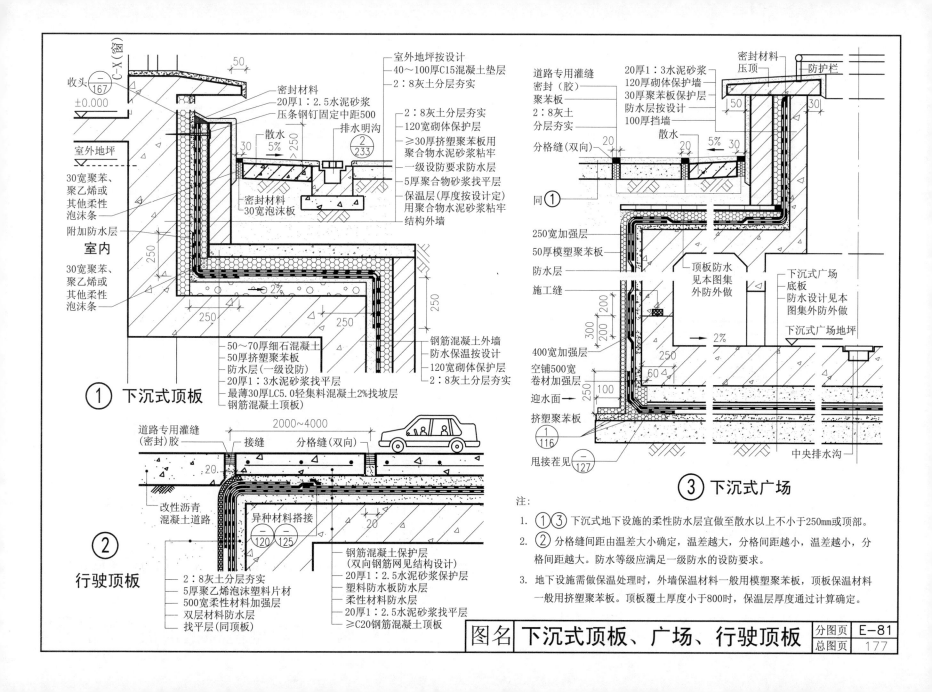

图名 **下沉式顶板、广场、行驶顶板**

分图页 **E-81**
总图页 **177**

① **下沉式顶板**

② **行驶顶板**

③ **下沉式广场**

注:
1. ①③下沉式地下设施的柔性防水层宜做至散水以上不小于250mm或顶部。
2. ②分格缝间距由温差大小确定，温差越大，分格间距越小，温差越小，分格间距越大。防水等级应满足一级防水的设防要求。
3. 地下设施需做保温处理时，外墙保温材料一般用模塑聚苯板，顶板保温材料一般用挤塑聚苯板。顶板覆土厚度小于800时，保温层厚度通过计算确定。

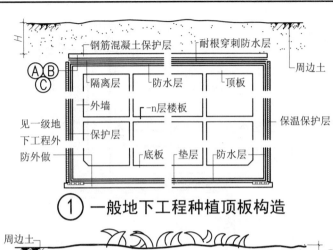

① 一般地下工程种植顶板构造

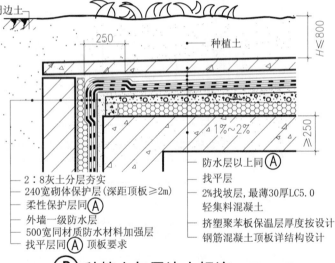

⑧ 种植土与周边土相连 （覆土层厚≤800）

2：8灰土分层夯实
240宽砌体保护层(深距顶板≥2m)
柔性保护层同Ⓐ
外墙一级防水层
500宽同材质防水材料加强层
找平层同Ⓐ顶板要求

防水层以上同Ⓐ
找平层
2%找坡层，最薄30厚LC5.0轻集料混凝土
挤塑聚苯板保温层厚度按设计
钢筋混凝土顶板详结构设计

注：1. 当顶板种植土小于150mm时，可不设排水层。
2. 当年降雨量小于蒸发量时，应选用蓄水功能强的排（蓄）水板。
3. 耐根穿刺防水层为一级防水层中的一种防水材料。严格说，只有不裂不渗的钢筋混凝土（宜掺纤维）才能起到耐根穿刺作用。
4. 寒冷地区应采用吸水率低、长期浸水不腐烂的材料作保温层（如闭孔泡沫玻璃、石墨聚苯板、聚苯板、硬泡聚氨酯、沥青膨胀蛭石等）。

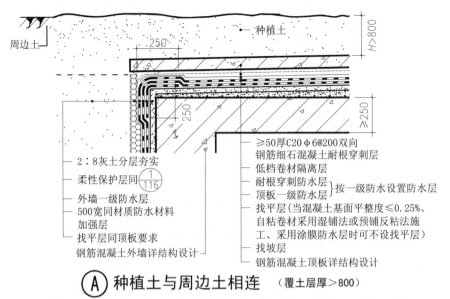

Ⓐ 种植土与周边土相连 （覆土层厚＞800）

≥50厚C20 φ6@200双向钢筋细石混凝土耐根穿刺层
低档卷材隔离层
耐根穿刺防水层
顶板一级防水层 } 按一级防水设置防水层
找平层(当混凝土基面平整度≤0.25%、自粘卷材采用湿铺法或预铺反粘法施工、采用涂膜防水层时可不设找平层)
找坡层
钢筋混凝土顶板详结构设计

2：8灰土分层夯实
柔性保护层同 1/116
外墙一级防水层
500宽同材质防水材料加强层
找平层同顶板要求
钢筋混凝土外墙详结构设计

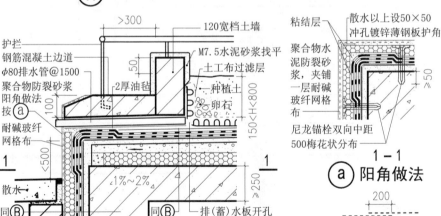

Ⓒ 种植顶板高于周边地面 （150＜覆土层厚＜800）

ⓐ 阳角做法

ⓑ 过滤层搭接

防水层既可正置，也可倒置。
5. 当Ⓐ顶板设计有保温层时，按设计要求执行。

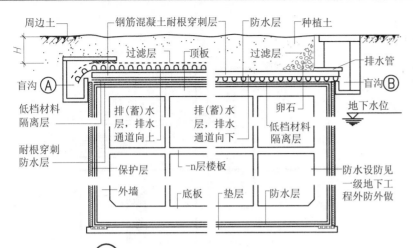

①地下水位低于种植顶板构造

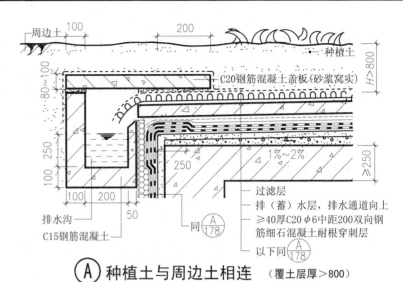

Ⓐ 种植土与周边土相连 （覆土层厚＞800）

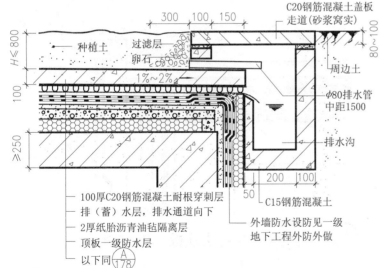

Ⓑ 种植土与周边土相连 （覆土层厚≤800）

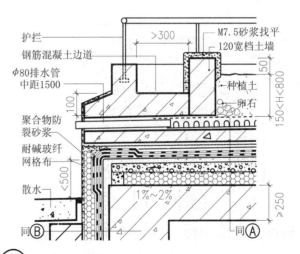

Ⓒ 种植顶板高于周边地面 （150＜覆土层厚≤800）

注:
1. 顶板耐根穿刺防水层为一级防水层中的一种防水材料。采用图Ⓑ时可不设耐根穿刺防水层。

2. 散水以上阳角做法按 $\frac{a}{178}$ 。

3. 顶板高于散水或周边地坪以上500时，按种植屋面设防。

4. Ⓐ顶板是否设置保温层由设计定。

| 图名 | 多雨地区种植顶板（一） | 分图页 | E-83 |
| | | 总图页 | 179 |

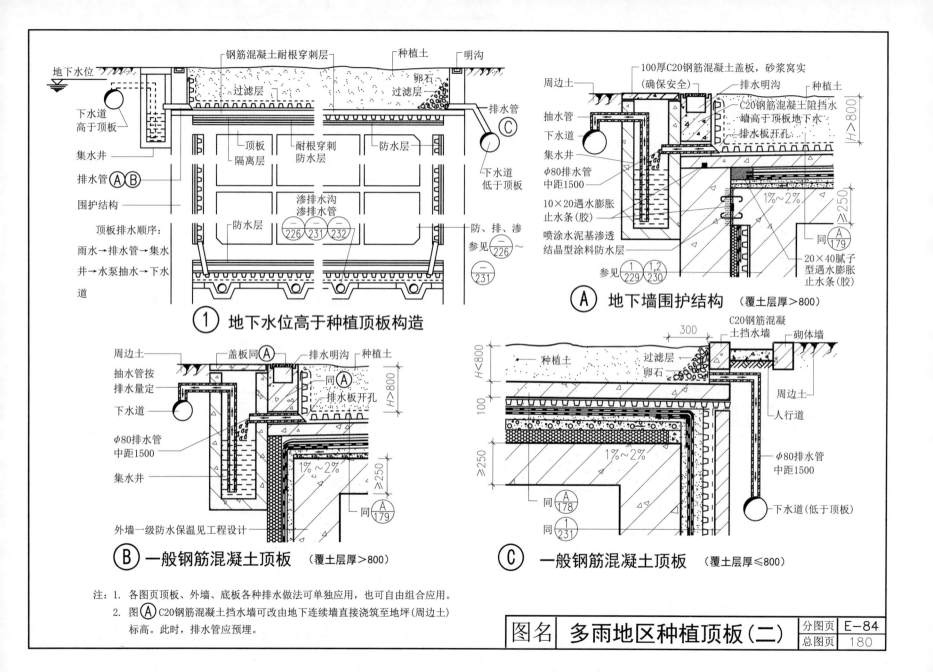

① 地下水位高于种植顶板构造

Ⓐ 地下墙围护结构 （覆土层厚＞800）

Ⓑ 一般钢筋混凝土顶板 （覆土层厚＞800）

Ⓒ 一般钢筋混凝土顶板 （覆土层厚≤800）

注：1. 各图页顶板、外墙、底板各种排水做法可单独应用，也可自由组合应用。
　　2. 图Ⓐ C20钢筋混凝土挡水墙可改由地下连续墙直接浇筑至地坪（周边土）
　　　　标高。此时，排水管应预埋。

| 图名 | 多雨地区种植顶板（二） | 分图页 | E-84 |
| | | 总图页 | 180 |

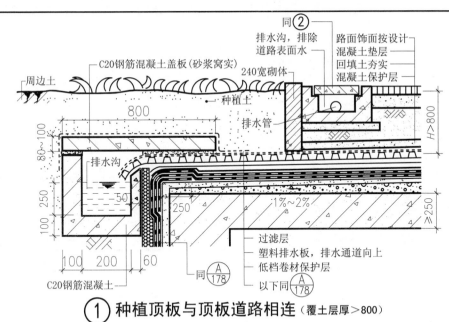

C20钢筋混凝土盖板(砂浆窝实)
周边土
800
80~100
排水沟
50
250
100
100 200 60
C20钢筋混凝土
同②
排水沟,排除道路表面水
路面饰面按设计
混凝土垫层
回填土夯实
混凝土保护层
240宽砌体
种植土
排水管
H>800
1%~2%
≥250
250
过滤层
塑料排水板,排水通道向上
低档卷材保护层
以下同 同 A/178
同 A/178

① 种植顶板与顶板道路相连 (覆土层厚>800)

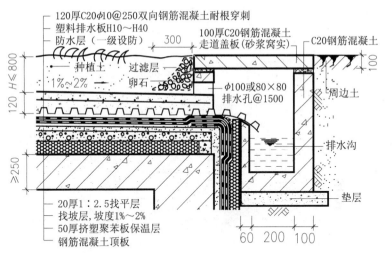

120厚C20φ10@250双向钢筋混凝土耐根穿刺
塑料排水板H10~H40
防水层(一级设防)
100厚C20钢筋混凝土走道盖板(砂浆窝实)
C20钢筋混凝土
300
H≤800
120
种植土 过滤层 卵石
1%~2%
φ100或80×80 排水孔@1500
周边土
排水沟
≥250
20厚1：2.5找平层
找坡层,坡度1%~2%
50厚挤塑聚苯板保温层
钢筋混凝土顶板
60 200 100
垫层

② 种植土与排水沟、周边土相连 (覆土层厚≤800)

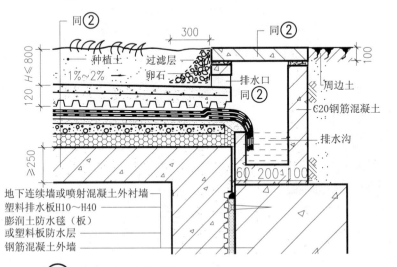

同②
300
同②
H≤800
120
种植土 过滤层 卵石
1%~2%
排水口 同②
周边土
C20钢筋混凝土
排水沟
≥250
60 200 100
地下连续墙或喷射混凝土外衬墙
塑料排水板H10~H40
膨润土防水毯(板)
或塑料板防水层
钢筋混凝土外墙

③ 顶板与外衬墙相连 (一) (覆土层厚≤800)

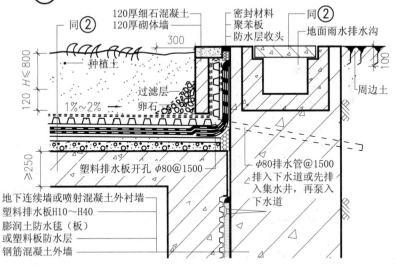

同②
120厚细石混凝土
120厚砌体墙
密封材料
聚苯板
防水层收头
同②
地面雨水排水沟
300
H≤800
120
种植土 过滤层 卵石
1%~2%
周边土
≥250
塑料排水板开孔 φ80@1500
地下连续墙或喷射混凝土外衬墙
塑料排水板H10~H40
膨润土防水毯(板)
或塑料板防水层
钢筋混凝土外墙
φ80排水管@1500
排入下水道或先排入集水井,再泵入下水道

④ 顶板与外衬墙相连 (二) (覆土层厚>800)

图名 种植顶板 与顶板道路、排水沟 周边土、外衬墙 相连

分图页 E-85

总图页 181

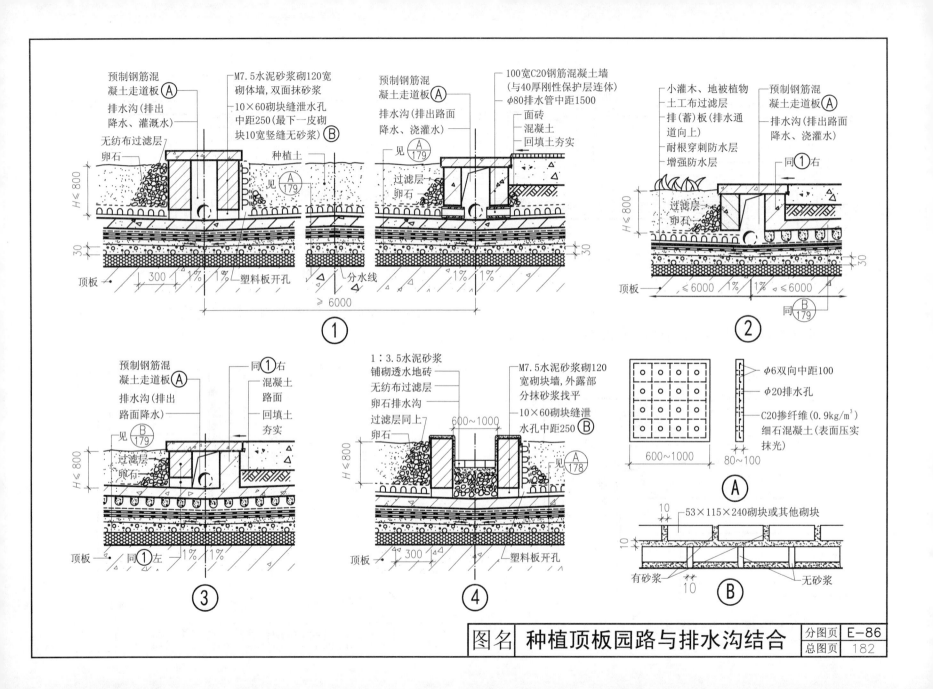

图名 **种植顶板园路与排水沟结合**

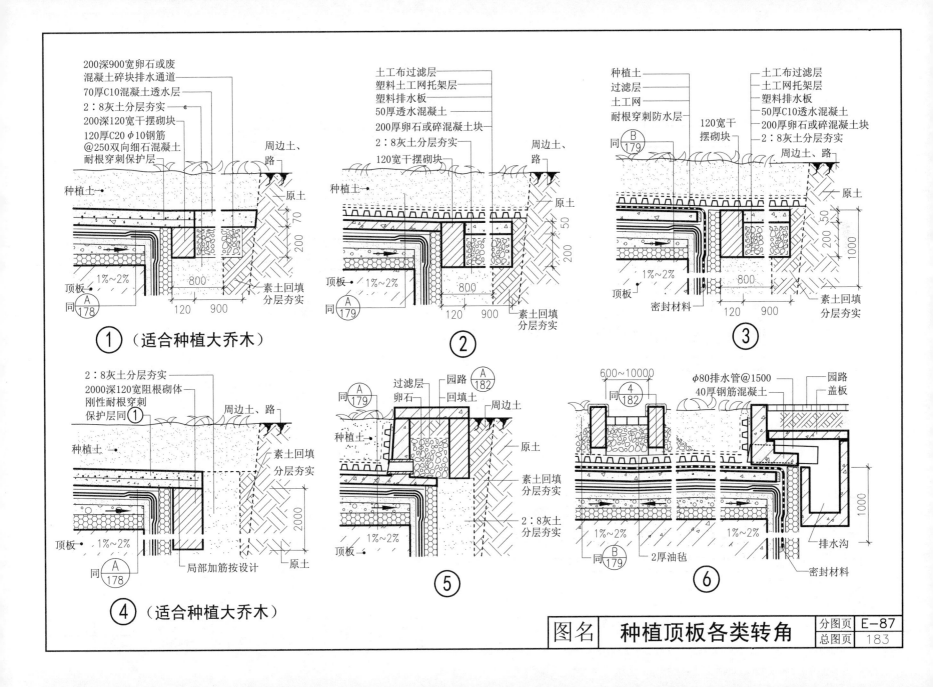

① （适合种植大乔木）

200深900宽卵石或废
混凝土碎块排水通道
70厚C10混凝土透水层
2：8灰土分层夯实
200深120宽干摆砌块
120厚C20ф10钢筋
@250双向细石混凝土
耐根穿刺保护层

种植土

周边土、路

原土

70
200

顶板

1%~2%

800

同 A/178

120 900

素土回填
分层夯实

②

土工布过滤层
塑料土工网托架层
塑料排水板
50厚透水混凝土
200厚卵石或碎混凝土块
2：8灰土分层夯实
120宽干摆砌块

种植土

周边土、路

原土

50
200

顶板 1%~2%

800

同 A/179

120 900

素土回填
分层夯实

③

种植土
过滤层
土工网
耐根穿刺防水层

同 B/179

120宽干
摆砌块

土工布过滤层
土工网托架层
塑料排水板
50厚C10透水混凝土
200厚卵石或碎混凝土块
2：8灰土分层夯实

周边土、路

原土

50
200
1000

1%~2%

顶板

密封材料

800

120 900

素土回填
分层夯实

④ （适合种植大乔木）

2：8灰土分层夯实
2000深120宽阻根砌体
刚性耐根穿刺
保护层同①

种植土

周边土、路

素土回填
分层夯实

2000

顶板 1%~2%

同 A/178

局部加筋按设计

原土

⑤

同 A/179

过滤层
卵石

园路
回填土

A/182

周边土

种植土

原土

素土回填
分层夯实

2：8灰土
分层夯实

1%~2%

顶板

同 A/179

⑥

600~10000

同 4/182

ф80排水管@1500
40厚钢筋混凝土

园路
盖板

1%~2%   1%~2%

1000

同 B/179

2厚油毡

排水沟

密封材料

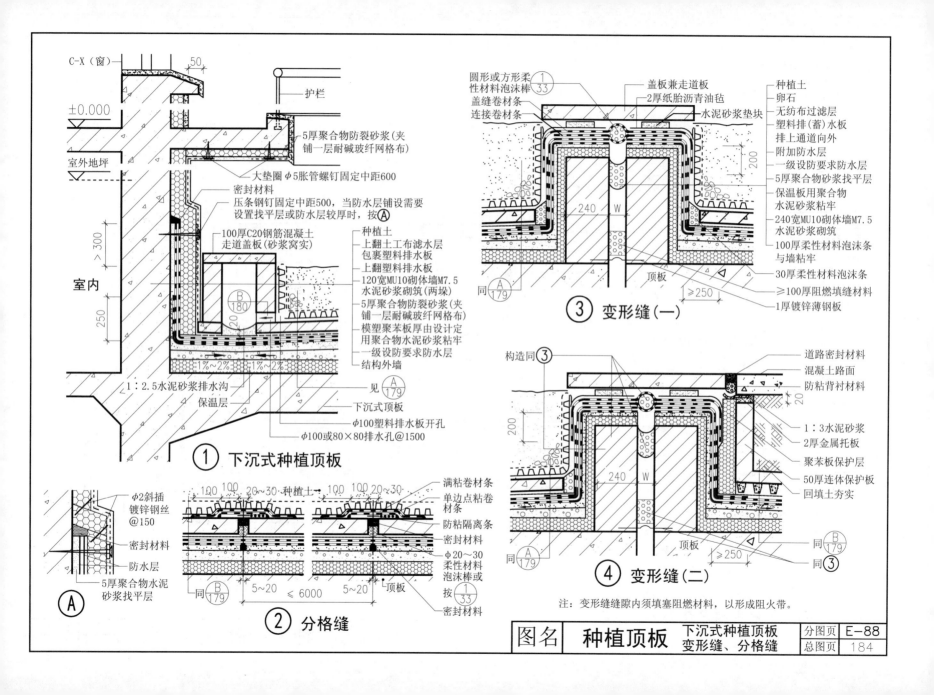

① 下沉式种植顶板

② 分格缝

③ 变形缝（一）

④ 变形缝（二）

注：变形缝缝隙内须填塞阻燃材料，以形成阻火带。

图名	种植顶板	下沉式种植顶板 变形缝、分格缝	分图页	E-88
			总图页	184

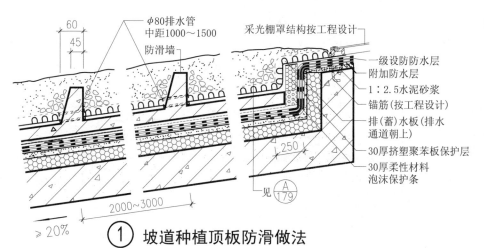

φ80排水管
中距1000～1500
防滑墙
采光棚罩结构按工程设计

一级设防防水层
附加防水层
1:2.5水泥砂浆
锚筋(按工程设计)
排(蓄)水板(排水通道朝上)
30厚挤塑聚苯板保护层
30厚柔性材料泡沫保护条

见 $\frac{A}{179}$

2000～3000

≥20%

① 坡道种植顶板防滑做法

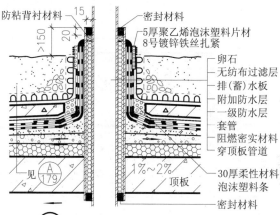

防粘背衬材料
密封材料
5厚聚乙烯泡沫塑料片材
8号镀锌铁丝扎紧
卵石
无纺布过滤层
排(蓄)水板
附加防水层
一级防水层
套管
阻燃密实材料
穿顶板管道
30厚柔性材料泡沫塑料条
密封材料

见 $\frac{A}{179}$

1%～2%
顶板

③ 穿顶板管道

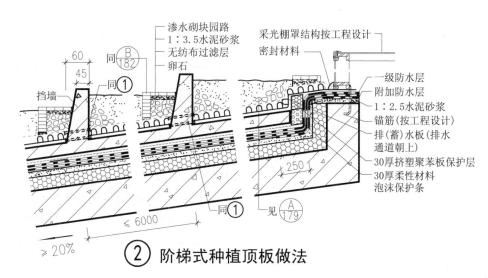

渗水砌块园路
1:3.5水泥砂浆
无纺布过滤层
卵石
采光棚罩结构按工程设计
密封材料

挡墙
同 $\frac{B}{182}$
同①

一级防水层
附加防水层
1:2.5水泥砂浆
锚筋(按工程设计)
排(蓄)水板(排水通道朝上)
30厚挤塑聚苯板保护层
30厚柔性材料泡沫保护条

见 $\frac{A}{179}$
同①

≤6000

≥20%

② 阶梯式种植顶板做法

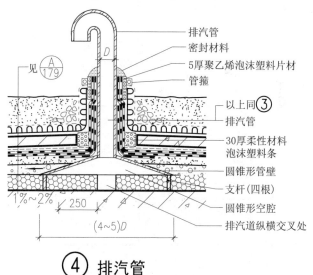

排汽管
密封材料
5厚聚乙烯泡沫塑料片材
管箍
见 $\frac{A}{179}$

以上同③
排汽管
30厚柔性材料泡沫塑料条
圆锥形管壁
支杆(四根)
圆锥形空腔
排汽道纵横交叉处

1%～2%
250
(4～5)D

④ 排汽管

注：玻璃采光棚罩的设计和施工应符合《屋面工程技术规范》GB50345中"4.10 玻璃采光顶设计"和"5.10 玻璃采光顶施工"的规定。

图名 种植顶板 坡道防滑、阶梯式穿顶板管道、排汽管做法

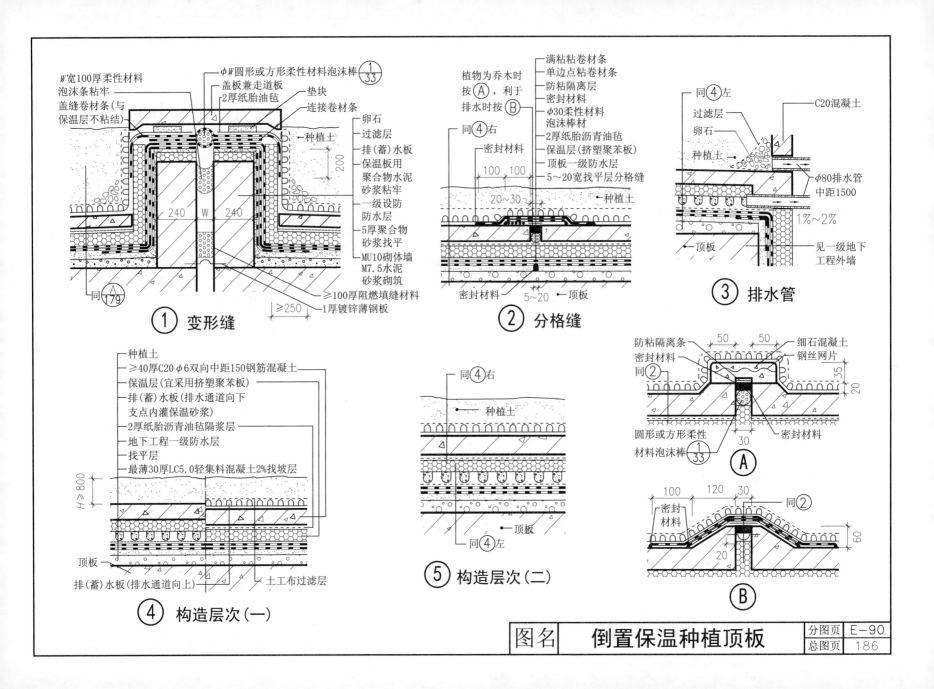

① 变形缝

W宽100厚柔性材料泡沫条粘牢
盖缝卷材条（与保温层不粘结）

φW圆形或方形柔性材料泡沫棒 ①/33
盖板兼走道板
2厚纸胎油毡
垫块
连接卷材条

卵石
过滤层
排（蓄）水板
保温板用聚合物水泥砂浆粘牢
一级设防防水层
5厚聚合物砂浆找平
MU10砌体墙 M7.5水泥砂浆砌筑

240 W 240

≥100厚阻燃填缝材料
1厚镀锌薄钢板
≥250

同 A/179

种植土
200

② 分格缝

植物为乔木时按A，利于排水时按B

满粘粘卷材条
单边点粘卷材条
防粘隔离层
密封材料
φ30柔性材料泡沫棒材
2厚纸胎沥青油毡
保温层（挤塑聚苯板）
顶板一级防水层
5~20宽找平层分格缝

同 ④ 右
密封材料
100 100
20~30
种植土

密封材料
5~20
顶板

③ 排水管

同 ④ 左
C20混凝土
过滤层
卵石
种植土

φ80排水管中距1500
1%~2%
见一级地下工程外墙

④ 构造层次（一）

种植土
≥40厚C20 φ6双向中距150钢筋混凝土
保温层（宜采用挤塑聚苯板）
排（蓄）水板（排水通道向下支点内灌保温砂浆）
2厚纸胎沥青油毡隔浆层
地下工程一级防水层
找平层
最薄30厚LC5.0轻集料混凝土2%找坡层

H≥800

顶板
排（蓄）水板（排水通道向上）
土工布过滤层

⑤ 构造层次（二）

同 ④ 右
种植土
同 ④ 左
顶板

Ⓐ

防粘隔离条
密封材料
同②
50 50
细石混凝土
钢丝网片
35 20

圆形或方形柔性材料泡沫棒
密封材料
30
①/33

Ⓑ

密封材料
同②
100 120 30
60
20

图名	倒置保温种植顶板	分图页	E-90
		总图页	186

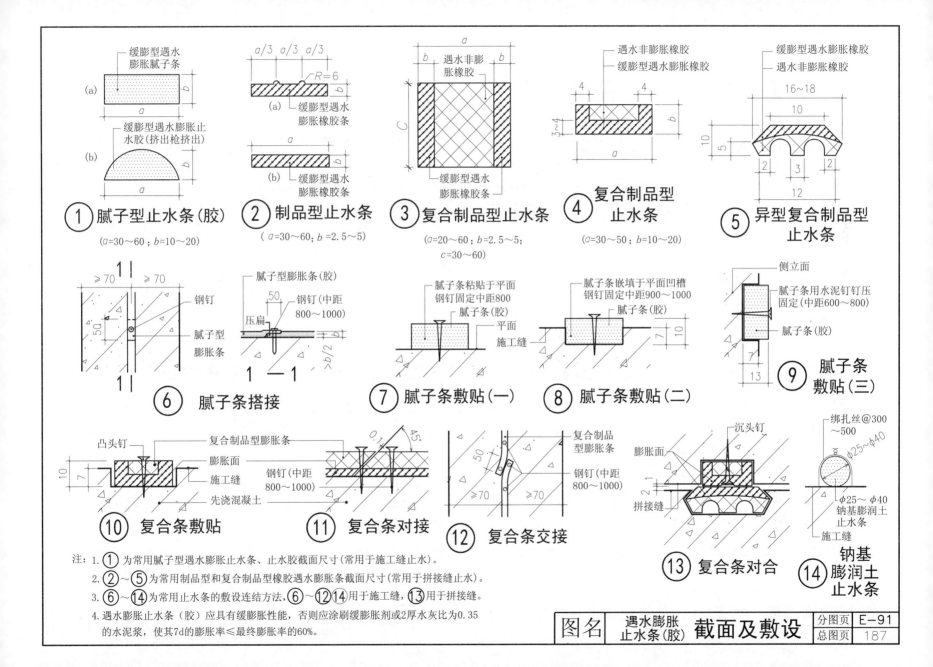

① 腻子型止水条（胶）

（a=30～60；b=10～20）

② 制品型止水条

（a=30～60；b=2.5～5）

③ 复合制品型止水条

（a=20～60；b=2.5～5；c=30～60）

④ 复合制品型止水条

（a=30～50；b=10～20）

⑤ 异型复合制品型止水条

⑥ 腻子条搭接

⑦ 腻子条敷贴（一）

⑧ 腻子条敷贴（二）

⑨ 腻子条敷贴（三）

⑩ 复合条敷贴

⑪ 复合条对接

⑫ 复合条交接

⑬ 复合条对合

⑭ 钠基膨润土止水条

注：1. ① 为常用腻子型遇水膨胀止水条、止水胶截面尺寸(常用于施工缝止水)。
2. ②～⑤ 为常用制品型和复合制品型橡胶遇水膨胀条截面尺寸(常用于拼接缝止水)。
3. ⑥～⑭ 为常用止水条的敷设连结方法，⑥⑫⑭用于施工缝，⑬用于拼接缝。
4. 遇水膨胀止水条（胶）应具有缓膨胀性能，否则应涂刷缓膨胀剂或2厚水灰比为0.35的水泥浆，使其7d的膨胀率≤最终膨胀率的60%。

图名	遇水膨胀止水条（胶）截面及敷设	分图页 E-91
		总图页 187

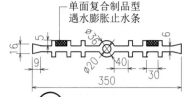

单面复合制品型
遇水膨胀止水条

① 橡胶止水带（一）
（单面复合制品型橡胶膨胀条）

双面复合制品型
遇水膨胀止水条

② 橡胶止水带（二）
（双面复合制品型橡胶膨胀条）

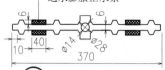

双面复合制品型
遇水膨胀止水条

③ 橡胶止水带（三）
（双面复合制品型橡胶膨胀条）

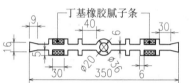

施工时丁基胶粘贴腻子型
遇水膨胀止水条（胶）（嵌入）

④ 橡胶或塑料止水带
（单面复合腻子型膨胀条）

⑤ 注浆橡胶止水带

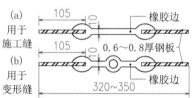

(a)
用于
施工缝

(b)
用于
变形缝

橡胶边
0.6～0.8厚钢板
橡胶边

⑥ 钢边橡胶止水带

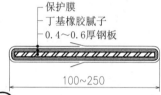

保护膜
丁基橡胶腻子
0.4～0.6厚钢板

⑦ 钢板橡胶腻子止水带

丁基橡胶腻子条

⑧ 橡胶或塑料止水带（一）
（双面复合遇水非膨胀腻子条）

⑨ 橡胶或塑料止水带（二）

⑩ 橡胶或塑料止水带（三）

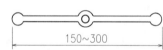

⑪ 橡胶或塑料止水带（四）

⑫ 橡胶或塑料止水带（五）

常用止水带适用防水等级、条件   表E-37

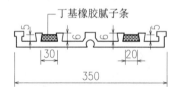

丁基橡胶腻子条

⑬ 橡胶或塑料止水带（六）
（单面复合遇水非膨胀腻子条）

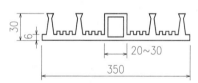

⑭ 橡胶或塑料止水带（七）

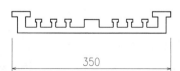

⑮ 橡胶或塑料止水带（八）

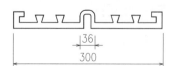

⑯ 橡胶或塑料止水带（九）

编号	适用部位	等级	适用环境条件
①～④	变形缝	一级	水压大、变形裂缝较小
⑤	变形缝	一级	水压大、变形裂缝较大
⑥	施工缝 变形缝	一级	水压大、变形大
⑦	施工缝 变形缝	一级	水压大、变形较大
⑧～⑩	变形缝	一、二级	水压小、变形裂缝小
⑪⑫	施工缝 变形缝	三、四级	水压小、变形小
⑬～⑭	变形缝	一、二级	水压较大、变形小
⑮～⑯	变形缝	二、三级	水压较小、变形小

注：
1. ①～⑫为中埋式止水带，⑬～⑯外贴式止水带。常用止水带的适用防水等级、部位、环境条件参见表E-37。
2. 止水带宽度L不宜过宽过窄，一般取值为250～500，常用值为320～370。
3. 遇有腐蚀性介质时，应选择氯丁橡胶、丁基橡胶、三元乙丙橡胶止水带或抗腐蚀的塑料止水带。

图名 常用橡胶塑料止水带形状规格

分图页 E-92
总图页 188

外 墙 防 水 层 外 防 内 做（一）

（围护结构：砌块、复合保温砌块、砌体墙、挡土排桩）

目 录

说　　明

1. 凡施工场地狭窄，不能敞开放坡挖坑，基坑围岩（挡土桩、墙）距临近建筑物外墙很近（一般<0.5m）或外墙防水层不允许采用外防外做的地下工程（如临河、湖、海，烂泥土地基等），可先在迎水面砌（浇）筑一道永久性保护墙，再在保护墙内侧设置防水层的外防内做设计方案和施工工艺。

2. 防水设计

（1）防水设防方案、水文地质勘察要求、防水材料选择方法、组合方法、封闭要求和设防高度均与外防外做相同。

（2）混凝土主体结构的防水及防渗等级应符合要求。

（3）永久性保护墙和主体结构相分离的构造形式，使用期间两者不能同步沉降，防水层极易撕裂破损。且施工、抗渗质量不易检查，破损难以修补，故宜采取使永久性保护墙和主体结构同步沉降的设计措施：对永久性保护墙底部约1m宽范围内的垫层作加厚、加筋、加强处理，其顶部用与主体结构相连的外凸式连体圈梁扣住即可。但圈梁施工较复杂，也增加了成本。

（4）条件允许时,可浇筑防水混凝土（配$\phi4\sim\phi8$钢筋网）作永久性保护墙，代替砌体保护墙。

3. 防水材料　一般采用粘结型防水卷材、自粘防水卷材、防水涂料、塑料防水板、膨润土防水毯(板)、金属板材和防水砂浆。

4. 柔性防水层保护层材料

（1）垫层表面柔性防水层保护层材料同外防外做。

（2）防水层外侧由永久性保护墙作保护层，防水层内侧按表E-38选择保护层。

外防内做防水层内侧保护层材料选用表　　表E-38

防水层材料种类	保护层材料名称	工程等级
合成高分子类 高聚物改性沥青类	5厚聚乙烯泡沫塑料片材(氯丁胶点粘)	一、二
	10厚聚苯乙烯泡沫塑料板(聚醋酸乙烯乳液点粘)	
	20厚1:2.5～1:3水泥砂浆保护层	二、三
高聚物改性沥青类	低档沥青卷材	
改性沥青卷材类	片岩、砂、金属膜等覆面兼作保护层	三、四

5. 防水层施工：　柔性防水材料和防水砂浆施工方法同外防外做。钢板防水层外防内做有以下两种施工方法（详图略）：

(1)将钢板焊成箱体(内设临时支撑)，并焊接少许锚固件与钢筋焊牢，在底板钢板上预留浇捣孔，待浇筑完混凝土后补焊严密。

(2)将钢板焊接在预埋角钢上，焊成装配式金属防水层。用不锈钢板、铅合金板外防内做时，应符合规定的施工技术要求。

6. 施工注意事项

(1)回填土高度不宜超出主体结构外墙过多，以防永久性保护墙坍塌，损坏防水层。

(2)主体结构外墙还未出地坪时，不能过早撤离降排水，以防因过早撤离降排水，引起地下水位上升，使处于背水面的防水层鼓包或溶塌永久性保护墙。

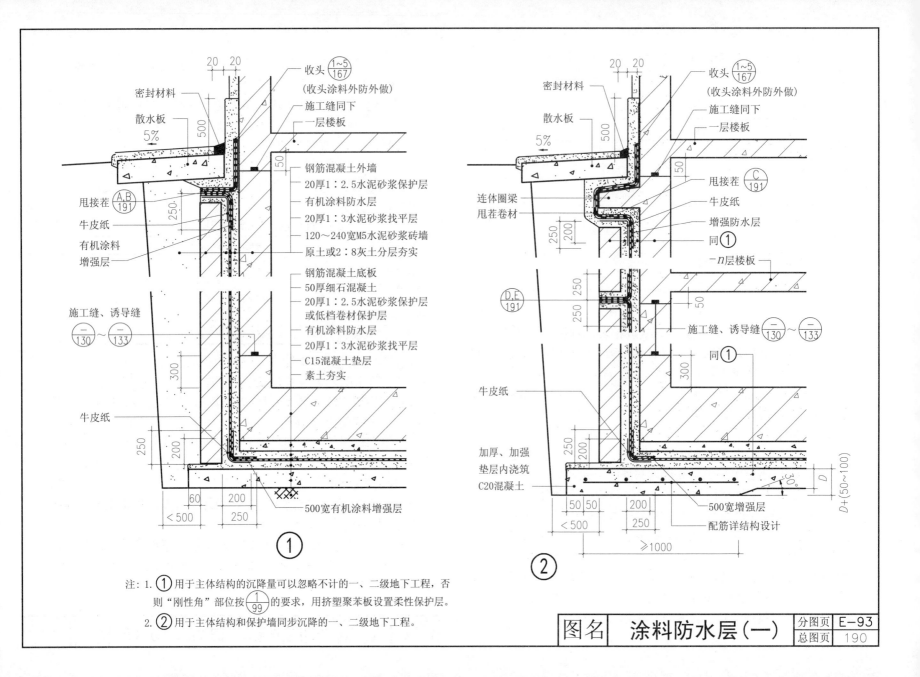

密封材料
散水板
5%
收头 $\frac{1\sim5}{167}$
（收头涂料外防外做）
施工缝同下
一层楼板
甩接荏 $\frac{A,B}{191}$
牛皮纸
有机涂料增强层
钢筋混凝土外墙
20厚1：2.5水泥砂浆保护层
有机涂料防水层
20厚1：3水泥砂浆找平层
120～240宽M5水泥砂浆砖墙
原土或2：8灰土分层夯实
钢筋混凝土底板
50厚细石混凝土
20厚1：2.5水泥砂浆保护层
或低档卷材保护层
有机涂料防水层
20厚1：3水泥砂浆找平层
C15混凝土垫层
素土夯实
施工缝、诱导缝 $\frac{-}{130}\sim\frac{-}{133}$
牛皮纸
500宽有机涂料增强层
①

密封材料
散水板
5%
收头 $\frac{1\sim5}{167}$
（收头涂料外防外做）
施工缝同下
一层楼板
甩接荏 $\frac{C}{191}$
牛皮纸
增强防水层
同①
连体圈梁
甩荏卷材
－n层楼板
施工缝、诱导缝 $\frac{-}{130}\sim\frac{-}{133}$
同①
牛皮纸
加厚、加强垫层内浇筑C20混凝土
500宽增强层
配筋详结构设计
②

注：1. ① 用于主体结构的沉降量可以忽略不计的一、二级地下工程，否则"刚性角"部位按 $\frac{1}{99}$ 的要求，用挤塑聚苯板设置柔性保护层。
2. ② 用于主体结构和保护墙同步沉降的一、二级地下工程。

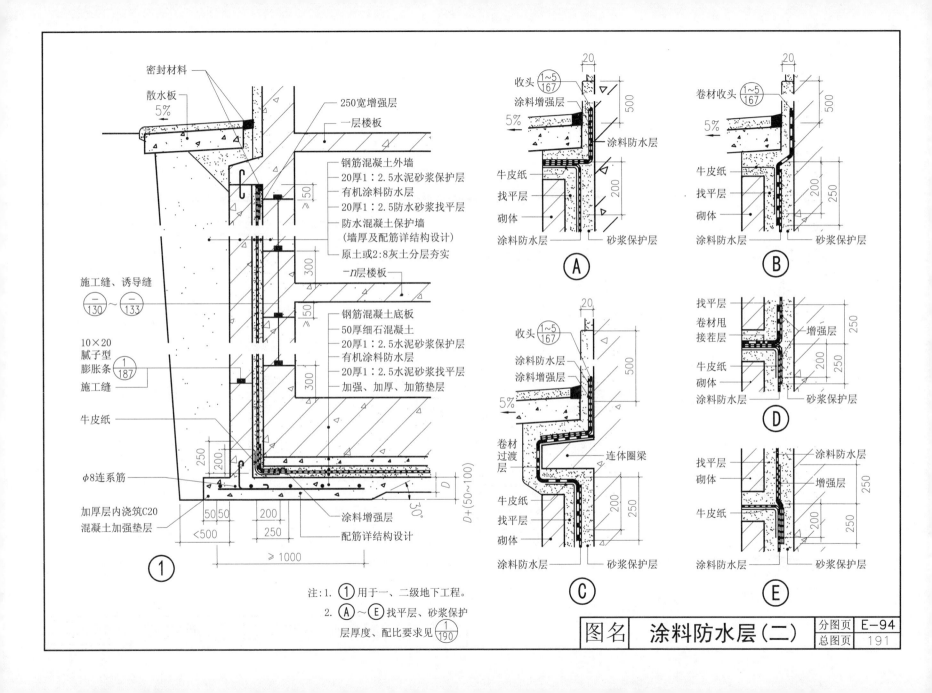

密封材料

散水板

5%

250宽增强层

一层楼板

钢筋混凝土外墙
20厚1：2.5水泥砂浆保护层
有机涂料防水层
20厚1：2.5防水砂浆找平层
防水混凝土保护墙
（墙厚及配筋详结构设计）
原土或2:8灰土分层夯实

≥50

300

−n层楼板

施工缝、诱导缝
$\frac{-}{130}$ ～ $\frac{-}{133}$

钢筋混凝土底板
50厚细石混凝土
20厚1：2.5水泥砂浆保护层
有机涂料防水层
20厚1：2.5水泥砂浆找平层
加强、加厚、加筋垫层

≥50

300

10×20
腻子型
膨胀条
$\frac{1}{187}$
施工缝

牛皮纸

250
200

φ8连系筋

加厚层内浇筑C20
混凝土加强垫层

50 50

200

250

涂料增强层

配筋详结构设计

30°

D+(50~100)

D

<500

≥1000

① 用于一、二级地下工程。

注：1. ① 用于一、二级地下工程。
2. Ⓐ ～ Ⓔ 找平层、砂浆保护
层厚度、配比要求见 $\frac{1}{190}$

A图

收头 $\frac{1～5}{167}$

涂料增强层

5%

20

500

涂料防水层

200

牛皮纸
找平层
砌体

涂料防水层

砂浆保护层

Ⓐ

B图

卷材收头 $\frac{1～5}{167}$

5%

20

500

涂料防水层

200
250

牛皮纸
找平层
砌体

涂料防水层

砂浆保护层

Ⓑ

C图

收头 $\frac{1～5}{167}$

20

500

涂料防水层
涂料增强层

5%

连体圈梁

卷材
过渡层

200
250

牛皮纸
找平层
砌体

涂料防水层

砂浆保护层

Ⓒ

D图

找平层

卷材甩
接茬层

增强层

250

200
250

牛皮纸
砌体

涂料防水层

砂浆保护层

Ⓓ

E图

找平层

涂料防水层

增强层

250

牛皮纸

200
250

砌体

涂料防水层

砂浆保护层

Ⓔ

图名 **涂料防水层（二）**

分图页 E-94
总图页 191

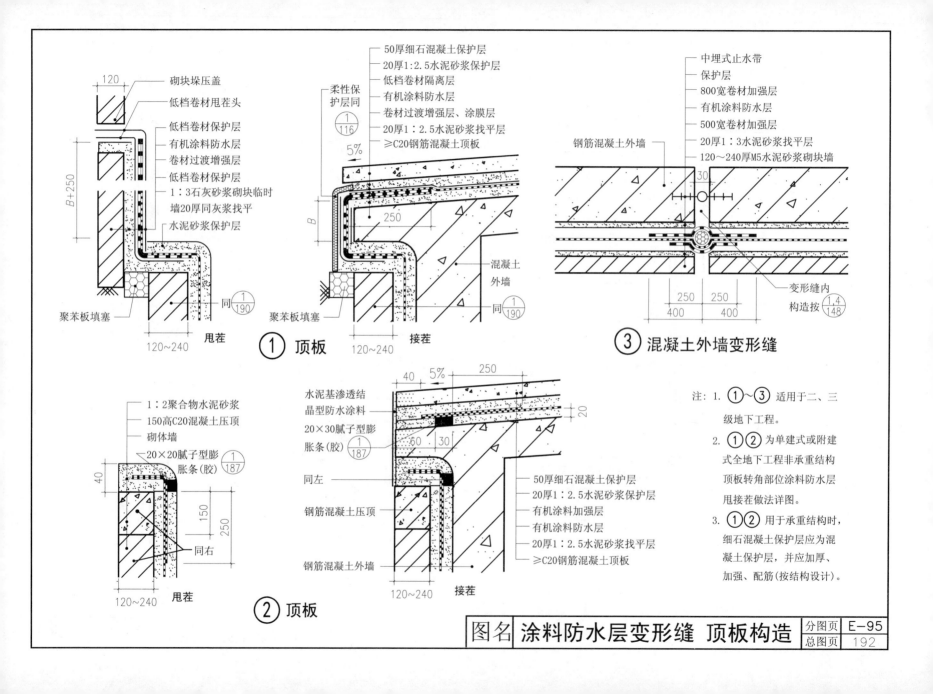

① 顶板

- 砌块垛压盖
- 低档卷材甩茬头
- 低档卷材保护层
- 有机涂料防水层
- 卷材过渡增强层
- 低档卷材保护层
- 1:3石灰砂浆砌块临时墙20厚同灰浆找平
- 水泥砂浆保护层
- 聚苯板填塞
- 同 (1/190)
- 甩茬
- 120~240
- 120

B+250

---

① 顶板 接茬

- 50厚细石混凝土保护层
- 20厚1:2.5水泥砂浆保护层
- 低档卷材隔离层
- 有机涂料防水层
- 卷材过渡增强层、涂膜层
- 20厚1:2.5水泥砂浆找平层
- ≥C20钢筋混凝土顶板
- 柔性保护层同 (1/116)
- 5%
- 250
- 聚苯板填塞
- 混凝土外墙
- 同 (1/190)
- 120~240
- B

---

③ 混凝土外墙变形缝

- 中埋式止水带
- 保护层
- 800宽卷材加强层
- 有机涂料防水层
- 500宽卷材加强层
- 20厚1:3水泥砂浆找平层
- 120~240厚M5水泥砂浆砌块墙
- 钢筋混凝土外墙
- 变形缝内构造按 (1,4/148)
- 30
- 250 250
- 400 400

---

② 顶板

甩茬

- 1:2聚合物水泥砂浆
- 150高C20混凝土压顶
- 砌体墙
- 20×20腻子型膨胀条(胶) (1/187)
- 同右
- 40
- 150
- 250

接茬

- 水泥基渗透结晶型防水涂料
- 20×30腻子型膨胀条(胶) (1/187)
- 同左
- 钢筋混凝土压顶
- 50厚细石混凝土保护层
- 20厚1:2.5水泥砂浆保护层
- 有机涂料加强层
- 有机涂料防水层
- 20厚1:2.5水泥砂浆找平层
- ≥C20钢筋混凝土顶板
- 钢筋混凝土外墙
- 40 5% 250
- 60 30
- 20
- 120~240

注：1. ①～③ 适用于二、三级地下工程。

2. ①② 为单建式或附建式全地下工程非承重结构顶板转角部位涂料防水层甩接茬做法详图。

3. ①② 用于承重结构时，细石混凝土保护层应为混凝土保护层，并应加厚、加强、配筋(按结构设计)。

图名	涂料防水层变形缝 顶板构造	分图页	E-95
		总图页	192

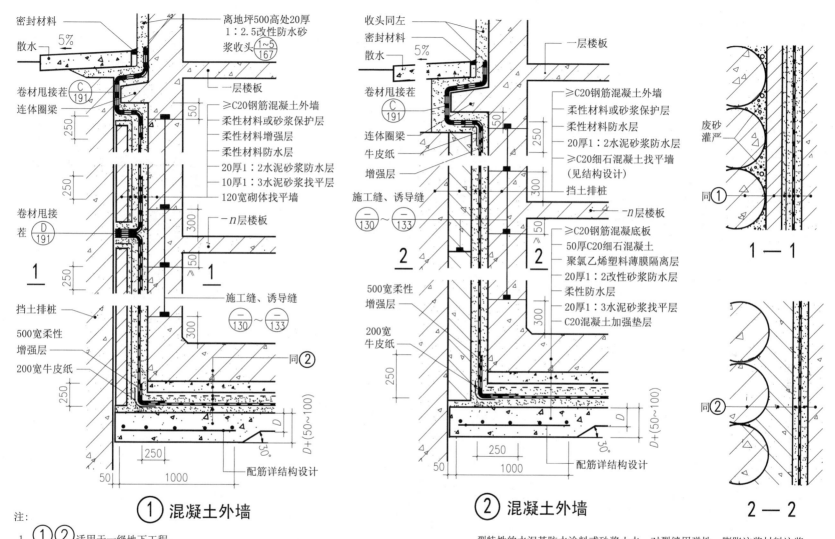

注:

1. ①② 适用于一级地下工程。

2. ② 挡土桩表面的泥皮不用刮净,可兼作隔离层。如围护结构为地下连续墙,且墙面、墙缝有漏水、漏泥砂现象时,则应将泥皮刮尽,剔除疏松混凝土,清洁基面,用快凝、早强、抗裂特性的水泥基防水涂料或砂浆止水;对裂缝用弹性、膨胀注浆材料注浆堵漏。基本修复后再浇筑找平层。否则,找平墙、防水层质量难以保证。

图名	挡土排桩围护 刚柔复合防水层	分图页	E-96
		总图页	193

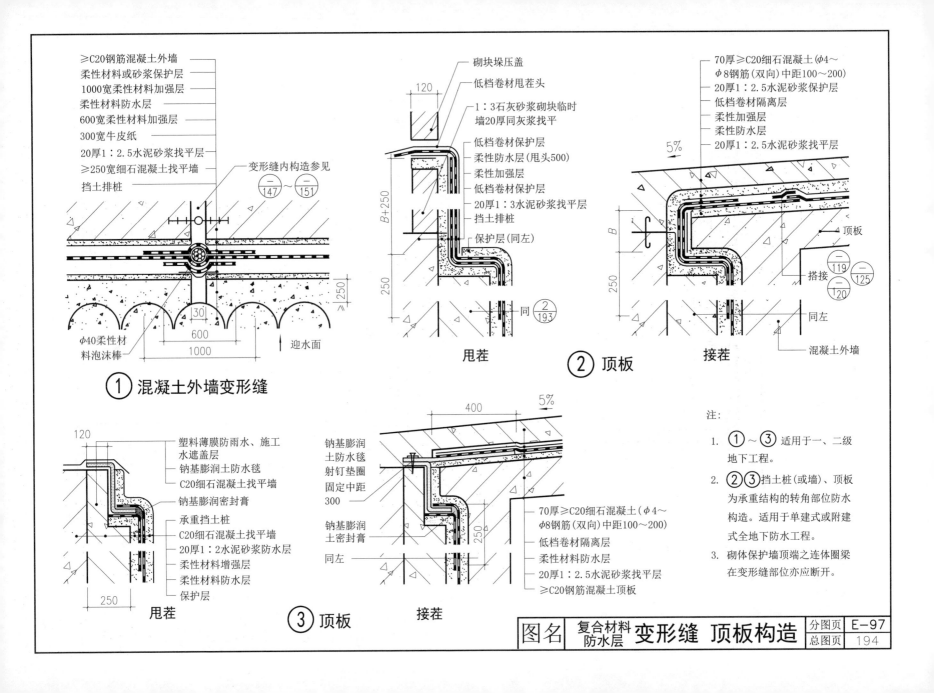

≥C20钢筋混凝土外墙
柔性材料或砂浆保护层
1000宽柔性材料加强层
柔性材料防水层
600宽柔性材料加强层
300宽牛皮纸
20厚1:2.5水泥砂浆找平层
≥250宽细石混凝土找平墙
挡土排桩

变形缝内构造参见 $\frac{-}{147}$～$\frac{-}{151}$

φ40柔性材料泡沫棒
600
1000
30
≥250
迎水面

① 混凝土外墙变形缝

砌块垛压盖
低档卷材甩茬头
1:3石灰砂浆砌块临时墙20厚同灰浆找平
低档卷材保护层
柔性防水层(甩头500)
柔性加强层
低档卷材保护层
20厚1:3水泥砂浆找平层
挡土排桩
保护层(同左)

120
B+250
250

甩茬

同 $\frac{2}{193}$

70厚≥C20细石混凝土(φ4～φ8钢筋(双向)中距100～200)
20厚1:2.5水泥砂浆保护层
低档卷材隔离层
柔性加强层
柔性防水层
20厚1:2.5水泥砂浆找平层

5%
B
250
顶板

搭接 $\frac{-}{119}$～$\frac{-}{125}$
$\frac{-}{120}$

同左
混凝土外墙

接茬

② 顶板

塑料薄膜防雨水、施工水遮盖层
钠基膨润土防水毯
C20细石混凝土找平墙
钠基膨润密封膏
承重挡土桩
C20细石混凝土找平墙
20厚1:2水泥砂浆防水层
柔性材料增强层
柔性材料防水层
保护层

120
250

甩茬

钠基膨润土防水毯射钉垫圈固定中距300
钠基膨润土密封膏
同左

400
5%
250

70厚≥C20细石混凝土(φ4～φ8钢筋(双向)中距100～200)
低档卷材隔离层
柔性材料防水层
20厚1:2.5水泥砂浆找平层
≥C20钢筋混凝土顶板

接茬

③ 顶板

注:
1. ①～③适用于一、二级地下工程。
2. ②③挡土桩(或墙)、顶板为承重结构的转角部位防水构造。适用于单建式或附建式全地下防水工程。
3. 砌体保护墙顶端之连体圈梁在变形缝部位亦应断开。

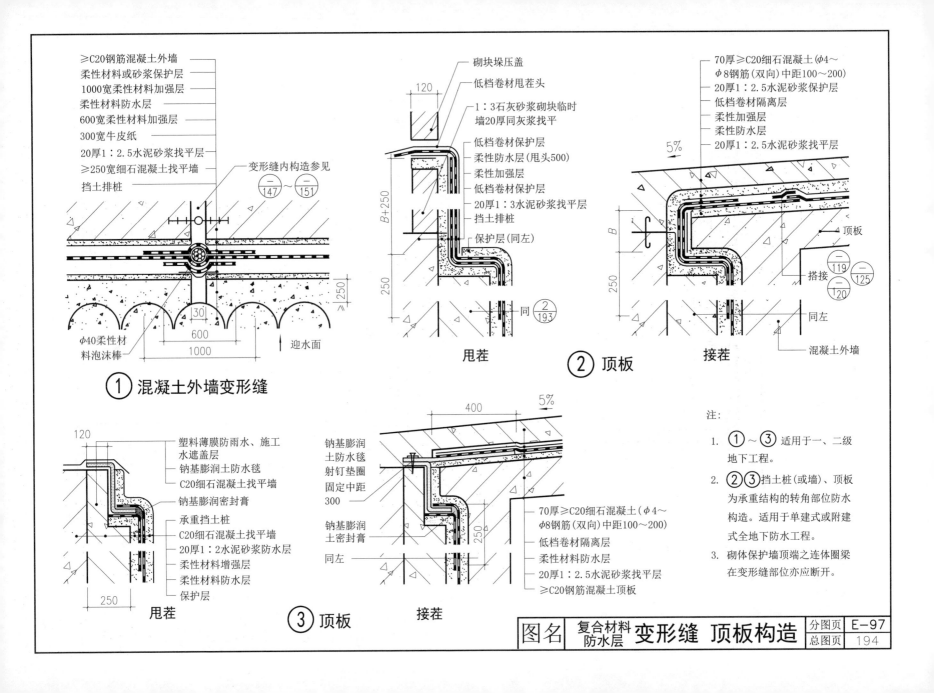

图名 复合材料防水层 变形缝 顶板构造

分图页 E-97
总图页 194

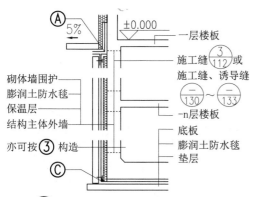

① 钢筋混凝土外墙（一）

图中标注：
- ⓐ 5%
- ±0.000
- 一层楼板
- 施工缝 ③/112 或
- 砌体墙围护
- 膨润土防水毯
- 保温层
- 结构主体外墙
- 施工缝、诱导缝 ⊖/130～⊖/133
- -n层楼板
- 亦可按③构造
- 底板
- 膨润土防水毯
- 垫层
- ⓒ

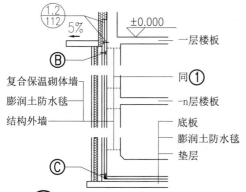

② 钢筋混凝土外墙（二）

图中标注：
- 1.2/112
- 5%
- ±0.000
- ⓑ
- 一层楼板
- 复合保温砌体墙
- 同①
- 膨润土防水毯
- -n层楼板
- 结构外墙
- 底板
- 膨润土防水毯
- 垫层
- ⓒ

③ 钢筋混凝土外墙（三）

图中标注：
- 复合保温砌块 按工程设计
- 复合保温砌块附带镀锌铁丝网
- 20厚1:3水泥砂浆找平层
- 膨润土防水毯
- 结构主体外墙

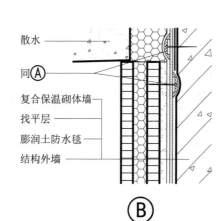

甩茬

图中标注：
- 主体结构外墙
- 附加卷材防水层
- ≥φ25≥0.8厚金属或塑料圆垫圈，≥27长钢钉@300
- 120～240厚M7.5砂浆砌筑砌体墙同砂浆找平或100宽C15配筋混凝土墙
- 保温层

散水
- 同ⓐ
- 复合保温砌体墙
- 找平层
- 膨润土防水毯
- 结构外墙
- ⓑ

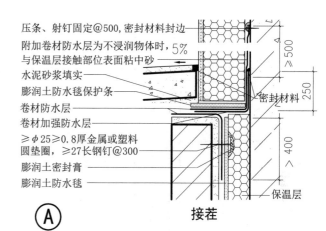

ⓐ 接茬

图中标注：
- 压条、射钉固定@500,密封材料封边
- 附加卷材防水层为不浸润物体时，5%与保温层接触部位表面粘中砂
- 水泥砂浆填实
- 膨润土防水毯保护条
- 卷材防水层
- 卷材加强防水层
- ≥φ25≥0.8厚金属或塑料圆垫圈，≥27长钢钉@300
- 膨润土密封膏
- 膨润土防水毯
- 保温层
- ≥500
- 250
- ＞400
- 密封材料

ⓒ

图中标注：
- 同ⓑ
- 同ⓐ
- 复合保温砌体墙
- 膨润土防水毯防水层
- 膨润土防水毯附加层
- 膨润土颗粒(防水粉)
- 250～580
- 50
- 6厚膨润土密封膏
- 50
- 250～300

注：膨润土防水毯(板)防水层外防内做在收头、搭接、施工缝、转角、固定等部位的施工方法与外防外做相同。

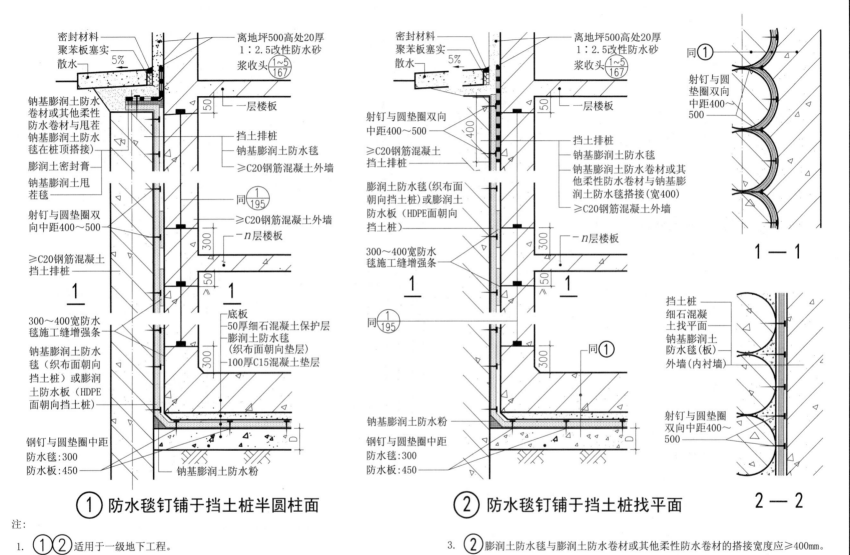

① 防水毯钉铺于挡土桩半圆柱面

② 防水毯钉铺于挡土桩找平面

1—1

2—2

注：
1. ①② 适用于一级地下工程。
2. ① 膨润土防水毯在桩顶与膨润土防水卷材或其他柔性防水卷材之间应采用膨润土密封膏或膨润土粉末（颗粒）进行有效搭接，膏体应满涂、粉末（颗粒）应满撒。

3. ② 膨润土防水毯与膨润土防水卷材或其他柔性防水卷材的搭接宽度应≥400mm。

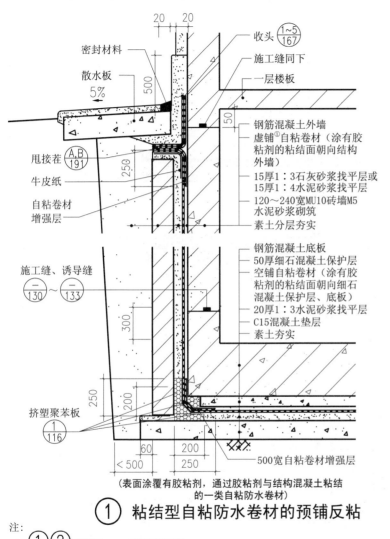

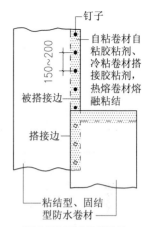

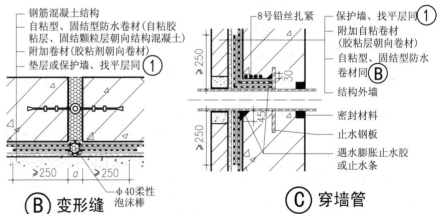

① 粘结型自粘防水卷材的预铺反粘

（表面涂覆有胶粘剂，通过胶粘剂与结构混凝土粘结的一类自粘防水卷材）

② 表面粘有刚性颗粒的固结型防水卷材的预铺反粘

（凡表面粘有砂粒、石屑、片岩等刚性颗粒的卷材，当结构混凝土中水泥完成水化反应时，颗粒被固结，完成反粘）

Ⓐ

（用少量钉子将被搭接边临时固定在保护墙上）

Ⓑ 变形缝

Ⓒ 穿墙管

注：

1. ①②适用于一、二级地下工程。
2. 虚铺①：在保护墙立面部位用遇水即溶解的胶粘剂铺贴卷材，或用少许钉子将卷材的被搭接边临时钉铺在保护墙上，钉距为150～200mm。再将搭接边粘结在被搭接边上，覆盖住钉眼Ⓐ。
3. 自粘卷材品种一般有高分子自粘胶膜防水卷材、自粘改性沥青防水卷材、聚酯长纤维热合型

热塑性体防水卷材和带有足量倒钩状蹼的卷材四种。

4. 固结型防水卷材一般有表面粘有刚性颗粒的合成高分子、改性沥青防水卷材和表面虽无刚性颗粒但用水泥基粘结料铺贴卷材的合成高分子卷材等。

图名 预铺反粘法铺贴卷材　　分图页 E-100　　总图页 197

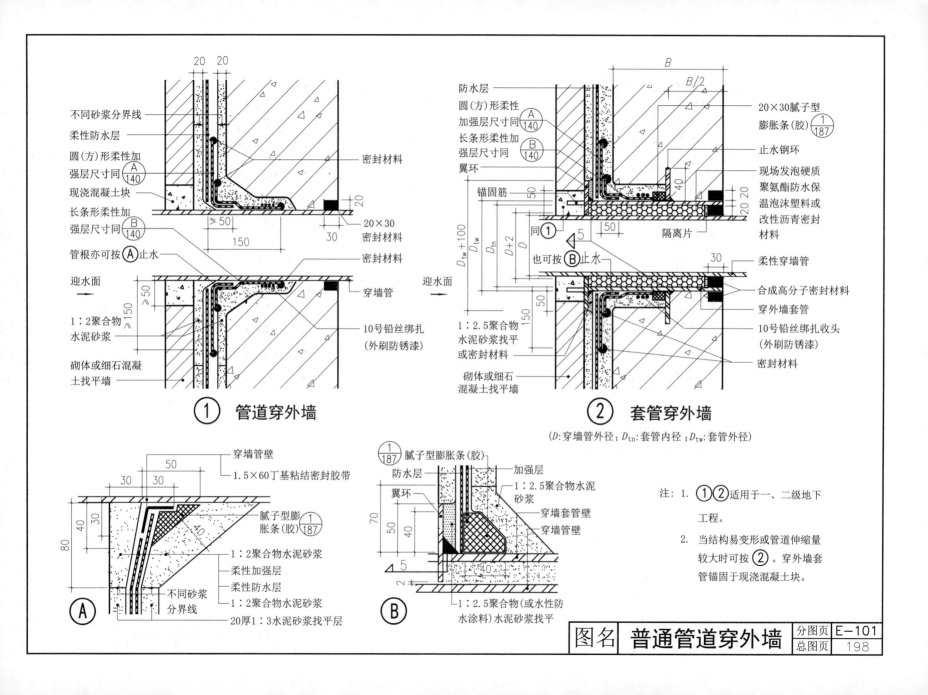

① 管道穿外墙

② 套管穿外墙

(D:穿墙管外径；D_{tn}:套管内径；D_{tw}:套管外径)

① 管道穿外墙图中标注：
- 不同砂浆分界线
- 柔性防水层
- 圆(方)形柔性加强层尺寸同 (A)/140
- 现浇混凝土块
- 长条形柔性加强层尺寸同 (B)/140
- 管根亦可按 (A) 止水
- 迎水面
- 1:2聚合物水泥砂浆
- 砌体或细石混凝土找平墙
- 密封材料
- 20×30密封材料
- 密封材料
- 穿墙管
- 10号铅丝绑扎（外刷防锈漆）

② 套管穿外墙图中标注：
- 防水层
- 圆(方)形柔性加强层尺寸同 (A)/140
- 长条形柔性加强层尺寸同 (B)/140
- 翼环
- 锚固筋
- 同 ①
- 也可按 (B) 止水
- $D_{tw}+100$
- 1:2.5聚合物水泥砂浆找平或密封材料
- 砌体或细石混凝土找平墙
- 迎水面
- 20×30腻子型膨胀条(胶) ①/187
- 止水钢环
- 现场发泡硬质聚氨酯防水保温泡沫塑料或改性沥青密封材料
- 隔离片
- 柔性穿墙管
- 合成高分子密封材料
- 穿外墙套管
- 10号铅丝绑扎收头（外刷防锈漆）
- 密封材料

(A) 详图标注：
- 穿墙管壁
- 1.5×60丁基粘结密封胶带
- 腻子型膨胀条(胶) ①/187
- 1:2聚合物水泥砂浆
- 柔性加强层
- 柔性防水层
- 1:2聚合物水泥砂浆
- 不同砂浆分界线
- 20厚1:3水泥砂浆找平层

(B) 详图标注：
- 腻子型膨胀条(胶) ①/187
- 防水层
- 翼环
- 加强层
- 1:2.5聚合物水泥砂浆
- 穿墙套管壁
- 穿墙管壁
- 1:2.5聚合物(或水性防水涂料)水泥砂浆找平

注：1. ①② 适用于一、二级地下工程。

2. 当结构易变形或管道伸缩量较大时可按 ②。穿外墙套管锚固于现浇混凝土块。

图名	普通管道穿外墙	分图页	E-101
		总图页	198

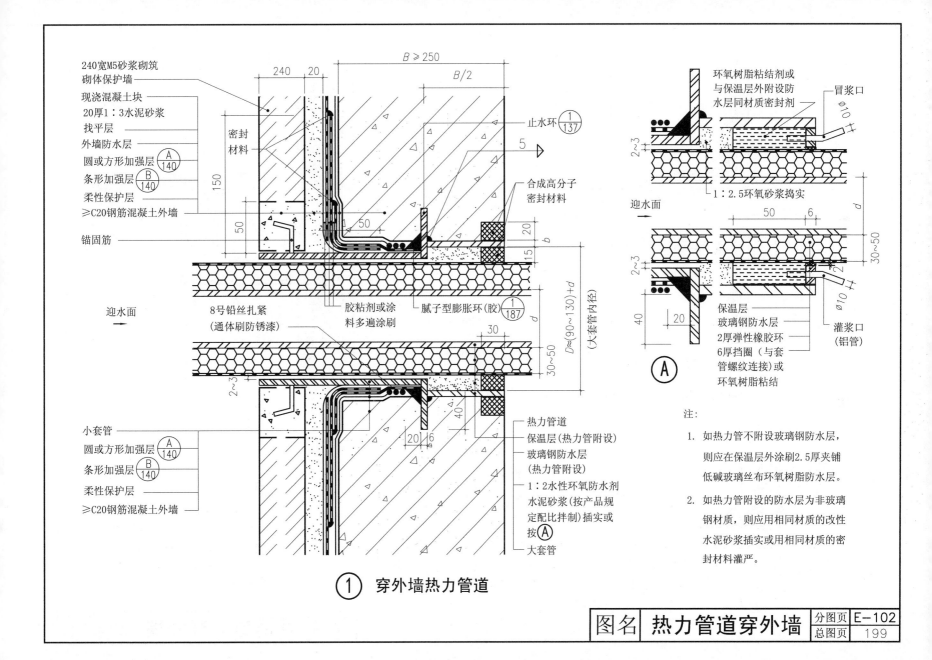

① 穿外墙热力管道

240宽M5砂浆砌筑砌体保护墙
现浇混凝土块
20厚1:3水泥砂浆找平层
外墙防水层
圆或方形加强层 Ⓐ/140
条形加强层 Ⓑ/140
柔性保护层
≥C20钢筋混凝土外墙
锚固筋
密封材料
止水环 ①/137
合成高分子密封材料
8号铅丝扎紧（通体刷防锈漆）
胶粘剂或涂料多遍涂刷
腻子型膨胀环（胶）
①/187
迎水面
小套管
圆或方形加强层 Ⓐ/140
条形加强层 Ⓑ/140
柔性保护层
≥C20钢筋混凝土外墙
热力管道
保温层（热力管附设）
玻璃钢防水层（热力管附设）
1:2水性环氧防水剂水泥砂浆（按产品规定配比拌制）插实或按Ⓐ
大套管

环氧树脂粘结剂或与保温层外附设防水层同材质密封剂
冒浆口 φ10
1:2.5环氧砂浆捣实
迎水面
保温层
玻璃钢防水层
2厚弹性橡胶环
6厚挡圈（与套管螺纹连接）或环氧树脂粘结
灌浆口（铝管）

Ⓐ

注:

1. 如热力管不附设玻璃钢防水层，则应在保温层外涂刷2.5厚夹铺低碱玻璃丝布环氧树脂防水层。

2. 如热力管附设的防水层为非玻璃钢材质，则应用相同材质的改性水泥砂浆插实或用相同材质的密封材料灌严。

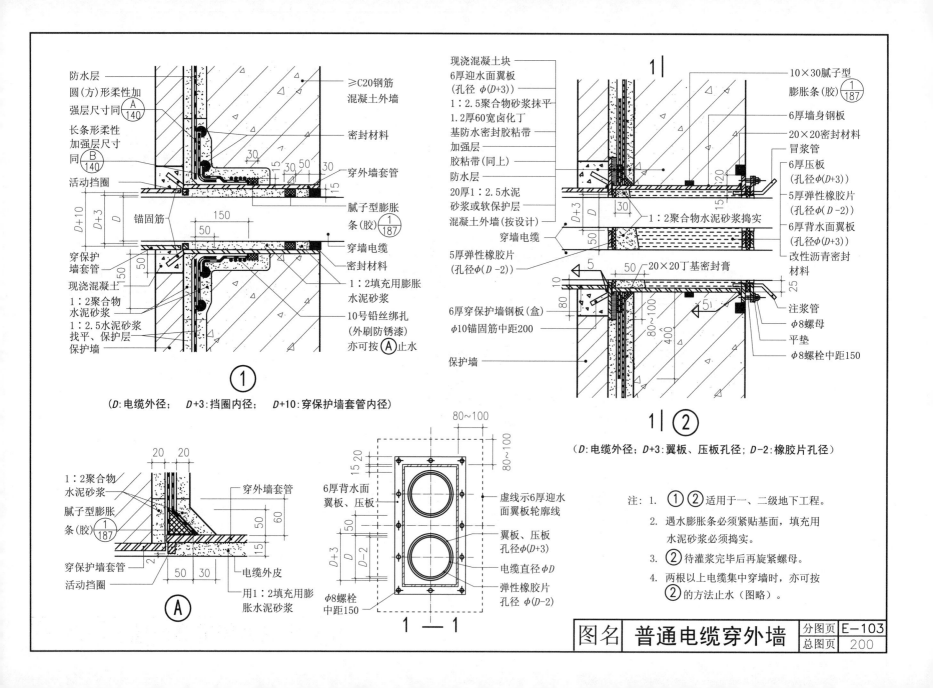

图中主要标注文字：

左上图 ①：
- 防水层
- 圆(方)形柔性加强层尺寸同 A/140
- 长条形柔性加强层尺寸同 B/140
- 活动挡圈
- 锚固筋
- 穿保护墙套管
- 现浇混凝土
- 1:2聚合物水泥砂浆
- 1:2.5水泥砂浆找平、保护层
- 保护墙
- ≥C20钢筋混凝土外墙
- 密封材料
- 穿外墙套管
- 腻子型膨胀条(胶) 1/187
- 穿墙电缆
- 密封材料
- 1:2填充用膨胀水泥砂浆
- 10号铅丝绑扎(外刷防锈漆)
- 亦可按 A 止水
- 150
- 50
- 30 / 15 / 30 / 50 / 30 / 15
- D+10 / D+3 / D / 50

(D:电缆外径；D+3:挡圈内径；D+10:穿保护墙套管内径)

左下图 A：
- 1:2聚合物水泥砂浆
- 腻子型膨胀条(胶) 1/187
- 穿保护墙套管
- 活动挡圈
- 穿外墙套管
- 用1:2填充用膨胀水泥砂浆
- 电缆外皮
- 20 / 20 / 50 / 30 / 60 / 50 / 15 / 2

中下图 1-1：
- 6厚背水面翼板、压板
- 虚线示6厚迎水面翼板轮廓线
- 翼板、压板孔径 φ(D+3)
- 电缆直径 φD
- 弹性橡胶片孔径 φ(D-2)
- φ8螺栓中距150
- 80~100 / 15 20 / 50 / D+3 / D / D-2 / 80~100

1 — 1

右上图 1 ①：
- 现浇混凝土块
- 6厚迎水面翼板(孔径 φ(D+3))
- 1:2.5聚合物砂浆抹平
- 1.2厚60宽卤化丁基防水密封胶粘带
- 加强层
- 胶粘带(同上)
- 防水层
- 20厚1:2.5水泥砂浆或软保护层
- 混凝土外墙(按设计)
- 穿墙电缆
- 5厚弹性橡胶片(孔径 φ(D-2))
- 6厚穿保护墙钢板(盒)
- φ10锚固筋中距200
- 保护墙
- 10×30腻子型膨胀条(胶) 1/187
- 6厚墙身钢板
- 20×20密封材料
- 冒浆管
- 6厚压板(孔径 φ(D+3))
- 5厚弹性橡胶片(孔径 φ(D-2))
- 6厚背水面翼板(孔径 φ(D+3))
- 改性沥青密封材料
- 注浆管
- φ8螺母
- 平垫
- φ8螺栓中距150
- 20×20丁基密封膏
- 30 / 15 / 20 / 25 / D+3 / 50 / 5 / 10 / 80 / 80~100 / 400 / 5

1 ②

(D:电缆外径；D+3:翼板、压板孔径；D-2:橡胶片孔径)

注：
1. ① ② 适用于一、二级地下工程。
2. 遇水膨胀条必须紧贴基面，填充用水泥砂浆必须捣实。
3. ② 待灌浆完毕后再旋紧螺母。
4. 两根以上电缆集中穿墙时，亦可按 ② 的方法止水（图略）。

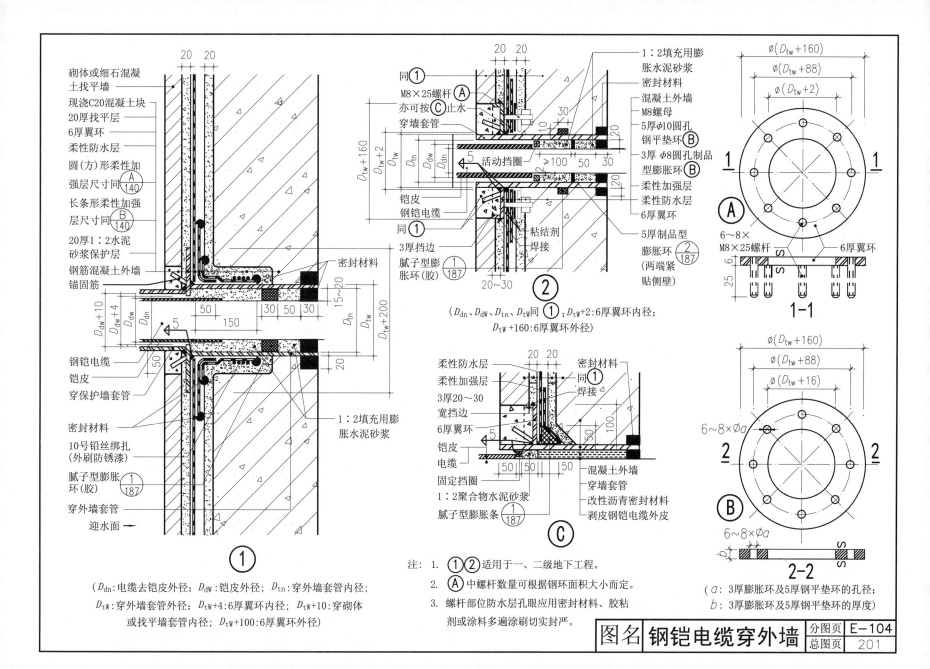

砌体或细石混凝土找平墙
现浇C20混凝土块
20厚找平层
6厚翼环
柔性防水层
圆(方)形柔性加强层尺寸同 $\underset{140}{\text{A}}$
长条形柔性加强层尺寸同 $\underset{140}{\text{B}}$
20厚1:2水泥砂浆保护层
钢筋混凝土外墙
锚固筋
密封材料
钢铠电缆
铠皮
穿保护墙套管
密封材料
10号铅丝绑扎(外刷防锈漆)
腻子型膨胀环(胶) $\underset{187}{①}$
穿外墙套管
迎水面

$D_{dw}+10$　$D_{dw}+4$　D_{dw}　D_{dn}

50　150　30　50　30
15～20
D_{tn}　D_{tw}　$D_{tw}+200$
50　20

①

1：2填充用膨胀水泥砂浆
密封材料
混凝土外墙
M8螺母
5厚φ10圆孔钢平垫环 B
3厚φ8圆孔制品型膨胀环 B
柔性加强层
柔性防水层
6厚翼环
5厚制品型膨胀环 $\underset{187}{②}$ (两端紧贴侧壁)

同①
M8×25螺杆 A 亦可按 C 止水
穿墙套管
活动挡圈
同①
3厚挡边
腻子型膨胀环(胶) $\underset{187}{①}$

$D_{tw}+160$　$D_{tw}+2$　D_{tw}　D_{tn}　D_{dw}　D_{dn}

30　10
20
≥100　50　30
20
20～30

②
(D_{dn}、D_{dW}、D_{tn}、D_{tW}同①; $D_{tW}+2$:6厚翼环内径; $D_{tW}+160$:6厚翼环外径)

柔性防水层
柔性加强层
3厚20～30宽挡边
6厚翼环
铠皮
电缆
固定挡圈
腻子型膨胀条 $\underset{187}{①}$

同①
焊接
密封材料
混凝土外墙
穿墙套管
改性沥青密封材料
剥皮钢铠电缆外皮
1：2聚合物水泥砂浆

50　50　50
50　100

C

注: 1. ①②适用于一、二级地下工程。
2. A 中螺杆数量可根据钢环面积大小而定。
3. 螺杆部位防水层孔眼应用密封材料、胶粘剂或涂料多遍涂刷切实封严。

$\phi(D_{tw}+160)$
$\phi(D_{tw}+88)$
$\phi(D_{tw}+2)$

1　　1

6～8×M8×25螺杆
6厚翼环

1-1

25　6

A

$\phi(D_{tw}+160)$
$\phi(D_{tw}+88)$
$\phi(D_{tw}+16)$

2　　2

6～8×φa
B

6～8×φa
b

2-2
(a: 3厚膨胀环及5厚钢平垫环的孔径;
b: 3厚膨胀环及5厚钢平垫环的厚度)

(D_{dn}:电缆去铠皮外径; D_{dW}:铠皮外径; D_{tn}:穿外墙套管内径;
D_{tW}:穿外墙套管外径; $D_{tW}+4$:6厚翼环内径; $D_{tW}+10$:穿砌体或找平墙套管内径; $D_{tW}+100$:6厚翼环外径)

图名 **钢铠电缆穿外墙**

外 墙 防 水 层 外 防 内 做（二）

（围护结构：现浇地下连续墙）

目　　录

说　　明

1. 地下连续墙起截水、防渗、承重、挡土作用。常用于施工场地特别狭窄、周围建筑群密集、紧靠原有建筑物（＞0.2m）的地下工程。

2. 防水设计：

(1) 防水材料选择：凡基层表面粗糙、平整度≤50mm的地下连续墙或喷射混凝土初期衬砌可选择塑料防水板（表E-39）或遇水具有膨胀特性的钠基膨润土防水毯(板)作防水层。平整度＞50mm的基面用防水砂浆找平。

(2) 当用砌体或细石混凝土找平墙作地下连续墙的内衬墙时，应用水泥砂浆抹找平层。此时,本图集介绍的防水材料均可采用。

3. 铺设塑料防水板(土工膜)的配套材料：

(1) 聚乙烯泡沫塑料片材（PE板）：设置在塑料防水板和基层间的衬垫材料，起缓冲、排水作用。

(2) φ70～φ80热塑性塑料圆垫圈：与防水板热合。

(3) 射钉：固定PE板、圆垫圈。

4. 塑料防水板(聚乙烯泡沫塑料片材覆面)铺设方法：

(1) 绑扎法：此法是基于生产厂家将塑料板和聚乙烯泡沫塑料片材（缓冲层）制成一体时才能采用的施工方法。铺设时，只需将预先穿在缓冲层内的绑扎绳抽出后系在已射入基面的射钉头上即可。绑扎法简便易行，施工质量可靠。

(2) 焊接法：将塑料板焊接在热塑性圆垫圈(暗钉圈)上方法。

5. 塑料防水板（土工膜）施工

(1) 基层应坚实、平顺无尖锐物、不漏水,不平整度≤50mm,阴阳角处做成圆弧形。

(2) 防水板应超前内衬混凝土5～20m铺设，为防机械损伤和电火花灼伤塑料板，应设临时挡板。铺设时应先拱（顶）后墙（立面）。搭接边采用双焊缝焊接时，搭接宽为100,有效焊缝≥10×2,下部防水板应压住上部防水板；采用热风焊接时，搭接宽为50,有效焊接宽度≥30。焊接应严密，固定应牢固，不得下垂和损坏,更不得焊焦焊穿。

(3) 浇筑内衬混凝土时，振捣棒不得接触防水板,拱顶防水板应松弛,防止绷紧。

6. 钠基膨润土防水毯、防水板施工方法（参见总图页97页）。

常用合成树脂系列塑料防水板及PE缓冲板性能指标　表E-39

项　目	技术性能						
	PVC	ECB	EVA	LDPE	LLDPE	HDPE	PE
比重(g/cm³)	1.35～1.42	≈0.96	0.96	0.92	≈0.92	＞0.94	0.92
拉伸强度(MPa)	17	＞15	＞16	＞15	＞16	＞16	7.1～16.2
断裂伸长率(%)	300	600	600	＞600	＞500	＞600	90～660
撕裂强度(kN/m)	40	49	63	＞66		＞46	
耐酸碱性	耐						
低温柔性(℃)	-46 脆裂	-30 不裂	-30 不裂	-60 脆裂	-40 不裂	-60 脆裂	
抗渗透性	0.2MPa　24h不透水						
厚　度(mm)	1.0～2.0 ±0.08	1.0～2.0 ±0.08	0.5～2.0±0.05				4～5±0.5
宽　度(m)	2.05±0.01		2.1±0.01				1.2±0.05
长　度(m)	≥20 ±0.01		46±0.01				
色　泽	绿、灰等	黑或白	白色半透明				

注：PVC -聚氯乙烯防水卷材；ECB -乙烯醋酸乙烯沥青共聚物防水膜； EVA -乙烯醋酸乙烯共聚物防水膜； LDPE -低密度聚乙烯(高压聚乙烯)膜； LLDPE -线性低密度聚乙烯膜； HDPE -高密度聚乙烯膜； PE -聚乙烯防水板。

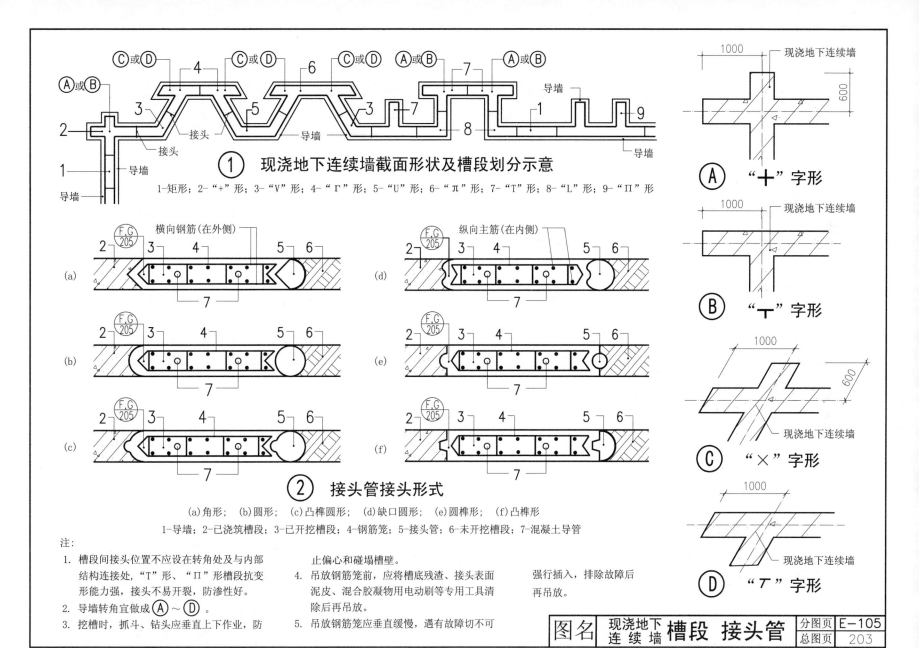

① 现浇地下连续墙截面形状及槽段划分示意

1-矩形；2-"+"形；3-"V"形；4-"Γ"形；5-"U"形；6-"π"形；7-"T"形；8-"L"形；9-"Π"形

横向钢筋(在外侧)

纵向主筋(在内侧)

② 接头管接头形式

(a)角形； (b)圆形； (c)凸榫圆形； (d)缺口圆形； (e)圆榫形； (f)凸榫形

1-导墙；2-已浇筑槽段；3-已开挖槽段；4-钢筋笼；5-接头管；6-未开挖槽段；7-混凝土导管

Ⓐ "十"字形

Ⓑ "T"字形

Ⓒ "×"字形

Ⓓ "T"字形

注：

1. 槽段间接头位置不应设在转角处及与内部结构连接处，"T"形、"Π"形槽段抗变形能力强，接头不易开裂，防渗性好。

2. 导墙转角宜做成Ⓐ～Ⓓ。

3. 挖槽时，抓斗、钻头应垂直上下作业，防止偏心和碰塌槽壁。

4. 吊放钢筋笼前，应将槽底残渣、接头表面泥皮、混合胶凝物用电动刷等专用工具清除后再吊放。

5. 吊放钢筋笼应垂直缓慢，遇有故障切不可强行插入，排除故障后再吊放。

图名	现浇地下连续墙 槽段 接头管	分图页	E-105
		总图页	203

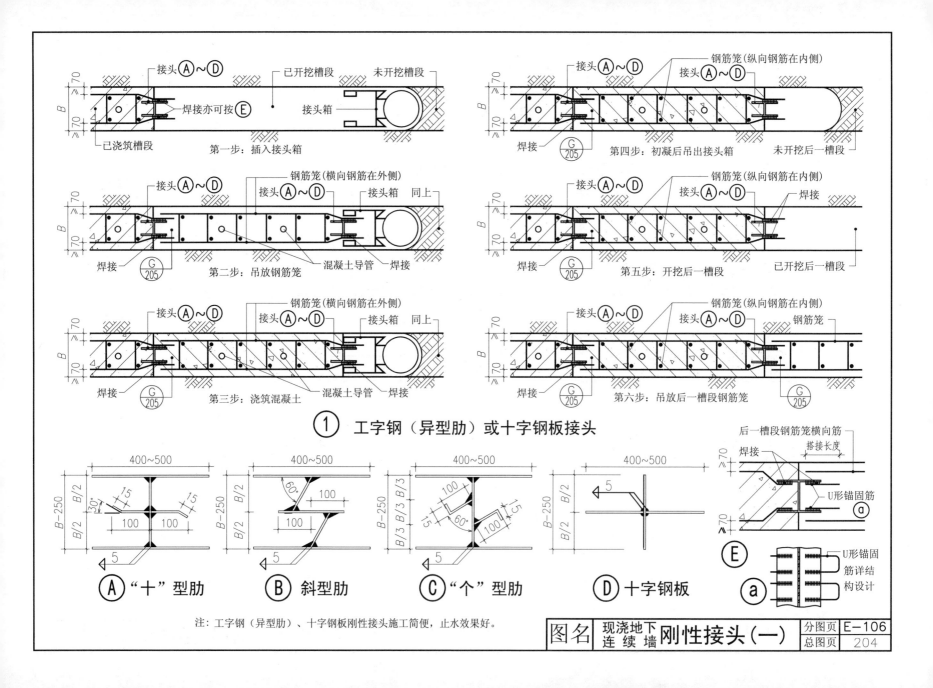

① 工字钢（异型肋）或十字钢板接头

Ⓐ "十"型肋　　Ⓑ 斜型肋　　Ⓒ "个"型肋　　Ⓓ 十字钢板

注：工字钢（异型肋）、十字钢板刚性接头施工简便，止水效果好。

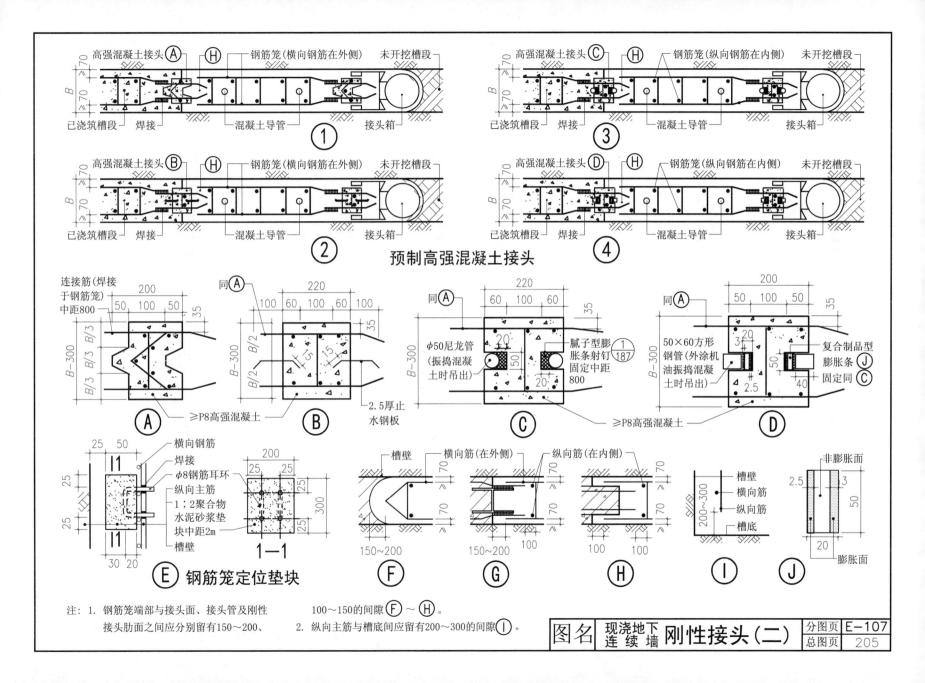

预制高强混凝土接头

E 钢筋笼定位垫块

注：1. 钢筋笼端部与接头面、接头管及刚性
接头肋面之间应分别留有150~200、
100~150的间隙(F)~(H)。
2. 纵向主筋与槽底间应留有200~300的间隙(I)。

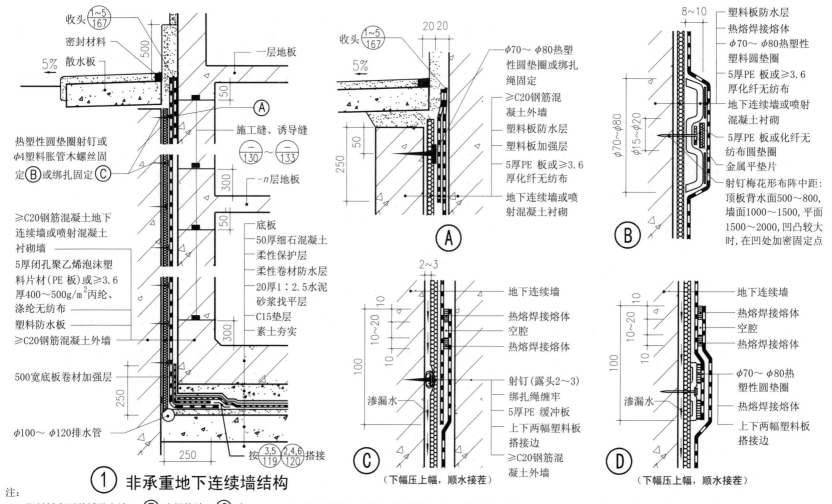

收头 $\frac{1\sim5}{167}$
密封材料
散水板
5%
一层地板
50
(A)
施工缝、诱导缝
$\frac{-}{130}\sim\frac{-}{133}$
—n层地板

热塑性圆垫圈射钉或 $\phi4$ 塑料胀管木螺丝固定(B)或绑扎固定(C)

≥C20钢筋混凝土地下连续墙或喷射混凝土衬砌墙

5厚闭孔聚乙烯泡沫塑料片材(PE板)或≥3.6厚400～500g/m² 丙纶、涤纶无纺布
塑料防水板
≥C20钢筋混凝土外墙

500宽底板卷材加强层

250

$\phi100\sim\phi120$ 排水管

底板
50厚细石混凝土
柔性保护层
柔性卷材防水层
20厚1:2.5水泥砂浆找平层
C15垫层
素土夯实

250

按 $\frac{3,5}{119}\frac{2,4,6}{120}$ 搭接

① 非承重地下连续墙结构

20 20
收头 $\frac{1\sim5}{167}$
5%
$\phi70\sim\phi80$ 热塑性圆垫圈或绑扎绳固定
≥C20钢筋混凝土外墙
塑料板防水层
塑料板加强层
5厚PE板或≥3.6厚化纤无纺布
地下连续墙或喷射混凝土衬砌
(A)

8～10
塑料板防水层
热熔焊接熔体
$\phi70\sim\phi80$ 热塑性塑料圆垫圈
5厚PE板或≥3.6厚化纤无纺布
地下连续墙或喷射混凝土衬砌
5厚PE板或化纤无纺布圆垫圈
金属平垫片
射钉梅花形布阵中距：顶板背水面500～800,墙面1000～1500,平面1500～2000,凹凸较大时,在凹处加密固定点
(B)

2～3
地下连续墙
热熔焊接熔体
空腔
热熔焊接熔体
射钉(露头2～3)
绑扎绳缠牢
5厚PE缓冲板
上下两幅塑料板搭接边
≥C20钢筋混凝土外墙
渗漏水
(C) （下幅压上幅，顺水接茬）

地下连续墙
热熔焊接熔体
空腔
热熔焊接熔体
$\phi70\sim\phi80$ 热塑性圆垫圈
热熔焊接熔体
上下两幅塑料板搭接边
渗漏水
(D) （下幅压上幅，顺水接茬）

注：
1. 塑料板有两种铺贴方法。(B)为焊接法,(C)为绑扎法。卷材搭接边用双缝热楔机自动焊接,形成双焊缝一空腔搭接边(D)。搭接边下幅压上幅,顺水接茬(C)(D)。以防搭接缝形成渗漏隐患。

2. 检查双焊缝焊接质量的方法是：两端封严,一端插入5号注射针头。用手动气筒充气,当压力表指针读数为0.1～0.15MPa时,停止充气。2min后,如压力下降值小于20%,且恒定不变,表示焊接良好。否则不好。漏气处用热风焊枪或电烙铁补焊严密。

3. 如地下连续墙面、墙缝有漏水、漏泥砂现象,则应将泥皮刮尽,剔除疏松混凝土,对墙面用快凝、早强、抗裂特性的水泥基防水涂料或防水砂浆止水；对裂缝用弹性、膨胀注浆材料灌浆堵漏。基本修复后再铺设防水层。否则防水层质量难以保证。

图名 **塑料防水板外防内贴(一)**

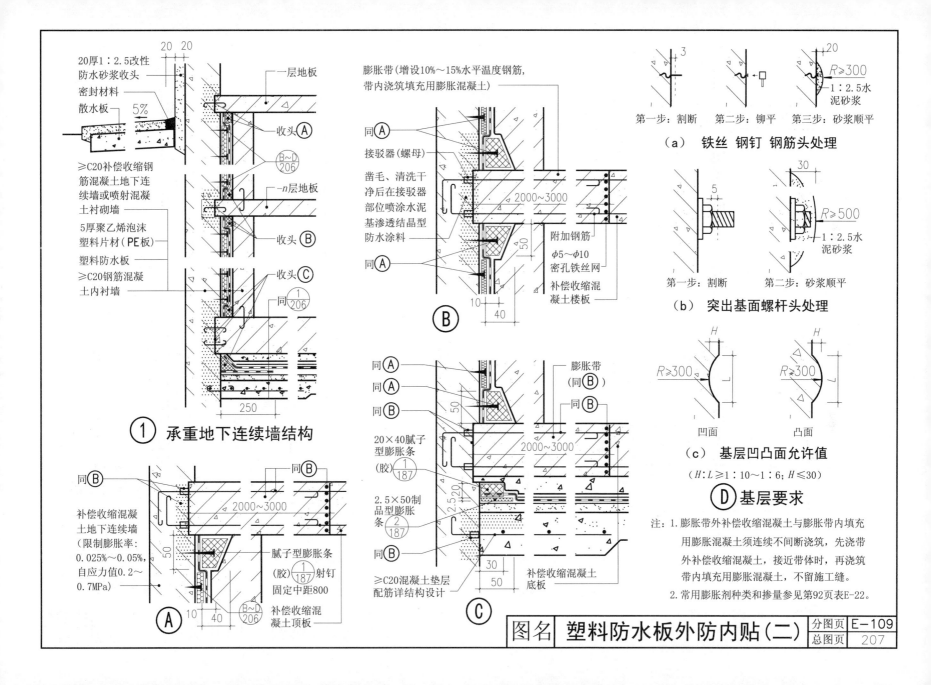

承重地下连续墙结构 ①

20厚1:2.5改性防水砂浆收头
密封材料
散水板
5%
收头Ⓐ
≥C20补偿收缩钢筋混凝土地下连续墙或喷射混凝土衬砌墙
5厚聚乙烯泡沫塑料片材（PE板）
塑料防水板
≥C20钢筋混凝土内衬墙
一层地板
收头Ⓑ
-n层地板
收头Ⓒ
B~D/206
同1/206
250

同Ⓑ
同Ⓑ
补偿收缩混凝土地下连续墙（限制膨胀率：0.025%～0.05%，自应力值0.2～0.7MPa）
2000～3000
50
腻子型膨胀条（胶）1/187 射钉固定中距800
补偿收缩混凝土顶板
B~D/206
10 40
Ⓐ

膨胀带(增设10%～15%水平温度钢筋，带内浇筑填充用膨胀混凝土)
同Ⓐ
接驳器(螺母)
凿毛、清洗干净后在接驳器部位喷涂水泥基渗透结晶型防水涂料
同Ⓐ
2000～3000
50
附加钢筋
φ5～φ10密孔铁丝网
补偿收缩混凝土楼板
10 40
Ⓑ

同Ⓐ
同Ⓐ
同Ⓑ
同Ⓑ
膨胀带（同Ⓑ）
50
20×40腻子型膨胀条（胶）1/187
2000～3000
2.5×50制品型膨胀条2/187
≥C20混凝土垫层配筋详结构设计
2.5 20 15
30
50
补偿收缩混凝土底板
Ⓒ

（a）铁丝 钢钉 钢筋头处理
3
第一步：割断
第二步：铆平
R≥300
20
1:2.5水泥砂浆
第三步：砂浆顺平

（b）突出基面螺杆头处理
5
第一步：割断
30
R≥500
1:2.5水泥砂浆
第二步：砂浆顺平

（c）基层凹凸面允许值
（$H:L≥1:10～1:6$；$H≤30$）
H
R≥300
L
凹面
H
R≥300
L
凸面

Ⓓ 基层要求

注：1.膨胀带外补偿收缩混凝土与膨胀带内填充用膨胀混凝土须连续不间断浇筑，先浇带外补偿收缩混凝土，接近带体时，再浇筑带内填充用膨胀混凝土，不留施工缝。
2.常用膨胀剂种类和掺量参见第92页表E-22。

图名 **塑料防水板外防内贴(二)**

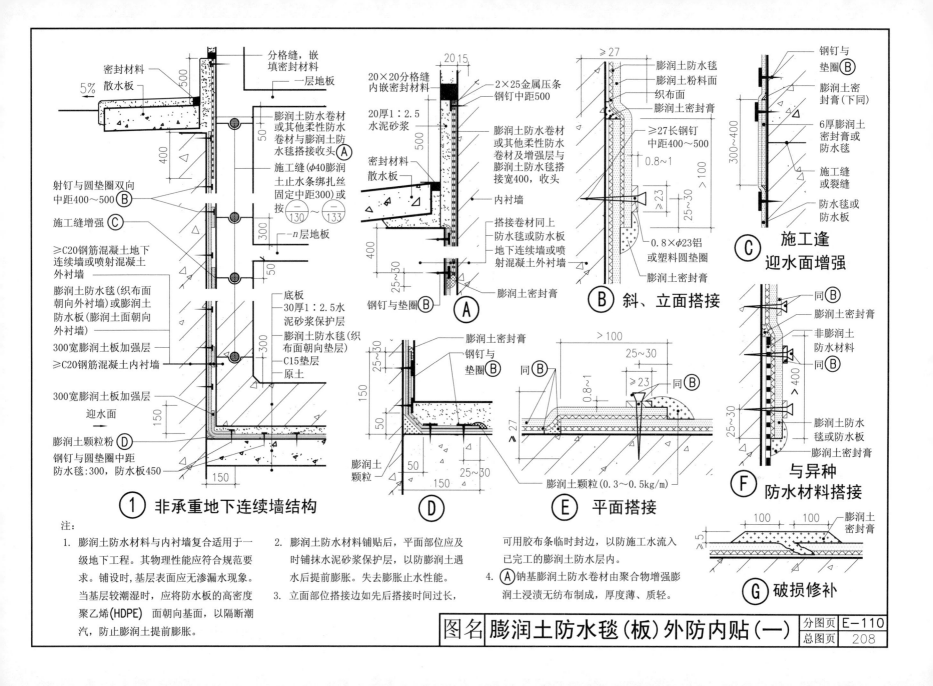

注:

1. 膨润土防水材料与内衬墙复合适用于一级地下工程。其物理性能应符合规范要求。铺设时，基层表面应无渗漏水现象。当基层较潮湿时，应将防水板的高密度聚乙烯(HDPE) 面朝向基面，以隔断潮汽，防止膨润土提前膨胀。

2. 膨润土防水材料铺贴后，平面部位应及时铺抹水泥砂浆保护层，以防膨润土遇水后提前膨胀。失去膨胀止水性能。

3. 立面部位搭接边如先后搭接时间过长，可用胶布条临时封边，以防施工水流入已完工的膨润土防水层内。

4. Ⓐ钠基膨润土防水卷材由聚合物增强膨润土浸渍无纺布制成，厚度薄、质轻。

图名 **膨润土防水毯(板)外防内贴(一)** | 分图页 **E-110** | 总图页 **208**

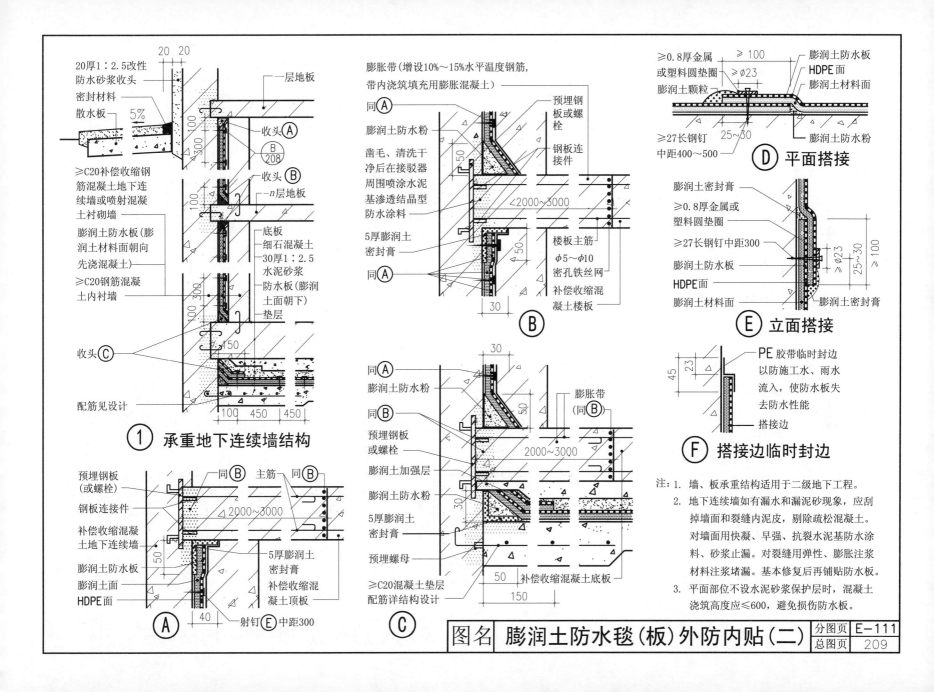

① 承重地下连续墙结构

20厚1:2.5改性防水砂浆收头
密封材料
散水板
5%
20 20
一层地板
收头 Ⓐ
Ⓑ 208
收头 Ⓑ
n层地板
底板
细石混凝土
30厚1:2.5水泥砂浆
防水板(膨润土面朝下)
垫层
≥C20补偿收缩钢筋混凝土地下连续墙或喷射混凝土衬砌墙
膨润土防水板(膨润土材料面朝向先浇混凝土)
≥C20钢筋混凝土内衬墙
收头 Ⓒ
配筋见设计
100 450 450

Ⓐ
预埋钢板(或螺栓)
钢板连接件
补偿收缩混凝土地下连续墙
膨润土防水板
膨润土面
HDPE面
同 Ⓑ 主筋 同 Ⓑ
2000~3000
5厚膨润土密封膏
补偿收缩混凝土顶板
40
射钉 Ⓔ 中距300

Ⓑ
膨胀带(增设10%~15%水平温度钢筋,带内浇筑填充用膨胀混凝土)
同 Ⓐ
膨润土防水粉
凿毛、清洗干净后在接驳器周围喷涂水泥基渗透结晶型防水涂料
5厚膨润土密封膏
同 Ⓐ
预埋钢板或螺栓
钢板连接件
<2000~3000
楼板主筋
φ5~φ10密孔铁丝网
补偿收缩混凝土楼板
30

Ⓒ
同 Ⓐ
膨润土防水粉
同 Ⓑ
预埋钢板或螺栓
膨润土加强层
膨润土防水粉
5厚膨润土密封膏
预埋螺母
≥C20混凝土垫层
配筋详结构设计
膨胀带(同 Ⓑ)
2000~3000
补偿收缩混凝土底板
50 150

Ⓓ 平面搭接
≥0.8厚金属或塑料圆垫圈
≥100
≥φ23
膨润土防水板
HDPE面
膨润土材料面
膨润土颗粒
≥27长钢钉中距400~500
25~30
膨润土防水粉

Ⓔ 立面搭接
膨润土密封膏
≥0.8厚金属或塑料圆垫圈
≥27长钢钉中距300
膨润土防水板
HDPE面
膨润土材料面
≥φ23
25~30
≥100
膨润土密封膏

Ⓕ 搭接边临时封边
PE胶带临时封边以防施工水、雨水流入,使防水板失去防水性能
搭接边
45 23

注:1. 墙、板承重结构适用于二级地下工程。
2. 地下连续墙如有漏水和漏泥砂现象,应刮掉墙面和裂缝内泥皮,剔除疏松混凝土。对墙面用快凝、早强、抗裂水泥基防水涂料、砂浆止漏。对裂缝用弹性、膨胀注浆材料注浆堵漏。基本修复后再铺贴防水板。
3. 平面部位不设水泥砂浆保护层时,混凝土浇筑高度应≤600,避免损伤防水板。

图名 **膨润土防水毯(板)外防内贴(二)**
分图页 **E-111**
总图页 **209**

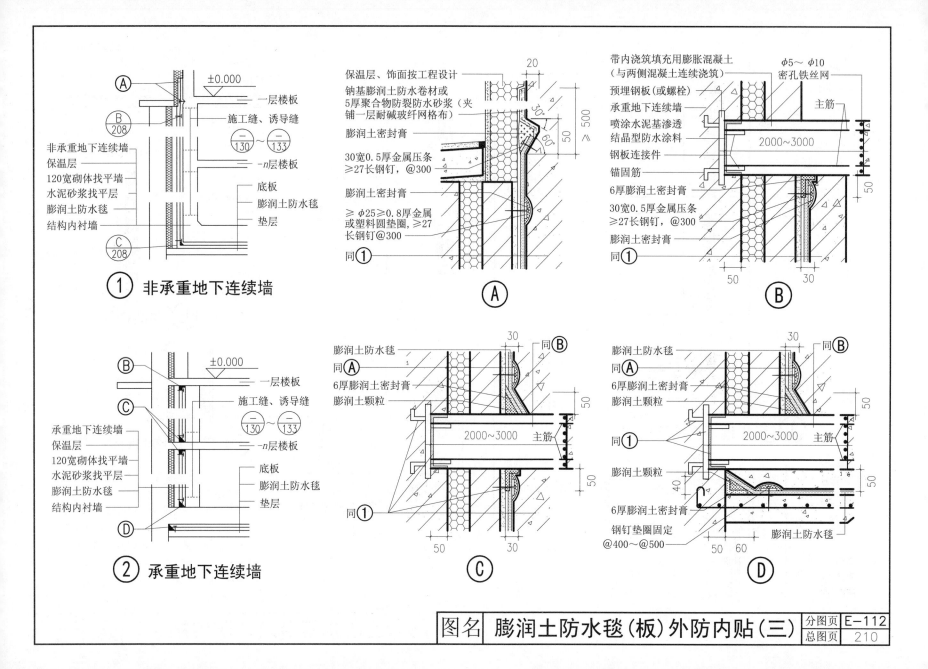

① 非承重地下连续墙

② 承重地下连续墙

Ⓐ

Ⓑ

Ⓒ

Ⓓ

图名 膨润土防水毯(板)外防内贴(三)

逆 作 法 防 水

目 录

说 明

1.地下工程逆作法是一种自上而下浇筑(倒浇)混凝土的施工方法。一般可分为半逆作法(敞开式逆作法,先浇作地下,后浇作地上)和全逆筑法(封闭式逆作法,地下地上同时浇筑)两种。(混合逆作法略)

2.防水设计:

(1)仅用地下连续墙作结构承重墙体的逆筑结构不宜用作防水等级为一级的地下工程,墙的厚度宜>0.6m。

(2)防水等级为一、二级的工程应采用地下连续墙和防水混凝土内衬的复合式逆作结构（属本节介绍内容）。

(3)底板与桩头相交处的防水设计参见外防外做相关内容。

(4)采用桩基支护的逆作法可用于不同防水等级的地下工程。

(5)逆作法施工体系,支撑底板的扩底中间支撑柱增多,足够承担结构荷载和施工荷载。故在减少底板厚度(配筋)的情况下也能满足抗浮要求。防水层也不会因此而大范围内沉降,对保护防水层有利。设计时无须考虑因满足抗浮条件而增加底板厚度。

(6)外墙水平、垂直施工缝宜采用腻子型膨胀条和防水涂料复合设防的止水措施。

3.防水材料:

(1)聚合物水泥砂浆、改性防水砂浆:抹找平层、嵌缝;

(2)补偿收缩防水混凝土(或砂浆)、填充用膨胀混凝土(或砂浆)（参见第92页表E-22"常用膨胀剂种类和掺量"）;

(3)遇水膨胀止水条(遇水后7d的膨胀率≤最终膨胀率的60%);

(4)防水卷材、防水涂料（同外防外做）;

(5)射钉（固定膨胀条）。

4.保护层材料:

(1)垫层表面防水层保护层（同外防外做）;

(2)内衬墙与防水层间保护层材料（参见第97页表E-26）。

5.防水施工:

(1)顶板、楼板及下面墙体500范围内的混凝土应一次浇成。墙体下表面留成斜槎,并与下部墙体间留出300~500的空档。空档处应待下部先浇墙体14d后再用填充用膨胀混凝土浇筑严实。底板混凝土应连续浇筑,不宜留施工缝。地下连续墙的其余浇筑方法,必须遵守国家规范的规定。

(2)各梁、柱、板、墙交接(节点)部位是防水的薄弱环节,应将这些部位的基面凿毛,彻底清理干净后再扦插膨胀水泥砂浆、聚合物水泥砂浆,敷设遇水膨胀止水条,浇筑填充用膨胀混凝土,缝隙处灌注化学浆或水泥浆等。接驳器部位喷涂水泥基渗透结晶型防水涂料或喷射聚合物水泥砂浆。

(3) 半逆作法的－1层地板和全逆作法的＋1层地板混凝土应具有自防水功能,吊运土方孔洞四周应筑一定高度的临时挡水墙,以免受雨水和施工用水的影响,向下渗漏而影响施工。

(4)各层找平墙防水层施工完毕后,应及时浇筑内衬结构墙,以防止因地下水位上升,外衬墙渗水而导致防水层鼓包。

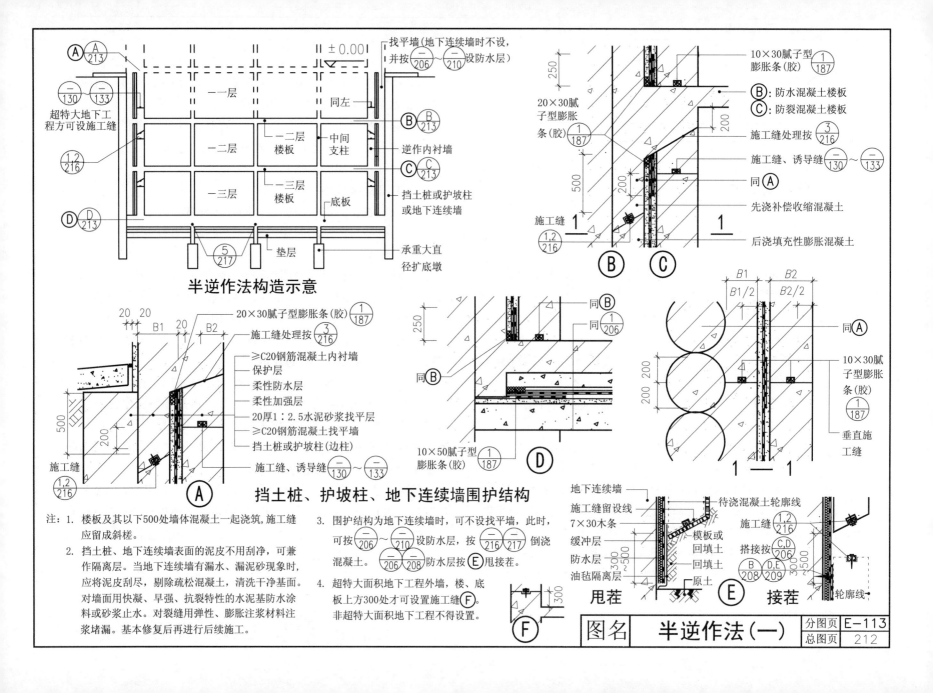

半逆作法构造示意

挡土桩、护坡柱、地下连续墙围护结构

注：1. 楼板及其以下500处墙体混凝土一起浇筑，施工缝应留成斜槎。

2. 挡土桩、地下连续墙表面的泥皮不用刮净，可兼作隔离层。当地下连续墙有漏水、漏泥砂现象时，应将泥皮刮尽，剔除疏松混凝土，清洗干净基面。对墙面用快凝、早强、抗裂特性的水泥基防水涂料或砂浆止水。对裂缝用弹性、膨胀注浆材料注浆堵漏。基本修复后再进行后续施工。

3. 围护结构为地下连续墙时，可不设找平墙，此时，可按 206/- ~ 210/- 设防水层，按 216/- 217/- 倒浇混凝土。防水层按 E 甩接槎。

4. 超特大面积地下工程外墙，楼、底板上方300处才可设置施工缝 F 。非超特大面积地下工程不得设置。

甩槎

接槎

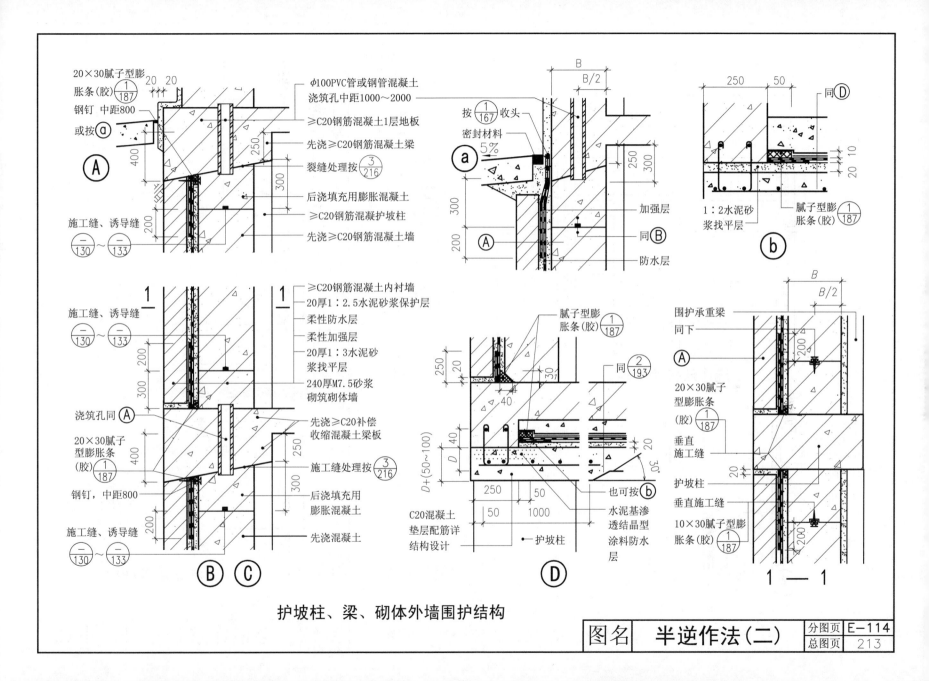

护坡柱、梁、砌体外墙围护结构

图名	半逆作法（二）	分图页	E-114
		总图页	213

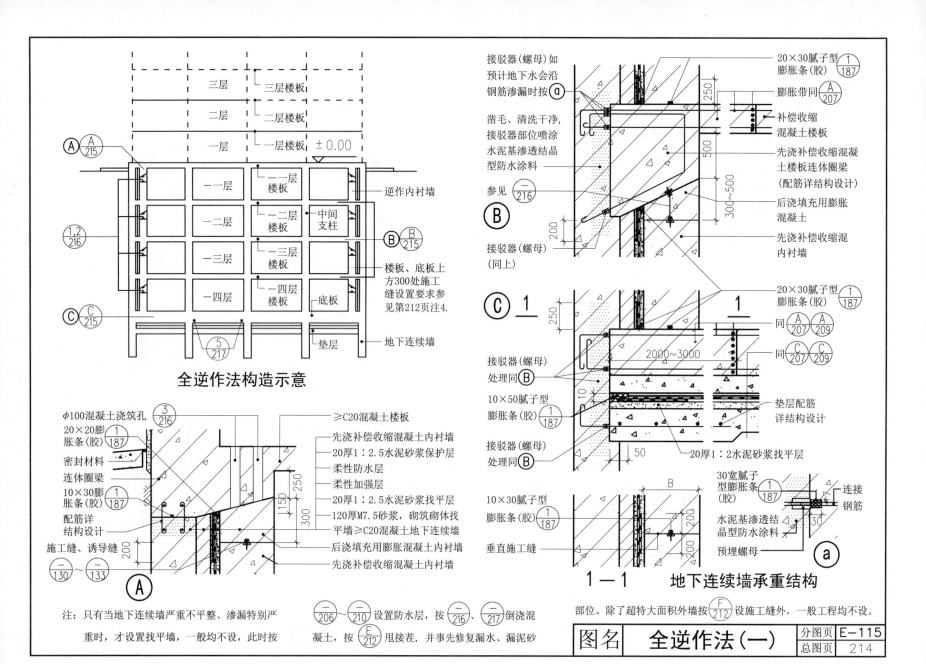

全逆作法构造示意

地下连续墙承重结构

注：只有当地下连续墙严重不平整、渗漏特别严重时，才设置找平墙，一般均不设，此时按 $\frac{-}{206}$～$\frac{-}{210}$ 设置防水层，按 $\frac{-}{216}$、$\frac{-}{217}$ 倒浇混凝土，按 $\frac{E}{212}$ 甩接茬，并事先修复漏水、漏泥砂部位。除了超特大面积外墙按 $\frac{F}{212}$ 设施工缝外，一般工程均不设。

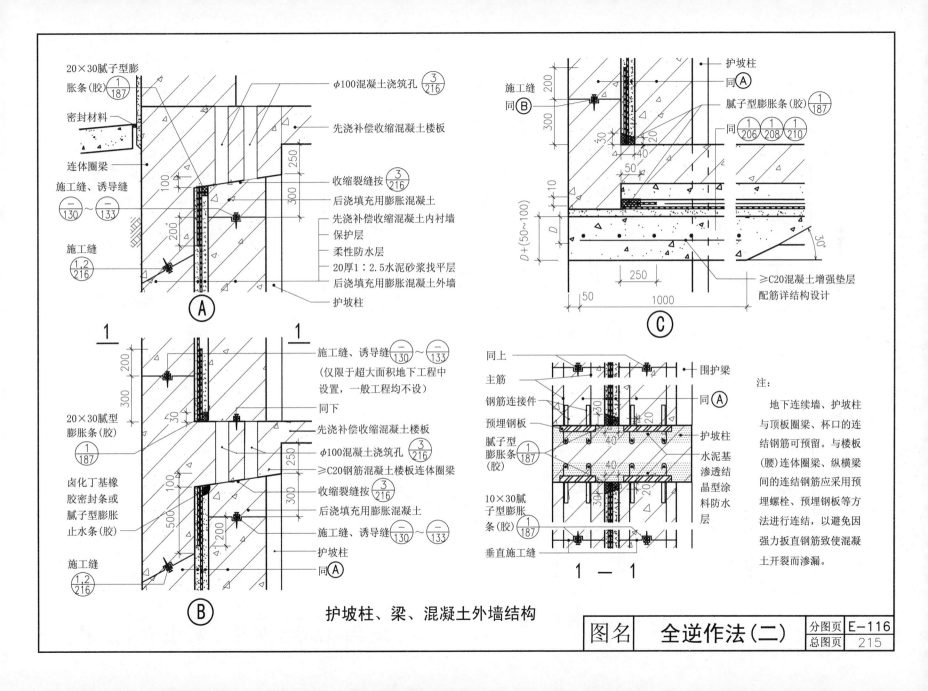

护坡柱、梁、混凝土外墙结构

图名	全逆作法(二)	分图页	E-116
		总图页	215

注:
地下连续墙、护坡柱与顶板圈梁、杯口的连结钢筋可预留。与楼板(腰)连体圈梁、纵横梁间的连结钢筋应采用预埋螺栓、预埋钢板等方法进行连结,以避免因强力扳直钢筋致使混凝土开裂而渗漏。

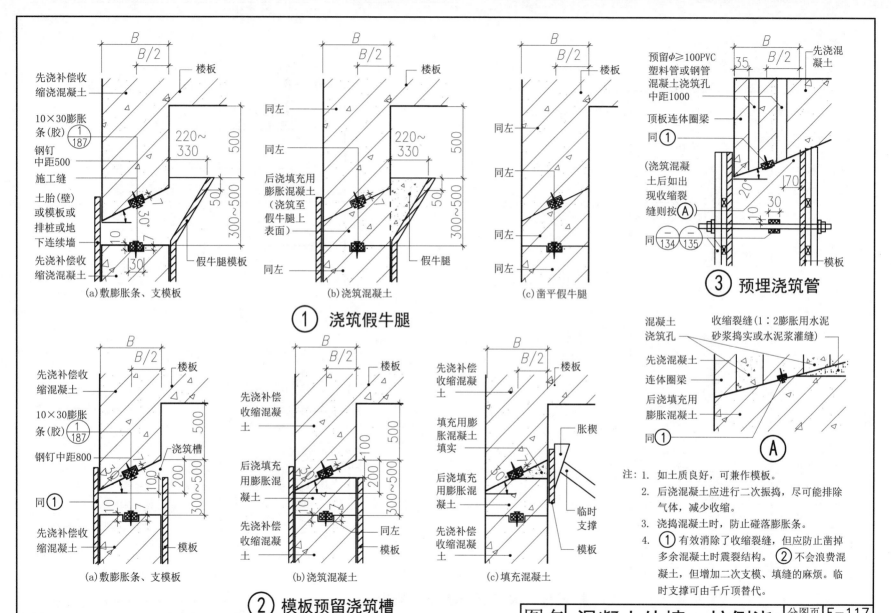

注：1. 如土质良好，可兼作模板。

2. 后浇混凝土应进行二次振捣，尽可能排除气体，减少收缩。

3. 浇捣混凝土时，防止碰落膨胀条。

4. ① 有效消除了收缩裂缝，但应防止凿掉多余混凝土时震裂结构。② 不会浪费混凝土，但增加二次支模、填缝的麻烦。临时支撑可由千斤顶代替。

① 浇筑假牛腿

② 模板预留浇筑槽

③ 预埋浇筑管

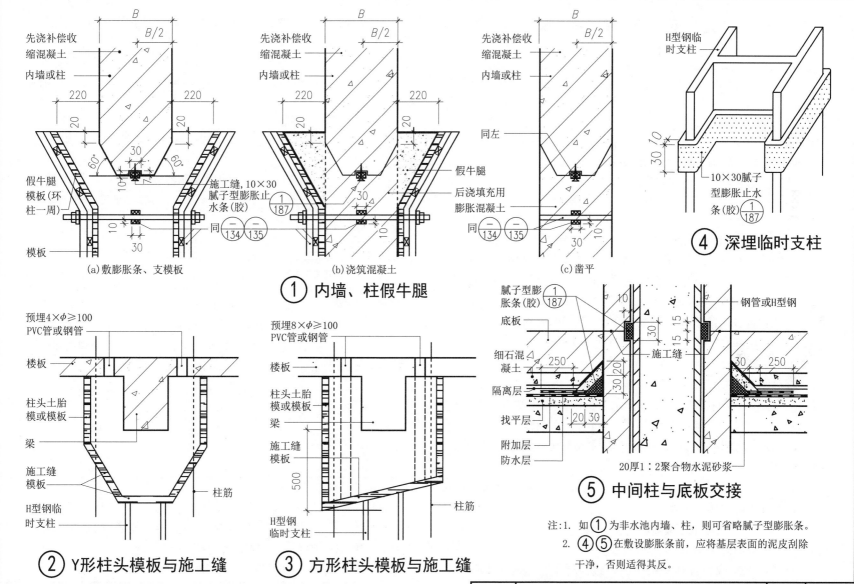

（a）敷膨胀条、支模板　（b）浇筑混凝土　（c）凿平

① 内墙、柱假牛腿

② Y形柱头模板与施工缝

③ 方形柱头模板与施工缝

④ 深埋临时支柱

⑤ 中间柱与底板交接

注：1. 如①为非水池内墙、柱，则可省略腻子型膨胀条。
　　2. ④⑤在敷设膨胀条前，应将基层表面的泥皮刮除干净，否则适得其反。

地 下 工 程 排 水

目 录

说 明

1. 当有自流排水条件时,应采用地理坡向排水。无自流排水条件且防水要求较高时,可采用渗排水、盲沟排水或机械提升排水。为建立海绵城市,应充分利用排除的水源,建立城市蓄水系统。

2. 盲沟排水适用于弱透水性地基、常年地下水位低于建筑物底板、丰水期短期内水位较高的地下工程。渗排水层适用于地下水较丰富、地基属透水性砂质土层的地下工程。

3. 防渗排水设计

(1)对于有上层滞留水,有抗浮要求而无自流排水条件的一、二级地下工程,可采用防水和渗排水、盲沟排水相结合的防渗排水措施;对于有自流排水条件的三、四级地下工程,可制定以排水为主,防水为辅的设防措施,或在作排水方案时,将主体结构只作防潮处理。

(2)在制定排水方案时,应防止因排水而危及地面建筑物及农田水利设施和违反环保要求。

(3)当排水口高程低于最高洪(潮)水位时,为防止洪(潮)水倒灌,应在排水口处采取自封闭防倒灌措施。

(4)渗排水层应设置在底板下面。过滤层下方设置集水管,间距为5~10m。

(5)盲沟的构造类型、与基础的最小距离应根据工程地质情况确定。当现场地质条件允许时,盲沟应离基础远些。

4. 本节只介绍环状盲沟排水做法,地下水通过有组织的导入集水井,再经自流排水(优先采用)流向低洼处或机械排水导向排水管道排走。

5. 渗排水所用材料:

(1)按建筑物所在地区的土层特性确定盲沟反滤层的层次和粒径组成(表E-40)。

盲沟反滤层的层次和粒径组成　　表E-40

反滤层的层次	建筑物地区为砂性土地层(塑性指数IP<3)	建筑物地区为黏性土地层(塑性指数IP>3)
第一层(贴天然土)	用0.1~2粒径砂子组成	用2~5粒径砂子组成
第二层	用1~7粒径小卵石组成	用5~10粒径小卵石组成

注:1. 砂、石必须洁净,含泥量≤2%。
　　2. 因地制宜选取质地坚硬、不风化、不水解的砂、石料作反滤层材料。
　　3. 当地下水中碳酸根离子含量过大时,不得采用碳酸钙石料作渗滤水层。

(2)有管盲沟、无管盲沟参照本节图例选用渗排水材料。

6. 排水明沟的截面积根据每小时排水量的大小按表E-41选用。

排水明沟截面尺寸　　表E-41

通过排水明沟的排水量(/h)	排水明沟净截面尺寸(mm)	
	沟 宽(a)	沟 深(b)
50以下	300	250
50~100	350	350
100~150	350	400
150~200	400	400
200~250	400	450
250~300	400	500

7. 施工注意事项:

(1)基坑开挖时的施工排水明沟宜与永久盲沟结合。

(2)铺设各层排水层时,宜采用平板振捣器振实,切不可碾压、夯打,以免砸碎砂石,影响排水效果。

(3)渗排水沟、管的坡度应≥1%,严禁倒流。

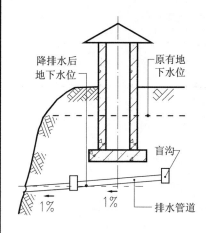

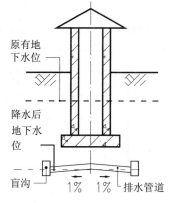

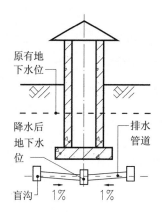

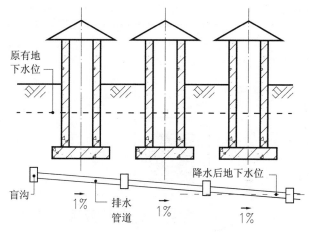

降排水后地下水位　原有地下水位　盲沟　排水管道　1%　1%

原有地下水位　降水后地下水位　盲沟　1%　1%　排水管道

原有地下水位　降水后地下水位　排水管道　盲沟　1%　1%

原有地下水位　降水后地下水位　盲沟　排水管道　1%　1%　1%

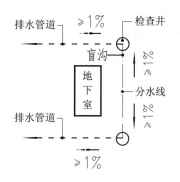

排水管道　≥1%　检查井　盲沟　≥1%　≥1%　地下室　分水线　排水管道　≥1%

在排水区域上方、建筑物两侧埋设盲沟，中间分水，将水导入排水管，借助地形，由排水管自流排水。

① 自流盲沟排水

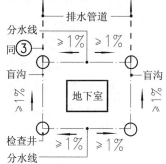

排水管道　分水线　同③　盲沟　≥1%　≥1%　盲沟　≥1%　≥1%　地下室　≥1%　≥1%　检查井　≥1%　≥1%　分水线

在地下室四周埋设渗水盲沟，中间分水，将水分入两侧排水管，由自流或水泵提升排走。

② 环状盲沟排水

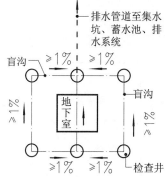

排水管道至集水坑、蓄水池、排水系统　盲沟　≥1%　≥1%　盲沟　≥1%　≥1%　地下室　≥1%　≥1%　盲沟　≥1%　≥1%　检查井

在地下室四周及底板下埋设渗水盲沟，将水导入底板下渗水盲管，经排水管由自流或水泵提升排走。

③ "中"形盲沟排水

≥1%　地下室　≥1%　检查井　同③　盲沟　≥1%

平行排列渗水盲沟，将地下水导入主排水管道。经自流或水泵提升排走。

④ 平行盲沟排水

注：1. 有自流排水条件的按 ① 排水。②～④
增加了排水的速度和可靠性，但亦增加了机械排水的成本，应综合考虑。

2. 海绵城市应通过排水管道将雨水收集至蓄水池，排水管道应设置逆止阀，蓄水池应设置溢水管，将溢出的水排至河流或城市低洼处。建立一套完整、安全、高效的排水、蓄水、防涝系统。

图名	盲沟渗排水（一）	分图页	E-119
		总图页	219

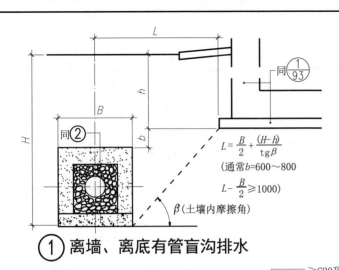

$$L = \frac{B}{2} + \frac{(H-h)}{tg\beta}$$

(通常b=600～800

$$L - \frac{B}{2} \geqslant 1000)$$

β(土壤内摩擦角)

① 离墙、离底有管盲沟排水

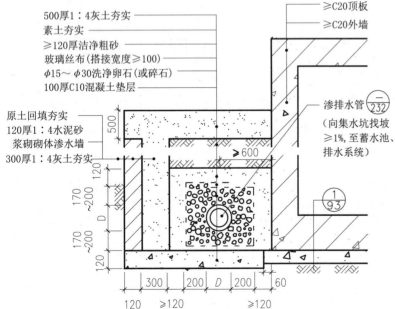

500厚1：4灰土夯实
素土夯实
≥120厚洁净粗砂
玻璃丝布(搭接宽度≥100)
$\phi15～\phi30$洗净卵石(或碎石)
100厚C10混凝土垫层

≥C20顶板
≥C20外墙

渗排水管 $\left(\frac{-}{232}\right)$
(向集水坑找坡
≥1%，至蓄水池、
排水系统)

原土回填夯实
120厚1：4水泥砂
浆砌砌体渗水墙
300厚1：4灰土夯实

② 贴墙有管盲沟排水

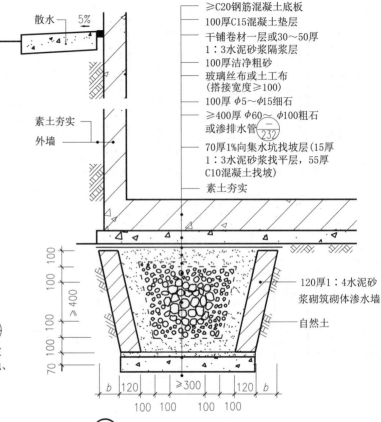

散水   5%

≥C20钢筋混凝土底板
100厚C15混凝土垫层
干铺卷材一层或30～50厚
1：3水泥砂浆隔浆层
100厚洁净粗砂
玻璃丝布或土工布
(搭接宽度≥100)
100厚 $\phi5～\phi15$细石
≥400厚 $\phi60～\phi100$粗石
或渗排水管 $\left(\frac{-}{232}\right)$
70厚1%向集水坑找坡层(15厚
1：3水泥砂找平层，55厚
C10混凝土找坡)
素土夯实

素土夯实
外墙

120厚1：4水泥砂
浆砌筑砌体渗水墙

自然土

③ 底板下无管盲沟排水

注：1. ① 渗排水系统远离结构外墙及底板，使地下水还未侵蚀防水层
和主体结构就通过自流或电力机械提升被排走，将地下水位控制
在底板以下。如现场地质条件允许可优先采用。

2. 为保证各滤水层宽度的准确，可在回填时，按尺寸在垂直方向插
一块铁板，边回填，边提升，边轻振压实，直至填毕。

图名	盲沟渗排水（二）	分图页 E-120
		总图页 220

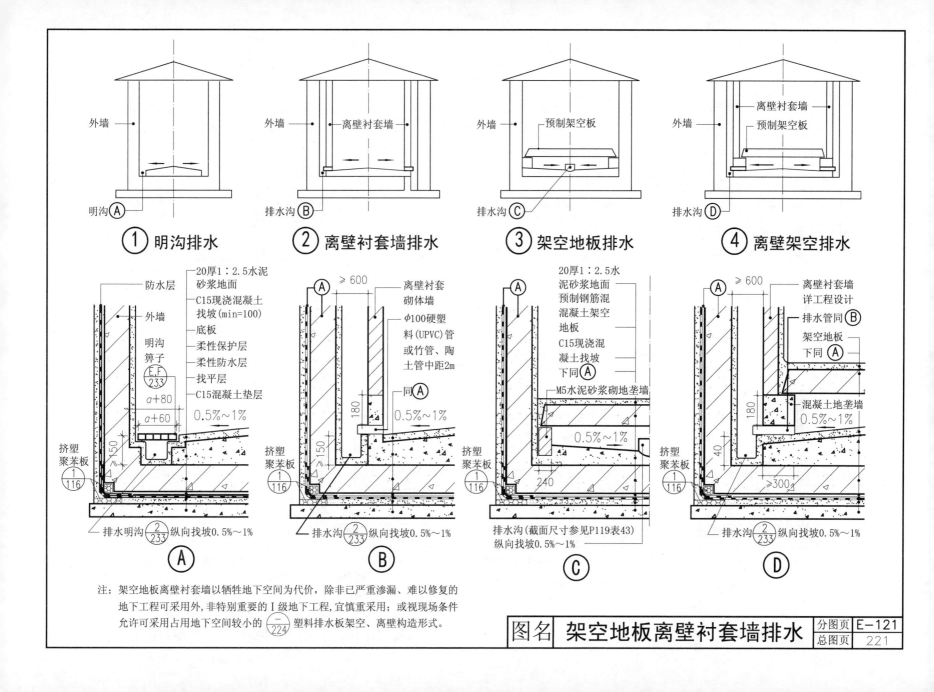

① 明沟排水　② 离壁衬套墙排水　③ 架空地板排水　④ 离壁架空排水

注：架空地板离壁衬套墙以牺牲地下空间为代价，除非已严重渗漏、难以修复的地下工程可采用外，非特别重要的I级地下工程,宜慎重采用；或视现场条件允许可采用占用地下空间较小的$\left(\dfrac{二}{224}\right)$塑料排水板架空、离壁构造形式。

图名　架空地板离壁衬套墙排水

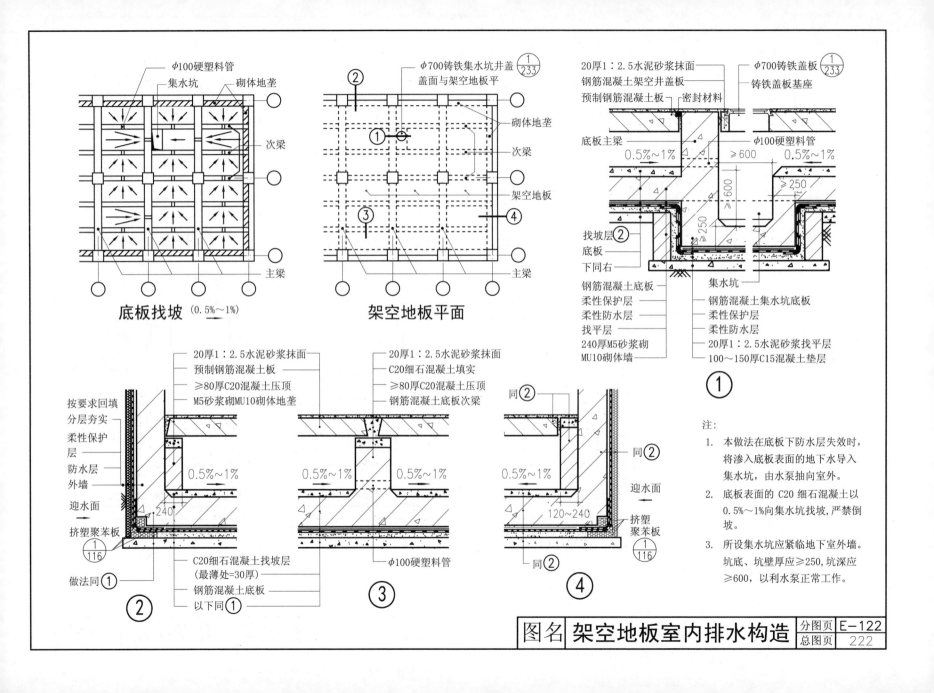

φ100硬塑料管
集水坑
砌体地垄
次梁
主梁

底板找坡 (0.5%～1%)

φ700铸铁集水坑井盖
盖面与架空地板平
①
②
③
④
砌体地垄
次梁
架空地板
主梁

架空地板平面

20厚1：2.5水泥砂浆抹面
钢筋混凝土架空井盖板
预制钢筋混凝土板
密封材料
底板主梁
φ700铸铁盖板
铸铁盖板基座
φ100硬塑料管
0.5%～1%
≥600
0.5%～1%
≥250
找坡层②
底板
下同右
≥600
≥250
钢筋混凝土底板
柔性保护层
柔性防水层
找平层
240厚M5砂浆砌
MU10砌体墙
集水坑
钢筋混凝土集水坑底板
柔性保护层
柔性防水层
20厚1：2.5水泥砂浆找平层
100～150厚C15混凝土垫层

①

按要求回填
分层夯实
柔性保护层
防水层
外墙
迎水面
挤塑聚苯板
①116
做法同①
②

20厚1：2.5水泥砂浆抹面
预制钢筋混凝土板
≥80厚C20混凝土压顶
M5砂浆砌MU10砌体地垄
0.5%～1%
240
C20细石混凝土找坡层
（最薄处=30厚）
钢筋混凝土底板
以下同①

20厚1：2.5水泥砂浆抹面
C20细石混凝土填实
≥80厚C20混凝土压顶
钢筋混凝土底板次梁
0.5%～1%
0.5%～1%
φ100硬塑料管
③

同②
0.5%～1%
同②
迎水面
120～240
挤塑聚苯板
①116
同②
④

注：
1. 本做法在底板下防水层失效时，将渗入底板表面的地下水导入集水坑，由水泵抽向室外。
2. 底板表面的C20细石混凝土以0.5%～1%向集水坑找坡，严禁倒坡。
3. 所设集水坑应紧临地下室外墙。坑底、坑壁厚应≥250，坑深应≥600，以利水泵正常工作。

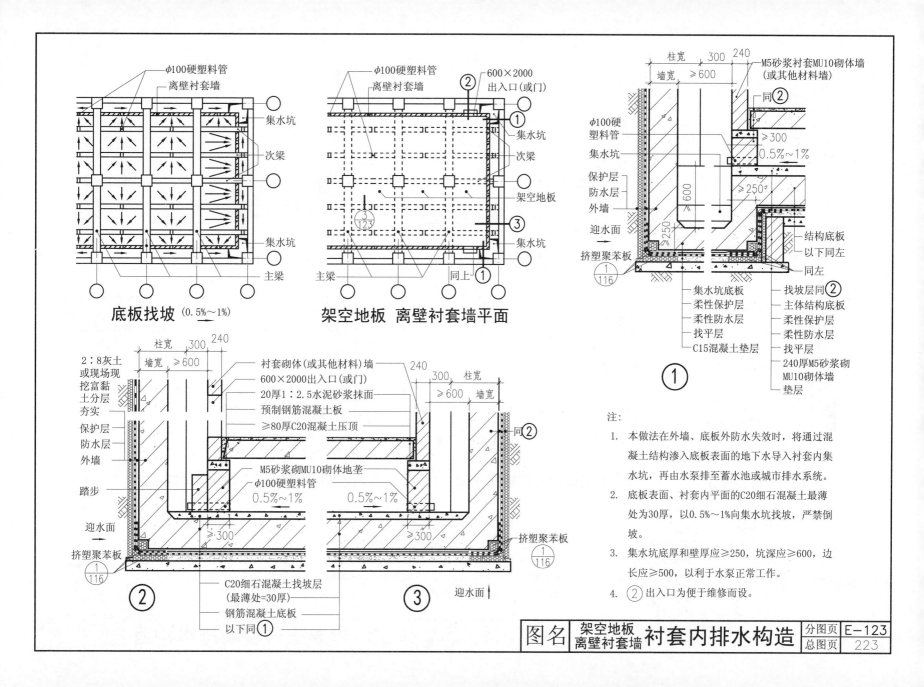

底板找坡（0.5%～1%）

架空地板　离壁衬套墙平面

注：

1. 本做法在外墙、底板外防水失效时，将通过混凝土结构渗入底板表面的地下水导入衬套内集水坑，再由水泵排至蓄水池或城市排水系统。

2. 底板表面、衬套内平面的C20细石混凝土最薄处为30厚，以0.5%～1%向集水坑找坡，严禁倒坡。

3. 集水坑底厚和壁厚应≥250，坑深应≥600，边长应≥500，以利于水泵正常工作。

4. ② 出入口为便于维修而设。

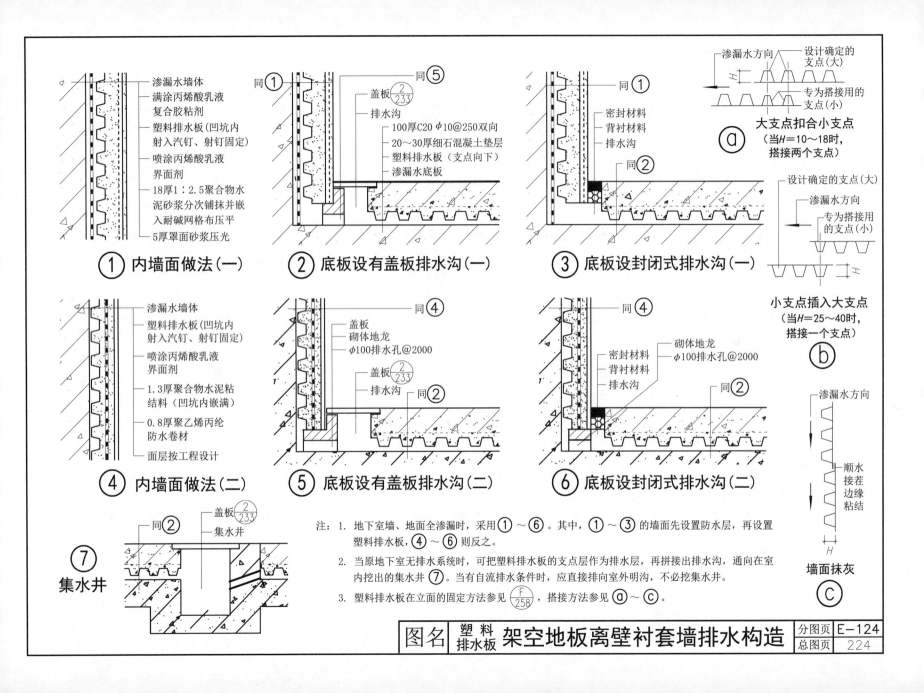

① 内墙面做法(一)
渗漏水墙体
满涂丙烯酸乳液复合胶粘剂
塑料排水板(凹坑内射入汽钉、射钉固定)
喷涂丙烯酸乳液界面剂
18厚1：2.5聚合物水泥砂浆分次铺抹并嵌入耐碱网格布压平
5厚罩面砂浆压光

② 底板设有盖板排水沟(一)
同①
盖板 ②/233
排水沟
100厚C20 φ10@250双向
20～30厚细石混凝土垫层
塑料排水板(支点向下)
渗漏水底板

③ 底板设封闭式排水沟(一)
同①
密封材料
背衬材料
排水沟
同②

大支点扣合小支点
(当H=10～18时，搭接两个支点)
渗漏水方向
设计确定的支点(大)
专为搭接用的支点(小)
ⓐ

④ 内墙面做法(二)
渗漏水墙体
塑料排水板(凹坑内射入汽钉、射钉固定)
喷涂丙烯酸乳液界面剂
1.3厚聚合物水泥粘结料(凹坑内嵌满)
0.8厚聚乙烯丙纶防水卷材
面层按工程设计

⑤ 底板设有盖板排水沟(二)
同④
盖板
砌体地龙
φ100排水孔@2000
盖板 ②/233
排水沟
同②

⑥ 底板设封闭式排水沟(二)
同④
密封材料
背衬材料
排水沟
砌体地龙
φ100排水孔@2000
同②

小支点插入大支点
(当H=25～40时，搭接一个支点)
设计确定的支点(大)
渗漏水方向
专为搭接用的支点(小)
ⓑ

⑦ 集水井
同②
盖板 ②/233
集水井

注：1. 地下室墙、地面全渗漏时，采用①～⑥。其中，①～③的墙面先设置防水层，再设置塑料排水板，④～⑥则反之。
2. 当原地下室无排水系统时，可把塑料排水板的支点层作为排水层，再拼接出排水沟，通向在室内挖出的集水井⑦。当有自流排水条件时，应直接排向室外明沟，不必挖集水井。
3. 塑料排水板在立面的固定方法参见 F/258，搭接方法参见ⓐ～ⓒ。

渗漏水方向
顺水接茬边缘粘结
H
墙面抹灰
ⓒ

图名 塑料排水板 架空地板离壁衬套墙排水构造

（a）①清理墙面、找平，不得有浮灰、油污、起砂、空鼓、凹坑、尖锐凸起物；
②满涂丙烯酸乳液复合胶粘剂

（b）固定塑料排水板，下幅压上幅，顺水接茬。用射钉、专用橡胶栓塞射入凹坑固定，钉帽用胶粘剂封闭。相邻排水板的搭接边用丙烯酸胶粘粘结，将塑料排水板连接成一封闭的整体

（c）喷涂丙烯酸界面乳液，不得漏涂

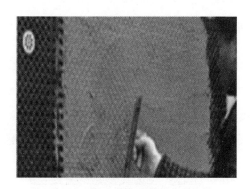

（d）铺抹第一遍聚合物水泥砂浆

（e）及时嵌入耐碱网格布（土工布），铺贴应平整、不得有皱褶，不得漏涂

（f）铺抹第二道罩面砂浆，将网格布盖住，并找平

内墙面塑料排水板衬套固定、抹面施工

图名 塑 料 排水板 离壁衬套墙抹面施工

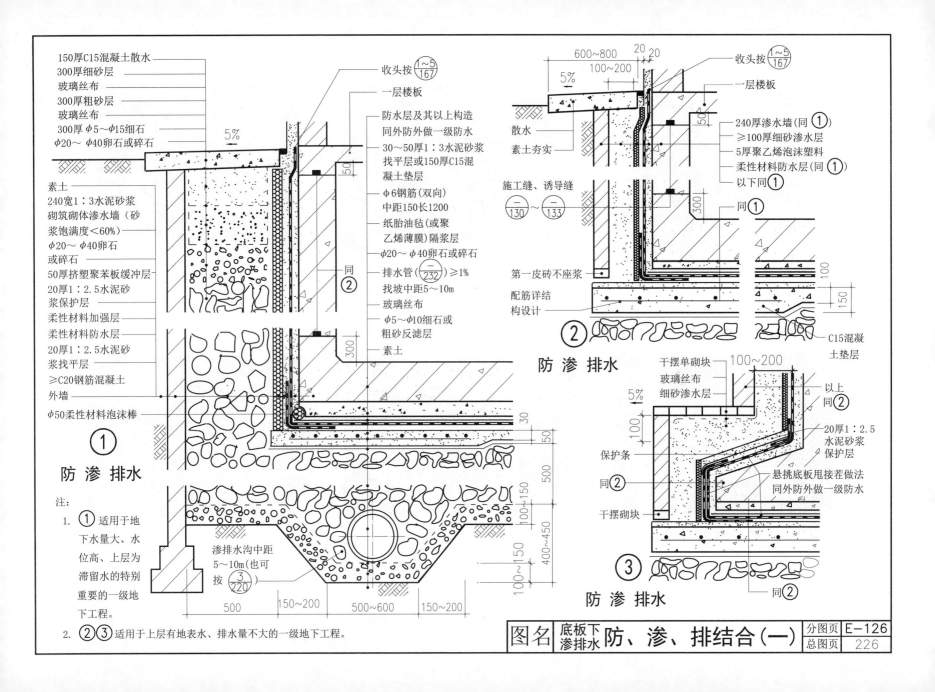

150厚C15混凝土散水
300厚细砂层
玻璃丝布
300厚粗砂层
玻璃丝布
300厚 φ5～φ15细石
φ20～ φ40卵石或碎石

收头按 $\frac{1～5}{167}$

一层楼板

防水层及其以上构造
同外防外做一级防水

30～50厚1：3水泥砂浆
找平层或150厚C15混
凝土垫层

φ6钢筋（双向）
中距150长1200

纸胎油毡（或聚
乙烯薄膜）隔浆层

φ20～ φ40卵石或碎石

排水管 $\frac{-}{232}$ ≥1%
找坡中距5～10m

玻璃丝布

φ5～φ10细石或
粗砂反滤层

素土

素土
240宽1：3水泥砂浆
砌筑砌体渗水墙（砂
浆饱满度<60%）
φ20～ φ40卵石
或碎石
50厚挤塑聚苯板缓冲层
20厚1：2.5水泥砂
浆保护层
柔性材料加强层
柔性材料防水层
20厚1：2.5水泥砂
浆找平层
≥C20钢筋混凝土
外墙
φ50柔性材料泡沫棒

① 防渗排水

注：
1. ① 适用于地下水量大、水位高、上层为滞留水的特别重要的一级地下工程。

渗排水沟中距
5～10m(也可
按 $\frac{3}{220}$)

500 150～200 500～600 150～200

2. ②③适用于上层有地表水、排水量不大的一级地下工程。

600～800 20 20
100～200
5%

收头按 $\frac{1～5}{167}$

一层楼板

240厚渗水墙（同①）
≥100厚细砂渗水层
5厚聚乙烯泡沫塑料
柔性材料防水层（同①）
以下同①

散水
素土夯实

施工缝、诱导缝
$\frac{-}{130}$ ～ $\frac{-}{133}$

同①

第一皮砖不座浆

配筋详结构设计

② 防渗排水

C15混凝土垫层

干摆单砌块
玻璃丝布
细砂渗水层

5%

以上同②

100

保护条

同②

干摆砌块

20厚1：2.5
水泥砂浆
保护层

悬挑底板甩接茬做法
同外防外做一级防水

③ 防渗排水

图名	底板下渗排水	防、渗、排结合(一)	分图页	E-126
			总图页	226

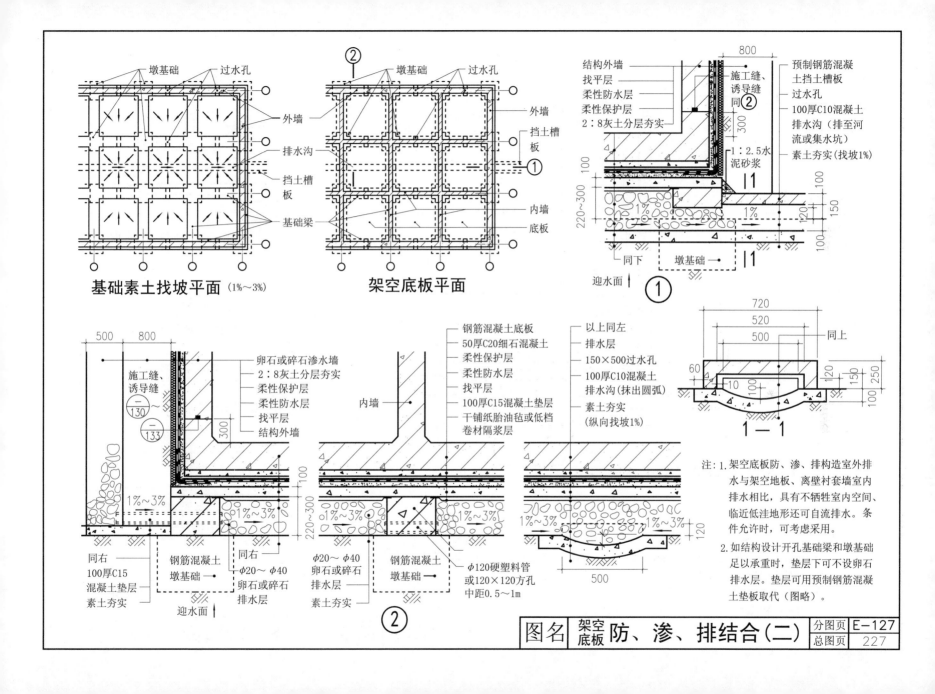

基础素土找坡平面 (1%~3%)

架空底板平面

图名 架空底板 **防、渗、排结合(二)**

分图页 E-127
总图页 227

注：1. 架空底板防、渗、排构造室外排水与架空地板、离壁衬套墙室内排水相比，具有不牺牲室内空间、临近低洼地形还可自流排水。条件允许时，可考虑采用。

2. 如结构设计开孔基础梁和墩基础足以承重时，垫层下可不设卵石排水层。垫层可用预制钢筋混凝土垫板取代（图略）。

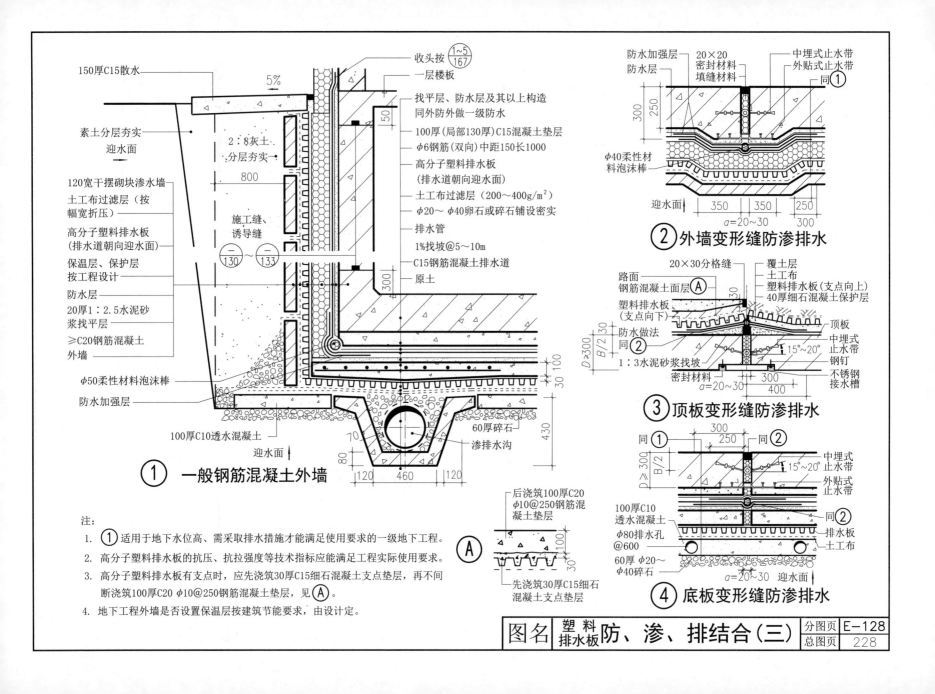

150厚C15散水

素土分层夯实
迎水面

收头按 $\frac{1\sim5}{167}$

一层楼板

找平层、防水层及其以上构造
同外防外做一级防水

100厚(局部130厚)C15混凝土垫层
φ6钢筋(双向)中距150长1000
高分子塑料排水板
(排水道朝向迎水面)
土工布过滤层(200~400g/m²)
φ20~φ40卵石或碎石铺设密实
排水管
1%找坡@5~10m
C15钢筋混凝土排水道
原土

2:8灰土
分层夯实

800

施工缝、
诱导缝

$\frac{-}{130}$ ~ $\frac{-}{133}$

120宽干摆砌块渗水墙
土工布过滤层(按
幅宽折压)

高分子塑料排水板
(排水道朝向迎水面)

保温层、保护层
按工程设计

防水层

20厚1:2.5水泥砂
浆找平层

≥C20钢筋混凝土
外墙

φ50柔性材料泡沫棒

防水加强层

100厚C10透水混凝土

迎水面

60厚碎石

渗排水沟

120 460 120

① 一般钢筋混凝土外墙

注:
1. ① 适用于地下水位高、需采取排水措施才能满足使用要求的一级地下工程。
2. 高分子塑料排水板的抗压、抗拉强度等技术指标应能满足工程实际使用要求。
3. 高分子塑料排水板有支点时,应先浇筑30厚C15细石混凝土支点垫层,再不间断浇筑100厚C20 φ10@250钢筋混凝土垫层,见 Ⓐ 。
4. 地下工程外墙是否设置保温层按建筑节能要求,由设计定。

后浇筑100厚C20
φ10@250钢筋混凝土垫层

Ⓐ

先浇筑30厚C15细石
混凝土支点垫层

防水加强层
防水层
20×20
密封材料
填缝材料

中埋式止水带
外贴式止水带
同 ①

φ40柔性材料泡沫棒

迎水面

350 350 250
a=20~30 300

② 外墙变形缝防渗排水

20×30分格缝
路面
钢筋混凝土面层 Ⓐ
塑料排水板
(支点向下)
防水做法
同 ②
1:3水泥砂浆找坡
密封材料

覆土层
土工布
塑料排水板(支点向上)
40厚细石混凝土保护层
顶板
中埋式
止水带
15°~20°
钢钉
不锈钢
接水槽

a=20~30 300
400

③ 顶板变形缝防渗排水

300
同 ① 250 同 ②
中埋式
止水带
15°~20°
外贴式
止水带
100厚C10
透水混凝土
φ80排水孔
@600
60厚 φ20~
φ40碎石

同 ②
排水板
土工布

a=20~30 迎水面

④ 底板变形缝防渗排水

图名 塑料 防、渗、排结合(三)
排水板

分图页 E-128
总图页 228

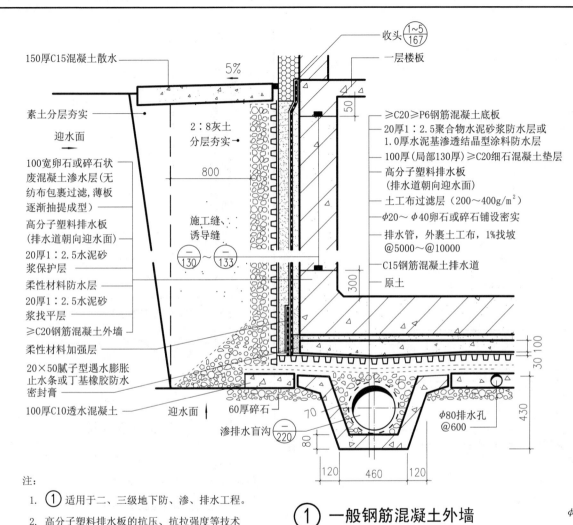

150厚C15混凝土散水

收头 $\frac{1~5}{167}$

一层楼板

5%

素土分层夯实

迎水面

2:8灰土
分层夯实

≥C20≥P6钢筋混凝土底板

20厚1:2.5聚合物水泥砂浆防水层或
1.0厚水泥基渗透结晶型涂料防水层

100厚(局部130厚)≥C20细石混凝土垫层

800

100宽卵石或碎石状
废混凝土渗水层(无
纺布包裹过滤,薄板
逐渐抽提成型)

高分子塑料排水板
(排水道朝向迎水面)

高分子塑料排水板
(排水道朝向迎水面)

土工布过滤层(200~400g/m²)

施工缝、
诱导缝

ϕ20~ ϕ40卵石或碎石铺设密实

$\frac{—}{130}$~$\frac{—}{133}$

排水管,外裹土工布,1%找坡
@5000~@10000

20厚1:2.5水泥砂
浆保护层

C15钢筋混凝土排水道

柔性材料防水层

原土

20厚1:2.5水泥砂
浆找平层

≥C20钢筋混凝土外墙

柔性材料加强层

300

20×50腻子型遇水膨胀
止水条或丁基橡胶防水
密封膏

100厚C10透水混凝土

迎水面

60厚碎石

70

ϕ80排水孔
@600

30 100

430

渗排水盲沟 $\frac{—}{220}$

80

120   460   120

① 一般钢筋混凝土外墙

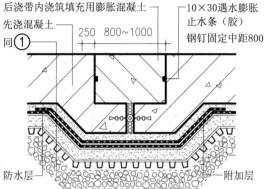

后浇带内浇筑填充用膨胀混凝土

10×30遇水膨胀
止水条(胶)
钢钉固定中距800

先浇混凝土

同①

250 800~1000

防水层

附加层

② 外墙超前止水后浇带防渗排水

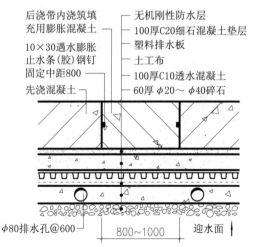

后浇带内浇筑填
充用膨胀混凝土

无机刚性防水层

100厚C20细石混凝土垫层

塑料排水板

10×30遇水膨胀
止水条(胶)钢钉
固定中距800

土工布

100厚C10透水混凝土

先浇混凝土

60厚 ϕ20~ ϕ40碎石

ϕ80排水孔@600

800~1000

迎水面

③ 底板超前止水后浇带防渗排水

注:

1. ① 适用于二、三级地下防、渗、排水工程。

2. 高分子塑料排水板的抗压、抗拉强度等技术
指标应能满足工程实际使用要求。

3. 高分子塑料排水板有支点时,如垫层为细石
混凝土,则支点内混凝土和垫层混凝土应连
续浇筑。

图名 塑料
排水板 **防、渗、排结合(四)**

分图页 E-129

总图页 229

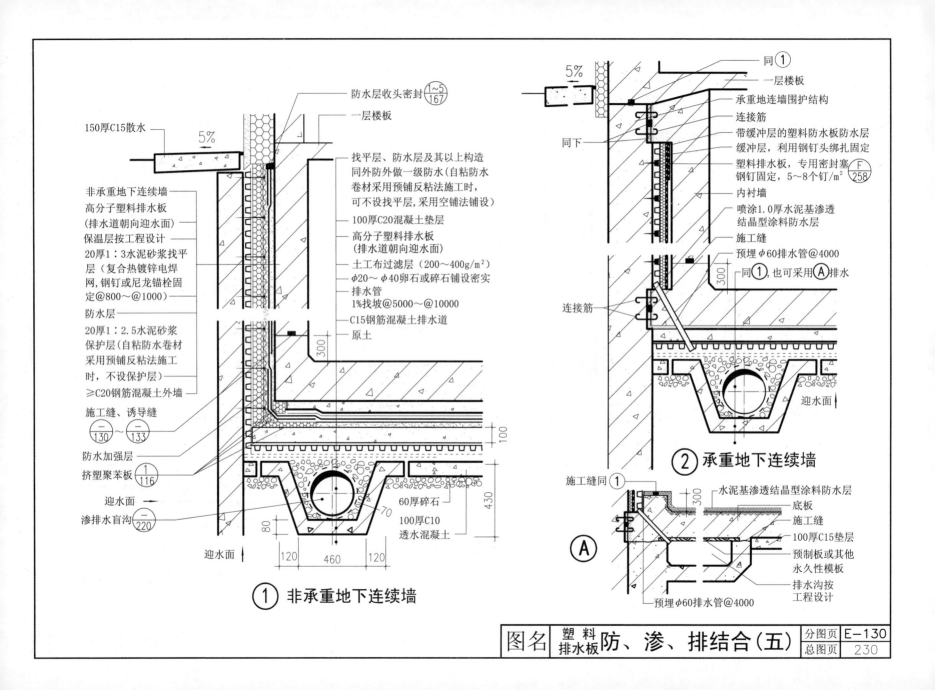

150厚C15散水

5%

防水层收头密封 (1~5/167)

一层楼板

非承重地下连续墙

高分子塑料排水板
(排水道朝向迎水面)

保温层按工程设计

20厚1:3水泥砂浆找平
层(复合热镀锌电焊
网,钢钉或尼龙锚栓固
定@800~@1000)

防水层

20厚1:2.5水泥砂浆
保护层(自粘防水卷材
采用预铺反粘法施工
时,不设保护层)

≥C20钢筋混凝土外墙

施工缝、诱导缝
(—/130)~(—/133)

防水加强层

挤塑聚苯板
(1/116)

迎水面

渗排水盲沟
(—/220)

迎水面

找平层、防水层及其以上构造
同外防外做一级防水(自粘防水
卷材采用预铺反粘法施工时,
可不设找平层,采用空铺法铺设)

100厚C20混凝土垫层

高分子塑料排水板
(排水道朝向迎水面)

土工布过滤层(200~400g/m²)

φ20~φ40卵石或碎石铺设密实

排水管
1%找坡@5000~@10000

C15钢筋混凝土排水道

原土

100

430

80

60厚碎石

70

100厚C10
透水混凝土

120 460 120

① 非承重地下连续墙

5%

同①

一层楼板

同下

承重地连墙围护结构

连接筋

带缓冲层的塑料防水板防水层

缓冲层,利用钢钉头绑扎固定

塑料排水板,专用密封塞
钢钉固定,5~8个钉/m²
(F/258)

内衬墙

喷涂1.0厚水泥基渗透
结晶型涂料防水层

施工缝

预埋φ60排水管@4000

连接筋

300

同①,也可采用(A)排水

迎水面

② 承重地下连续墙

施工缝同①

(A)

水泥基渗透结晶型涂料防水层

底板

施工缝

100厚C15垫层

预制板或其他
永久性模板

排水沟按
工程设计

300

预埋φ60排水管@4000

图名 塑料排水板 防、渗、排结合(五)

分图页 E-130

总图页 230

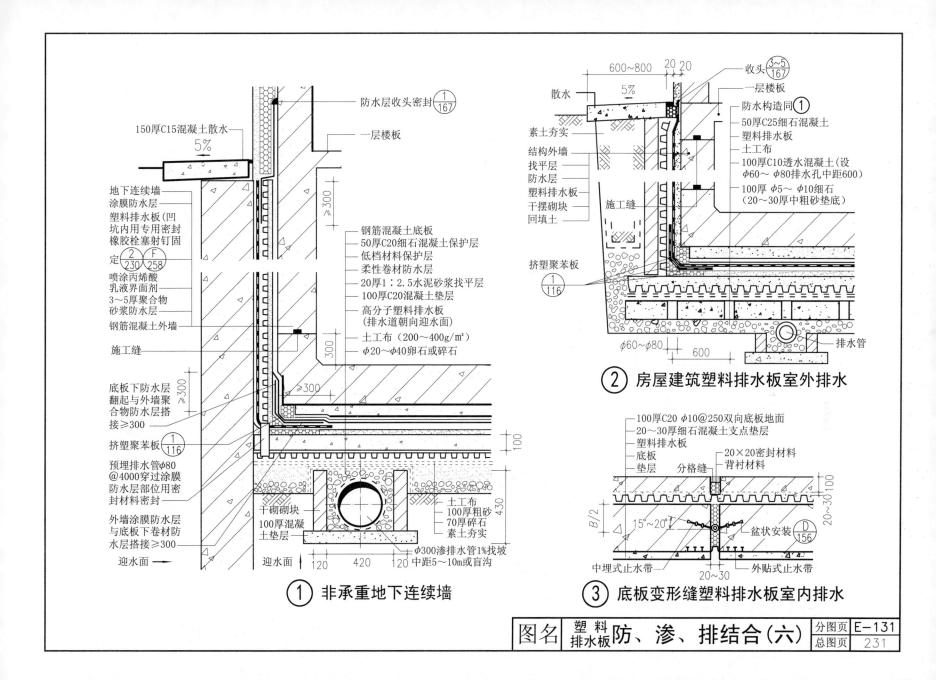

① 非承重地下连续墙

左图标注（从上到下、从左到右）：

防水层收头密封 $\frac{1}{167}$

150厚C15混凝土散水

5%

一层楼板

≥300

地下连续墙
涂膜防水层
塑料排水板（凹坑内用专用密封橡胶栓塞射钉固定 $\frac{2}{230}$ $\frac{F}{258}$
喷涂丙烯酸乳液界面剂
3～5厚聚合物砂浆防水层
钢筋混凝土外墙
施工缝

钢筋混凝土底板
50厚C20细石混凝土保护层
低档材料保护层
柔性卷材防水层
20厚1：2.5水泥砂浆找平层
100厚C20混凝土垫层
高分子塑料排水板（排水道朝向迎水面）
土工布（200～400g/㎡）
$\phi20～\phi40$卵石或碎石

底板下防水层翻起与外墙聚合物防水层搭接≥300

挤塑聚苯板 $\frac{1}{116}$

预埋排水管$\phi80$@4000穿过涂膜防水层部位用密封材料密封

外墙涂膜防水层与底板下卷材防水层搭接≥300

迎水面→

300

≥300

100

430

土工布
100厚粗砂
70厚碎石
素土夯实

干砌砌块
100厚混凝土垫层

$\phi300$渗排水管1%找坡
中距5～10m或盲沟

迎水面 120 420 120

② 房屋建筑塑料排水板室外排水

散水

600～800 20 20

5%

收头 $\frac{3～5}{167}$

一层楼板

防水构造同①
50厚C25细石混凝土
塑料排水板
土工布
100厚C10透水混凝土（设$\phi60～\phi80$排水孔中距600）
100厚$\phi5～\phi10$细石（20～30厚中粗砂垫底）

素土夯实
结构外墙
找平层
防水层
塑料排水板
干摆砌块
回填土
挤塑聚苯板 $\frac{1}{116}$

施工缝

$\phi60～\phi80$ 600

排水管

③ 底板变形缝塑料排水板室内排水

100厚C20 $\phi10$@250双向底板地面
20～30厚细石混凝土支点垫层
塑料排水板
底板
垫层

分格缝
20×20密封材料
背衬材料

B/2

15°～20°

盆状安装 $\frac{D}{156}$

20～30 100

中埋式止水带
外贴式止水带

20～30

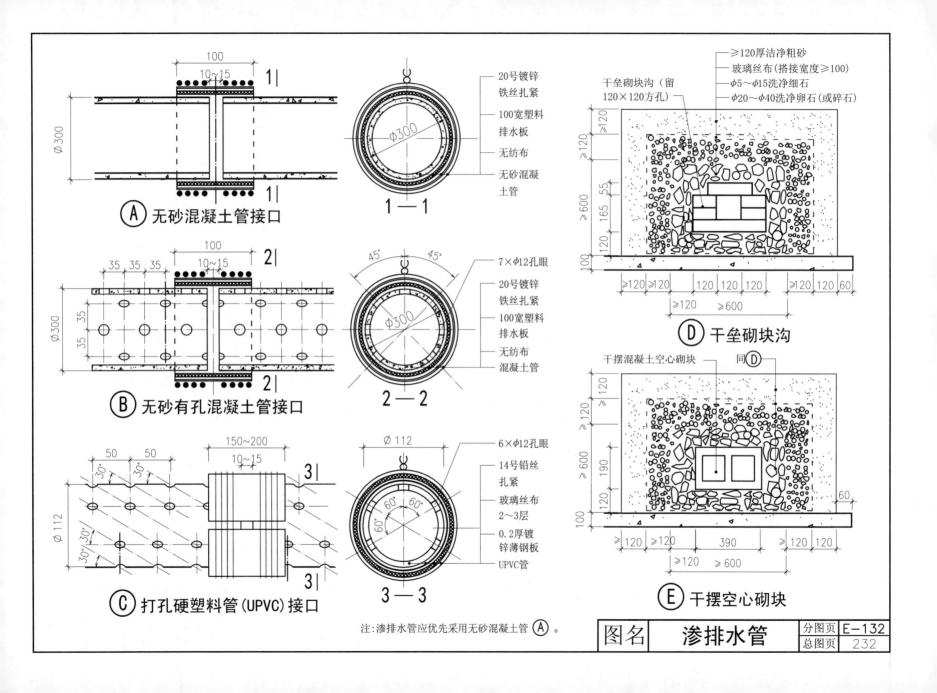

≥120厚洁净粗砂
玻璃丝布(搭接宽度≥100)
φ5~φ15洗净细石
φ20~φ40洗净卵石(或碎石)

干垒砌块沟（留120×120方孔）

Ⓓ 干垒砌块沟

20号镀锌铁丝扎紧
100宽塑料排水板
无纺布
无砂混凝土管

1—1

Ⓐ 无砂混凝土管接口

7×φ12孔眼
20号镀锌铁丝扎紧
100宽塑料排水板
无纺布
混凝土管

2—2

Ⓑ 无砂有孔混凝土管接口

6×φ12孔眼
14号铅丝扎紧
玻璃丝布2~3层
0.2厚镀锌薄钢板
UPVC管

3—3

Ⓒ 打孔硬塑料管(UPVC)接口

干摆混凝土空心砌块
同Ⓓ

Ⓔ 干摆空心砌块

注:渗排水管应优先采用无砂混凝土管Ⓐ。

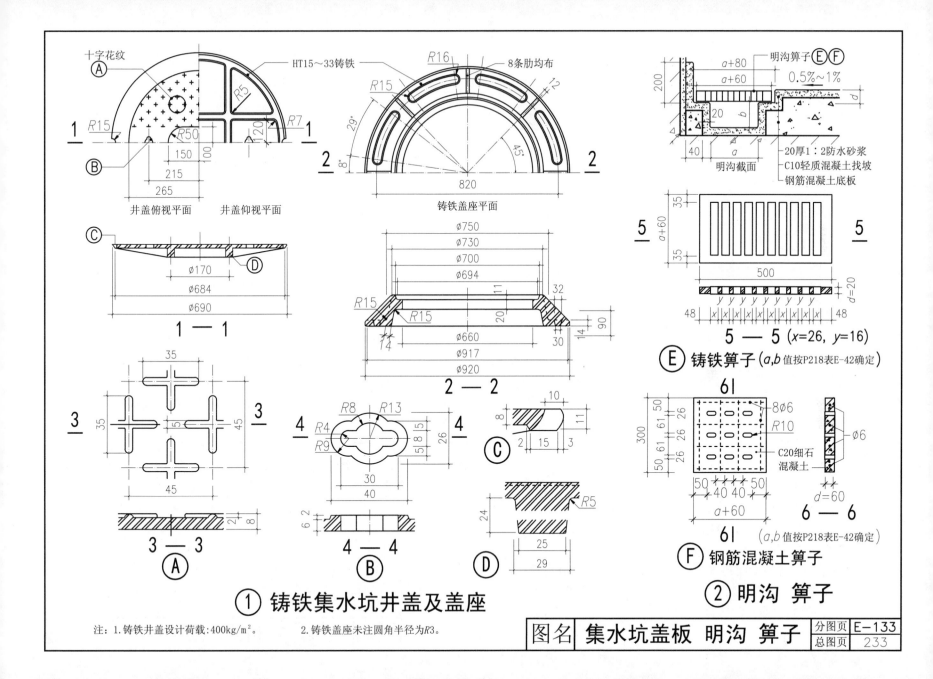

井盖俯视平面　　　井盖仰视平面

铸铁盖座平面

明沟截面

20厚1：2防水砂浆
C10轻质混凝土找坡
钢筋混凝土底板

十字花纹

HT15～33铸铁

8条肋均布

① 铸铁集水坑井盖及盖座

注：1.铸铁井盖设计荷载：400kg/m²。　　2.铸铁盖座未注圆角半径为R3。

⑤ 铸铁算子（a,b 值按P218表E-42确定）

C20细石混凝土

Ⓕ 钢筋混凝土算子
（a,b 值按P218表E-42确定）

② 明沟 算子

内 防 内 做 、 止 渗 堵 漏

目 录

说 明

1. 当施工场地极其狭窄,地下工程外墙防水层无法进行外防外做、外防内做时或迎水面防水做法失败时,才采用内防内做(涂、喷、刮)或设置卷材、金属防水层等背水面设防的防水施工工艺。

2. 主要防水层材料: 防水砂浆、无机或有机防水涂料、防水涂料＋防水砂浆、聚乙烯丙纶卷材＋聚合物水泥粘结料、钢板等。

3. 防水设计、施工注意事项（同外防外做）。

4. 止渗堵漏设计:

(1)遵循"堵排结合、因地制宜、刚柔相济、综合治理"原则。

(2)调查清楚渗漏水的现状、变化规律、水源及影响范围、衬砌结构的损害程度、当前结构的稳定性及监测资料等情况。

(3)掌握工程原始防排水系统的设计、施工、验收资料(防水防渗设计等级、施工工艺、隐蔽工程记录、质检监理记录等)。加以分析,尽量利用原有的防排水系统,制订出简单易行的治理方案。

5. 止渗堵漏材料：应选用无毒、低污染材料。表E-42供参考选用。

常用止渗堵漏材料　　　　　表E-42

序号	工程部位	适用止渗堵漏材料
1	衬砌后围岩	特种水泥浆、掺有膨润土、粉煤灰等掺合料的水泥浆、水泥砂浆
2	衬砌内	超细水泥浆液、环氧树脂、聚氨酯、水泥-水玻璃、丙烯酸盐类
3	墙、板面	刚性材料: 水泥基渗透结晶型类、掺各种外加剂、防水剂、聚合物乳液的水泥净浆、水泥基(砂浆)类、特种水泥砂浆 柔性材料: 渗透结晶型防水涂液、聚氨酯类、硅橡胶类、改性环氧树脂、及丙烯酸酯类、乙烯-醋酸乙烯共聚物类（EVA）等涂料
4	缝、槽	聚硫橡胶类、聚氨酯类、硅酮类、丙烯酸酯类、卤化丁基橡胶类等柔性或弹性密封材料,遇水膨胀止水条
5	导、排水	塑料排水板、铝合金、不锈钢金属排水槽、土工织物与塑料复合排水板、渗排水盲管等

6. 止渗堵漏施工:

(1)尽量少破坏原有完好的防水层和排水系统。按先顶（拱）后墙再底板的顺序施工。有降排水条件的做好降排水工作。

(2)所用防水材料的施工方法与外防外做相同。速凝材料应掌握好封堵时间。

(3)当采用灌浆方法堵漏时,应采用低压低速的灌浆方法,并应逐渐加压,防止因骤然加压,砂浆爆裂而危及人身。具体灌浆步骤:由灌浆嘴,横缝从一端逐个灌向另一端,竖缝从下灌向上,逐渐加压。化学浆灌注压力为0.2～0.4MPa,水泥浆灌注压力为0.4～0.8MPa,当出气管冒浆时予以夹紧,逐个依此灌之。当最后一个出气管冒浆时,保持恒压继续灌注,当吸浆率<0.1L/min时,再继续灌注5～10min后即可停止。

注：每次灌浆,除一管灌浆,一管出气外,其余管口均应封严。

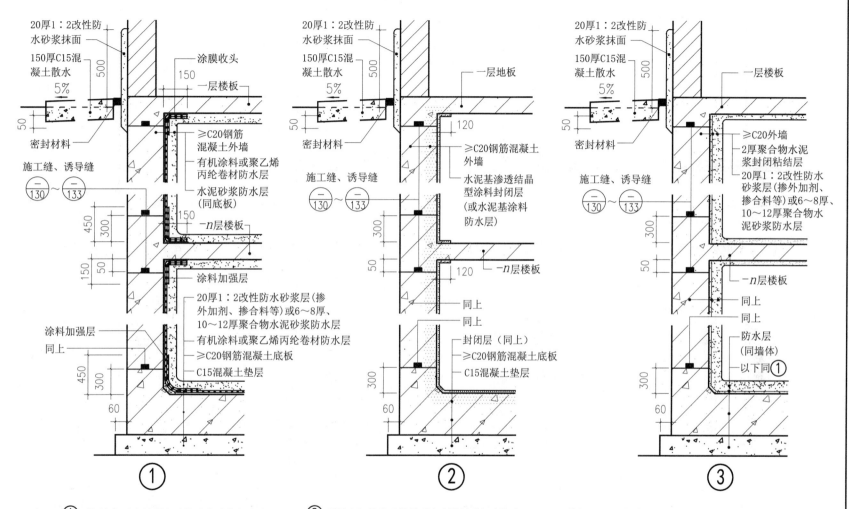

注：1.① 采用有机防水涂料和改性防水砂浆复合内防水技术，或采用聚合物水泥粘结料铺贴聚乙烯丙纶防水卷材等。适用于一、二级地下工程。

2.② 采用水泥基渗透结晶型防水涂料或与改性防水砂浆相结合的内防水技术，适用于一、二级地下工程。采用水泥基无机防水涂料的内防水技术

适用于二、三级地下工程。

3.③ 采用普通水泥砂浆多层抹压内防水技术，适用于三级地下工程。

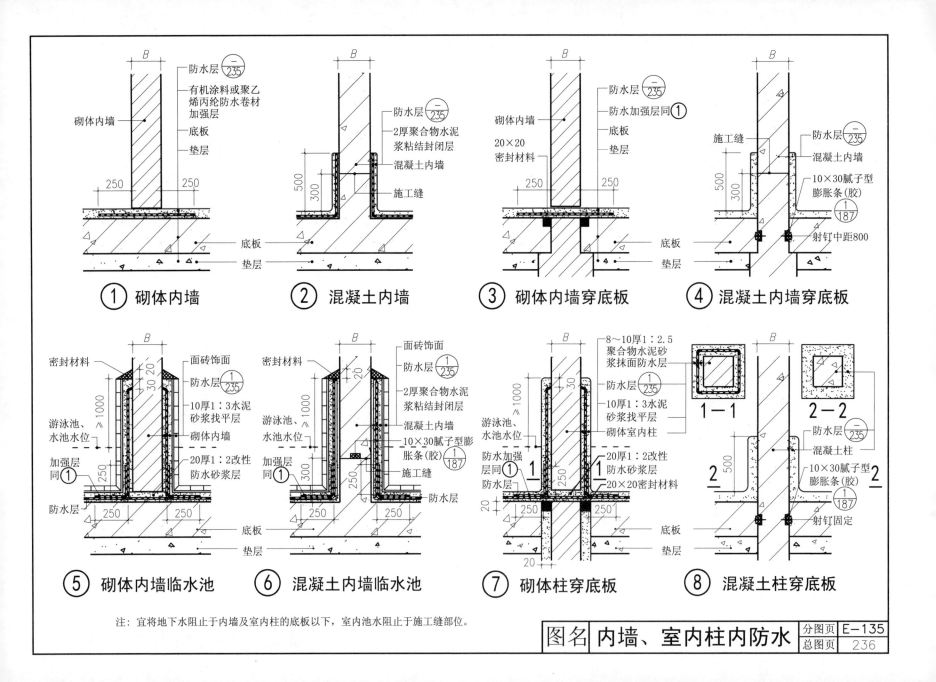

① 砌体内墙　　② 混凝土内墙　　③ 砌体内墙穿底板　　④ 混凝土内墙穿底板

⑤ 砌体内墙临水池　　⑥ 混凝土内墙临水池　　⑦ 砌体柱穿底板　　⑧ 混凝土柱穿底板

注：宜将地下水阻止于内墙及室内柱的底板以下，室内池水阻止于施工缝部位。

图名 内墙、室内柱内防水

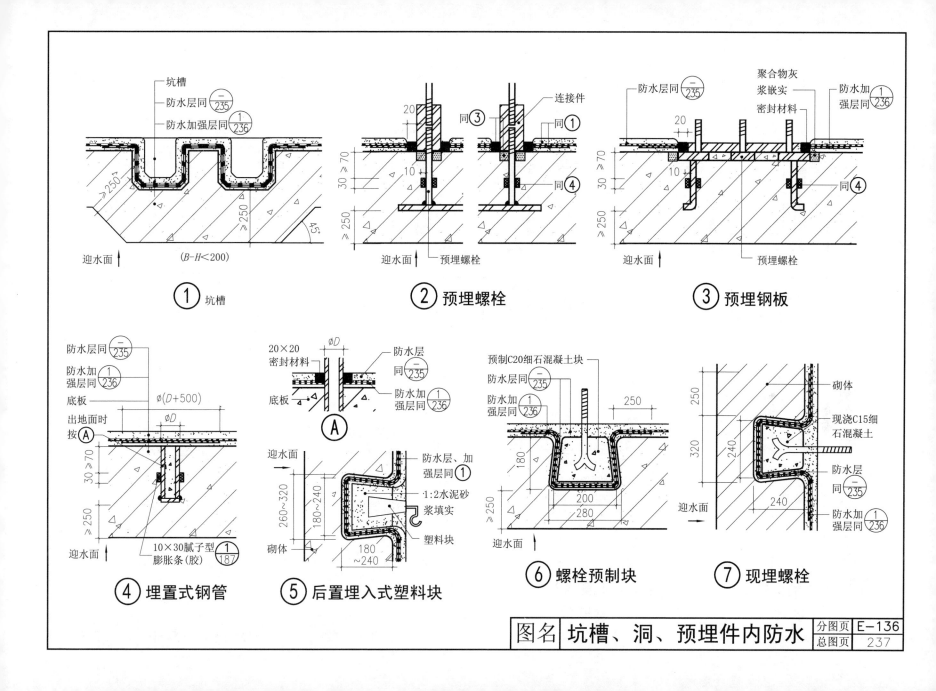

① 坑槽

② 预埋螺栓

③ 预埋钢板

④ 埋置式钢管

⑤ 后置埋入式塑料块

⑥ 螺栓预制块

⑦ 现埋螺栓

图名 坑槽、洞、预埋件内防水

分图页 E－136
总图页 237

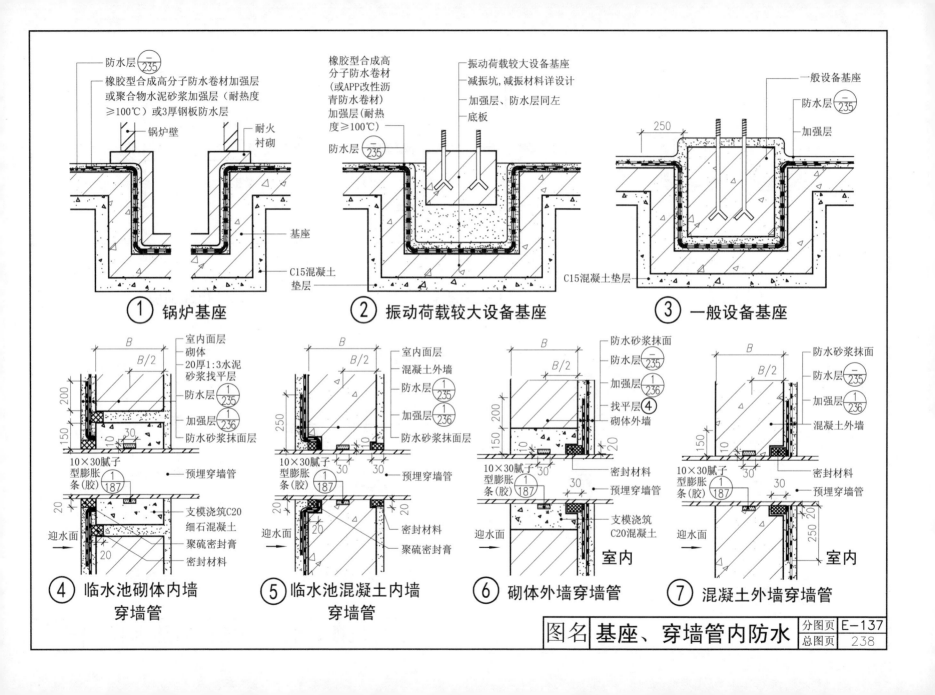

① 锅炉基座

② 振动荷载较大设备基座

③ 一般设备基座

④ 临水池砌体内墙穿墙管

⑤ 临水池混凝土内墙穿墙管

⑥ 砌体外墙穿墙管

⑦ 混凝土外墙穿墙管

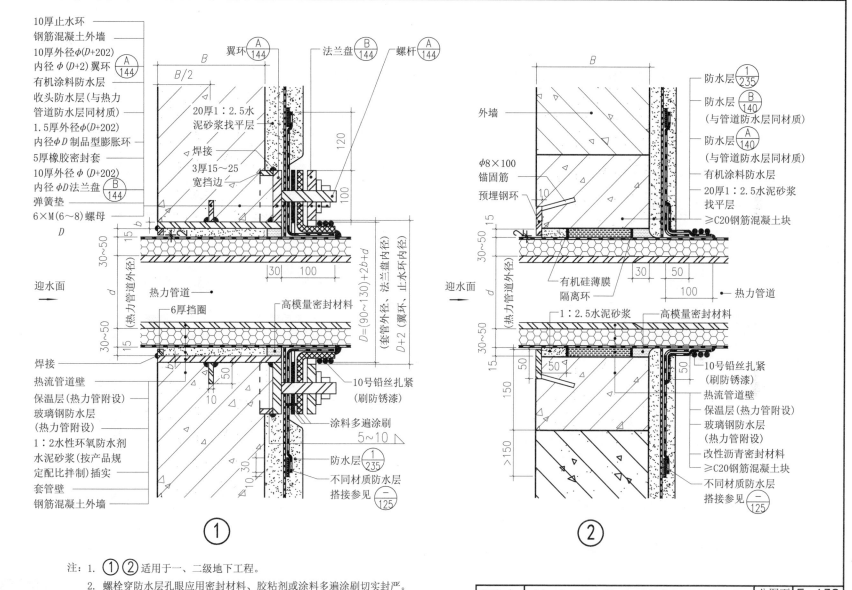

注：1. ①②适用于一、二级地下工程。
2. 螺栓穿防水层孔眼应用密封材料、胶粘剂或涂料多遍涂刷切实封严。

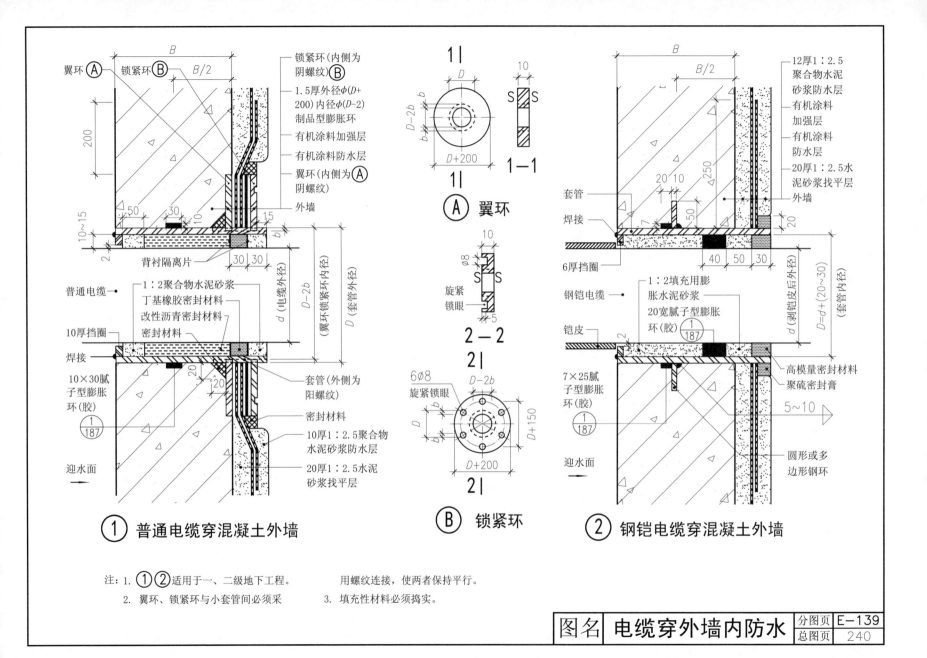

① 普通电缆穿混凝土外墙

Ⓐ 翼环

Ⓑ 锁紧环

② 钢铠电缆穿混凝土外墙

注：1. ①②适用于一、二级地下工程。
　　2. 翼环、锁紧环与小套管间必须采

用螺纹连接，使两者保持平行。
3. 填充性材料必须捣实。

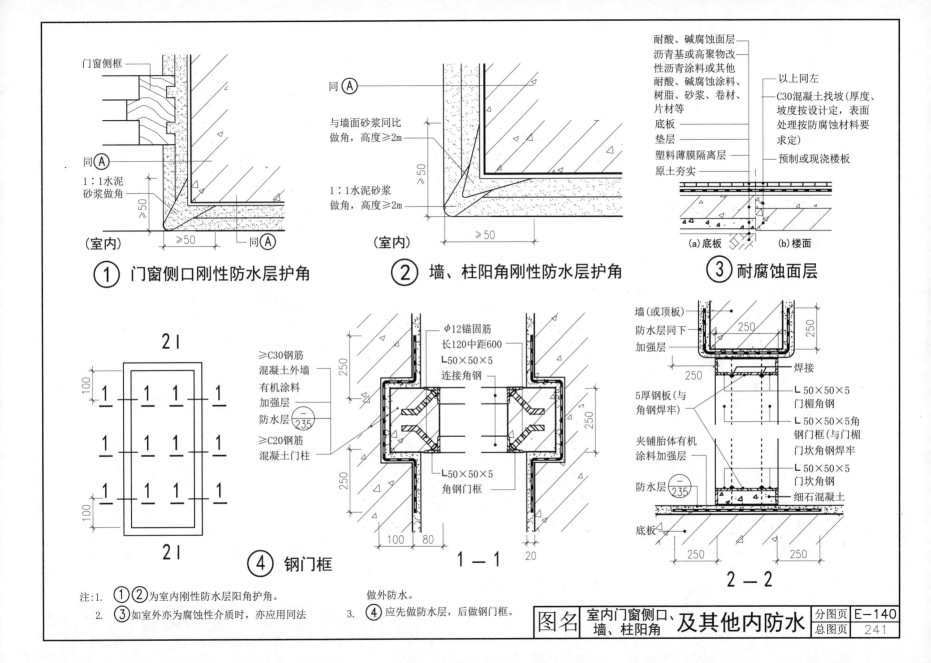

① 门窗侧口刚性防水层护角

② 墙、柱阳角刚性防水层护角

③ 耐腐蚀面层

④ 钢门框

1－1

2－2

注:1. ①②为室内刚性防水层阳角护角。 　　做外防水。

2. ③如室外亦为腐蚀性介质时，亦应用同法。 　3. ④应先做防水层，后做钢门框。

图名	室内门窗侧口、 墙、柱阳角及其他内防水	分图页	E－140
		总图页	241

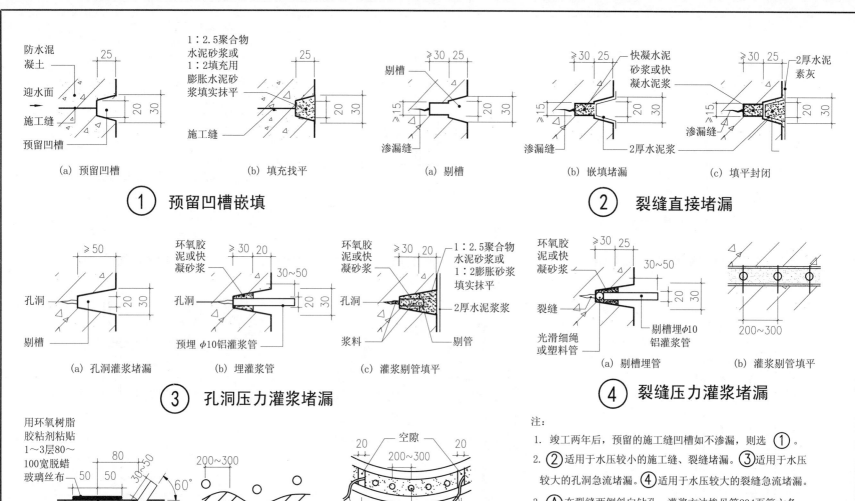

（a）预留凹槽 （b）填充找平

① 预留凹槽嵌填

（a）剔槽 （b）嵌填堵漏 （c）填平封闭

② 裂缝直接堵漏

（a）孔洞灌浆堵漏 （b）埋灌浆管 （c）灌浆剔管填平

③ 孔洞压力灌浆堵漏

（a）剔槽埋管 （b）灌浆剔管填平

④ 裂缝压力灌浆堵漏

注：
1. 竣工两年后，预留的施工缝凹槽如不渗漏，则选 ① 。
2. ② 适用于水压较小的施工缝、裂缝堵漏。③ 适用于水压较大的孔洞急流堵漏。④ 适用于水压较大的裂缝急流堵漏。
3. Ⓐ 在裂缝两侧斜向钻孔，灌浆方法掺见第234页第六条。
4. Ⓑ 先抽出两倍于灌浆管间距的细绳，一管灌浆，一管通气，灌至通气管冒浆时，堵塞灌眼。依此抽绳、灌浆、冒浆、堵眼，直至灌毕。

| 图名 | 施工缝 裂缝 孔洞堵漏 | 分图页 | E-141 |
| | | 总图页 | 242 |

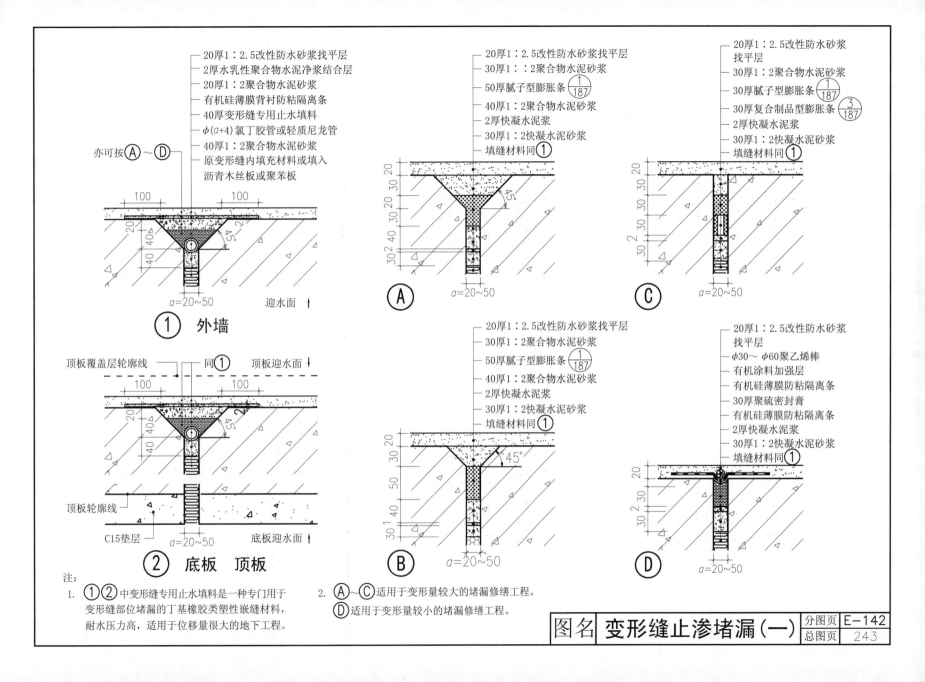

① 外墙

② 底板 顶板

注：
1. ①②中变形缝专用止水填料是一种专门用于变形缝部位堵漏的丁基橡胶类塑性嵌缝材料，耐水压力高，适用于位移量很大的地下工程。

2. Ⓐ～Ⓒ适用于变形量较大的堵漏修缮工程。
Ⓓ适用于变形量较小的堵漏修缮工程。

图名	变形缝止渗堵漏（一）	分图页	E-142
		总图页	243

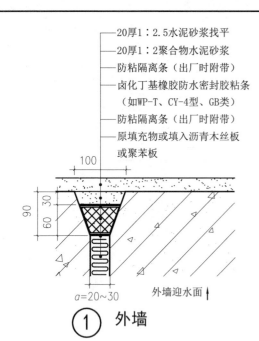

- 20厚1:2.5水泥砂浆找平
- 20厚1:2聚合物水泥砂浆
- 防粘隔离条（出厂时附带）
- 卤化丁基橡胶防水密封胶粘条（如WP-T、CY-4型、GB类）
- 防粘隔离条（出厂时附带）
- 原填充物或填入沥青木丝板或聚苯板

① 外墙

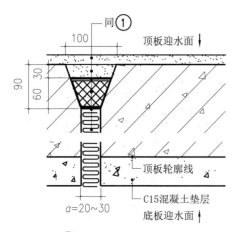

- 同①

② 底板 顶板

- 顶板轮廓线
- C15混凝土垫层
- 底板迎水面

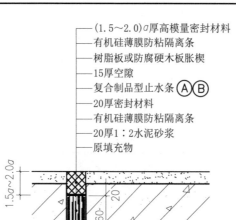

- (1.5～2.0)a厚高模量密封材料
- 有机硅薄膜防粘隔离条
- 树脂板或防腐硬木板胀楔
- 15厚空隙
- 复合制品型止水条 ⓐⓑ
- 20厚密封材料
- 有机硅薄膜防粘隔离条
- 20厚1:2水泥砂浆
- 原填充物

③ 外墙

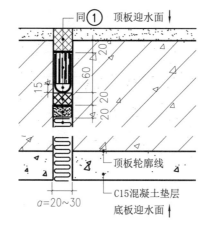

- 同①
- 顶板迎水面

④ 底板 顶板

- 顶板轮廓线
- C15混凝土垫层
- 底板迎水面

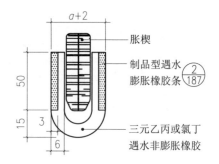

- 胀楔
- 制品型遇水膨胀橡胶条 ②/187
- 三元乙丙或氯丁遇水非膨胀橡胶

Ⓐ 复合制品型止水条

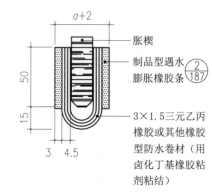

- 胀楔
- 制品型遇水膨胀橡胶条 ②/187
- 3×1.5三元乙丙橡胶或其他橡胶型防水卷材（用卤化丁基橡胶粘剂粘结）

Ⓑ 现场制作复合制品型止水条

注：1. ①～④适用于不带水作业的水压较大的堵漏修缮工程。

　　2. ③④胀楔底部不得戳碰橡胶条，以防橡胶条开裂而渗漏。

F. 坑池渠防水

目录

说 明

坑池渠一般都建在地下，但水池可建在地上、地下、楼层、屋顶等部位。建在地下的坑池渠以消防、水利、浇灌、洒布、冲洗池居多，防污池、化粪池也都建在地下。海绵城市需建立渗、蓄、净化、回用系统，就必须充分利用硕大无朋的地下贮水空间。

1. 防水设计：

(1)坑池渠结构主体应采用防水防渗混凝土，内设改性砂浆防水层；当受振动作用时，应设柔性防水层，并增设钢筋混凝土内衬。

(2)与地下工程主体结构连体的水池，仍应设置池内防水层。

(3)地下饮用水池不宜与消防水池、浇灌(洒)等非饮用水池合用。独立式地下饮用水池，池体内外均应设置防水层，池体外设置卷材和涂料防水层，以防地下污水渗入水池，池体内设置水泥基渗透结晶型涂料防水层、聚合物水泥防水层，并增设防菌无毒涂层(涂层固化后呈瓷釉状，憎水，便于清洗)，或外贴瓷砖。

(4)地下污水池、化粪池的池体内外均应设防水层，以防池内污水、粪液污染地下水。池体外防水材料可采用膨润土防水毯、膨润土防水板、改性沥青防水卷材或涂料、土工膜等。池体内应

选择防腐、防污特性的改性沥青防水卷材或涂料作防污、防水层，经常扰动时，还应设置水泥砂浆或砌体保护层。

(5)水池平面应简洁、简化，减少或消除<90°的阴阳角(见图Ⓐ)，以有利于防水施工；不锈钢爬梯应设在加厚的八字阴角处，而非侧壁(见图Ⓑ)，以满足预埋件处结构混凝土最小厚度应≥250的要求。

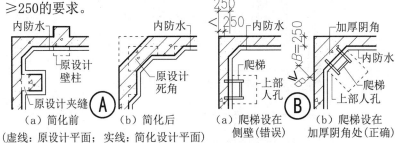

（a）简化前　（b）简化后　　（a）爬梯设在　（b）爬梯设在
　　　　　　　　　　　　　　　　侧壁(错误)　加厚阴角处(正确)

(虚线：原设计平面；实线：简化设计平面)

(6)泳池池体混凝土整体浇筑设计，不设变形缝、不设施工缝。

1)地下泳池：防水混凝体池体按清水浇筑，外防水按外防外做。池体内壁涂刷水泥基渗透结晶型防水涂料，再做6～8厚聚合物水泥砂浆找平层，最后直接用3厚聚合物(丙烯酸系)防水砂(细砂)浆粘贴面砖，并用同砂浆勾缝；或用水泥基粘结料铺贴聚乙烯丙纶卷材，再贴面砖。水下灯用成品，预埋密封。

2)地上泳池：地上泳池内防水与地下泳池完全相同。池底、池壁应为清水防水混凝土。室内空间部位的池壁外表面不应做任何防水层、饰面层，以便于维修；池底、池壁外表面不宜随意埋设挂件、螺栓，否则只能在梁底埋设，侧壁上预埋部位的混凝土应向外局部加厚，孔眼、栓根处应密封严密，水下观察窗(或水下灯)应预埋专用窗框，不得预留洞口，更不得预留凹入的只有50厚的洞口。

2. 防水混凝土施工：

坑池防水混凝土应整体连续浇筑，不留施工缝。

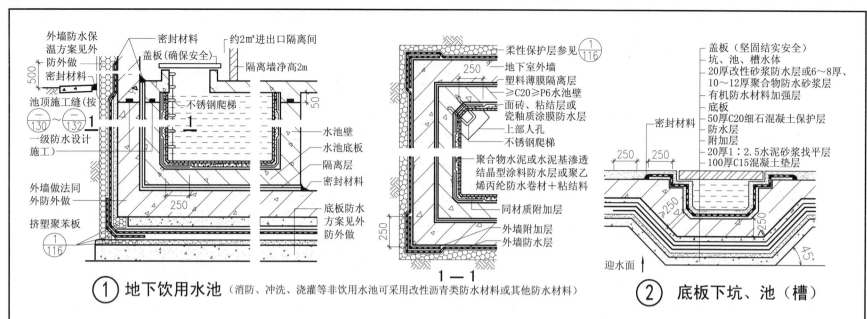

① **地下饮用水池**（消防、冲洗、浇灌等非饮用水池可采用改性沥青类防水材料或其他防水材料）

② **底板下坑、池（槽）**

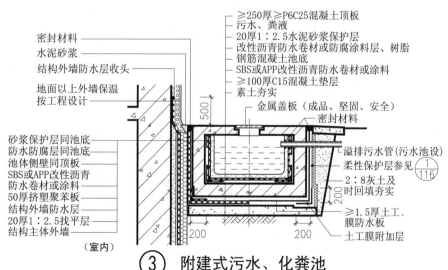

③ **附建式污水、化粪池**

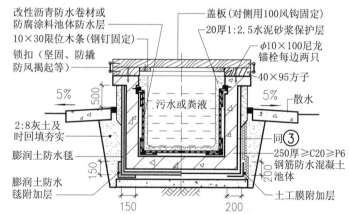

④ **加盖污水、化粪池**

图名	地下 饮用、消防、冲洗、浇灌、污水 坑、池、化粪池	分图页	F-1
		总图页	246

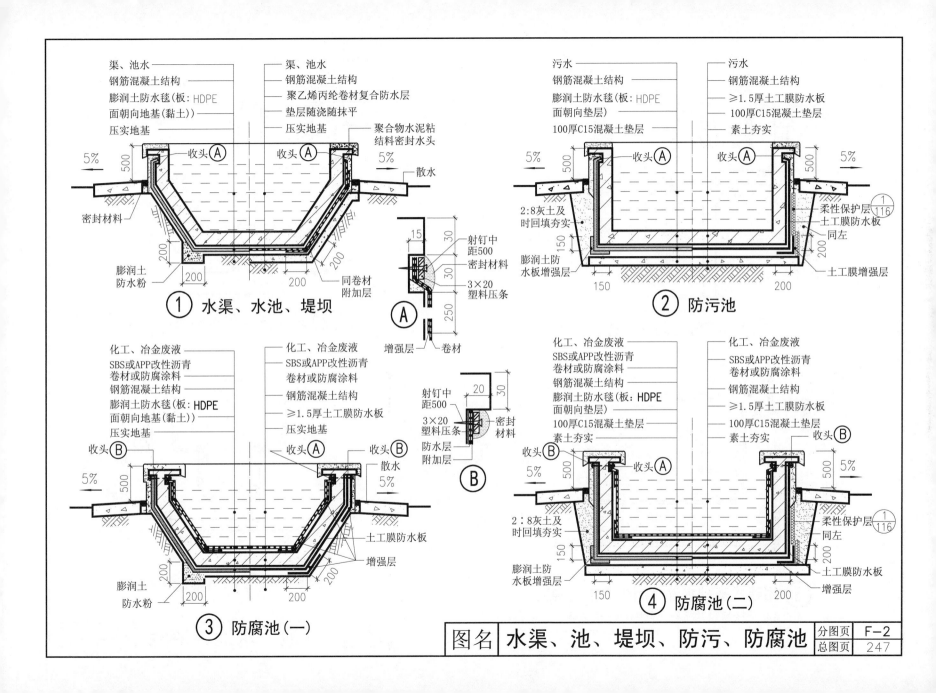

渠、池水
钢筋混凝土结构
膨润土防水毯(板:HDPE
面朝向地基(黏土))
压实地基

渠、池水
钢筋混凝土结构
聚乙烯丙纶卷材复合防水层
垫层随浇随抹平
压实地基
聚合物水泥粘结料密封水头

收头Ⓐ
收头Ⓐ
5%
5%
散水
密封材料
膨润土
防水粉
同卷材附加层

15
30
射钉中距500
密封材料
30
3×20塑料压条
250
增强层
卷材
Ⓐ

① 水渠、水池、堤坝

污水
钢筋混凝土结构
膨润土防水毯(板:HDPE
面朝向垫层)
100厚C15混凝土垫层

污水
钢筋混凝土结构
≥1.5厚土工膜防水板
100厚C15混凝土垫层
素土夯实

收头Ⓐ
收头Ⓐ
5%
5%
2:8灰土及时回填夯实
150
柔性保护层 ①/116
土工膜防水板
同左
200
膨润土防水板增强层
土工膜增强层
150
200

② 防污池

化工、冶金废液
SBS或APP改性沥青卷材或防腐涂料
钢筋混凝土结构
膨润土防水毯(板:HDPE
面朝向地基(黏土))
压实地基

化工、冶金废液
SBS或APP改性沥青卷材或防腐涂料
钢筋混凝土结构
≥1.5厚土工膜防水板
压实地基

射钉中距500
20
30
3×20塑料压条
密封材料
防水层附加层
Ⓑ

收头Ⓑ
收头Ⓐ
收头Ⓑ
5%
散水
5%
土工膜防水板
增强层
膨润土防水粉
200
200
200

③ 防腐池(一)

化工、冶金废液
SBS或APP改性沥青卷材或防腐涂料
钢筋混凝土结构
膨润土防水毯(板:HDPE
面朝向垫层)
100厚C15混凝土垫层
素土夯实

化工、冶金废液
SBS或APP改性沥青卷材或防腐涂料
钢筋混凝土结构
≥1.5厚土工膜防水板
100厚C15混凝土垫层
素土夯实

收头Ⓑ
收头Ⓐ
收头Ⓑ
5%
5%
2:8灰土及时回填夯实
150
柔性保护层 ①/116
同左
200
膨润土防水板增强层
土工膜防水板
增强层
150
200

④ 防腐池(二)

| 图名 | 水渠、池、堤坝、防污、防腐池 | 分图页 | F-2 |
| | | 总图页 | 247 |

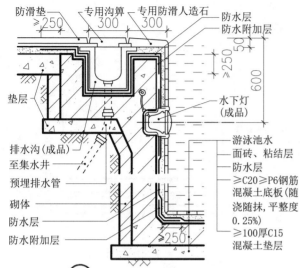

① 地下泳池防水构造

图中标注：
- 防滑垫 ≥250
- 专用沟箅 300
- 专用防滑人造石 300
- 防水层
- 防水附加层
- 50
- ≥250
- 600
- 垫层
- 水下灯（成品）
- 排水沟（成品）
- 至集水井
- 预埋排水管
- 砌体
- 防水层
- 防水附加层
- 游泳池水
- 面砖、粘结层
- 防水层
- ≥C20≥P6钢筋混凝土底板（随浇随抹，平整度0.25%）
- ≥100厚C15混凝土垫层
- ≥250

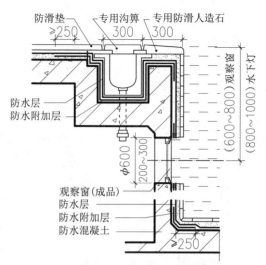

② 地上泳池防水构造

图中标注：
- 防滑垫 ≥250
- 专用沟箅 300
- 专用防滑人造石 300
- 观察窗
- 防水层
- 防水附加层
- （600~800）观察窗
- （800~1000）水下灯
- φ600
- 200~300
- 观察窗（成品）
- 防水层
- 防水附加层
- 防水混凝土
- ≥250

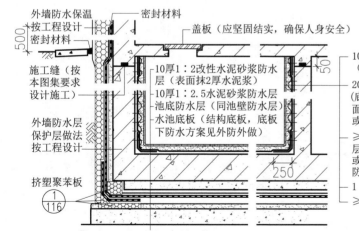

③ 附建式基础水池（消防用水）构造

图中标注：
- 外墙防水保温按工程设计
- 密封材料
- 盖板（应坚固结实，确保人身安全）
- 500
- 密封材料
- 施工缝（按本图集要求设计施工）
- 外墙防水层保护层做法按工程设计
- 挤塑聚苯板
- 1/116
- 10厚1：2改性水泥砂浆防水层（表面抹2厚水泥浆）
- 10厚1：2.5水泥砂浆防水层 池底防水层（同池壁防水层）
- 水池底板（结构底板，底板下防水方案见外防外做）
- 50
- 10厚1：2改性水泥砂浆防水层（表面抹2厚水泥浆）
- 20厚镀锌钢丝网水泥砂浆防水层（底层：10厚1：3水泥砂浆粘结层 面层：10厚1：2改性砂浆防水层）或40厚≥C20P6细石混凝土保护层
- ≥3厚喷涂速凝橡胶沥青涂膜防水层或≥2厚喷涂聚氨酯涂膜防水层或≥3厚喷涂高聚物改性沥青涂膜防水层
- 1：2聚合物水泥砂浆凹坑顺平
- ≥C20≥P6钢筋混凝土池体壁
- 250

清扫基面→修补顺平凹坑孔洞→弹网格粉线→射入钢钉→喷涂涂料→防水层→挂镀锌钢丝网→抹钢丝网砂浆防水层→抹面层砂浆防水层

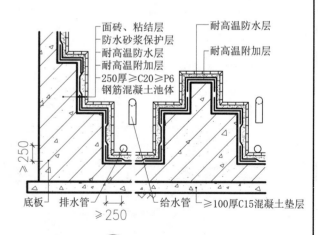

④ 浴池防水构造

图中标注：
- 面砖、粘结层
- 防水砂浆保护层
- 耐高温防水层
- 耐高温附加层
- 耐高温防水层
- 耐高温附加层
- 250厚≥C20≥P6钢筋混凝土池体
- ≥250
- 底板
- 排水管 ≥250
- 给水管 ≥100厚C15混凝土垫层

图名	泳池、水池、浴池	分图页	F-3
		总图页	248

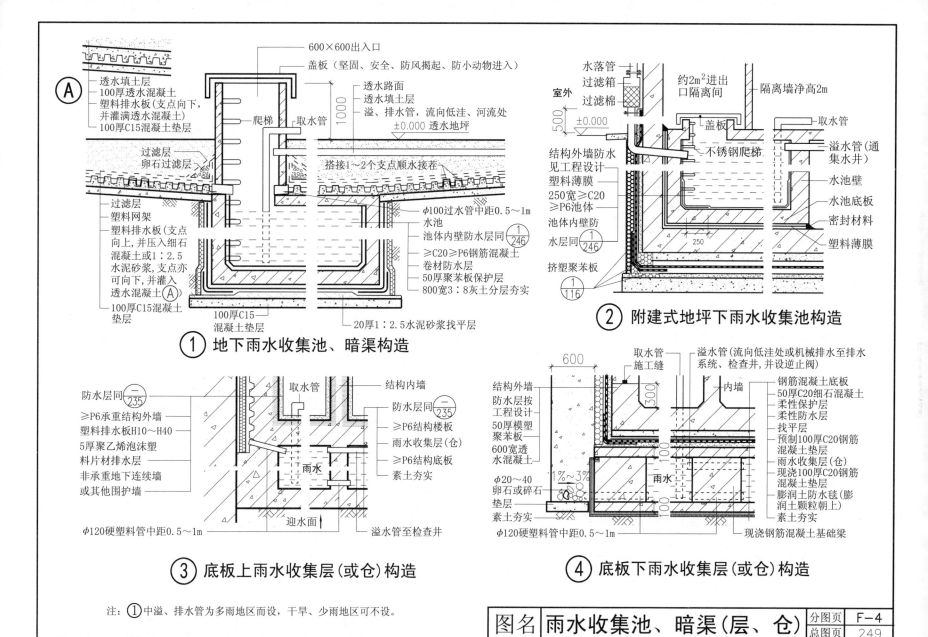

① 地下雨水收集池、暗渠构造

② 附建式地坪下雨水收集池构造

③ 底板上雨水收集层(或仓)构造

④ 底板下雨水收集层(或仓)构造

注：①中溢、排水管为多雨地区而设，干旱、少雨地区可不设。

图名 **雨水收集池、暗渠(层、仓)**

分图页 **F-4**

总图页 **249**

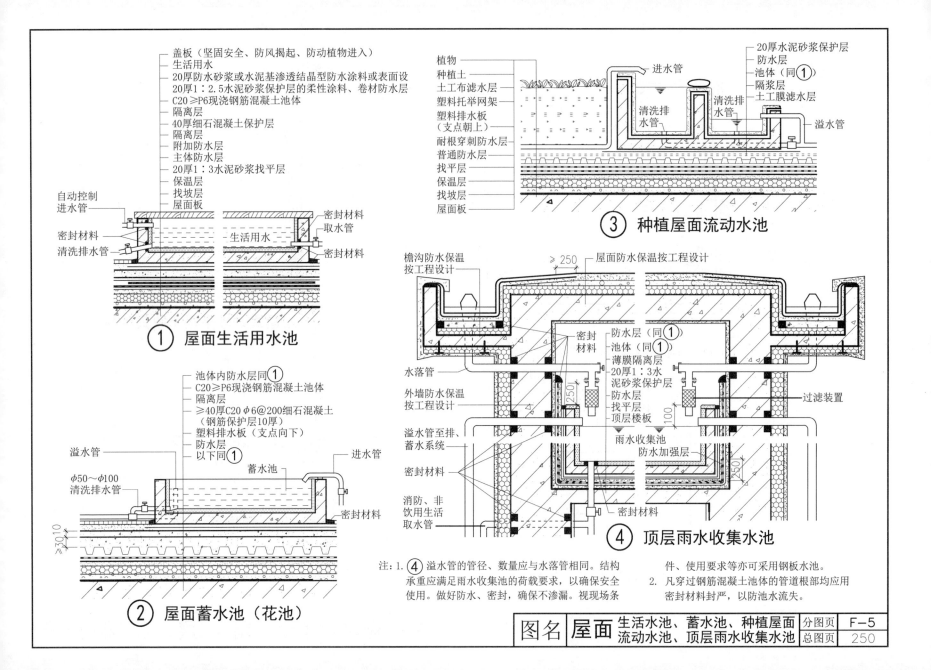

盖板（坚固安全、防风揭起、防动植物进入）
生活用水
20厚防水砂浆或水泥基渗透结晶型防水涂料或表面设
20厚1：2.5水泥砂浆保护层的柔性涂料、卷材防水层
C20≥P6现浇钢筋混凝土池体
隔离层
40厚细石混凝土保护层
隔离层
附加防水层
主体防水层
20厚1：3水泥砂浆找平层
保温层
找坡层
屋面板

自动控制
进水管

密封材料

密封材料
取水管

生活用水

清洗排水管

密封材料

① 屋面生活用水池

池体内防水层同①
C20≥P6现浇钢筋混凝土池体
隔离层
≥40厚C20φ6@200细石混凝土
（钢筋保护层10厚）
塑料排水板（支点向下）
防水层
以下同①

溢水管

蓄水池

进水管

φ50～φ100
清洗排水管

密封材料

≥30 10

② 屋面蓄水池（花池）

植物
种植土
土工布滤水层
塑料托举网架
塑料排水板
（支点朝上）
耐根穿刺防水层
普通防水层
找平层
保温层
找坡层
屋面板

进水管

20厚水泥砂浆保护层
防水层
池体（同①）
隔浆层
土工膜滤水层

清洗排
水管

清洗排
水管

溢水管

③ 种植屋面流动水池

檐沟防水保温
按工程设计

≥250

屋面防水保温按工程设计

水落管

外墙防水保温
按工程设计

溢水管至排、
蓄水系统

密封材料

消防、非
饮用生活
取水管

密封材料

≥250

100

密封
材料

防水层（同①）
池体（同①）
薄膜隔离层
20厚1：3水
泥砂浆保护层
防水层
找平层
顶层楼板

过滤装置

雨水收集池

防水加强层

≥250

④ 顶层雨水收集水池

注：1. ④溢水管的管径、数量应与水落管相同。结构
承重应满足雨水收集池的荷载要求，以确保安全
使用。做好防水、密封，确保不渗漏。视现场条

件、使用要求等亦可采用钢板水池。
2. 凡穿过钢筋混凝土池体的管道根部均应用
密封材料封严，以防池水流失。

| 图名 | 屋面 | 生活水池、蓄水池、种植屋面 | 分图页 | F-5 |
| | | 流动水池、顶层雨水收集水池 | 总图页 | 250 |

G. 隧道衬砌衬套防水

目 录

说 明

盾构法施工的隧道宜采用钢筋混凝土管片、复合管片等装配式衬砌或现浇混凝土衬砌。衬砌管片应采用防水混凝土制作。当隧道处于侵蚀性介质地层时，应采用相应的耐侵蚀混凝土或外涂耐侵蚀、防水涂层。当处于严重腐蚀地层时，可同时采用耐侵蚀混凝土和外涂耐侵蚀、防水涂层。

1. 隧道不同防水等级标准、明挖法隧道防水设防要求、暗挖法隧道防水设防要求应分别符合第83页表E-2、表E-3、表E-4的规定。

2. 不同防水等级盾构隧道衬砌防水措施应符合表G-1的要求。

3. 钢筋混凝土管片自防水技术要求：

(1)钢筋混凝土管片应采用高精度钢模制作，钢模宽度及弧、弦长允许偏差宜为±0.4。钢筋混凝土管片制作尺寸的允许偏差：宽度为±1；弧、弦长为±1；厚度为+3，-1。

不同防水等级盾构隧道的衬砌防水措施　　表G-1

措施选择防水措施 防水等级	高精度管片	接缝防水				混凝土内衬或其他内衬	外防水涂层
		弹性密封垫	嵌缝	注入密封剂	螺孔密封圈		
一级	必选	必选	全隧道或部分区段应选	可选	必选	宜选	对混凝土有中等以上腐蚀的地层应选，在非腐蚀地层宜选
二级	必选	必选	部分区段宜选	可选	必选	局部宜选	对混凝土有中等以上腐蚀的地层宜选
三级	应选	必选		—	应选	—	
四级	可选	宜选	可选	—	—	—	—

(2)管片防水混凝土的抗渗等级应符合第19页表E-19的规定，且不得小于P8。管片应进行混凝土氯离子扩散系数或混凝土渗透系数的检测，并宜进行管片的单块抗渗检漏。

(3)管片应至少设置一道密封垫沟槽。接缝密封垫宜选择具有合理的构造形式、良好弹性或遇水膨胀性、耐久性、耐水性的橡胶类材料，其外形应与沟槽相匹配。

(4)管片接缝密封垫应被完全压入密封垫沟槽内，密封垫沟槽的截面积应大于或等于密封垫的截面积，即 $A=(1\sim1.15)B$（式中：A—密封垫沟槽截面积；B—密封垫截面积）。

管片接缝密封垫应满足在计算的接缝最大张开量和估算的错位量下、埋深水头的2~3倍水压下不渗漏的技术要求；重要工程中选用的接缝密封垫，应进行一字缝或十字缝水密性试验检测。

(5)螺孔防水应符合下列规定：

1)管片肋腔的螺孔口应设置锥形倒角的螺孔密封圈沟槽；

2)螺孔密封圈的外形应与沟槽相匹配，并应有利于压密止水或膨胀止水。在满足止水的条件下，螺孔密封圈的断面宜小。螺孔密封圈应采用合成橡胶或遇水膨胀橡胶制品。

(6)嵌缝防水应符合下列规定：

1)在管片内侧环纵向边沿设置嵌缝槽,其深宽比不应小于2.5,槽深宜为25～55mm,单面槽宽宜为5～10mm;嵌缝槽断面可采用图Ⓐ的构造形状。

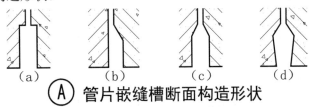

（a）　　　（b）　　　（c）　　　（d）

Ⓐ **管片嵌缝槽断面构造形状**

2)嵌缝材料应有良好的不透水性、潮湿基面粘结性、耐久性、弹性和抗下坠性。

3)应按隧道使用功能和表G-1中的防水等级要求,确定嵌缝作业区的范围与嵌填嵌缝槽的部位,并采取嵌缝堵水或引排水措施。

4)嵌缝防水施工应在盾构千斤顶顶力影响范围外进行。同时,应根据盾构施工方法、隧道的稳定性确定嵌缝作业开始的时间。

5)嵌缝作业应在接缝堵漏和无明显渗水后进行,嵌缝槽表面混凝土如有缺损,应采用聚合物水泥砂浆或特种水泥修补,强度应达到或超过混凝土本体的强度。嵌缝作业时,应先刷涂基层处理剂,紧接着进行嵌填作业,嵌填应密实、平整。

(7)复合式衬砌的内层衬砌混凝土浇筑前,应将外层管片的渗漏水引排或封堵。采用塑料防水板等夹层防水层的复合式衬砌,应根据隧道排水情况选用相应的缓冲层和防水板材料。

(8)管片外防水涂料宜采用环氧或改性环氧等涂料、水泥基渗透结晶型或硅氧烷类等渗透自愈型材料,并应符合下列规定：

1)耐化学腐蚀性、抗微生物侵蚀性、耐水性、耐磨性应良好,且应无毒或低毒;

2)在管片外弧面混凝土裂缝宽度达到0.3mm时,应仍能在最大埋深处水压下不渗漏;

3)应具有防杂散电流的功能,体积电阻率应高。

(9)竖井与隧道结合处,可用刚性接头,但接缝宜采用柔性材料密封处理,并宜加固竖井洞圈周围土体。在软土地层距竖井结合处一定范围内的衬砌段,宜增设变形缝。变形缝环面应贴设垫片,同时应采用适应变形量大的弹性密封垫。

(10)盾构隧道的连接通道及其与隧道接缝的防水应符合下列规定：

1)采用双层衬砌的连接通道,内衬应采用防水混凝土。衬砌支护与内衬间宜设塑料防水板与土工织物组成的夹层防水层,并宜配以分区注浆系统加强防水;

2)当采用内防水层时,内防水层宜采用聚合物水泥砂浆抗裂防渗材料或聚乙烯丙纶复合防水卷材＋聚合物水泥粘结料等材料;

3)连接通道与盾构隧道接头应选用缓膨胀型遇水膨胀类止水条(胶)、预留注浆管以及接头密封材料。

4. 单层衬砌防水。

单层衬砌防水是在管片本体满足抗渗设计要求和几何尺寸精度要求的前提下进行的。其防水措施是在管片所有防水部位(纵缝、环缝、螺孔、沟槽等)采取设置防水槽(内粘贴弹性密封垫)、内装防水密封垫、环面内弧设置填缝槽(内设传力衬垫)及预设接缝渗漏后的堵漏技术等措施。见图⑤/254。

5. 双层衬砌防水。

双层衬砌是在单层管片衬砌内侧再浇筑整体钢筋防水混凝土内衬,可解决外衬管片防水不足的问题。包括整条隧道全部浇筑和局部浇筑两种方式,见图⑥/254。管片内侧可设置防水层,以提高隧道防水的可靠性。防水层的设置分以下几种:

(1)清除干净管片内表面，喷厚15～20mm的找平层，再贴防水卷材；

(2)喷涂或刷涂环氧沥青涂料、环氧呋喃涂料、聚氨酯涂料等涂膜防水层；

(3)潮湿外衬的内壁可喷涂1：2.5聚合物水泥砂浆防水层；

(4)喷射混凝土防水层，混凝土中可掺入有防水性能的化学外加剂。

6. 止水密封垫装贴：

止水密封垫是在施工现场装贴在管片密封槽内的弹性垫，常用止水密封垫材料有：

(1)氯丁橡胶、丁基橡胶、天然胶或乙丙胶改性的橡胶等。密封垫的形状有抓斗形、齿槽形等；

(2)丁基胶及异丁胶制成的致密型自粘性腻子带，内有海绵橡胶为芯材的复合带状品；

(3)遇水膨胀止水橡胶密封垫，其膨胀倍率为40%～250%。常用复合型遇水膨胀弹性橡胶止水密封垫剖面构造见图 $\frac{8}{254}$ 或 $\frac{-}{187}$。

7. 填缝防水：

填缝防水是接缝防水的又一道防线，是将密封材料填嵌于接缝槽内来达到防水的目的。常用的填缝材料有石棉水泥系、聚硫、聚氨酯改性的环氧系、预制橡胶条等。填缝槽的形状，一般槽底呈斜楔口，槽深25～40，单面宽度为8～10。

8. 连接螺栓(管片连接件)防水：

相邻管片通过连接螺栓穿过各自螺栓孔，两端套入遇水膨胀橡胶螺栓密封圈，再拧紧螺母，利用压实和膨胀双重作用加强防水，使用寿命终结时可以进行更换。连接螺栓(管片连接件)的防腐蚀处理是延长使用寿命、防止隧道渗漏的重要措施。地下水对钢铁结构有弱腐蚀性，不能忽视对连接螺栓的防腐蚀处理。管片连接件采用在其表面加锌基铬酸盐涂层的方法防锈蚀。连接件的防腐蚀处理应进行盐雾实验，实验次数为每个连接件做2次。

9. 注浆孔防水：

预留注浆孔的防水封堵采用密封圈和密封塞(参见图 $\frac{5,6}{254}$)，密封圈用遇水膨胀橡胶制作。必要时也可用聚氨酯密封胶进行全封闭处理，封闭前应彻底清除孔内的残留污物。

10. 管片外防水（参见图 $\frac{1,2,3}{255}$）：

管片外防水是在管片迎水面铺贴防水卷材、涂刷防水涂料，在管片外形成防水层。常用防水材料有合成高分子防水卷材、合成高分子防水涂料、改性沥青防水卷材、改性沥青防水涂料等，复合防水层的材性应相容。外防水材料一般用量较大，故仅用于工程重点地段或地层情况复杂多变的地段。防水施工要点如下：

(1)施工前应对管片基面上的蜂窝、麻面、裂缝、渗水部位进行修缮处理；

(2)防水涂料、防水卷材的施工应符合要求；

(3)在防水层表面设置保护层。保护层材料可采用水泥砂浆或在防水层表面涂刷加入刚性填料(滑石粉、石英粉等)的防水涂料。

11. 堵漏防水技术：

堵漏前，对管片渗漏范围和形式先作调查并将调查结果标注在管片渗漏水平面展开图上。针对不同情况采取相应措施：

(1)单层衬砌管片接缝漏水，可松动该部位的连接螺栓，将漏水从孔内引出，然后进行堵漏，最后堵螺孔；

(2)单层衬砌的两道密封槽之间渗漏，可预留注浆堵漏用沟槽，接缝渗漏时从预留孔或螺栓孔注浆到沟槽中去；

(3)双层衬砌管片的一般性滴漏，主要采用水泥胶浆封堵，情况严重的可灌浆堵水。

① 盾构管片外形

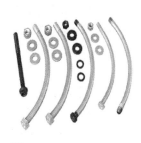

② 管片连接螺栓

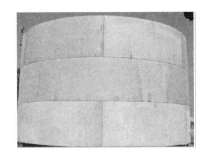

③ 管片连接外景

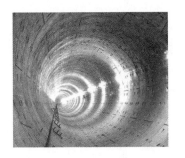

④ 管片连接内景

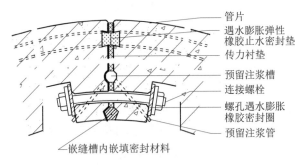

管片
遇水膨胀弹性
橡胶止水密封垫
传力衬垫
预留注浆槽
连接螺栓
螺孔遇水膨胀
橡胶密封圈
预留注浆管
嵌缝槽内嵌填密封材料

⑤ 单层衬砌管片环向接缝
防水构造

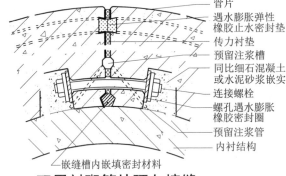

管片
遇水膨胀弹性
橡胶止水密封垫
传力衬垫
预留注浆槽
同比细石混凝土
或水泥砂浆嵌实
连接螺栓
螺孔遇水膨胀
橡胶密封圈
预留注浆管
内衬结构
嵌缝槽内嵌填密封材料

⑥ 双层衬砌管片环向接缝
防水构造

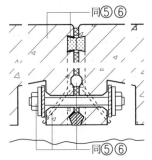

同⑤⑥

同⑤⑥

⑦ 衬砌管片纵向接缝
防水构造

注：1. 盾构隧道管片①与管片截面间用螺
栓②连结。截面与截面的预制凹槽内
嵌入遇水膨胀弹性橡胶止水密封垫⑧、
密封圈、密封材料等进行密封防水、止
水⑤⑥⑦。当⑥外衬结构渗漏时，
应先注浆堵漏止水，再浇筑内衬结构。

2. ⑧为目前一些城市地铁隧道管片常用
的遇水膨胀弹性橡胶止水密封垫。

3.隧道各路段间变形缝用弹性密封垫⑨
止水，其作用与⑧相同。

遇水膨胀橡胶

三元乙丙橡胶

（a）

遇水膨胀橡胶

三元乙丙橡胶

（b）

遇水膨胀橡胶

氯丁橡胶

（c）

遇水膨胀橡胶

三元乙丙橡胶

（d）

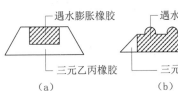

遇水膨胀橡胶
33
氯丁橡胶
2

⑨ 盾构变形缝用
弹性密封垫

⑧ 常用遇水膨胀弹性橡胶止水（防水）密封垫剖面构造

图名 盾构隧道管片截面密封防水

分图页 G-1
总图页 254

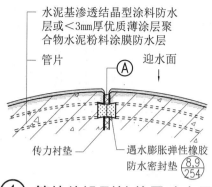

水泥基渗透结晶型涂料防水
层或<3mm厚优质薄涂层聚
合物水泥粉料涂膜防水层

管片

迎水面

传力衬垫

遇水膨胀弹性橡胶
防水密封垫 8,9/254

① 管片外设刚性单层防水层

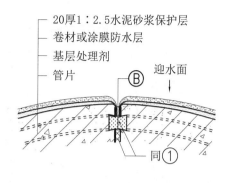

20厚1：2.5水泥砂浆保护层

卷材或涂膜防水层

基层处理剂

管片

迎水面

同①

② 管片外设柔性单层防水层

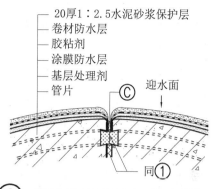

20厚1：2.5水泥砂浆保护层

卷材防水层

胶粘剂

涂膜防水层

基层处理剂

管片

迎水面

同①

③ 管片外设柔性复合防水层

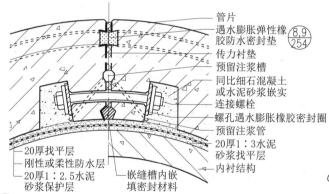

管片
遇水膨胀弹性橡
胶防水密封垫 8,9/254
传力衬垫
预留注浆槽
同比细石混凝土
或水泥砂浆嵌实
连接螺栓
螺孔遇水膨胀橡胶密封圈
预留注浆管
20厚1：3水泥
砂浆找平层
内衬结构

20厚找平层
刚性或柔性防水层
20厚1：2.5水泥
砂浆保护层

嵌缝槽内嵌
填密封材料

④ 隧道内侧设刚性或柔性防水层

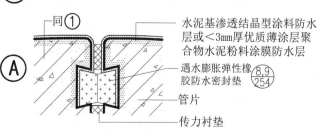

同①

水泥基渗透结晶型涂料防水
层或<3mm厚优质薄涂层聚
合物水泥粉料涂膜防水层

遇水膨胀弹性橡
胶防水密封垫 8,9/254

管片

传力衬垫

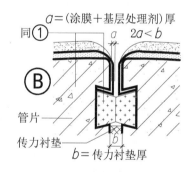

$a=$(涂膜+基层处理剂)厚

$2a<b$

同①

管片

传力衬垫

$b=$传力衬垫厚

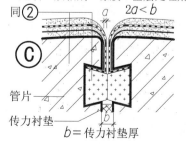

$a=$(卷材+胶粘剂+涂膜+基层处理剂)厚

$2a<b$

同②

管片

传力衬垫

$b=$传力衬垫厚

注：

1. 为提高地铁车站、候车室（厅）及复杂部位、重要地段隧道顶部的防水性能，可首选水泥基渗透结晶型防水涂料或涂膜厚度<3mm的优质薄涂层聚合物水泥粉料在隧道上半环管片的外侧作迎水面防水层①，也可选其他柔性防水卷材、涂料作防水层②③。其余地段、部位可不设或酌情设防水层。当采用单层或复合防水层时，收头部位⑧ⓒ防水层的总厚度应小于传力衬垫的厚度b。且此部位可不设传力衬垫或将传力衬垫的厚度减薄$2a$。收头部位的防水层应与遇水膨胀弹性橡胶防水密封垫相搭接，以防抄后路渗漏，否则将全功尽弃。也可待管片拼装就位后，在隧道内侧上半环设置背水面防水层④。

2. 管片外侧的防水层宜在预制厂内施工完成，运输时应防止损坏防水层。如施工现场条件允许，防水层亦可在进洞前的堆放现场进行施工，以避免运输环节可能造成的损坏，但应满足所用刚性防水层、保护层湿润养护、水化、固化，柔性防水层液料挥发、蒸发、凝固等所需的所有条件和时间。

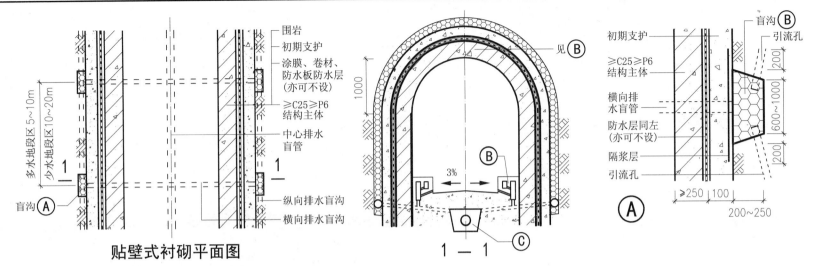

贴壁式衬砌平面图

多水地段区 5~10m
少水地段区10~20m

标注：围岩、初期支护、涂膜、卷材、防水板防水层（亦可不设）、≥C25≥P6 结构主体、中心排水盲管、纵向排水盲沟、横向排水盲沟、盲沟Ⓐ、1

Ⓑ 见Ⓑ、1000、3%、Ⓒ、1—1

Ⓐ 标注：初期支护、盲沟Ⓑ、引流孔、≥C25≥P6结构主体、横向排水盲管、防水层同左（亦可不设）、隔浆层、引流孔、200、600~1000、200、≥250、100、200~250

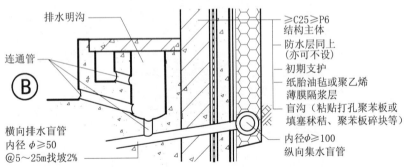

Ⓑ 标注：排水明沟、≥C25≥P6结构主体、防水层同上（亦可不设）、初期支护、纸胎油毡或聚乙烯薄膜隔浆层、盲沟（粘贴打孔聚苯板或填塞秸秆、聚苯板碎块等）、内径φ≥100纵向集水盲管、连通管、横向排水盲管 内径φ≥50 @5~25m找坡2%

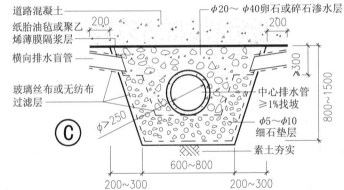

Ⓒ 标注：道路混凝土、纸胎油毡或聚乙烯薄膜隔浆层、横向排水盲管、玻璃丝布或无纺布过滤层、φ20~φ40卵石或碎石渗水层、中心排水管≥1%找坡、φ5~φ10细石垫层、素土夯实、200、200、≥300、φ≥250、800~1500、600~800、200~300、200~300

排水路径

1. 围岩裂隙水→边墙外侧→基底的纵向集水管（坡度＞0.25）→横向排水管（找坡2%）→穿过边墙→中心排水管（找坡≥1%）→流向低洼处。

2. 路面水→排水明沟→横向排水管→中心排水管→流向低洼处。

排水明沟断面尺寸的确定　表G-2

通过排水明沟的排水量（m³/h）	排水明沟断面尺寸（mm）	
	沟宽	沟深
＜50	300	250
50~100	350	350
100~150	350	400
150~200	400	400
200~250	400	450
250~300	400	500

注：1. 凡地形条件具有自流排水条件功能的隧道、坑道或市政、房屋建筑地下工程均可采用贴壁式衬砌排水构造。

2. 贴壁式衬砌的防水功能依靠一、二次衬砌之间的涂膜、卷材、防水板防水层和具有刚性防水功能的二次衬砌。故，防水层、结构主体的施工防水等级应符合设计要求。对于三、四级贴壁式衬砌可不设防水层。

3. 本图采用在围岩表面凿槽设置盲沟，如围岩坚固，也可在初期支护留槽设置盲沟。盲沟内排水材料一般有砂石、秸秆（高粱秆）、聚苯板等。

4. 排水明沟的断面尺寸应根据排水量来确定，见表G-2。

图名	贴壁式衬砌排水构造	分图页	G-3
		总图页	256

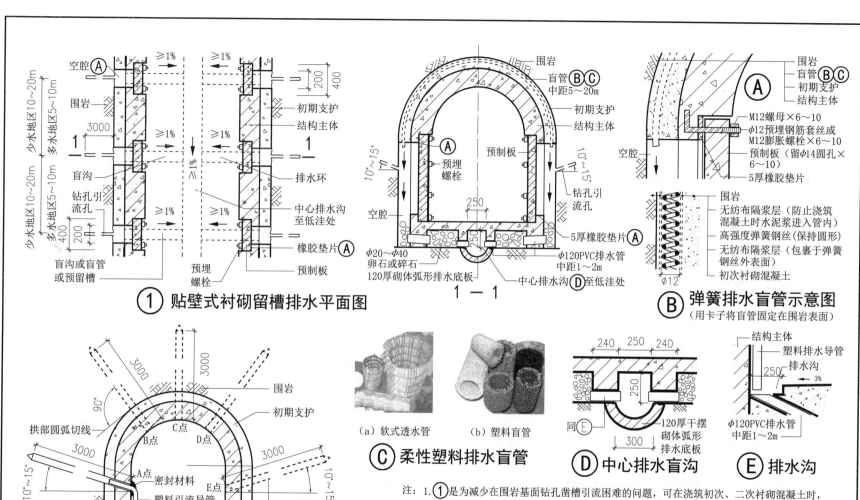

① 贴壁式衬砌留槽排水平面图

② 贴壁式衬砌钻孔排水剖面图

（a）软式透水管　　（b）塑料盲管

Ⓒ 柔性塑料排水盲管

1—1

Ⓑ 弹簧排水盲管示意图
（用卡子将盲管固定在围岩表面）

Ⓓ 中心排水盲沟

Ⓔ 排水沟

注：1. ①是为减少在围岩基面钻孔凿槽引流困难的问题，可在浇筑初次、二次衬砌混凝土时，适当放宽边墙部位施工缝的宽度至200～400mm，制成排水空腔，将其视作排水盲沟，只在空腔部位的围岩基面钻孔引水。空腔间距视水量大小一般为5～20m，亦可在渗水严重点位专门设置空腔来排水。拱顶设置盲管ⒷⒸ排水。拱顶盲管部位、边墙空腔内每隔1～2m钻孔引水，钻头直径越大越好。待空腔部位预制板安装后，可用防水砂浆抹平。
2. 当隧洞使用期间个别点位渗漏时，可在该点钻大孔引流，如②A点，再在孔口插入塑料引流导管，将渗漏水引入排水沟，孔口用密封材料封严。当其他个别点位渗漏时，用同法钻大孔引流排水，如B～E点。塑料导管外周围可抹20厚1：2.5聚合物水泥砂浆保护。

| 图名 | 贴壁式衬砌留槽钻孔排水构造 | 分图页 | G-4 |
| | | 总图页 | 257 |

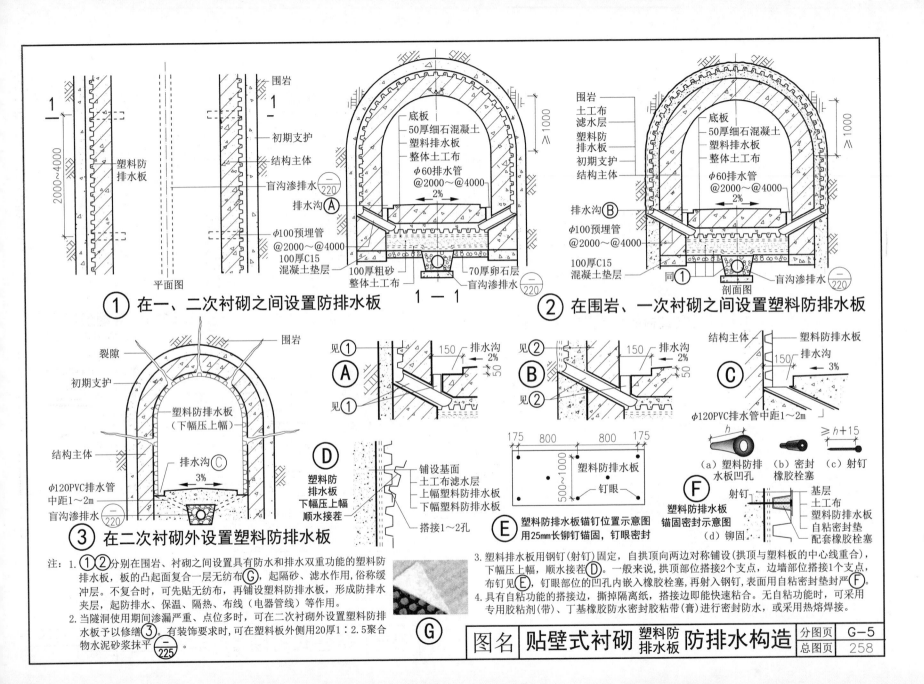

平面图

① 在一、二次衬砌之间设置防排水板

底板
50厚细石混凝土
塑料排水板
整体土工布
$\phi 60$排水管
@2000~@4000
2%
排水沟 Ⓐ
$\phi 100$预埋管
@2000~@4000
100厚C15
混凝土垫层
100厚粗砂
整体土工布
70厚卵石层
盲沟渗排水
1—1

围岩
初期支护
结构主体
盲沟渗排水
塑料防排水板
$\phi 100$预埋管
@2000~@4000
100厚C15
混凝土垫层

围岩
土工布
滤水层
塑料防排水板
初期支护
结构主体
排水沟 Ⓑ
$\phi 100$预埋管
@2000~@4000
100厚C15
混凝土垫层
底板
50厚细石混凝土
塑料排水板
整体土工布
$\phi 60$排水管
@2000~@4000
2%
同①
剖面图
盲沟渗排水

② 在围岩、一次衬砌之间设置塑料防排水板

围岩
裂隙
初期支护
塑料防排水板
（下幅压上幅）
结构主体
排水沟Ⓒ
$\phi 120$PVC排水管
中距1~2m
盲沟渗排水

③ 在二次衬砌外设置塑料防排水板

见① 150 排水沟 2% 50 Ⓐ
见② 150 排水沟 2% 50 Ⓑ

结构主体
塑料防排水板
排水沟
150 3%
Ⓒ $\phi 120$PVC排水管中距1~2m

Ⓓ
塑料防
排水板
下幅压上幅
顺水接茬
铺设基面
土工布滤水层
上幅塑料防排水板
下幅塑料防排水板
搭接1~2孔

175 800 800 175
500~1000
塑料防排水板
钉眼
Ⓔ 塑料防排水板锚钉位置示意图
用25mm长铆钉锚固，钉眼密封

h
（a）塑料防排
水板凹孔
（b）密封
橡胶栓塞
$\geqslant h+15$
（c）射钉

Ⓕ
射钉
基层
土工布
塑料防排水板
自粘密封垫
配套橡胶栓塞
塑料防排水板
锚固密封示意图
（d）铆固

注：1. ①②分别在围岩、衬砌之间设置具有防水和排水双重功能的塑料防
排水板，板的凸起面复合一层无纺布Ⓖ，起隔砂、滤水作用，俗称缓
冲层。不复合时，可先贴无纺布，再铺设塑料防排水板，形成防排水
夹层，起防排水、保温、隔热、布线（电器管线）等作用。
2. 当隧洞使用期间渗漏严重、点位多时，可在二次衬砌外设置塑料防排
水板予以修缮③。有装饰要求时，可在塑料板外侧用20厚1：2.5聚合
物水泥砂浆抹平($\frac{-}{225}$)。

3. 塑料排水板用钢钉（射钉）固定，自拱顶向两边对称铺设（拱顶与塑料板的中心线重合），
下幅压上幅，顺水接茬Ⓓ。一般来说，拱顶部位搭接2个支点，边墙部位搭接1个支点，
布钉见Ⓔ，钉眼部位的凹孔内嵌入橡胶栓塞，再射入钢钉，表面用自粘密封垫封严Ⓕ。
4. 具有自粘功能的搭接边，撕掉隔离纸，搭接边即能快速粘合。无自粘功能时，可采用
专用胶粘剂（带）、丁基橡胶防水密封胶粘带（膏）进行密封防水，或采用热熔焊接。

Ⓖ

图名 贴壁式衬砌 塑料防排水板防排水构造

分图页 G—5
总图页 258

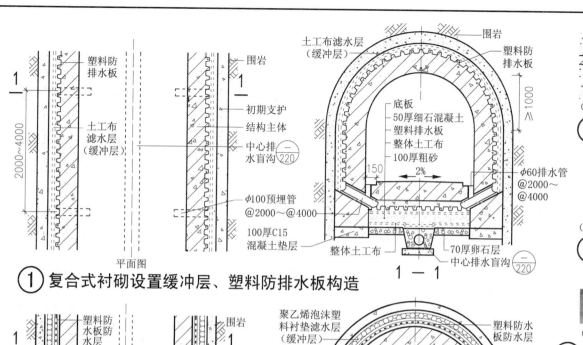

①复合式衬砌设置缓冲层、塑料防排水板构造

平面图 / 1—1

标注：塑料防排水板、围岩、土工布滤水层（缓冲层）、2000~4000、初期支护、结构主体、中心排水盲沟、φ100预埋管@2000~@4000、100厚C15混凝土垫层

土工布滤水层（缓冲层）、围岩、塑料防排水板、底板、50厚细石混凝土、塑料排水板、整体土工布、100厚粗砂、≥1000、150、2%、φ60排水管@2000~@4000、整体土工布、70厚卵石层、中心排水盲沟

②复合式衬砌设置缓冲层、防水层构造

平面图 / 1—1

标注：塑料防水板防水层、围岩、聚乙烯泡沫塑料衬垫滤水层（缓冲层）、2000~4000、初期支护、结构主体、中心排水盲沟、φ100预埋管@2000~@4000、100厚C15混凝土垫层

聚乙烯泡沫塑料衬垫滤水层（缓冲层）、围岩、塑料防水板防水层、同①、≥1000、2%、φ60排水管@2000~@4000、纵向排水管φ≥100、整体土工布、70厚卵石层、中心排水盲沟

注：1.复合式衬砌一般在初次、二次衬砌之间设置缓冲层、塑料防排水板（具有防水和排水双重功能的板材）防排水层①，或设置缓冲层、防水层②。重要的工程可分别设置缓冲层、排水层、防水层。

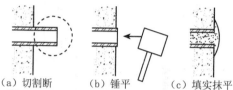

Ⓐ **凸出基面钢筋头处理要求**
(a)切割断　(b)铆平　(c)砂浆抹平

Ⓑ **凸出基面钢管头处理要求**
(a)切割断　(b)锤平　(c)填实抹平

(a)片材中预埋的吊带绳　　(b)成捆吊带卷材

Ⓒ **膜、垫一体板材中预埋的吊带绳**

2.缓冲层材料一般有布材（工程用无纺或机织土工布、民用无纺布）和聚乙烯泡沫塑料片材(PE衬垫)两种。
a.土工布、无纺布均为纤维材料，厚度3~5mm，幅宽2~6m，长度50~100m，单位面积质量为300g/m²~600g/m²。b.聚乙烯泡沫塑料衬垫是由化学交联、发泡制成的闭孔状泡沫材料，一般厚度为5(±0.5)mm，幅宽1200(±5)mm，密度45(±5)kg/m³，拉伸强度≥0.4MPa，断裂伸长率≥100%。

3.②的缓冲层和塑料防水板热合成一体Ⓒ，则只需将预埋在缓冲层中的吊挂绳抽出，将其吊挂在射有钢钉的基层上即完成铺设。使用分体式膜（防水板）、垫（缓冲层）材料时，应使用热塑性圆垫圈进行铺设。

4.为保证缓冲层、排水层、防水层铺设质量，凸出基面的钢筋头、钢管按ⒶⒷ处理。

图名　**复合式衬砌缓冲层防排水层防排水构造**

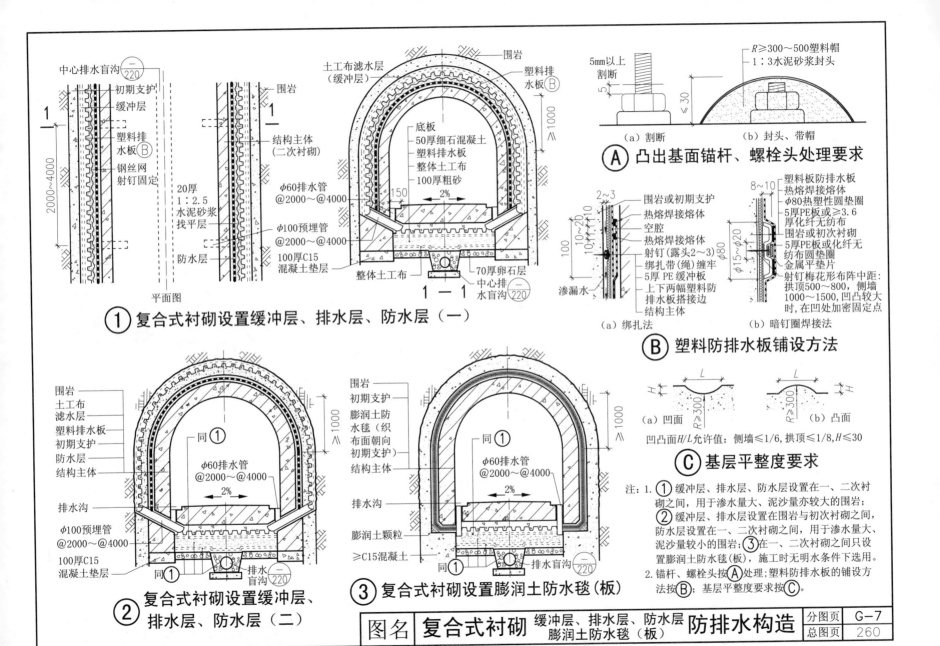

① 复合式衬砌设置缓冲层、排水层、防水层（一）

② 复合式衬砌设置缓冲层、排水层、防水层（二）

③ 复合式衬砌设置膨润土防水毯(板)

（a）割断　（b）封头、带帽

Ⓐ 凸出基面锚杆、螺栓头处理要求

（a）绑扎法　（b）暗钉圈焊接法

Ⓑ 塑料防排水板铺设方法

（a）凹面　（b）凸面

凹凸面H/L允许值：侧墙≤1/6,拱顶≤1/8,H≤30

Ⓒ 基层平整度要求

注：1. ①缓冲层、排水层、防水层设置在一、二次衬砌之间，用于渗水量大、泥沙量亦较大的围岩；
②缓冲层、排水层设置在围岩与初次衬砌之间，防水层设置在一、二次衬砌之间，用于渗水量大、泥沙量较小的围岩；③在一、二次衬砌之间只设置膨润土防水毯(板)，施工时无明水条件下选用。
2. 锚杆、螺栓头按Ⓐ处理；塑料防排水板的铺设方法按Ⓑ；基层平整度要求按Ⓒ。

图名	复合式衬砌 缓冲层、排水层、防水层 膨润土防水毯（板）防排水构造	分图页	G-7
		总图页	260

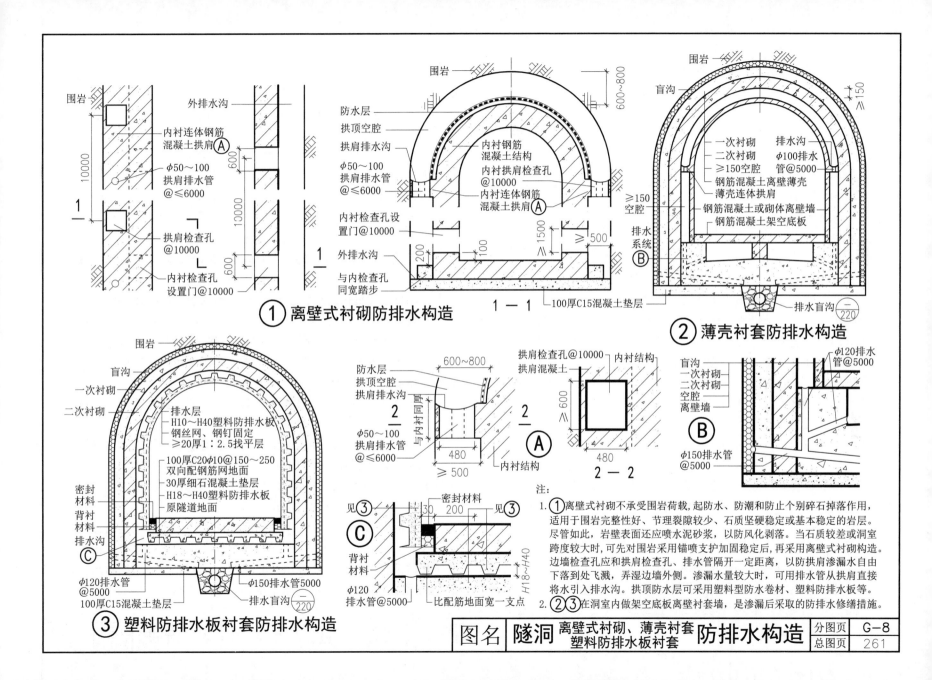

① 离壁式衬砌防排水构造

1—1

② 薄壳衬套防排水构造

③ 塑料防排水板衬套防排水构造

注:
1. ①离壁式衬砌不承受围岩荷载,起防水、防潮和防止个别碎石掉落作用,适用于围岩完整性好、节理裂隙较少、石质坚硬稳定或基本稳定的岩层。尽管如此,岩壁表面还应喷水泥砂浆,以防风化剥落。当石质较差或洞室跨度较大时,可先对围岩采用锚喷支护加固稳定后,再采用离壁式衬砌构造。边墙检查孔应和拱肩检查孔、排水管隔开一定距离,以防拱肩渗漏水自由下落至处飞溅,弄湿边墙外侧。渗漏水量较大时,可用排水管从拱肩直接将水引入排水沟。拱顶防水层可采用塑料型防水卷材、塑料防水板等。
2. ②③在洞室内做架空底板离壁衬套墙,是渗漏后采取的防排水修缮措施。

| 图名 | 隧洞 离壁式衬砌、薄壳衬套 塑料防排水板衬套 防排水构造 | 分图页 | G-8 |
| | | 总图页 | 261 |

H. 城市地下综合管廊防水

目 录

说 明

虽然地下综合管廊的防水层与全埋式地下工程的防水层都为全埋式，似可全部借鉴。但全埋式地下工程均为现浇工程，而管廊工程不只是现浇，还有预制和现浇＋预制相结合的工程，且综合管廊设有各类出入口、通风口、防火区、排水区，每个区间设有集水坑，使防水层的设置与全埋式地下工程有一定的区别。除了现浇工程、各类细部构造做法可参照全埋式地下工程的做法外，还应根据其特殊性，作进一步的防、排水、止水设计。

本节图例适用于新建、扩建、改建城市的综合管廊工程的设计、施工。

1. 综合管廊内应设置集水坑和自动排水系统：

(1)排水区间应根据道路的纵向坡度确定，排水区间不宜大于200m，应在排水区间的最低点设置集水坑，并设置自动水位排水泵。

(2)当管廊底板纵向单面坡度≥0.2%时，集水坑应设置在排水区间端部的最低点；当管廊底板为水平时，为减少因找坡而增加的高落差，宜将排水区间的两端设置为最高点，分别向底板中央以2%找坡，将集水坑设置在不敷设管线、只供行走(即检修通道)的底板中央部位，以便于维修。

(3)集水坑的容量应根据渗入综合管廊内的水量和排水扬程确定，一般宜≥2m³。

(4)综合管廊的底板两侧宜设置纵向排水明沟，并通过排水沟将地面积水汇入集水坑内，排水明沟的坡度不应小于0.2%。

(5)综合管廊的排水应就近接入城市排水、蓄水系统，并应设置逆止阀。

(6)天然气管道舱应设置独立集水坑。

2. 综合管廊各类孔口的围护结构及防水层设防高度应做至每个舱室的人员出入口、逃生口、吊装口、进风口、排风口、管线分支口地坪以上500mm高程处，以防雨水倒灌，满足城市防洪要求，孔口应设置盖板。盖板应具有坚固、安全、防风揭起、防止外侧撬开、防止小动物进入、阻挡跌落物、内侧容易开启等功能。

3. 现浇管廊的施工场地比较宽阔，适合采用外防外做的防水设计和施工，其方法和全埋式地下工程相同。

4. 敞开式明挖法埋置预制管廊的施工场地亦比较宽阔，亦可采用外防外做的防水设计和施工。

5. 当管廊经过河流、繁忙交通线路、建筑设施等需采用顶管铺设或管廊外侧操作空间极其狭窄，无法采用外防外做防水施工工艺时，则可采用内防内做防水施工技术。其设计和做法和"地下工程防水"的"内防内做、止渗堵漏"相同。

6. 预制管廊环向、纵向接头的断面采用耐水性能优异的弹性氯丁橡胶、三元乙丙橡胶、制品型遇水膨胀橡胶进行止水，内、外侧接缝应预留凹槽，并嵌填密封材料；预制和现浇相结合时，结合面宜采用腻子型遇水膨胀止水条（胶）止水。

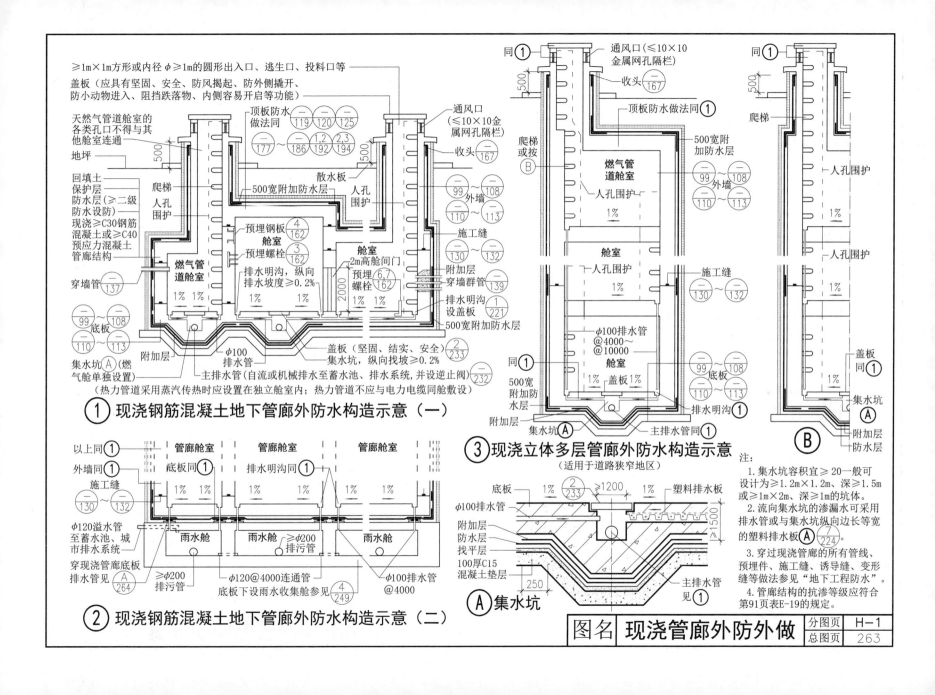

①现浇钢筋混凝土地下管廊外防水构造示意（一）

②现浇钢筋混凝土地下管廊外防水构造示意（二）

③现浇立体多层管廊外防水构造示意
（适用于道路狭窄地区）

Ⓐ集水坑

注：
1.集水坑容积宜≥20一般可设计为≥1.2m×1.2m、深≥1.5m或≥1m×2m、深≥1m的坑体。
2.流向集水坑的渗漏水可采用排水管或与集水坑纵向边长等宽的塑料排水板Ⓐ(7/224)。
3.穿过现浇管廊的所有管线、预埋件、施工缝、诱导缝、变形缝等做法参见"地下工程防水"。
4.管廊结构的抗渗等级应符合第91页表E-19的规定。

| 图名 | 现浇管廊外防外做 | 分图页 | H－1 |
| | | 总图页 | 263 |

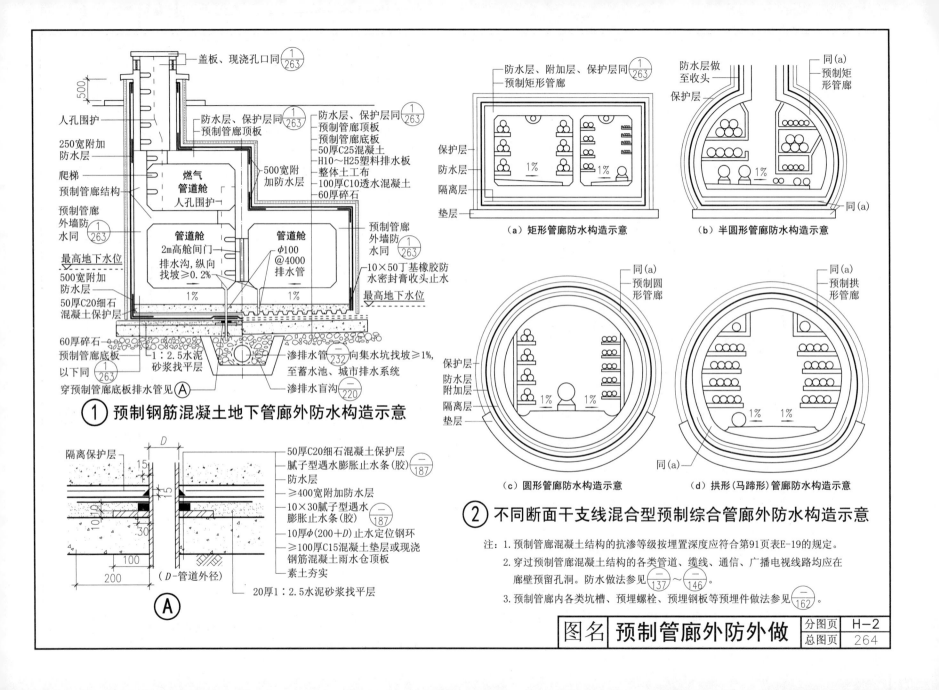

盖板、现浇孔口同 $\frac{1}{263}$

人孔围护

250宽附加防水层

爬梯

预制管廊结构

预制管廊外墙防水同 $\frac{1}{263}$

最高地下水位

500宽附加防水层

50厚C20细石混凝土保护层

60厚碎石

预制管廊底板以下同 $\frac{1}{263}$

穿预制管廊底板排水管见Ⓐ

防水层、保护层同 $\frac{1}{263}$
预制管廊顶板

燃气管道舱
人孔围护

管道舱
2m高舱间门
排水沟,纵向找坡≥0.2%

管道舱
ϕ100
@4000
排水管

500宽附加防水层

防水层、保护层同 $\frac{1}{263}$
预制管廊顶板
预制管廊底板
50厚C25混凝土
H10～H25塑料排水板
整体土工布
100厚C10透水混凝土
60厚碎石

预制管廊外墙防水同 $\frac{1}{263}$

10×50丁基橡胶防水密封膏收头止水

最高地下水位

1% 1%

1：2.5水泥砂浆找平层

渗排水管 $\frac{-}{232}$ 向集水坑找坡≥1%，至蓄水池、城市排水系统

渗排水盲沟 $\frac{-}{220}$

① 预制钢筋混凝土地下管廊外防水构造示意

隔离保护层

D

50厚C20细石混凝土保护层
腻子型遇水膨胀止水条(胶) $\frac{-}{187}$
防水层
≥400宽附加防水层
10×30腻子型遇水膨胀止水条(胶) $\frac{-}{187}$
10厚ϕ(200+D)止水定位钢环
≥100厚C15混凝土垫层或现浇钢筋混凝土雨水仓顶板
素土夯实

(D—管道外径)

20厚1：2.5水泥砂浆找平层

Ⓐ

防水层、附加层、保护层同 $\frac{1}{263}$
预制矩形管廊

保护层
防水层
隔离层
垫层

1% 1%

（a）矩形管廊防水构造示意

防水层做至收头
保护层

同(a)
预制矩形管廊

1%

同(a)

（b）半圆形管廊防水构造示意

保护层
防水层
附加层
隔离层
垫层

同(a)
预制圆形管廊

1% 1%

同(a)

（c）圆形管廊防水构造示意

同(a)
预制拱形管廊

1% 1%

（d）拱形(马蹄形)管廊防水构造示意

② 不同断面干支线混合型预制综合管廊外防水构造示意

注：1. 预制管廊混凝土结构的抗渗等级按埋置深度应符合第91页表E-19的规定。
　　2. 穿过预制管廊混凝土结构的各类管道、缆线、通信、广播电视线路均应在廊壁预留孔洞。防水做法参见 $\frac{-}{137}$ ～ $\frac{-}{146}$ 。
　　3. 预制管廊内各类坑槽、预埋螺栓、预埋钢板等预埋件做法参见 $\frac{-}{162}$ 。

图名	预制管廊外防外做	分图页	H－2
		总图页	264

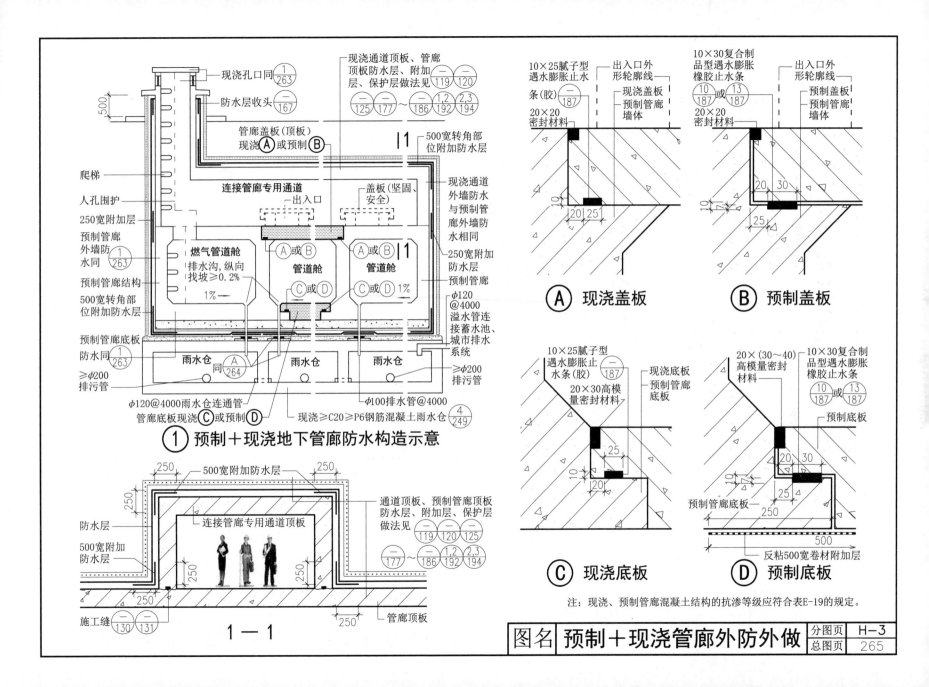

现浇孔口同 $\frac{1}{263}$

防水层收头 $\frac{1}{167}$

现浇通道顶板、管廊顶板防水层、附加层、保护层做法见 $\frac{119}{125}$ $\frac{120}{177}$ ～ $\frac{186}{192}$ $\frac{1,2}{194}$ $\frac{2,3}{}$

管廊盖板（顶板）现浇 Ⓐ 或预制 Ⓑ

500宽转角部位附加防水层

爬梯

人孔围护

250宽附加层

预制管廊外墙防水同 $\frac{1}{263}$

预制管廊结构

500宽转角部位附加防水层

预制管廊底板防水同 $\frac{1}{263}$

≥φ200 排污管

连接管廊专用通道

出入口

燃气管道舱

排水沟，纵向找坡≥0.2%

管道舱

管道舱

盖板（坚固、安全）

现浇通道外墙防水与预制管廊外墙防水相同

250宽附加防水层

预制管廊

φ120@4000溢水管连接蓄水池、城市排水系统

≥φ200 排污管

雨水仓 同 $\frac{A}{264}$

雨水仓

雨水仓

φ120@4000雨水仓连通管

管廊底板现浇 Ⓒ 或预制 Ⓓ

φ100排水管@4000

现浇≥C20≥P6钢筋混凝土雨水仓 $\frac{4}{249}$

① 预制＋现浇地下管廊防水构造示意

通道顶板、预制管廊顶板防水层、附加层、保护层做法见 $\frac{119}{177}$ $\frac{120}{186}$ $\frac{125}{192}$ ～ $\frac{1,2}{194}$ $\frac{2,3}{}$

500宽附加防水层

防水层

500宽附加防水层

连接管廊专用通道顶板

管廊顶板

施工缝 $\frac{130}{131}$

1—1

10×25腻子型遇水膨胀止水条(胶) $\frac{1}{187}$

20×20密封材料

出入口外形轮廓线

现浇盖板

预制管廊墙体

Ⓐ 现浇盖板

10×30复合制品型遇水膨胀橡胶止水条

$\frac{10}{187}$ 或 $\frac{13}{187}$

20×20密封材料

出入口外形轮廓线

预制盖板

预制管廊墙体

Ⓑ 预制盖板

10×25腻子型遇水膨胀止水条(胶) $\frac{1}{187}$

20×30高模量密封材料

现浇底板

预制管廊底板

Ⓒ 现浇底板

20×(30～40)高模量密封材料

10×30复合制品型遇水膨胀橡胶止水条

$\frac{10}{187}$ 或 $\frac{13}{187}$

预制底板

预制管廊底板

反粘500宽卷材附加层

Ⓓ 预制底板

注：现浇、预制管廊混凝土结构的抗渗等级应符合表E-19的规定。

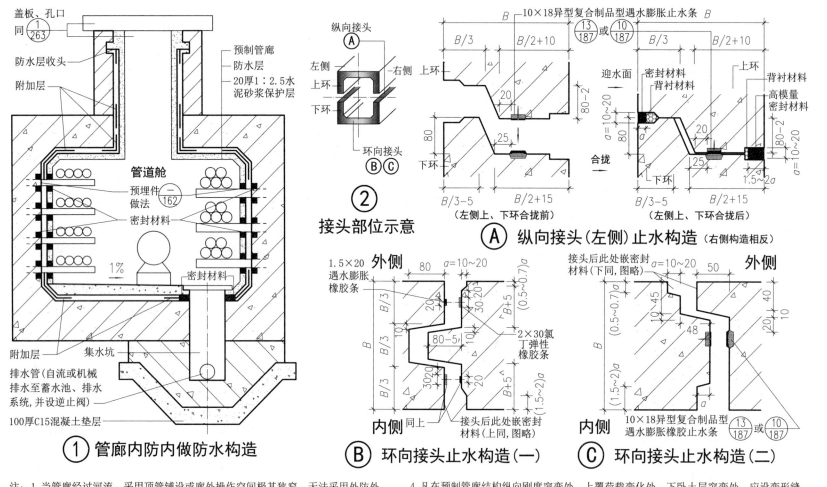

①管廊内防内做防水构造

②接头部位示意

Ⓐ 纵向接头（左侧）止水构造（右侧构造相反）

Ⓑ 环向接头止水构造（一）

Ⓒ 环向接头止水构造（二）

注：1. 当管廊经过河流、采用顶管铺设或廊外操作空间极其狭窄，无法采用外防外做、外防内做(参见"地下工程防水")时，才采用内防内做防水施工技术。

2. 防水层施工前，应对所有预埋件根部、孔洞进行密封处理，防水层收头部位、因构造原因使防水层非连续设置部位均应进行有效密封处理，如集水坑部位。

3. 纵、环向接头用螺栓紧固，其做法参见"隧道衬砌衬套防水 ─/254"。

4. 凡在预制管廊结构纵向刚度突变处、上覆荷载变化处、下卧土层突变处，应设变形缝。变形缝处相邻预制管廊可在内侧设计为可卸式止水带 ─/150 ─/151；或一则为预制管廊，先预埋一半中埋式止水带，另一则为现浇管廊，现场埋置另一半止水带，形成预制和现浇相结合的构造形式。变形缝的最大间距应为30m，缝宽宜≥30，做法按 ─/147 ～ ─/157。

5. 非预制上下环分体管廊的整体分段管廊只须做环向接头止水。

Ⅰ.垃圾填埋、封场

目 录

说 明

1. 填埋场选址应先进行下列基础资料的搜集：

(1) 城市总体规划和城市环境卫生专业规划；

(2) 土地利用价值及征地费用；

(3) 附近居住情况与公众反映；

(4) 附近填埋气体利用的可行性；

(5) 地形、地貌及相关地形图；

(6) 工程地质与水文地质条件；

(7) 设计频率洪水位、降水量、蒸发量、夏季主导风向及风速、基本风压值；

(8) 道路、交通运输、给排水、供电、土石料条件及当地的工程建设经验；

(9) 服务范围的生活垃圾量、性质及收集运输情况。

2. 填埋场不应设在下列地区：

(1) 地下水集中供水水源地及补给区，水源保护区；

(2) 洪泛区和泄洪道；

(3) 填埋库区与敞开式渗沥液处理区边界距居民居住区或人畜

供水点的卫生防护距离在500m以内的地区；

(4) 填埋库区与渗沥液处理区边界距河流和湖泊50m以内地区；

(5) 填埋库区与渗沥液处理区边界距民用机场3km以内的地区；

(6) 尚未开采的地下蕴矿区；

(7) 珍贵动植物保护区和国家、地方自然保护区；

(8) 公园，风景、游览区，文物古迹区，考古学、历史学及生物学研究考察区；

(9) 军事要地、军工基地和国家保密地区。

3. 填埋场选址应符合现行国家标准《生活垃圾填埋场污染控制标准》GB 16889和相关标准的规定，并应符合下列规定：

(1) 应与当地城市总体规划和城市环境卫生专业规划协调一致；

(2) 应与当地的大气防护、水土资源保护、自然保护及生态平衡要求相一致；

(3) 应交通方便，运距合理；

(4) 人口密度、土地利用价值及征地费用均应合理；

(5) 应位于地下水贫乏地区、环境保护目标区域的地下水流向下游地区及夏季主导风向下风向；

(6) 选址应有建设项目所在地的建设、规划、环保、环卫、国土资源、水利、卫生监督等有关部门和专业设计单位的有关专业技术人员参加；

(7) 应符合环境影响评价的要求。

4. 填埋场选址比选、填埋场总平面布置、绿化及其他、填埋场道路、计量设施、地基处理与场地平整、防洪与雨污分流系统、渗沥液收集与处理、填埋气体导排与利用、填埋作业与管理、封场与堆体稳定性、辅助工程、环境保护与劳动卫生、工程施工及验收等均应符合《生活垃圾卫生填埋技术规范》GB 50869的规定。

5. 垃圾坝分类与坝体稳定性：

图名	垃圾填埋、封场	目录 说明（一）	分图页	Ⅰ-01
			总图页	267

(1) 根据坝体材料不同，坝型可分为（黏）土坝、碾压式土石坝、浆砌石坝及混凝土坝四类。采用一种筑坝材料的应为均质坝，采用两种及以上筑坝材料的应为非均质坝。

(2) 根据坝体高度不同，坝高可分为低坝（低于5m）、中坝(5m～15m)及高坝（高于15m）。

(3) 根据坝体所处位置及主要作用不同，坝体位置类型分类宜符合表Ⅰ-1的规定。

坝体位置类型分类表 表Ⅰ-1

坝体类型	习惯名称	坝体位置	坝体主要作用
A	围堤	平原型库区周围	形成初始库容、防洪
B	截洪坝	山谷型库区上游	拦截库区外地表径流并形成库容
C	下游坝	山谷型或库区与调节池之间	形成库容的同时形成调节池
D	分区坝	填坝库区内	分隔填埋库区

(4) 根据垃圾坝下游情况、坝体类型、坝型（材料）及坝体高度不同，坝体建筑级别分类宜符合表Ⅰ-2的规定。

垃圾坝体建筑级别分类表 表Ⅰ-2

建筑级别	坝下游存在的建(构)筑物及自然条件	失事后果	坝体类型	坝型（材料）	坝高(m)
Ⅰ	生产设备、生活管理区	对生产设备造成严重破坏，对生活管理区带来严重损失	C	混凝土坝、浆砌石坝	≥20
				土石坝、黏土坝	≥15
Ⅱ	生产设备	仅对生产设备造成一定破坏或影响	A、B、C	混凝土坝、浆砌石坝	≥10
				土石坝、黏土坝	≥5
Ⅲ	农田、水利或水环境	影响不大，破坏较小，易修复	A、D	混凝土坝、浆砌石坝	<10
				土石坝、黏土坝	<5

注：当坝体根据表中指标分属于不同级别时，其级别应按最高级别确定。

6. 防渗处理：

(1) 防渗系统应根据填埋场工程地质与水文地质条件进行选择。当天然基础层饱和渗透系数小于1.0×10^{-7}cm/s，且场底及四壁衬里厚度不小于2m时，可采用天然黏土类衬里结构。

(2) 天然黏土基础层进行人工改性压实后达到天然黏土衬里结构等效防渗性能要求，可采用改性压实黏土类衬里作为防渗结构。

(3) 人工合成衬里的防渗系统应采用复合衬里防渗结构，位于地下水贫乏地区的防渗系统也可采用单层衬里防渗结构，在特殊地质及环境要求较高的地区，应采用双层衬里防渗结构。

7. 不同复合衬里结构应符合下列规定：

(1) 库区底部复合衬里(HDPE土工膜+黏土)结构(图 $\frac{1}{271}$)，各层应符合下列规定：

1) 基础层：土压实度不应小于93%；

2) 反滤层(可选择层)：宜采用土工滤网，规格不宜小于200g/m²；

3) 地下水导流层(可选择层)：宜采用卵（砾）石等石料，厚度不应小于30cm，石料上应铺设非织造土工布，规格不宜小于200g/m²；

4) 防渗及膜下保护层：黏土渗透系数不应大于1.0×10^{-7}cm/s，厚度不宜小于75cm；

5) 膜防渗层：应采用HDPE土工膜，厚度不应小于1.5mm；

6) 膜上保护层：宜采用非织造土工布，规格不宜小于600g/m²；

7) 渗沥液导流层：宜采用卵石等石料，厚度不应小于30cm，石料下可增设土工复合排水网；

8) 反滤层：宜采用土工滤网，规格不宜小于200g/m²。

(2) 库区底部复合衬里(HDPE土工膜+GCL)结构(图 $\frac{2}{271}$，GCL指钠基膨润土垫)，各层应符合下列要求：

1) 基础层：土压实度不应小于93%；

2) 反滤层(可选择层)：宜采用土工滤网，规格不宜小于200g/m²；

3)地下水导流层(可选择层)：宜采用卵(砾)石等石料,厚度不应小于30cm,石料上应铺设非织造土工布,规格不宜小于200g/m²；

4)膜下保护层：黏土渗透系数不宜大于$1.0×10^{-5}$cm/s，厚度不宜小于30cm；

5)GCL防渗层：渗透系数不应大于$5.0×10^{-9}$cm/s,规格不应小于4800g/m²；

6)膜防渗层：应采用HDPE土工膜，厚度不应小于1.5mm；

7)膜上保护层：宜采用非织造土工布，规格不宜小于600g/m²；

8)渗沥液导流层：宜采用卵石等石料，厚度不应小于30cm，石料下可增设土工复合排水网；

9)反滤层：宜采用土工滤网，规格不宜小于200g/m²。

（3）库区边坡复合衬里(HDPE土工膜+GCL)结构(图$\frac{3}{271}$))应符合下列规定：

1)基础层：土压实度不应小于90%；

2)膜下保护层：当采用黏土时，渗透系数不宜大于$1.0×10^{-5}$cm/s，厚度不宜小于20cm；当采用非织造土工布时，规格不宜小于600g/m²；

3)GCL防渗层：渗透系数不应大于$5.0×10^{-9}$cm/s,规格不应小于4800g/m²；

4)防渗层:应采用HDPE土工膜，宜为双糙面，厚度不应小于1.5；

5)膜上保护层：宜采用非织造土工布，规格不宜小于600g/m²；

6)渗沥液导流与缓冲层：宜采用土工复合排水网，厚度不应小于5mm，也可采用土工布袋（内装石料或砂土）。

8.单层衬里结构应符合下列规定：

(1)库区底部单层衬里结构(图$\frac{4}{271}$))，各层应符合下列要求：

1)基础层：土压实度不应小于93%；

2)反滤层(可选择层)：宜采用土工滤网，规格不宜小于200g/m²；

3)地下水导流层(可选择层)：宜采用卵(砾)石等石料,厚度不应小于30cm,石料上应铺设非织造土工布,规格不宜小于200g/m²；

4)膜下保护层：黏土渗透系数不应大于$1.0×10^{-5}$cm/S，厚度不宜小于50cm；

5)膜防渗层:应采用HDPE土工膜，厚度不应小于1.5；

6)膜上保护层:宜采用非织造土工布，规格不宜小于600g/m²；

7)渗沥液导流层：宜采用卵石等石料，厚度不应小于30cm,石料下可增设土工复合排水网；

8)反滤层：宜采用土工滤网，规格不宜小于200g/m²。

(2)库区边坡单层衬里结构(图$\frac{6}{271}$))应符合下列要求：

1)基础层：土压实度不应小于90%；

2)膜下保护层：当采用黏土时，渗透系数不应大于$1.0×10^{-5}$cm/s，厚度不宜小于30cm;当采用非织造土工布时，规格不宜小于600g/m²；

3)防渗层：应采用HDPE土工膜,宜为双糙面，厚度不应小于1.5；

4)膜上保护层：宜采用非织造土工布，规格不宜小于600g/m²；

5)渗沥液导流与缓冲：宜采用土工复合排水网，厚度不应小于5mm，也可采用土工布袋（内装石料或沙土）。

9.库区底部双层衬里结构(图$\frac{5}{271}$))各层应符合下列规定：

(1)基础层：土压实度不应小于93%；

(2)反滤层(可选择层)：宜采用土工滤网，规格不宜小于200g/m²；

(3)地下水导流层(可选择层)：宜采用卵(砾)石等石料，厚度不应小于30cm,石料上应铺设非织造土工布,规格不宜小于200g/m²；

(4)膜下保护层:黏土渗透系数不应大于$1.0×10^{-5}$cm/s,厚度不宜小于30cm；

(5)膜防渗层：应采用HDPE土工膜，厚度不应小于1.5；

(6)膜上保护层:宜采用非织造土工布,规格不宜小于400g/m²;

(7)渗沥液检测层:可采用土工复合排水网,厚度不应小于5;也可采用卵(砾)石等石料,厚度不应小于30cm;

(8)膜下保护层:宜采用非织造土工布,规格不宜小于400g/m²;

(9)膜防渗层:应采用HDPE土工膜,厚度不应小于1.5;

(10)膜上保护层:宜采用非织造土工布,规格不宜小于600g/m²;

(11)渗沥液导流层:宜采用卵石等石料,厚度不应小于30cm,石料下可增设土工复合排水网;

(12)反滤层:宜采用土工滤网,规格不宜小于200g/m²。

10. 填埋场封场:

(1)堆体整形设计应满足封场覆盖层的铺设和封场后生态恢复与土地利用的要求。

(2)堆体整形顶面坡度不宜小于5%。边坡大于10%时宜采用多级台阶,台阶间边坡坡度不宜大于1:3,台阶宽度不宜小于2m。

(3)填埋场封场覆盖结构(图②/272)各层应由下至上依次为:排气层、防渗层、排水层与植被层。

11. 填埋场封场覆盖应符合下列规定:

(1)排气层:堆体顶面宜采用粗粒或多孔材料,厚度不宜小于30cm。边坡宜采用土工复合排水网,厚度不应小于5;

(2)排水层:堆体顶面宜采用粗粒或多孔材料,厚度不应小于30cm。边坡宜采用土工复合排水网,厚度不应小于5mm;也可采用加筋土工网垫,规格不宜小于600g/m²;

(3)植被层:应采用自然土加表层营养土,厚度应根据种植植物根系深浅确定,厚度不宜小于50cm,其中营养土厚度不宜小于15cm;

(4)防渗层应符合下列要求:

1)采用高密度聚乙烯(HDPE)土工膜或线性低密度聚乙烯(LLDPE)土工膜,厚度不应小于1,膜上应敷设非织造土工布,规格不宜小于300g/m²;膜下应敷设保护层;

2)采用黏土,黏土层的渗透系数不应大于1.0×10^{-7}cm/s,厚度不应小于30cm。

(5)填埋场封场覆盖后,应及时采用植被逐步实施生态恢复,并应与周边环境相协调。

(6)填埋场封场后应继续进行填埋气体导排、渗沥液导排和处理、环境与安全监测等运行管理,直至填埋体达到稳定。

(7)填埋场封场后宜进行水土保持的相关维护工作。

(8)填埋场封场后的土地利用应符合下列规定:

1)填埋场封场后的土地利用应符合现行国家标准《生活垃圾填埋场稳定化场地利用技术要求》GB/T 25179的规定。

2)填埋场土地利用前应作出场地稳定化鉴定、土地利用论证及有关部门审定。

3)未经环境卫生、岩土、环保专业技术鉴定前,填埋场地严禁作为永久性封闭式建(构)筑物用地。

(9)老生活垃圾填埋场封场工程除应符合封场要求外,尚应符合下列规定:

1)无气体导排设施的或导排设施失效存在安全隐患的,应采用钻孔法设置或完善填埋气体导排系统,已覆盖土层的垃圾堆体可采用开挖网状排气盲沟的方式形成排气层;

2)无渗沥液导排设施或导排设施失效的,应设置或完善渗沥液导排系统;

3)渗沥液、填埋气体发生地下横向迁移的,应设置垂直防渗系统。

(10)填埋堆体稳定性应符合《生活垃圾卫生填埋技术规范》GB 50869的规定。

垃圾填埋层
反滤层：≥200g/m²土工滤网
渗沥液导流层：≥300厚卵、砾石，石料下增设土工复合排水网
膜上保护层：600g/m²非织造土工布
膜防渗层：≥1.5厚HDPE土工膜
防渗及膜下保护层：≥750厚黏土，渗透系数≤$1.0×10^{-7}$cm/s
滤水层：≥200g/m²非织造土工布
地下水导流层(可选择层)：≥300厚卵、砾石
反滤层(可选择层)：≥200g/m²土工滤网
基础层：夯实基土（压实度≥93%）

① 填埋场底部复合衬里结构示意图（HDPE土工膜＋黏土）

垃圾填埋层
反滤层：≥200g/m²土工滤网
渗沥液导流层：≥300厚卵、砾石，石料下增设土工复合排水网
膜上保护层：≥600g/m²非织造土工布
膜防渗层：≥1.5厚HDPE土工膜
毯防渗层：4800g/m²GCL(膨润土防水毯（垫))渗透系数≤$5.0×10^{-9}$cm/s
膜下保护及防渗层：≥300厚黏土，渗透系数≤$1.0×10^{-5}$cm/s
滤水层：≥200g/m²非织造土工布
地下水导流层(可选择层)：≥300厚卵、砾石
反滤层(可选择层)：≥200g/m²土工滤网
基础层：夯实基土（压实度≥93%）

② 填埋场底部复合衬里结构示意图（HDPE土工膜＋GCL）

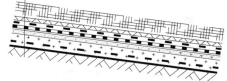

垃圾填埋层
渗沥液导流与缓冲层：≥5厚土工复合排水网或采用土工布袋（内装石料或沙土）
膜上保护层：≥600g/m²非织造土工布
膜防渗层：≥1.5厚双糙面HDPE土工膜
毯防渗层：≥4800g/m²GCL(膨润土防水毯（垫))渗透系数≤$5.0×10^{-9}$cm/s
膜下保护层：黏土，≥200厚,渗透系数≤$1.0×10^{-5}$cm/s或≥600g/m²非织造土工布
基础层：夯实基土（压实度≥90%）

③ 填埋场边坡复合衬里结构示意图（HDPE土工膜＋GCL）

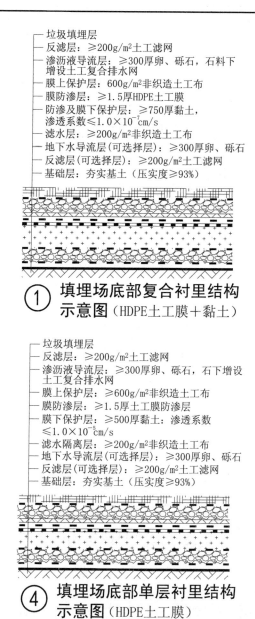

垃圾填埋层
反滤层：≥200g/m²土工滤网
渗沥液导流层：≥300厚卵、砾石，石下增设土工复合排水网
膜上保护层：≥600g/m²非织造土工布
膜防渗层：≥1.5厚土工膜防渗层
膜下保护层：≥500厚黏土：渗透系数≤$1.0×10^{-5}$cm/s
滤水隔离层：≥200g/m²非织造土工布
地下水导流层(可选择层)：≥300厚卵、砾石
反滤层(可选择层)：≥200g/m²土工滤网
基础层：夯实基土（压实度≥93%）

④ 填埋场底部单层衬里结构示意图（HDPE土工膜）

垃圾填埋层
土工滤网反滤层：≥200g/m²土工滤网
渗沥液导流层：≥300厚卵、砾石，石下增设土工复合排水网
膜上保护层：≥600g/m²非织造土工布
膜防渗层：≥1.5厚HDPE土工膜
膜下保护层：≥400g/m²非织造土工布
渗沥液检测层：≥5厚土工复合排水网，或≥300厚卵、砾石
膜上保护层：≥400g/m²非织造土工布
膜防渗层：≥1.5厚HDPE土工膜
膜下保护层：≥300厚黏土，渗透系数≤$1.0×10^{-5}$cm/s
滤水隔离层：≥200g/m²非织造土工布
地下水导流层(可选择层)：≥300厚卵、砾石
反滤层(可选择层)：≥200g/m²土工滤网
基础层：夯实基土（压实度≥93%）

⑤ 填埋场底部双层衬里结构示意图（双层HDPE土工膜相离铺设）

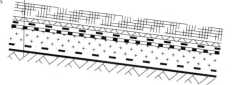

垃圾填埋层
渗沥液导流与缓冲层：≥5厚土工复合排水网或采用土工布袋（内装石料或砂土）
膜上保护层：≥600g/m²非织造土工布
膜防渗层：≥1.5厚双糙面HDPE土工膜
膜下保护层：黏土，≥300厚,渗透系数≤$1.0×10^{-5}$cm/s或≥600g/m²非织造土工布
基础层：夯实基土（压实度≥90%）

⑥ 填埋场边坡单层衬里结构示意图（HDPE土工膜）

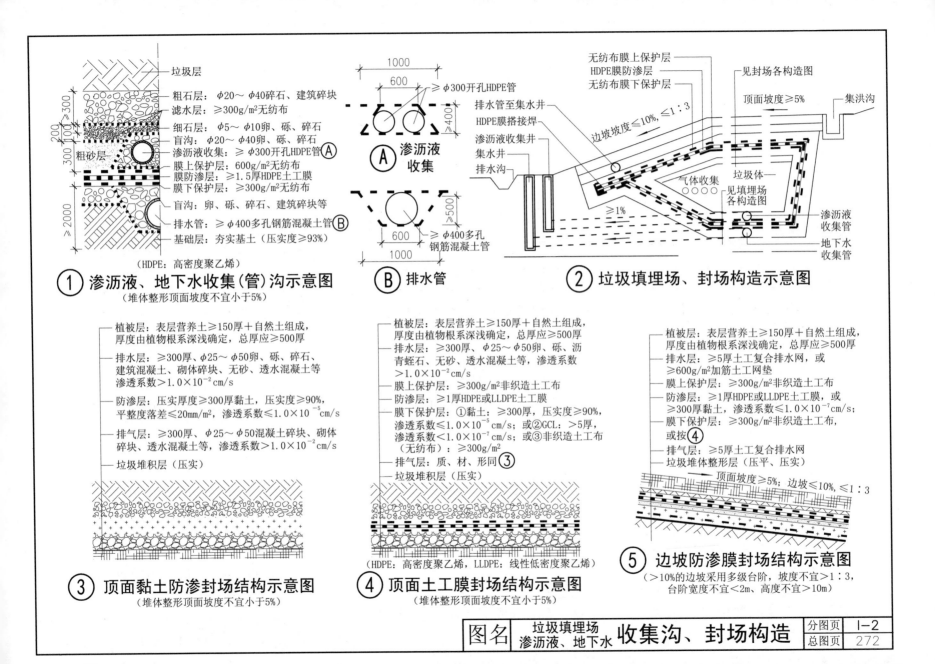

① 渗沥液、地下水收集（管）沟示意图
（堆体整形顶面坡度不宜小于5%）

Ⓐ 渗沥液收集

Ⓑ 排水管

② 垃圾填埋场、封场构造示意图

③ 顶面黏土防渗封场结构示意图
（堆体整形顶面坡度不宜小于5%）

④ 顶面土工膜封场结构示意图
（堆体整形顶面坡度不宜小于5%）

⑤ 边坡防渗膜封场结构示意图
（＞10%的边坡采用多级台阶，坡度不宜＞1:3，台阶宽度不宜＜2m、高度不宜＞10m）

图名	垃圾填埋场 渗沥液、地下水**收集沟、封场构造**	分图页	1-2
		总图页	272

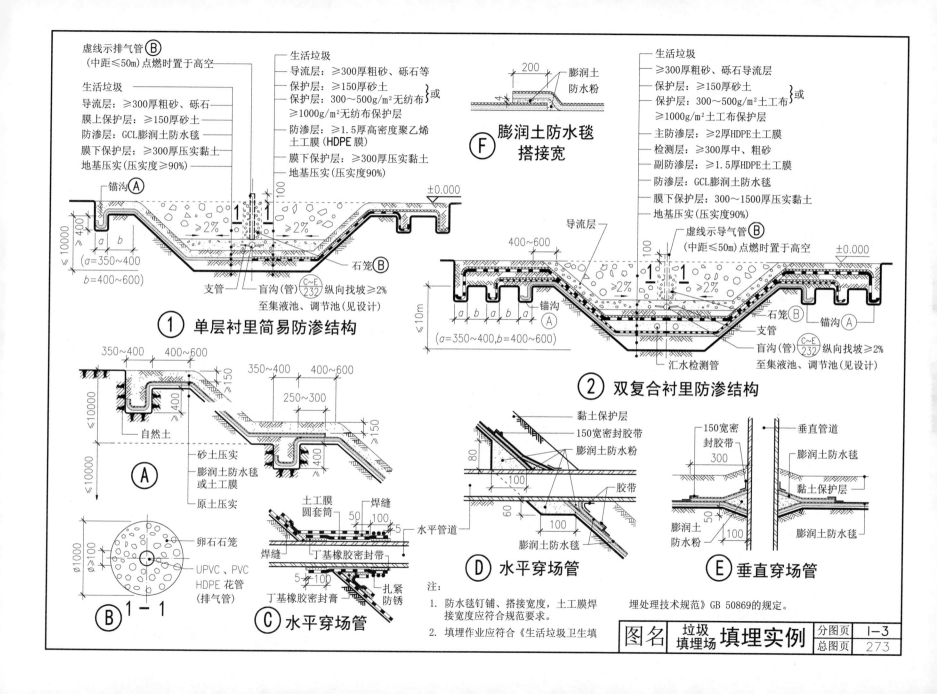

虚线示排气管 B
(中距≤50m)点燃时置于高空

生活垃圾
导流层：≥300厚粗砂、砾石
膜上保护层：≥150厚砂土
防渗层：GCL膨润土防水毯
膜下保护层：≥300厚压实黏土
地基压实（压实度≥90%）

锚沟 A

① 单层衬里简易防渗结构

生活垃圾
导流层：≥300厚粗砂、砾石等
保护层：≥150厚砂土
保护层：300～500g/m²无纺布 或
≥1000g/m²无纺布保护层
防渗层：≥1.5厚高密度聚乙烯土工膜（HDPE膜）
膜下保护层：≥300厚压实黏土
地基压实（压实度90%）

石笼 B
支管
盲沟（管） C~E/232 纵向找坡≥2%
至集液池、调节池（见设计）

膨润土防水粉

F 膨润土防水毯搭接宽

生活垃圾
≥300厚粗砂、砾石导流层
保护层：≥150厚砂土
保护层：300～500g/m²土工布 或
≥1000g/m²土工布保护层
主防渗层：≥2厚HDPE土工膜
检测层：≥300厚中、粗砂
副防渗层：≥1.5厚HDPE土工膜
防渗层：GCL膨润土防水毯
膜下保护层：300～1500厚压实黏土
地基压实（压实度90%）

导流层
虚线示导气管 B
(中距≤50m)点燃时置于高空

石笼 B
锚沟 A
支管
盲沟（管） C~E/232 纵向找坡≥2%
至集液池、调节池（见设计）
汇水检测管

② 双复合衬里防渗结构

自然土
砂土压实
膨润土防水毯或土工膜
原土压实

A

卵石石笼
UPVC、PVC HDPE 花管（排气管）

B 1-1

土工膜圆套筒
焊缝
水平管道
丁基橡胶密封带
焊缝
丁基橡胶密封膏
扎紧防锈

C 水平穿场管

黏土保护层
150宽密封胶带
膨润土防水粉
胶带
水平管道
膨润土防水毯

D 水平穿场管

150宽密封胶带
垂直管道
膨润土防水毯
黏土保护层
膨润土防水粉
膨润土防水毯

E 垂直穿场管

注：
1. 防水毯钉铺、搭接宽度，土工膜焊接宽度应符合规范要求。
2. 填埋作业应符合《生活垃圾卫生填埋处理技术规范》GB 50869的规定。

图名 垃圾填埋场 填埋实例

分图页 1-3
总图页 273

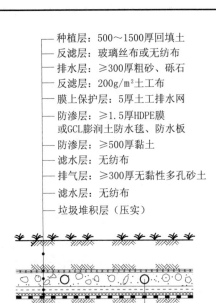

种植层：500～1500厚回填土
反滤层：玻璃丝布或无纺布
排水层：≥300厚粗砂、砾石
反滤层：200g/m²土工布
膜上保护层：5厚土工排水网
防渗层：≥1.5厚HDPE膜
或GCL膨润土防水毯、防水板
防渗层：≥500厚黏土
滤水层：无纺布
排气层：≥300厚无黏性多孔砂土
滤水层：无纺布
垃圾堆积层（压实）

排水管至集水井

① 封顶构造（一）

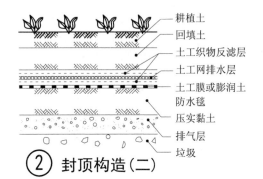

耕植土
回填土
土工织物反滤层
土工网排水层
土工膜或膨润土
防水毯
压实黏土
排气层
垃圾

② 封顶构造（二）

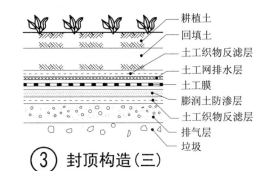

耕植土
回填土
土工织物反滤层
土工网排水层
土工膜
膨润土防渗层
土工织物反滤层
排气层
垃圾

③ 封顶构造（三）

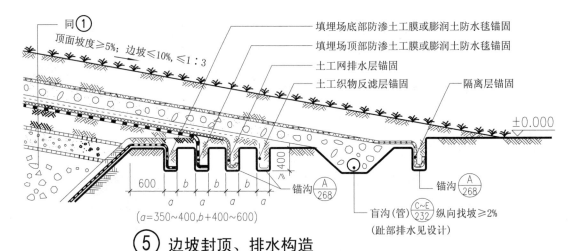

同①
顶面坡度≥5%；边坡≤10%，≤1∶3

填埋场底部防渗土工膜或膨润土防水毯锚固
填埋场顶部防渗土工膜或膨润土防水毯锚固
土工网排水层锚固
土工织物反滤层锚固
隔离层锚固

±0.000

600　b　b　b
a　a　a　a
(a=350～400,b+400～600)

锚沟 $\frac{A}{268}$
锚沟 $\frac{A}{268}$
盲沟(管) $\frac{C~E}{232}$ 纵向找坡≥2%
（趾部排水见设计）

⑤ 边坡封顶、排水构造

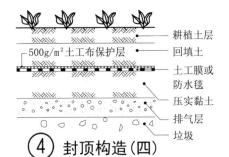

耕植土层
回填土
500g/m²土工布保护层
土工膜或
防水毯
压实黏土
排气层
垃圾

④ 封顶构造（四）

注：1. 为防止封顶后，填埋物产生的气体在场内积
聚发生爆炸危险。封场时，应在填埋物表面
设置排气层。并与排气管相连。

2. 排气管所排气体，当符合环保要求时，可排
向大气，也可回收处理和利用。

3. 当不设排气层时，应确保填埋层荷载大于填
埋气体顶托力。并按规范要求设置垂直或水
平排气管。

4. ①～④为几种常用的封顶构造形式。

5. 封场作业应符合《生活垃圾卫生填埋处理技
术规范》GB 50869的规定。

图名　垃圾填埋场　封场实例

图书在版编目（CIP）数据

建筑和市政工程防水标准图集/朱馥林编著．—北京：中国
建筑工业出版社，2018.9
ISBN 978-7-112-22581-1

Ⅰ.①建⋯　Ⅱ.①朱⋯　Ⅲ.①建筑防水-图集
Ⅳ.①TU57-64

中国版本图书馆 CIP 数据核字（2018）第 194787 号

本图集按建筑和市政工程防水的分部分项工程来编制，内容包括屋面、室内、外墙、地下、坑池渠、隧洞衬砌衬套、城市地下综合、管廊、垃圾填埋、封场等防水保温工程。图集内容涵盖面广，内容详实，做法齐全，标注明了，操作性强，是一本适合广大设计院（所、公司）、大专院校、施工单位、生产厂家、防水管理及施工人员作为防水设计、施工、教学应用的防水标准参考图集。

责任编辑：王华月
责任校对：姜小莲

建筑和市政工程防水标准图集
朱馥林　编著
＊
中国建筑工业出版社出版、发行（北京海淀三里河路 9 号）
各地新华书店、建筑书店经销
霸州市顺浩图文科技发展有限公司制版
大厂回族自治县正兴印务有限公司印刷
＊
开本：787×1092 毫米　横 1/16　印张：17¼　字数：418 千字
2019 年 4 月第一版　　2019 年 4 月第一次印刷
定价：**59.00** 元
ISBN 978-7-112-22581-1
（32671）